해설 造船知識入門

朴承均 편저

東 明 社

해설 조선지식입문

초판 발행 1998년 9월 10일
10쇄 발행 2014년 3월 10일

지은이 박승균
펴낸이 최국주
펴낸곳 동명사
출판등록 1950년 11월 1일(제1-76호)
주소 (우 413-756) 경기도 파주시 회동길 50(문발동)
전화 031-955-7200(대표)~2, 7203(편집부), 7204(물류)
팩스 031-955-7205
전자우편 webmaster@dmsbook.com
홈페이지 www.dmsbook.com

ISBN 978-89-411-0927-3 93550
값 28,000원

東明社

머 리 말

1. 조선산업은 일종의 종합공업입니다. 선박건조는 건축분야라고 볼 수 있는 본체의 강구조(鋼構造)와 각종의 기계공업, 전기 전자 통신공업, 금속화공 분야 및 주택 인테리어까지 광범위하게 동원되어야 하기 때문입니다.

따라서 조선공학을 공부하는 학생이나 조선소에서 일하는 종업원들이나 조선에 대한 이 모든 분야의 넓은 지식을 골고루 배우기가 어렵습니다. 조선소에서 설계나 생산관리를 담당하는 전문 기술자들도 담당 전문분야를 훌륭하게 수행하기 위해서는 비전문 분야까지도 광범위한 상식을 필요로 합니다만 그렇게 널리 배울 기회가 잘 생기지 않습니다.

특히 영업이나 구매 등 준기술직에 가까운 일을 하는 사람들도 광범위한 조선 기술의 상식을 알고 있으면 대단히 유익합니다. 또 직접 작업에 임하는 생산 기술직과 여러 지원직(支援職, 예전 말로는 관리직) 종업원들도 지식에 대한 많은 관심과 욕구가 있습니다.

이에 반하여 전문분야별로는 국내외에 좋은 책들이 많이 나와 있지만 비전문가가 필요한 지식을 이해하고 배우기에는 너무 어렵게 씌어져 있습니다. 그래서 공부하는 학생들에게 알기 쉬운 입문서로서, 또 조선소의 직원들에게 광범위한 상식의 참고서로서 이 책을 쓰게 되었습니다.

2. 이 책은 다음과 같이 공부하기 쉽게 썼습니다.

1) 조선공학 이론 기초 외에도 선박의장, 설계, 생산관리, 용접, 도장, 배관, 노사문제에 이르기까지를 한 권의 책에 담았습니다.
2) 이치의 설명을 쉽게 하였고 이해에 도움이 되는 설명용 그림과 사진을 많이 넣었습니다.
3) 계산 예는 쉽고 간명한 것들을 넣었습니다.
4) 어려운 한자와 영어 등 전문용어는 대개 괄호 안에 넣어서 읽는 불편을 덜었습니다.

3. 생각과 용기와는 달리 쓰다 보니 여러 가지 미진하고 미숙한 곳이 많습니다만 학교에서 가르치는 선생님과 배우는 학생 그리고 조선소 및 관련 업체의 직장에서 일하시는 모든 분들에게 작은 도움이라도 되었으면 하는 일념에서 감히 본서를 펴냅니다. 본서가 있기까지 많은 도움을 주신「현대중공업」동료들과 출판과 편집을 맡아 주신「동명사」및「아름다운 세상」여러분들의 노고에 감사드립니다.

1998년 8월 15일

저자 박 승 균

차　례

제Ⅰ장　선박의 주기능

1. 정　의 ······ 1
   1 기본 기능 1
   2 운항 기능 2
   3 動力發生 기능 2
   4 居住 및 人命 安全 2

2. 기능별 특성과 선종에 따른 최적 기능조정 ······ 3
   1 부양기능 측면 3
   2 추진기능 측면 4
   3 구조기능 측면 4
   4 貨物積載와 安定性 復原力 측면 7
   5 운동성능과 조정성능 9

3. 설계기준과 선박기준 기초 ······ 11
   1 톤　수 11
   2 방형계수 C_B 16

4. 초기 기본설계 계획의 시도 ······ 22
   1 선주 주문시의 일반적 요구조건과 제한사항 22
   2 기본계획의 순서 22
   3 집요하고 끈질긴 기본계획의 확정 과정 23
   4 船種의 分類, 주요 특성 27

제Ⅱ장　조선공학 이론 기초공부

1. 심프슨 공식 ······ 57
   ○ 곡면으로 둘러싸인 입체 부피계산을 위한 심프슨 공식의 응용 59
   ○ 정　리 61

2. 중 심 ·· 63

3. 부력, 배수량, 아르키메데스의 원리 ······································ 66

4. 부심과 Metercenter ·· 69

5. 경하중과 재화중량 ·· 76

6. TRIM ··· 77

7. 선형선도 ··· 80

8. 손상시의 복원력 ·· 83

1 선박의 손상과 복원력 83

2 화물의 움직임 85

9. 구획개념 ··· 94

1 정 의 94

2 Damage Stability와 이중선체 94

3 주의해야 할 구획들 95

4 구획 칸막이의 관통과 開口 되막음 100

10. 모형시험 ··· 107

1 개 요 107

2 저항시험 108

3 자항시험 111

11. 완성선의 검증 ·· 115

1 경사시험과 Dead Weight 115

2 M/E Shop Test, Onboard Test, 시운전 117

제Ⅲ장 구 조

1. 구조 일반 ··· 121

1 강 도 121

2 강도의 구성요소 124

[3] Span이 긴 교량판의 예 126
[4] 비틀림 128
[5] 기 둥 132
[6] 브래킷과 브레이싱 132
[7] 응력에 대응하는 전통적 구조 부재 형태의 예 135

2. 선체구조 ······ 138
[1] 선체의 단면 138
[2] 외력 상황 138
[3] 종강도와 Loading Manual 142
[4] 구조의 형성 143

3. 기초 공부 ······ 153
• 부하와 응력 153／• 탄성과 소성 153／• Hooke의 법칙 153／• 항복점, 파단강도 153／• 안전율 154／• 모멘트 154／• 보 속의 응력 156／• 종강도 계산과 중앙 절단면도의 설계 160／• 기초공부－관성모멘트의 계산 163／• Key Plan 168

제Ⅳ장 선박의 추진

1. 추진의 종류 ······ 171
[1] 돛에 의한 추진 172
[2] Paddle Wheel을 거쳐 Screw Propeller로 174

2. 특수목적이나 효율증대를 위한 여러 가지 추진 방식들 ······ 176
[1] Hydrofoil 176
[2] Water Jet 178
[3] Hover Craft 181
[4] 초전도체 등 미래형의 추진 181

3. 프로펠러의 원리 ······ 182
[1] Power의 전달 배열과 연합 효율 183
[2] 선박의 소요마력 산정 184

4. 프로펠러의 성능 요소 ········ 186
○ 효율이 좋은 프로펠러를 만드는 방법 187

5. 프로펠러의 효율 향상을 위한 여러 가지 고안 ········ 188

제Ⅴ장 의 장

1. 주 기 관 ········ 199
1 에너지와 원동기 199
2 에너지의 단위 201
3 내연기관과 증기원동기 205
4 단 위 206
5 내연기관의 원리 211
6 보일러의 원리 212
7 터 빈 215

2. 디젤엔진 ········ 221
1 작동 메커니즘 221
2 크랭크 축 226
3 급배기와 연소순서 228
4 엔진의 액세서리 230
5 엔진의 소요마력 추정과 마력 계산 234
6 디젤엔진의 장단점 236
7 저속 2행정 디젤기관과 중속 4행정 디젤기관과의 비교 237

3. 엔진과 기관실의 지원 설비 ········ 238
1 연료유 238
2 윤활유 239
3 냉각수 240
4 시동용 압축공기 241
5 연소용 공기 242
6 전 력 242
7 Steam 244

8 Bilge 245

9 화 재 245

4. 조타장치 ······ 246

1 Rudder 247

2 Steering Gear 248

3 Stern Casting과 Rudder Casting 248

5. 계선계류장치 ······ 250

1 계선장치 250

2 계류장치 250

3 의장수 253

6. 하역장치 ······ 258

1 일 반 258

2 Hatch Cover 259

3 크레인 260

4 Pumping 266

5 구명보트와 현외 승강장치 269

6 현외 사다리 270

7. 통풍 Duct와 전기 Cable ······ 271

1 통풍 Duct 271

2 전기 케이블 배치 274

8. 냉 동 고 ······ 275

9. 항해 통신 설비 ······ 276

1 일 반 276

2 RADAR 277

3 선박의 자체위치 파악장치 277

4 Speed Log 279

10. 진동과 소음 ······ 282

1 진 동 282

[2] 방진대책 292
[3] 소 음 296

제Ⅵ장 선박 설계

1. 일 반 …… 299
[1] 주요 화물의 이동과 운송선 및 선종에 따른 강화 포인트 301
[2] 선박 성능의 강화 포인트 302

2. 설계 시작 단계에서의 주요 체크 포인트 …… 303

3. 설계 연습 …… 305
[1] 기본계획 305
[2] 기관실의 설계 308
[3] 선수·선미의 설계 314
[4] Engine Casing과 연돌 318
[5] 기 타 318

4. 상품으로서의 대표 선종 구분 …… 322

5. 소규모 설계의 변경 …… 325

제Ⅶ장 생산 기술

1. 생 산 …… 329
[1] 진 수 329
[2] 선행의장과 Block PE 335
[3] Shipyard Layou 336
[4] 생산방식의 변천과 신생산개념 339
[5] 선각 내업 341
[6] 의장 내업 345
[7] 건조 공정의 요체 347
[8] 공정과 선표 352
[9] 생산관리 지침 355

2. 용 접 ······ 362
1 일 반 362
2 아크 용접기 364
3 용접이음의 형태와 용접 자세 365
4 용접의 종류 366
5 Flux 369
6 용접부위 가공과 용접관통 369
7 설계적인 측면에서 고려해야 할 사항 371
8 생산기술 측면에서 시도되는 것들 376
9 오작업과 불량 및 시험검사 380
10 가스절단과 용접 381

3. 배 관 ······ 382
1 일 반 382
2 배관의 설계 383
3 밸브의 원리 395
4 배관배치 397
5 상식 정리 398
6 파이프 Piece의 도상표시 요령 401
7 파이프의 생산 품질 402

4. 도 장 ······ 403
1 일 반 403
2 도 료 405
3 도장 작업 406
4 작업성이 좋은 설계 410
5 Boot Top과 SPC A/F 411
6 환경과 규제 412

5. 노사협동 ······ 414
1 일 반 414
2 변천의 역사 414
3 교훈과 영원한 진리 418

제 I 장

선박의 주기능

1. 정 의

1 기본 기능

(1) 선박은 무거운 짐을 싣고 물에 뜨는 기능을 가지고 있어야 한다. — 浮揚機能(부양기능, Floatation Capability)

(2) 선박은 물에 떠서 갈 수 있어야 한다. — 推進機能(추진기능, Self Propulsion Performance)

(3) 선박은 튼튼한 그릇으로서의 역할을 해야 한다. — 構造機能(구조기능, Vessel Structural Strength)

(4) 선박은 짐을 싣고도 안전하여야 한다. 즉 기울거나 쓰러지지 말아야 한다. — 貨物積載와 安定性 및 復原力(화물적재와 안전성 및 복원력, Cargo Loading and Statical Stability)

(5) 선박은 항행중에 진행 방향이 안정되어 있어야 하고 널뛰는 것처럼 앞뒤에서 상하로 움직이는 운동(Pitching)이나 옆으로 구르는 운동(Rolling)이 격심해서는 안 된다. 사람에게나 화물을 위해서 편안하고 안전할 수 있도록 심한 동요가 적게 하는 것을 耐航性(내항성, Seaworthiness)을 향상시켰다고 표현한다. — 運動性能(운동성능, Ship Motion Characteristics)

(6) 선박은 좁은 항만이나 해협에서 안전하게 조종할 수 있어야 한다. — 操縱性能(조종성능, Maneuverability)

2 운항 기능

(1) 선박은 方向舵(방향타)와 操舵機(조타기)를 장착하여 희망 進行方向을 향하도록 한다.— 操船裝置(조선장치, Steering System)

(2) 선박은 화물을 싣고 갈무리하고 내릴 수 있어야 한다.— 貨物積荷 및 揚荷役(화물적하 및 양하역, Cargo Stowage, Loading and Unloading)

(3) 선박은 항만의 부두 안벽(岸壁, Quay)에 묶어 둘 수 있어야 하고, 항만 내외(內外)에서 닻(錨, Anchor)을 내리고 정지해 있을 수 있어야 한다. — 繫船繫留設備(계선계류설비, Mooring Facility)

(4) 선박은 속력제어, 위치파악이나 방향 유지, 장애물 예지, 그리고 통신기능 등 항행에 필요한 모든 설비를 갖추어야 한다.— 航海 및 通信設備(항해 및 통신설비, Navigation and Communication)

3 動力發生 기능

(1) 선박은 主推進 動力發生 主機(주추진 동력발생 주기)를 장착하고 추진장치를 驅動(구동)토록 한다.— 主機(주기, Main Propulsion Engine)

(2) 선박은 電力, 蒸氣(Steam), 壓縮空氣(압축공기), 油壓(유압), 증류수 등 동력과 기타 에너지원을 만드는 발생장치를 설비한다. 또한 연료유(Fuel Oil)와 윤활유의 순환 및 세정(洗淨)장치와 냉각수 순환장치와 열교환기를 설비한다.— 機關室 補助機器(기관실 보조기기, Engine Room Auxiliary Equipment)

4 居住 및 人命 安全

(1) 선박은 船員이 살며 일할 수 있도록 취사와 취침용 船室을 갖추어야 한다.— 船員 居住區 設備(선원 거주구 설비, Crew Accommodation Facility)

(2) 선박은 해난시의 인명구조 設備와 화재시의 재산의 안전을 위하여 화재예방과 소화장치를 각각 갖추어야 한다.— 消火裝置 및 救命裝置(소화장치 및 구명장치, Fire Extinguishing and Life Saving Equipments)

2. 기능별 특성과 선종에 따른 최적 기능조정

1 부양기능 측면

(1) 선체가 크면 많은 짐을 실을 수 있다. 그러나 다음 요인들 때문에 어떤 적정한 크기로 귀납된다.

① 길이, 폭, 깊이는 접안시키고자 하는 항만의 부두 사정, 수리 도크의 크기, 늘 지나다니는 운하나 하천 등 협수로의 급선회하는 지역 조건 등에 두루 맞아야 한다.

② 화물집하량과 화물량, 하역 능력에 따라 주로 기항하는 항구의 화물의 단위 크기가 형성되며, 선박의 크기도 이러한 화물의 단위 크기에 따라 영향을 받는다.

초대형 유조선만한 컨테이너선이나 다목적 건화물선을 만들면 수심이 낮아서 적하 항구에 갈 수도 없지만, 그만한 양의 화물이 집하되어 있지도 않고 싣고 내릴 수 있는 하역 설비도 없어서 설사 입항한다 하더라도 짐을 실어 나를 수가 없다.

(2) 선체가 뚱뚱하면 짐을 많이 싣는다.

뚱뚱하게 생긴 배가 짐을 실을 수 있는 화물창의 공간 용적도 크고 床面積도 클 뿐만 아니라 부양력(Buoyancy, Floatational Force)이 크므로 많은 양의 짐을 실을 수 있다.

뚱뚱한 정도를 나타내는 단위로 비척계수(肥瘠係數, Block Coefficient)를 쓰는데, 이는 선체의 물에 잠긴 부분의 부피와 그 부피를 감싸고 있는 최외곽 직육면체의 부피의 비로서 대개는 0.5보다 크고 0.9보다 작으며 어느 경우에라도 반드시 1.0보다 작게 된다. 1.0이란 뜻은 정확히 직육면체의 모양이기 때문이다. 선체가 뚱뚱하면 짐을 많이 싣게 되지만 저항이 많이 생겨서 추진마력이 커져야 한다.

화물선에서 20 kn가 넘는 컨테이너선 등은 고속선 범주이고 14~16 kn 정도의 초대형 유조선이나 광탄선(鑛物 및 石炭 운반선) 등은 저속선 범주이다. 석유값이 매우 비쌌을 때는 고속선도 20 kn 이하로 선속을 설정하였었고, 저속선은 12 kn 또는 그 이하까지도 내려갔었다. 어디까지나 한 시대의 선박 속력은 선박의 운항경제적 견지에서 설정되는 것이다.

(3) 선체의 크기도 같고 뚱뚱한 정도도 같으면서 선체의 자체 중량을 가볍게 만들 수 있다면 짐을 많이 실을 수 있게 된다. 선체를 가볍게 하기 위해 고장력강이라는 단단한 쇠를 쓰기도 하지만 단단한 쇠를 쓰지 않고도 좋은 구조 배치를 하면 필요한 강도를 유지시키면서 가벼운 선체를 만들 수 있다. 먼저 힘이 균등하게 걸리는 형상과 적하 구획으로 일반배치를 한 다음, 힘이 많이 걸리는 곳에는 두꺼운 쇠를 쓰고 힘이 많이 걸리지 않는 곳에는 얇은 쇠를 써서 설계하는 것이 구조자중을 최소로 하는 것이 되며, 이를 일컬어 최적설계(Optimum Design)라고 한다.

2 추진기능 측면

(1) 같은 크기와 같은 비척 정도에서도 잘 설계된 선형의 배는 그렇지 못한 배에 비해서 추진저항이 크게 감소한다.

(2) 같은 선형과 같은 엔진으로 구동하더라도 잘 설계된 추진기(프로펠러)를 장착한 배는 그렇지 못한 배보다 추진성능이 크게 향상된다.

(3) 같은 배에서 불필요한 선체운동을 많이 하는 배는 추진효율이 떨어진다.

(4) 같은 배에서 선체 표면이 거친 배는 매끄러운 배보다 저항이 크다.

3 구조기능 측면

(1) 선체구조는 속이 비어 있고 단단한 껍질로 싸여 있으면서 앞뒤가 뾰족한 모양을 하고 있으므로 바나나(Banana)를 연상하면 이해하기 쉽다.

형상이 균일하지 않고 수면이 파도 때문에 편편하지 않으므로 선체에 미치는 물의 부양력이 균일하지 않게 된다.

엔진같이 무거운 기계류의 중량분포 또한 고르지 않으므로 그러한 불균형 하중 역시 선체에 미치는 외력이 된다. 이러한 외력들은 다음과 같은 작용을 일으킨다.

① 허리를 구부리려 하는 힘(屈曲, Bending)
② 허리를 자르려 하는 힘(剪斷, Shearing)
③ 몸통을 비틀려고 하는 힘(비틀림, Torsion)
④ 몸통을 옆으로 벌어지게 하려는 힘(橫方向負荷, Transverse Unbalance Load)

선체는 이렇게 몸통 전체에 미치는 힘에 견딜 수 있는 구조강성(剛性)을 가져야 하는데, 이런 전체적 종합적 구조의 내성 강도(强度)를 전체 강도라고 한다.

그 중에서 특히 허리를 구부리려는 힘과 허리를 자르려는 힘에 대응하는 강도를 종강도(Longitudinal Strength)라고 한다. 대체로 배는 길고 가늘게 생겼으므로 이 종강도가 가장 중요시되며, 설계시에는 제 1 차적 계산 및 점검 대상이 된다.

(2) 선체에서는 부분적으로 큰 힘이 작용하는 곳이 많다.

선수부분은 강한 파도에 늘 얻어 맞는다. 타(Rudder), 프로펠러, 선박 크레인, 양묘기(揚錨機), 주기 같은 강력한 힘을 쓰는 기계나 구조물이 붙어 있는 곳이나 특별한 과대 중량화물이 집중부하를 작용시키는 곳, 출렁거리는 유체 화물의 힘이 미치는 선체부분 등 이런저런 힘이 일정 부위에만 미칠 때 그런 힘을 받는 부분이 견딜 수 있도록 튼튼하게 만들어야 하며, 지녀야 할 그 구조 능력을 부분강도(Local Strength)라고 한다. 부분강도가 충분치 못해서 배의 일부분이 새거나 균열이 파급되어 대단히 큰 재난을 유발할 수도 있으므로 세심한 배려가 필요하다.

(3) 구조는 두꺼운 부재를 써서 튼튼하게 만들면 좋겠지만 선체구조가 너무 무거워지면 무거워지는 만큼 짐을 덜 실을 수밖에 없고, 또 건조 비용의 초기 투자도 비싸지므로 가장 합리적인 최적값을 찾아야 한다. 고장력강을 섞어 쓰기도 하지만 선주의 선호도 및 기타 부식이 심한 곳과 전단력 부재에서는 두께가 얇은 것이 이롭지 못하므로 자중을 줄일 목적으로만 고장력강을 광범위하게 사용하는 데도 한계가 있다.

CARGO CAPACITY

"힘! 짐을 많이
실어야 좋은 배지"

STRONG STRUCTURE

"구조가 튼튼해야
좋은 배란 말이야"

EFFICIENT PROPULSION

"배라면 역시 SPEED지"

STABILITY

"안전이 최우선이란 말이야"

4 貨物積載와 安定性 復原力 측면

(1) 부피가 큰 화물, 즉 컨테이너, 목재, 자동차와 같은 가벼운 화물들은 적하 床면적과 공간이 많이 필요하므로 갑판 위로 높이 적재하거나 아니면 갑판을 아주 높은 데로 올려서 설치하고 그 속에 짐을 적재하게 되는데, 이 경우에 선박과 화물의 합성 무게 중심이 높은 위치로 설정되게 마련이다. 오뚝이의 무게 중심이 낮은 위치에 있기 때문에 잘 쓰러지지 않는 현상의 반대 개념으로 이해하면, 무게 중심이 높은 위치로 설정되는 것은 불안정하며 작은 힘으로 살짝 밀기만 해도 쓰러지리라는 것을 쉽게 알 수 있다.

(2) 합성 중심을 낮은 위치에 설정되도록 하려면 빈 선박 자체의 중심이 낮은 위치가 되도록 해야 하고 화물적재도 무게 중심이 높아지지 않도록 적재해야 한다. 선박의 두꺼운 철강재나 무거운 기계류는 낮은 위치로 자리잡도록 하고 높은 위치에 있는 모든 기자재는 작고 가벼운 재질로 된 것을 골라 써야 한다. 주요 구성품이 강판 구조물들이므로 얇은 강판을 써서 되도록이면 가볍게 만들어야 한다. 높으면 높을수록 조금이라도 더 가벼운 재질을 쓰는 것이 바람직하다.

(3) 형상상으로 볼 때는 높이에 비해서 폭이 넓은 것이 더 안정적이다.

(4) 같은 높이와 폭을 가지고 있을 경우에도 비척계수가 큰 배(더 뚱뚱한 배)가 더 안정적이다.

(5) 같은 비척계수라고 하더라도 흘수선에서 수평면으로 배를 잘랐을 때 잘린 단면의 면적(水線面, Water Plane Area)이 큰 배가 더 안정적이다.

(6) 물에 띄워 놓은 용기(Vessel)는 옆에서 밀어 기울여 놓으면 바로 원래 자리로 일어선다. 선박도 이런 특성을 가지고 있는데 이 성질을 복원성(復原性, Stability)이라고 한다. 더 안정적인 것을 복원성이 좋다고 하고 덜 안정적인 것을 복원성이 좋지 않다고 한다.

복원성의 정도는 넘어지기 직전까지 기울었다가 되돌아오는 최대 경사각도가 얼마나 되느냐 하는 문제와 얼마나 빠른 시간 내에 되돌아오느냐 하는 것으로 구분된다. 너무 빠르게 움직이는 것은 화물도 격렬하게 움직이게 되므로 선박이나 화물에 손상을 줄 수 있고 선상의 사람이 배멀미를 하게 되어 안 좋다.

(7) 기름 같은 유체화물이나 쉽게 이동하는 곡물류는 선박이 움직일 때마다 이쪽저쪽으로 몰리기 때문에 배의 안정도에도 좋지 않고 구조에도 부분적인 충격력을 크게 작용시키므로, 설계시에는 화물창(貨物倉, Cargo Hold)을 너무 크지 않도록 여러 개의 작은 구획(區劃, Compartment)으로 나누어 놓는다.

(8) 선박은 예기치 않은 충격이나 선체구조 재료의 피로에 의한 균열 또는 황천(荒天, Bad Weather)에서의 불충분한 개구폐쇄(開口閉鎖) 등의 사유로 여러 가지 유형의 船內浸水(Flooding)가 발생될 경우 구획이 너무 크게 이루어졌다면 새어 들어온 물의 무게로 인하여 배가 가라앉게 될 것이다. 이런 관점에서도 구획은 여러 개의 작은 구획으로 합당하게 나뉘어져야 한다. 해군 함정은 포탄이나 어뢰에 의하여 선체 부분이 파손되어 침수될 확률이 많은 선박이므로 더욱더 구획을 세분한다.

Cargo Hold(貨物倉)는 배의 길이 방향으로 몇 등분 칸막이를 하여야 그중 어느 한 곳이 완전침수(바다의 水面과 똑같이 될 때까지 물이 들어차는 것)하더라도 배가 가라앉지 않는지 계산해 보고 Hold 길이를 정하는데 이 길이를 가침장(可浸長, Floodable Length)이라고 한다.

(9) 앞의 (5)항에서 水線面이 큰 배가 더 안전하다고 했는데 배가 옆으로 많이 기울어지고 있을 때 물이 갑판(甲板, Deck) 위까지 잠기기 시작하는 순간을 지나 더 기울어지면 그 다음부터는 水線面의 면적이 급격히 감소하게 되어 복원력이 크게 감소한다. 이렇게 계속 진행되면 완전히 뒤집어지는 상황까지 이르게 되는데 이를 전복(顚覆, Capsize)이라고 한다.

큰 경사 각도에서도 급격히 복원력이 손상되지 않게 하기 위하여는 배가 짐을 가득 싣고 바로 떠있을 때 吃水線, 즉 만재흘수선(滿載吃水線, Full Load Draft) 상방의 물에 잠기지 않은 외판 부분(이 부분을 乾舷, Free Board)이 충분한 높이로 유지되어야만 한다. 다시 말해서 갑판이 충분한 높이로 설정되어야만 하는 것이다.

5 운동성능과 조종성능

(1) 선박은 조류와 파도와 바람이 세차게 일어나는 바다에 띄워지게 된다. 이런 외력들에 의하여 흔들리고 밀리고 부침(浮沈)한다. 이런 악조건들을 극복하고 안전하게 운항하기 위하여 적절한 운동성능과 조종성능이 갖추어지도록 만들어야 하는 것이다.

(2) 반복적인 운동 상태 중 가장 피해가 큰 것은 피칭(Pitching)과 롤링(Rolling)이다. 해상조건과 선박의 크기, 선박의 형상에 따라 주기(週期)와 크기가 달라지는데 일반적으로는 선박이 크면 주기는 늦어지고 피칭과 롤링의 크기는 커진다. 이는 단순한 기하학적 특성으로서 긴 널빤지로 널을 뛸 때 같은 각도로 기울더라도 받침대와 먼 쪽에서 널 뛰는 사람이 오르내리는 양이 커지는 것과 똑같은 이치이다. 작은 배일수록 파장이 짧은 파도, 즉 작은 파도에서도 피칭을 많이 한다.

(3) 피칭을 적게 하기 위해

① 파도가 물의 표면에서 심한 것을 고려하면 배가 깊이 잠겨 있는 게 좋다. 즉, 吃水(Draft)가 크면 좋다.

② 폭이 좁게 생긴 배가 유리하다.

③ 선체 몸통 부위의 단면은 대개 직사각형과 유사한 단면을 가지고 있으면서 종방향으로 어느 정도 길이만큼 같은 형상의 단면을 유지하는데, 이 부위를 중앙평행부위(中央平行部位, Parallel Middle Body)라고 한다. 길이가 짧은 배에서는 중앙평행부위가 길어야 좋고 길이가 긴 배에서는 중앙평행부위가 짧은 편이 좋다. 이는 일반적인 해양파(Wave)의 파장과 파고, 그리고 주기 등 특성과 선체운동의 어울림으로부터 유추된다.

(4) 롤링을 적게 하기 위해

① 폭이 좁은 선형이 주기는 빠르지만 롤링의 크기가 줄어든다.

② 吃水가 크면 유리하다.

③ 중앙평행부위가 긴 배가 유리하다.

④ 무게 중심이 좀 높은 위치에 있으면 좋다. 復原力 측면에서 무게 중심

이 낮은 위치에 있어야 한다는 필요성과 상충되는 특성이다. 여객선의 경우, 충분한 최소 안정성(Stability)을 확보하면서 또 롤링을 줄여서 승선감이 좋아야 하는 상반되는 특성의 최적 절충점을 설정해야 하는 어려움이 있다.

⑤ 선박의 4각꼴을 갖는 종단면 아래쪽 양귀부분(Bilge 부분)은 둥글게 원(Round)형으로 되어 있는데 이 원형의 반경(Radius)이 작은 것이 좋다.

⑥ 롤링을 인위적으로 감쇄시키기 위하여 반동 관성력을 이용하기 위한 물탱크 설치나 각도를 변조시킬 수 있는 Fin(지느러미 같은 곡면판)을 부착하거나 양귀(Bilge) 부위에 긴 날개 같은 판(Bilge Keel)을 붙이는 등의 조치들이 동원된다.

(5) 배가 똑바로 항진하려면 좁고, 깊이 잠기고, 길게 생기고, 강력한 추진을 하는 게 가장 좋다. 이러한 모든 특성은 좁은 곳에서 효율적으로 배를 선회시키는 데는 이롭지 못한 조건들이다.

똑바로 잘 가는 특성을 方向維持 安定性(Course Keeping Stability)이라고 한다. 操縱性能(Maneuverability) 중에서 제일 중요한 것은 선회(旋回, Turning)인데 그렇다고 선회가 잘 되게 하기 위해 잘 나가지 않는 선형을 만들 수는 없으므로 키(舵, Rudder)를 큰 것으로 붙이고 조작하는 操舵機(Steering Gear)도 강력한 것을 붙이는 정도로 대처한다.

(6) 특별히 운항하기가 어려운 항만이나 하천 같은 데를 많이 다녀야 하는 배는 키를 크게 하는 것은 물론 배의 옆방향으로 추진하는 추진기(Side Thruster)를 붙이기도 한다. 추진기는 선수 부위에 붙이는 것이 선회 효과도 크고 횡통하는 터널을 뚫어도 터널 길이가 짧아져서 붙이기도 용이하므로 대개 선수 부위에 붙이게 되는데, 이런 이유로 Bow Thruster라고도 불린다. 한층더 선회를 효율적으로 하고 또한 배를 가재처럼 옆으로 이동시켜서 안벽쪽으로 밀착시키거나 떼거나 할 수도 있도록 선미 부위에도 추진기를 붙일 경우가 있는데 이를 Stern Thruster라고 한다.

(7) 엔진을 한 방향으로 돌리면서도 추진 프로펠러의 날개 피치를 바꾸면 후진이 가능한데 이런 배는 급정지하는 데 걸리는 시간이 짧다.

피치란 한번의 운동 주기에 앞으로 전진하는 거리로서 프로펠러가 한 바퀴 돌 때 배가 앞으로 전진하는 거리이다. 프로펠러 날개가 비틀려 있어서 그런 전진이 발생한다. 선풍기 날개를 반대로 비틀어 놓는다면 바람이 뒤로 가리라는 상식적인 짐작을 토대로 선박의 프로펠러 날개의 피치를 변환시키면 배가 후진한다는 것은 이해가 갈 것이다.

이런 프로펠러를 가변(可變) 피치 프로펠러 영어로 Controllable Pitch Propeller라고 하며 머릿글자를 따서 CPP라고 한다.

또, 이런 프로펠러의 구동축을 수직으로 하고 직각변환 기어를 쓰면 360도 임의 방향으로 추진이 가능하기 때문에 Maneuvering이 대단히 좋아진다. 그러나 Anti-Rolling이나 조종 성능 향상을 위한 조처들은 특수한 목적의 배들, 즉 예인선(Tug Boat), 화객선(Ferry Boat) 같은 데서 많이 쓰이고 워낙 비싸기 때문에 일반적으로 흔히 쓰이지는 않는다.

3. 설계기준과 선박계산 기초

1 톤 수

선박의 톤수(吨數, Tonnage)는 重量톤과 容積톤으로 두 가지 시스템이 혼용으로 쓰인다.

(1) 重量톤

실을 수 있는 貨物의 무게 1000 kg을 1 metric ton 또는 그냥 1톤이라고 한다. 영국 단위의 2000 pound를 1 short ton, 2240 pound(약 1015 kg)를 1 long ton이라고 하기도 한다. 운임을 받고 날라 주는 순수화물 톤수를 순톤수(Net Cargo Weight) 또는 Pay Load라고 한다.

재화중량(載貨重量, Dead Weight)은 약자로 DWT로 표기하며 화물, 연료유, 물, 예비품, 선원과 부수물 등을 합계한 중량으로서 중량톤의 대표적인 단위이다.

위의 화물이 아닌 품목들도 영업 운항에 필요한 부수물이므로 화물부류로 분류한 것이라고 볼 수 있다. 배의 무게를 경하중(經荷重, Light Ship Weight 또는 Light Weight)이라고 하고, 여기에는 엔진 시동을 걸 수 있는 정도의 최소량의 연료유, 윤활유, 냉각수와 법정 예비품, 법정비품 등을 포함한다.

일체의 소모재 여분도 없이 시동(始動)이 가능한 최소 구비조건들로서 빈 배(空船)의 필수 구성 요건인 개념이다. 빈 배 무게, 즉 LWT(Light Weight)와 가득 실은 짐의 무게 DWT를 합치면 짐 실은 배 전체의 무게가 되며 만재배수량(滿載排水量, Displacement, 약호로 △으로 표기)이 된다.

즉, "△=LWT+DWT"와 같은 식으로 정리된다. 여기서 排水量 또는 Displacement란 말은 원래 물이 차지하고 있던 자리에 선체의 잠긴 부분, 부피가 물을 밀어내고 그 자리를 차지했다는 뜻에서 쓰인 말이다.

◇ *기초공부* ———————— 아르키메데스의 原理

고대 희랍의 철학자이자 수학자인 아르키메데스(Archimedes)는 물의 浮力(부력, Buoyancy)을 발견하였고, 물 속에 잠긴 물체가 받는 부력의 크기는 排除해 낸 물의 무게만큼이라는 사실을 알아냈다. 물 속에 가라앉은 물건의 물 속에서의 무게는 그 물건의 부피만한 물의 무게만큼이 가벼워진 무게이다. 물에 둥둥 떠 있는 물체는 부력의 크기와 물건의 무게가 똑같기 때문에 더 이상 떠오르지도 가라앉지도 않는 평형상태로 있는 것이며, 이것으로부터 "선박의 흘수선 이하의 부피만큼 큰 물의 무게와 선박 전체 무게는 같은 것이다"라고 하는 식을 성립시킬 수 있는 것이다.

가로 세로 높이가 각각 100 cm인 통 A와 B를 그림 Ⅰ-1과 같이 놓고 통 A에 물을 가득 채운 다음, 가로 세로 높이가 각각 80 cm인 철괴(쇠덩어리)를 집어넣었더니 물이 넘쳐서 통 B로 흘러들어갔다. 이 때 통 B에 고인 물의 깊이를 h라고 하자. 통 A의 물 속에 있는 철괴는 몇 kg이 될지, 통 B의 깊이 h는 얼마인지 계산해 보자. 철괴의 부피는

$$80\ \text{cm} \times 80\ \text{cm} \times 80\ \text{cm} = 512\,000\ \text{cm}^3$$

대기 중에서 철괴의 무게는 부피와 철의 비중을 곱한 값이다.

$$512\,000\ \text{cm}^3 \times 7.85\ \text{g/cm}^3 = 4\,019\,200\ \text{g}$$

철괴에 작용하는 부력의 크기는 Archimedes 원리에 의하여 철괴가 차지

그림 I-1 아르키메데스의 원리

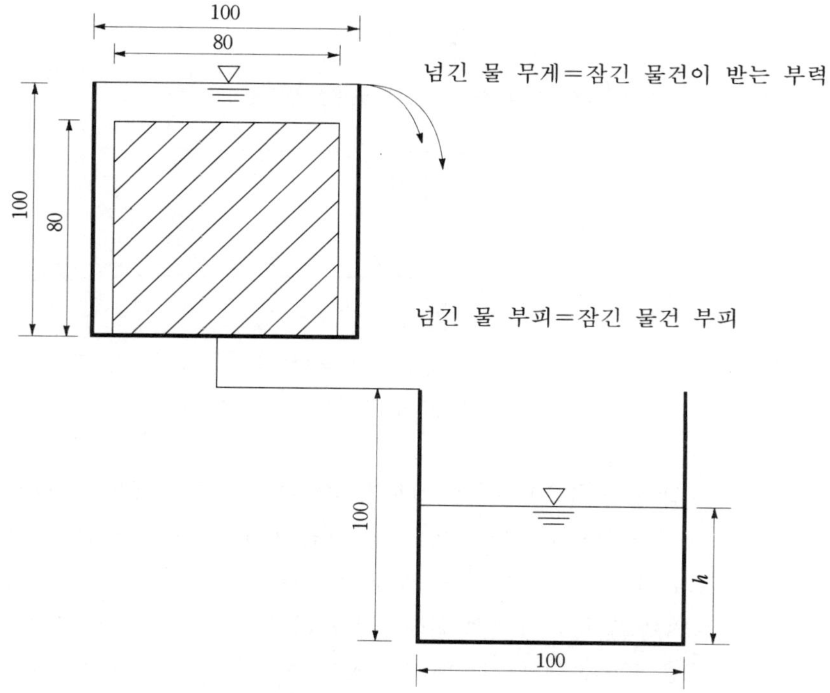

한 부피에 있었던 물의 무게와 같으므로

512 000 cm^3×1 g/cm^3(물의 비중) 해서 512 000 g이다.

결국 물 속의 철괴는 512,000 g만큼 가벼워져 4,019,200 g이 3,507,200 g으로 된다. 통 A의 물 속에 저울을 넣어 무게를 달아 보면 실제로 3,507,200 g이 될 것이다. 물 512,000 cm^3가 통 A에서 통 B로 넘어갔으므로 통 B의 밑면적 10,000cm^2으로 나누면 높이 h는 51.2 cm가 되는 것을 쉽게 알 수 있다.

$$512\,000=(100\times100)h \qquad \therefore h=51.2$$

철괴의 생긴 형태가 부피를 계산하기 쉬워서 싱거운 계산이 됐지만 계산하기 어려운 어떠한 형태의 물건도 통 A에 넣어 넘쳐난 물을 통 B에 받아 놓은 다음 고인 물의 깊이 h를 재면 바로 구하고자 하는 부피도 나오고 비중도 알아낼 수가 있게 되는 것이다.

그림 Ⅰ-2

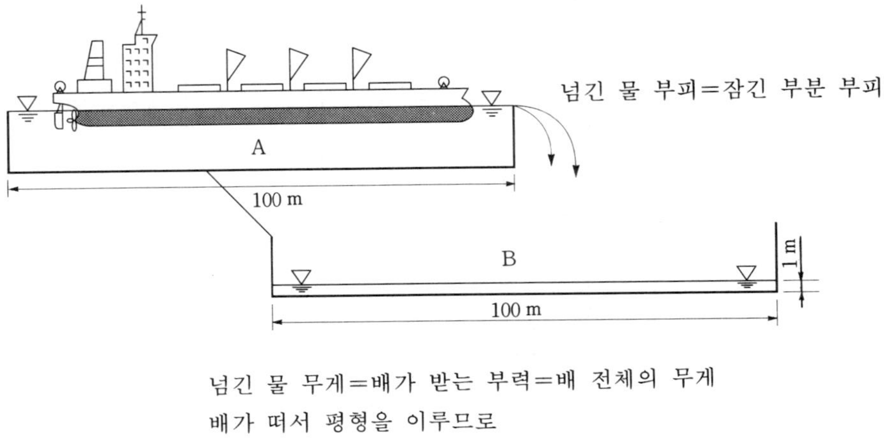

같은 요령으로 가로 세로가 100 m와 30 m인 A와 B 탱크를 그림 Ⅰ-2와 같이 배치하고 A탱크에 물을 가득 채운 후 자중이 2000톤이고 얼마인지 모르는 만큼의 짐을 실은 배를 띄웠다고 가정하고 짐이 몇 톤인지 알아보자.

A탱크에서 넘쳐서 B탱크에 고인 물의 깊이가 1 m이므로 B탱크에 고인 물은 3000톤이 된다. 배에 작용한 부력의 크기, 즉 배제하여 쫓아낸 물의 무게는 짐을 실은 배 전체 무게와 평형을 이루어 가만히 떠있는 것이라는 사실로부터 짐의 무게는 1000톤이라는 것을 알았다.

배수량=부력=배의 자중+짐의 무게

△=Buoyancy=LWT+DWT

△=LWT+DWT

3000=2000+1000

이상은 이치를 실험적으로 설명한 것이나 실제로 큰 탱크에 배를 띄우고 넘쳐나오는 물을 받아낼 수 있는 시설은 없다. 실제로 배가 임의의 흘수선으로 떠있더라도 그 때의 배수량이 얼마인지 선형 설계도(船型設計圖)인 선도(線圖, Ship Form Lines)를 이용하여 기하학적인 방법으로 계산해 낸다. 빈 배 때의 흘수선이 어느 곳인지만 알면 언제든지 실려 있는 짐의 양을 미리 계산해서 만들어 둔 배수량 특성 곡선도라고 하는 자료에 의하여 읽어 낼 수 있게 된다.

(2) 容積톤

밀폐된 선내의 모든 공간의 용적을 계산해서 100 ft^3을 1톤이라고 정의하고 1총톤(總톤, Gross ton)이라고 하며 GT 또는 $\overline{\text{S}}$로 표기한다.

선박의 용적이란 돈벌이의 척도이자 세금 산출의 척도이기도 하다. 짐을 나르는 貨物倉의 용적만을 계산한 용적톤을 순톤수(純톤數, Net Tonnage)라고 한다. 1 GT를 미터 단위로 환산해 보면 다음과 같다.

$$1\ m^3=\left(\frac{1\ m}{0.3048\ m/ft}\right)^3=35.32\ ft^3$$

$$1\ GT=100\ ft^3\div 35.32\ ft^3/m^3=2.83\ m^3$$

ton도 tonnes로 구별하여 쓴다.

(3) CGT 또는 CGRT

補正總톤數(Compensated Gross Registered Tonnage)란 뜻이 되겠는데, 국제 조선소간 상호 조선 건조량을 규제함에 있어 VLCC와 같은 초대형선이 갖는 큰 GT만큼 건조 작업량이 비례해서 커지는 것은 아니라는 사실을 바탕으로 GT로써 규제하기보다는 건조 작업량을 표시하는 새로운 계수를 정해서 쓰기 시작했으며, 그 기초는 역시 GT이므로 CGT 또는 CGRT라고 부르게 되었다.

2 방형계수 C_B

方形係數(Block Coefficient, 약자로 C_B) 또는 肥瘠係數(Coefficient of Fineness)는 문자 그대로 뚱뚱한 정도를 나타내는 계수이다.

그림 I-3

C_B는 흘수선 이하의 배의 부피와 배를 에워싸고 있는 최소의 직육면체 부피와의 비교값이다.

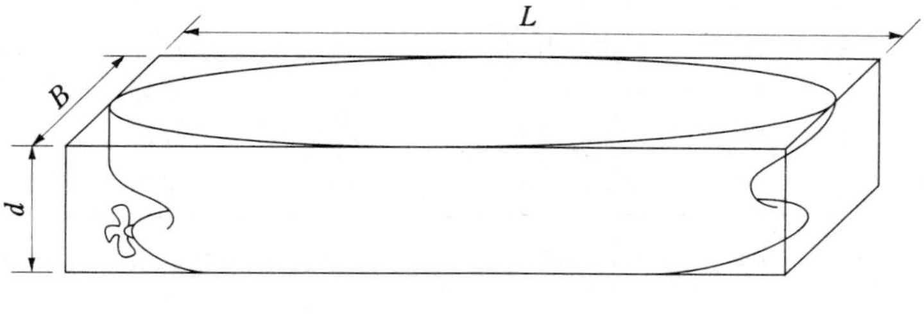

(1) 정 의

L : L_{BP}, 또는 L_{PP}, 수선간장(垂線間長, Length Between Perpendicular)

선미수선은 舵軸線에서, 선수수선은 만재흘수선(LWL : Load Water Line)의 앞쪽 끝에서 수직으로 내린 선이며, 두 수선 사이의 거리를 모든 선박 계산의 기준길이로 사용하는 하나의 관행 내지는 약속이다. 선박의 전체 길이는 선미수선 뒤쪽이나 선수수선 앞쪽으로 더 연장되어 있지만 수면 윗부분에 위치하고 복잡한 형상이면서 부피가 작아서 없다고 치더라도 전체 계산에 큰 차이가 없으므로 편의상 계산을 생략하기로 한 것이다.

B : Breadth, 선폭(船幅)

d : Draft, 滿載吃水線

꼭, d로 쓴다. D는 배의 전체 깊이를 의미함(Depth의 약자).

$$C_B = \frac{\text{배의 부피}}{\text{외곽직육면체의 부피}} = \frac{V}{L \times B \times d}$$

V는 Displacement Volume이며, ▽ 기호를 쓰기도 한다.

△=▽×海水비중(해수비중은 1.025)

(2) 의미와 중요성

C_B의 정의는 간단하지만 선박 기본 설계에서 C_B보다 더 중요한 기준값은 없다고 할 만큼 선박의 특성을 나타내기도 하고 자주 쓰인다.

선박은 짐도 많이 실어야 하고 저항이 작은 날씬한 모양이어야 하며, 단단한 구조를 가져야 하면서도 가벼워야 한다는 서로서로가 상충되는 목표

선속분류	일반적인 속도	C_B값	선종 분류
초고속선	30 kn 이상	0.35~0.5	경비정, 구축함
고 속 선	22 kn 이상	~0.6	컨테이너선
준고속선	18 kn 이상	~0.7	저속 컨테이너선, 페리, 냉동선
중 속 선	16 kn 이상	~0.75	중형 화물선 10만톤 이하
저 속 선	13 kn 이상	~0.85	대형 화물선
이 하	7kn 이상	~0.92	바지 기타

* 1 kn(knot, 노트)=1海里/時=1海上 mile/時=1nautical mile/時=1852 m/時

치들의 최적화된 조화를 가져야 한다. 따라서 기본 설계 계획을 할 때는 한 가지 점에서 시작해서 끝까지 모든 수치적 설계 계획을 다 해보고, 좋지 않은 곳이 생기면 다시 원점으로 가서 재시도해 보는 반복적 시행착오 방식을 쓴다. 이런 일련의 일이 C_B를 설정하고 나서야 진행되는 것이다.

◇ *기초공부* ———————— 비척계수(Block Coefficient) C_B

水面下의 3차원 곡면체인 선박의 침수부분을 꽉 차게 담고 있는 직육면체와 체적비가 C_B인 것은 이미 설명한 바 있지만, 그 의미를 좀더 포괄적으로 이해하기 위해서 설명을 보완한다.

먼저 C_B의 개념 정의를 확실히 이해하고 기억하도록 알기 쉬운 도형들의 C_B를 계산해 보자.

그림 I-4

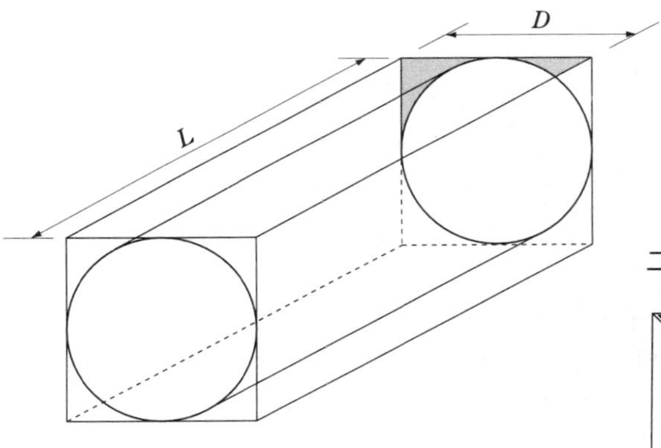

원주(圓柱, Cylinder)의 부피

$1/4 \times D^2 \cdot \pi \cdot L$

직육면체(Rectangle Pole)의 부피

$D^2 \cdot L$

$C_B = 1/4 \times D^2 \pi L \div D^2 L = 1/4 \times \pi = 0.785$

그림 I-5

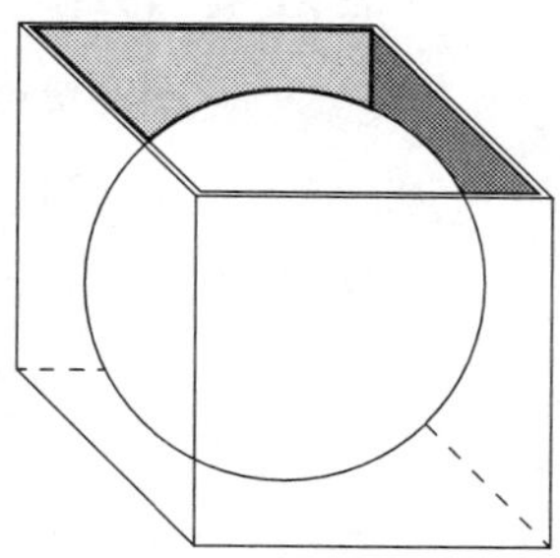

구의 부피

$4/3 \times \pi \times 1/8 \times D^3 = 1/6 \times \pi D^3$

정육면체의 부피$=D^3$

$C_B = 1/6 \times \pi D^3 \div D^3 = 1/6 \times \pi = 0.523$

그림 Ⅰ-6 사각뿔과 사각주의 연합체

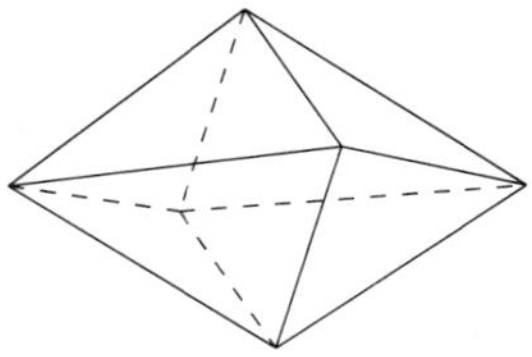

(a) 도형 1

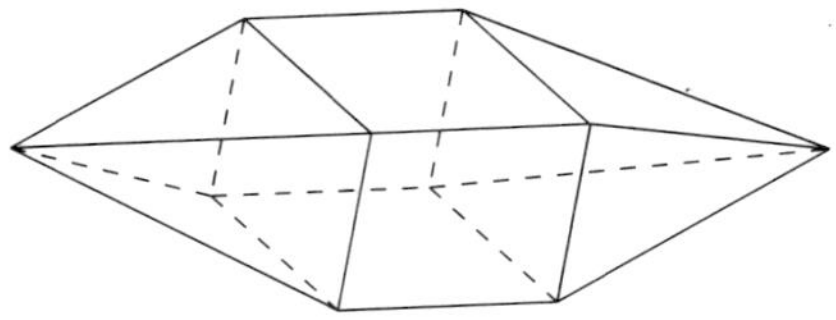

(b) 도형 2

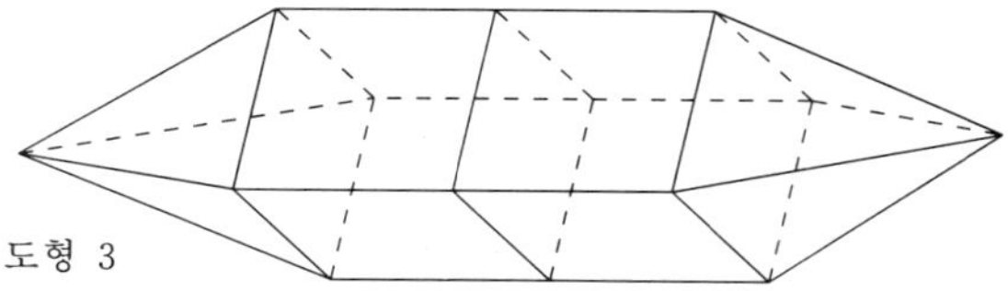

(c) 도형 3

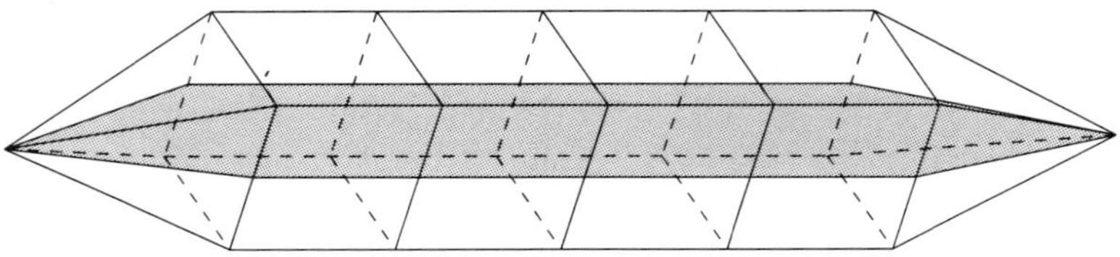

(d) 도형 4

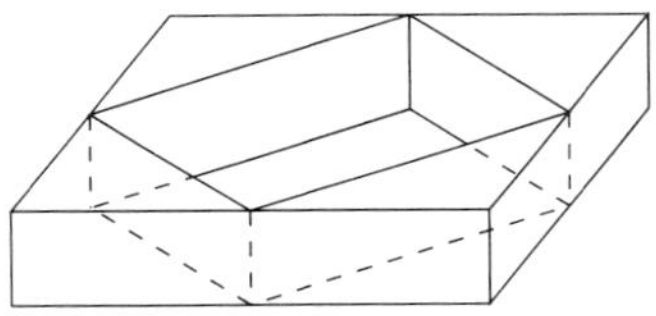

(e) 도형 5

도형 1 : 4각뿔 2개를 붙인 8면체

4각뿔의 C_B가 1/3이므로 0.333이며, 4각뿔의 2개를 붙인 8면체도 0.333임.

도형 2 : 4각주 1Unit와 4각뿔 2개의 연합

$$C_B=\frac{33+100+33}{100+100+100}=0.533$$

도형 3 : 4각주 2Unit와 4각뿔 2개의 연합

$$C_B=\frac{33+100+100+33}{100+100+100+100}=0.665$$

도형 4 : 4각주 4Unit와 4각뿔 2개의 연합

$$C_B=\frac{466}{600}=0.776$$

그림 I-6의 도형 4에서 수평으로 上部 Unit와 下部 Unit로 나누면 배모양 비슷하게 되며, 이 모양을 둘러싸고 있는 직육면체도 반으로 쪼개지므로 이때도 C_B는 그대로 0.776이다. 망으로 표시한 절단면이 평평한 Deck가 되어 흡사 배 모양으로 된 것이다.

도형 2, 3, 4에서 보듯이 4각주 Unit가 중앙부에 많이 연합될수록 C_B가 커지는 것을 알 수 있다. 이 4각주 Unit가 100개쯤으로 증가된다면 C_B는 거의 1.0이 되리라는 것을 알 수 있다.

도형 5는 마름모꼴을 직육면체에 집어넣은 모습이다. 빵 상자를 포장하는 식으로 +자로 분할해 보면 마름모꼴의 부피가 싸고 있는 직육면체 부피의 꼭 반이 되는 것을 쉽게 알 수 있다. C_B가 0.5인 것이다. 다시 최대폭이 있는 중앙부에서 앞뒤쪽으로 가면서 앞뒤 끝의 상부 꼭지점까지 바닥면을 경사면으로 잘라 버린다면 앞뒤로 각각 1/3의 부피가 잘려 나가서 $C_B=0.5\times0.67(0.67=2/3)=0.335$가 된다. 평면으로 이루어진 다면체 중 최대길이와 최대폭을 가진 형상으로서는 최소의 C_B인 것이다.

다시 칼을 대서 자르려 한다면 폭이나 길이가 줄거나 아니면 평면이 곡면으로 바뀌게 될 것이다. C_B가 작은 쪽이 추진 저항이 작다고 하는 것이 상식이지만 아무래도 도형 5가 도형 4보다 더 좋은 추진체 같아 보이지는 않는다.

여기서 몇 가지 개념 정리를 하고 넘어가자.

① 최대폭을 갖는 중앙부위가 상대적으로 길면 C_B가 커진다.

② 뱀장어처럼 길다고 C_B가 작지는 않다. 단면이 원통형이므로 0.78 부근이다. 얇고 납작한 타원형 단면을 갖고 길게 생긴 갈치도 얇고 긴 직육면체의 봉 속에 꽉 차게 집어넣었다고 할 때 C_B가 그렇게 작은 값은 아닐 것이다.

③ 추진이 잘 되려면 아무래도 홀쭉하고 날씬하게 생겨야 하겠다. 홀쭉한 것은 길쭉하게 생긴 것이요, 즉 L/B값(幅長比, Beam Length Ratio, L by B)이 작아야 하겠다. 그 위에 C_B가 작아야 하고 또 잘 생겨야 하겠다. 추진이 잘 되는 형태로 생겨야 한다는 말이다. 특히 선수부의 진입각(進入角, Entrance Angle)이 작아야 하고 선수부에서 중앙부로 넘어가는 데 돌출된 어깨(Shoulder)가 없이 부드럽게 넘어가야 한다. 보통 상선의 L/B는 7, 상하로서 저속선은 6 이하도 있으며 고속선은 8 이상도 있다.

그림 Ⅰ-7 여성과 배

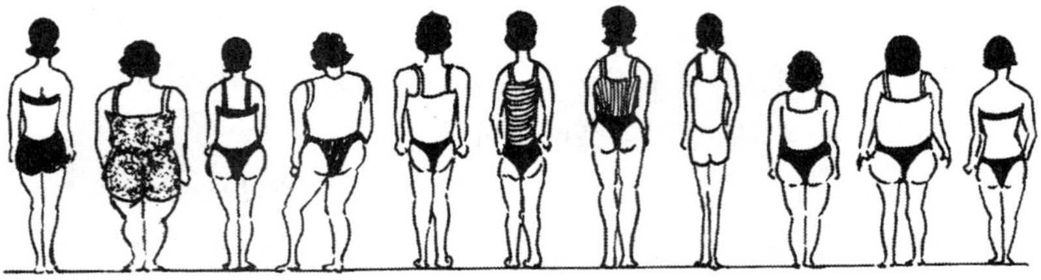

배는 의인화할 때는 여성이다. 여성스러운 요소가 많다는 뜻이다. 짐을 많이 실는 배, 추진이 빠른 배, 튼튼한 배, 안정성이 뛰어난 배 등 용도에 따라 다르게 만든다. 여러 유형의 여성의 모습과 여러 유형의 배를 흘수선 수선면도를 비교해 보자.

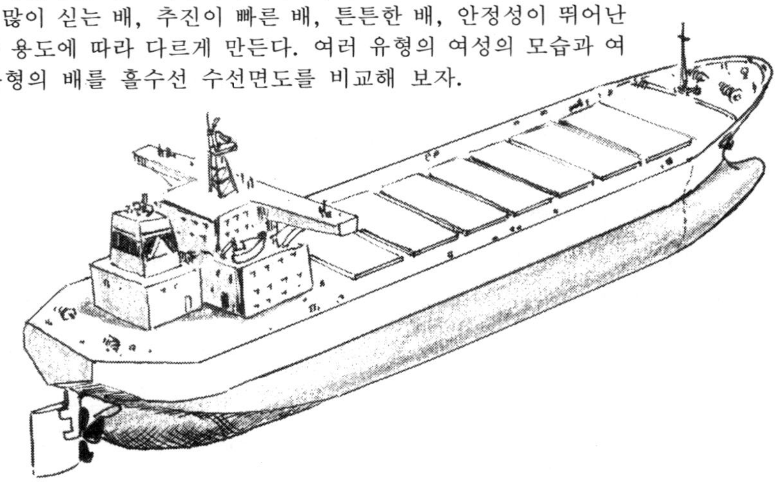

그림 Ⅰ-8 Load Line Plane of Various Ship Kinds—Trends

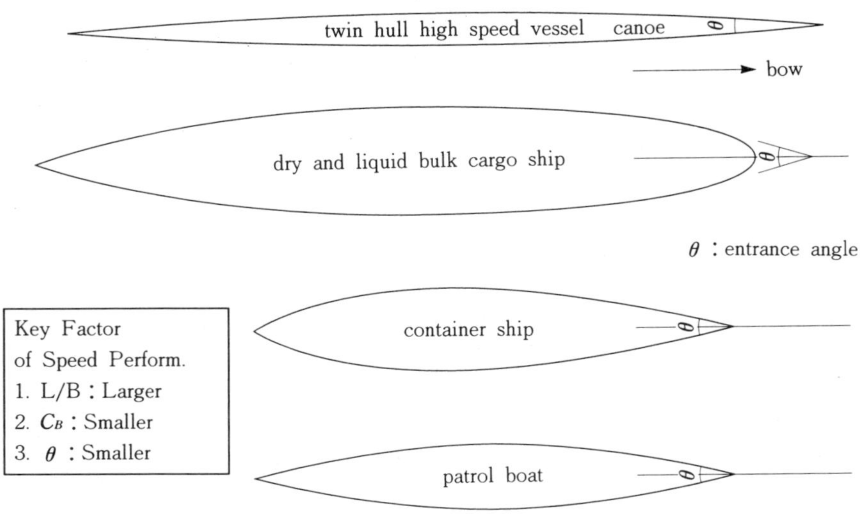

선박을 상품가치로 따져 볼 때 제일 중요한 인자를 들면 DWT(載貨重量)와 Speed이다. 돈벌이(Earning)와 직결되기 때문이다.

조선 설계에서 제일 중요한 Factor를 든다면 첫째가 자중이고 둘째가 C_B이다.

자중의 증가는 건조 당시에는 돈의 추가요, 완공 후에는 화물량의 Loss이다. 자중이 작으면서 견고한 구조를 짜는 것은 또 구조기술의 문제이지만, 처음 예산한 자중에 맞추어서 상세 설계가 끝나지 못하면 화물 적재 능력이든 Speed든 다 틀리게 된다.

C_B가 커지는 것은 배수량을 늘려 주니까 DWT를 늘려 주지만 Speed에 해로운 요인이 된다.

여기서 설계에 관한 논의를 진전시키는 것은 그만하고 C_B의 위력만 보여주겠다. DWT가 300,000톤, 강재가 25,000톤, 총자중이 33,000톤 되는 배가 길이 320 m, 폭 58 m, 홀수 22 m, C_B가 0.8이라고 하자.

그러면 필요 총배수량은 333,000톤이다.

$$\triangle = 320 \times 58 \times 22 \times 0.8 \times 1.025$$
$$= 334\,820(\text{ton})$$

334 820－333 000＝1820톤 여유 발생(자중 33 000톤의 5.5%)

이 여유가 적은 듯하여 C_B를 0.81로 한다면 320×58×22×0.81×1.025로 계산되어 4185톤 여유가 더 생긴다.

자중 33,000톤에서 4185톤이면 12.7%이다. 자중을 맞출 자신이 없어 18% 가량의 여유치를 갖겠다면 그에 상응하도록 엔진 마력을 키워야 하고 연료를 더 써야 하는 것이다. C_B가 0.8과 0.81에서 Speed가 영향을 크게 받기 때문이다. 속도가 모자라도 안 되겠고, DWT가 모자라서도 안 된다. 두 가지 다 계약상의 가장 중요한 약속이기 때문이다. 따라서 자중추정과 C_B의 결정이 좋은 배를 설계하고자 하는 조선학도의 고민의 가장 중심이 되는 것이다.

10,000톤 미만급 배에서는 자중의 정확한 추정이 이루어지지 않으면 DWT와 Speed의 약속을 지키기 대단히 어렵다. 참고로 언급하자면 △의 여유를 얻어 내기 위하여 C_B를 키우기보다는 제한이 없다면 배의 길이를 늘이는 것이 원가 상승은 많지만 추진 마력에 영향을 덜 미친다.

4. 초기 기본설계 계획의 시도

1 선주 주문시의 일반적 요구조건과 제한사항

첫째, 선종(船種)과 DWT의 제시

둘째, 선속의 제시

셋째, 길이, 선폭(船幅), 吃水의 제한이 필요한 경우 제시

넷째, 船員數의 제시

다섯째, 선적국(船籍國) 지정 및 적용 필요 海洋法規 지정, 선급(船級, Classification)의 지정(公認 검사 및 기술 감리 단체)

2 기본계획의 순서

(1) 선종과 DWT부터 보편적인 동형선류를 참작하여 *L, B, D, d*를 설정한다.

◇ *기초공부* ―――――――――――――― L/B의 결정(幅長比, L by B)

선속에 맞추어 기존선들과 비교해 보아 가며 폭을 잡아 보는 계수이다. 아주 첨예한 고속선은 10 또는 그 이상이며, 둔탁한 저속선은 6 부근 또는 그 이하까지도 된다. 그러나 일반적으로 중속선은 6 부근, 고속 화물선은 7 부근으로 이해하면 된다. 특별 광폭선은 5 부근, 특별 세장선(細長船)은 8 또는 그 이상이다.

예 30만톤 VLCC 335 m/58 m=5.78 14.5 kn
6만톤 Panamax 215 m/32.2 m=6.68 16.0 kn(특별히 길이가 큰 선형)
5만톤 Container 270 m/40 m=6.75 26.0 kn(5000 TEU급, 특별히 폭이 넓은 선형)
4만톤 Container 230 m/32.2 m=7.15 22.0 kn(2800 TEU급)

(2) 船速(Speed)을 참작하여 C_B를 잠정 결정한다.

$L \times B \times d \times C_B$로서 ∇가 계산되고, 또 해수비중을 곱하면 Δ가 도출된다. 여기서 C_B가 크면 엔진 마력이 커야 하고 C_B가 작아야 엔진 마력이 작아도 된다.

(3) 일반배치(一般配置, General Arrangement)를 하여 Cargo Space(貨物倉部), 機關室, 船室의 位置 및 기타 區劃을 설정하고 中央 縱斷面 형상을 정한다.

(4) 主機를 정하고 甲板 의장과 기관실 의장에 필요한 중요기기(機器)의 용량을 정한다.

(5) 선체 구조(構造) 重量 및 의장 중량을 추정하여 LWT를 추정한다. 建造 경험이 많은 造船所에서는 많은 실적자료가 이용되나, 그렇지 않으면 일일이 모든 품목을 조사해야 하므로 방대한 작업이다.

(6) Δ－LWT로써 DWT가 달성되었는지 확인한다.

DWT가 쉽사리 얻어졌다면 Δ가 크게 잡혔거나 LWT가 작게 잡혔거나 했을 경우를 의심해 봐야 한다. Δ가 크게 잡혔다면 C_B를 크게 잡았다는 뜻이 되고 이는 엔진 마력이 커야만 된다는 뜻이다. 즉, 기름 소모가 크다는 뜻이다. LWT가 실제로 작게 할 수만 있다면 좋은 일이겠지만, 만약 작아도 되리라고 추정했는데 배를 지어 놓고 보니 LWT가 추정치보다 커졌다면 DWT가 모자라는 배를 지어 놓은 결과가 되어 계약 이행을 실패하게 되는 것이다.

3 집요하고 끈질긴 기본계획의 확정 과정

(1) LWT는 구조 설계가 진행됨에 따라 부재의 위치, 개수, 크기가 구체적으로 결정된다. 설계는 대형 부재로부터 소형 부재 순으로 진행되기 때문에 착오가 없이 잘 맞을 것이라는 확신이 설 때까지 지속적으로 또 반복해서 확인해야 한다. 이 과정에서 목표했던 중량을 크게 상회한다면 구조 설계 방법을 바꾸거나 아니면 Δ를 키우기 위해서 C_B를 키워야 한다.

(2) 중요기계 중량과 철구조 의장품, 배관이나 전선, 가구나 취사용품에 이르기까지 설계가 진행되면서 중량을 up-to-date화시켜야 한다.

그림 Ⅰ-9 Shipform Lines

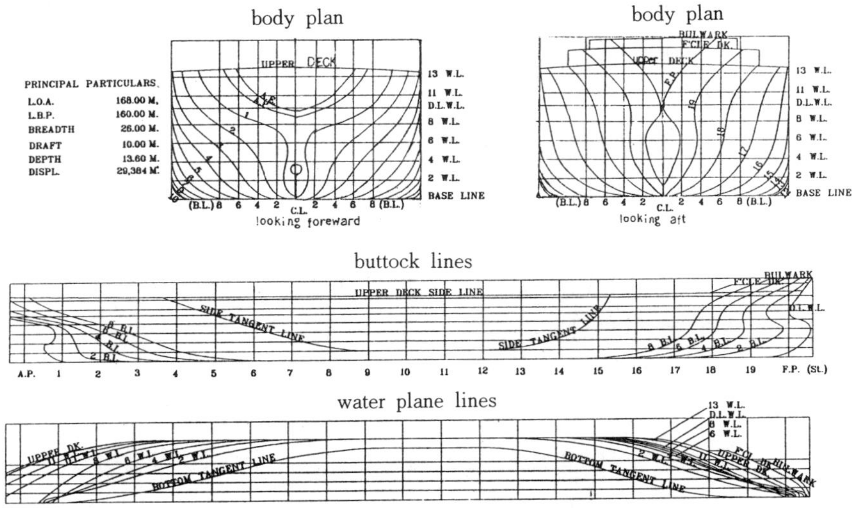

(3) 線圖를 작성한다. 즉 선체의 입체형상을 평면도면에 표현하는 기법으로 표현하는 것이다.

선체 입체를 종단면으로 여러 개로 자르고 그 자른 단면의 외곽곡선을 한 장의 도면에 겹쳐서 나타낸다. 이 도면을 종단면도(Body Plan)라고 한다.

또, 여러 등분의 수평면으로 잘라서 나타낸 각 단면의 외곽곡선을 하나의 도면에 겹쳐서 나타낸 도면을 평면도(Horizontal Plan Lines 또는 Water Plane Lines)라고 하고, 여러 등분의 측단면으로 잘라서 나타난 곡면 형상들의 외곽선을 하나의 단면에 겹쳐서 표현한 것을 측단면도(Buttock Lines)라고 한다.

(4) 線圖 작성시 고려될 점

① 3개의 단면도의 모든 곡선이 부드러운 연속곡선으로 나타나야 한다. 어느 한 도면의 한 선이라도 부드러운 연속선이 아니라면 미려한 선형이 아니기 때문이다.

② Body Plan으로 계산한 용적 ▽가 목표치에 맞아야 한다. 용적 계산은 약식 적분 방식인 Simpson 공식에 의하여 필산 계산도 가능하다.

③ 수직 방향 부력 중심이 Stability와 운동 성능 목표치에 잘 부응하는 위치에 오도록 해야 한다.

그림 I-10 여러 가지 Lines와 선수미 겨냥도
(각 그림은 상호 관련 없음)

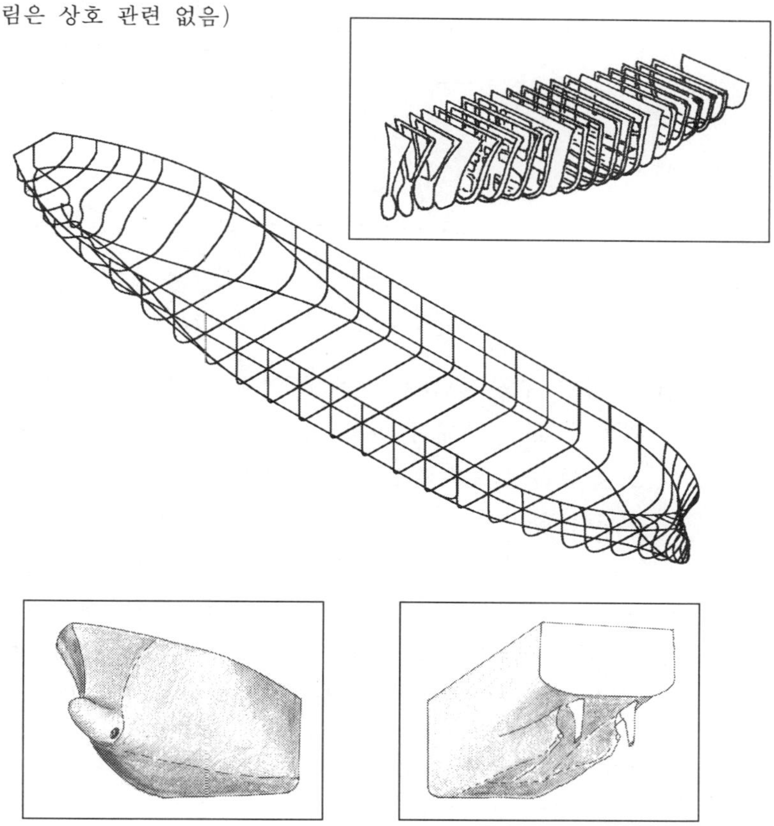

그림 I-11

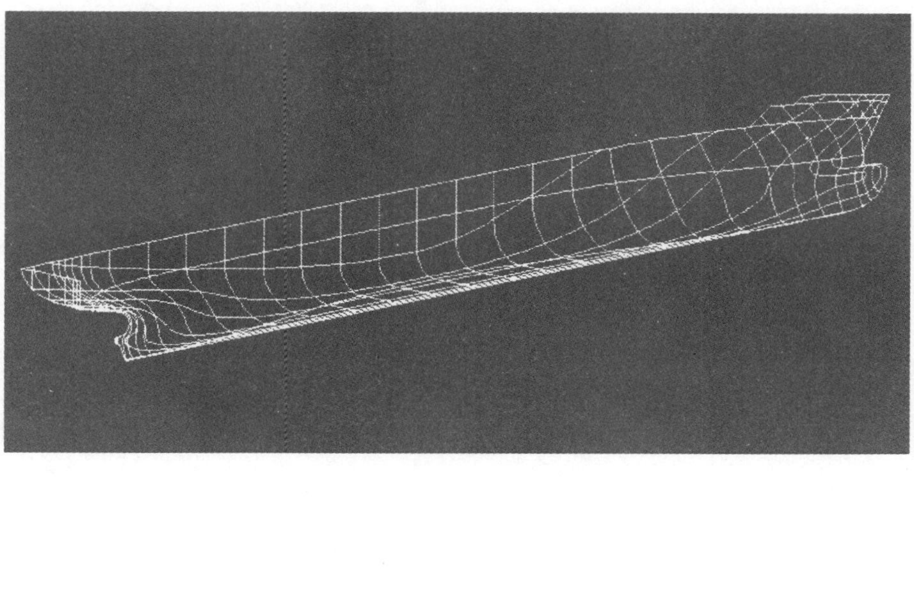

그림 Ⅰ-12

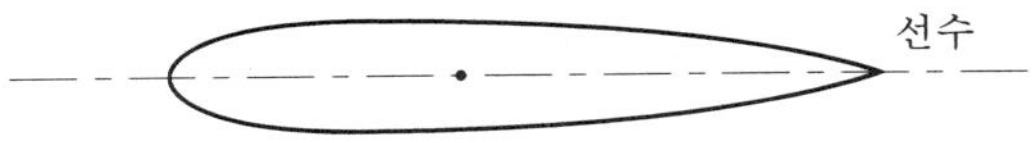

부력 중심이 뒤에 있는 선형은 뒤쪽이 뚱뚱함.

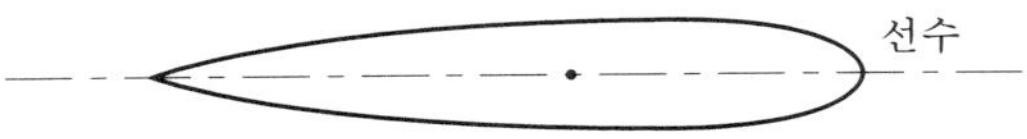

부력 중심이 앞에 있는 선형은 앞쪽이 뚱뚱함.

④ 종방향 부력 중심이 선체의 앞뒤 방향 기울음(Trim) 목표치에 맞는 위치에 오도록 해야 한다. 선체는 짐을 가득 실었을 때에도 선수쪽이 조금 들리거나 수평으로 놓아지도록 선체의 중앙지점에서 조금 앞쪽에 오도록 하여야 한다. 대형 중속선의 편심 거리는 배 길이의 3~5% 정도가 보통이다. 그러나 고속선은 선수쪽이 길고 뾰족하게 만들기 때문에 부력 중심이 뒤쪽으로 2~3% 정도 위치하게 된다.

⑤ 만재흘수선면(Water Plane of Load Water Line) 면적이 Stability(복원력) 특성상 충분한 면적이 되도록 하여야 한다.

(5) 모형선 수조시험(模型船水槽試驗, Ship Model Basin Test 또는 예인수조시험, Towing Tank Test)

① 축소 모형선을 설계된 Lines대로 나무로 만든다. 도면상에서 보기에는 잘 설계된 것같이 느껴졌더라도 모형을 만들어 보면 형태가 유연하고 미끈하게 생기지 않은 부분을 쉽게 발견할 수 있다. 이런 부분을 수정해서 물에 띄워서 당겨 봄으로써 선체에 걸리는 저항을 재고 선수 부위의 파도 형상이나 선미 부위의 수류(水流, Folw Line)를 관측한다. 원만하게 손질하여 확정시킨 모형으로 최종 저항시험을 한다.

② 최종 저항시험 결과를 이용하여 프로펠러를 설계 제작하여 모형선에 붙이고 자항(自航, Self Propulsion)시험을 하여 의도하는 속도에 필요한 마력을 계측한다. 자항시험은 모형선 위에 전기 모터를 장착하여 프로펠러를 구동시켜서 속도와 전력의 상관관계를 조사하는 것이다.

③ 프로펠러에서는 공동현상(空洞現象, Cavitation)이 생긴다. 이는 프로펠러 끝에서 많은 기포(氣泡)가 생기는 현상인데, 이로 인하여 추진성

그림 I-13 예인 대차(Carriage)로 모형선을 끌어 주는 그림

능이 저하되거나 프로펠러와 주변 선체가 침식되고 진동이나 소음이 유발된다. 이런 현상의 유무를 확인하는 모형시험(Cavitation Test)을 하고 프로펠러 설계를 확정한다. 테스트 방법은 관측이 가능한 투명탱크에 물이 흐르게 하고, 그 속에서 프로펠러가 돌게 만들어 놓은 다음 기포가 생기는 현상을 육안으로 관찰하는 것이다.

4 船種의 分類, 주요 특성

貨物種類에 따라 다음 것들에 대한 고려가 필요하다.

- 船舶의 크기, 즉 Tonnage
- 主寸法(Main Dimension) 제한
- 船速의 범위
- 主要 區劃의 배치
- 貨物 區劃의 형상
- 貨物 揚荷役 방법
- 貨物 倉口蓋의 크기, 형상
- 貨物 保護 조건

(1) 油槽船(Oil Tanker 또는 Tanker)

선체의 손상에 의한 貨物油의 流出과 해상오염을 방지하기 위하여 바닥(Bottom)과 外板(Shell)의 구조가 겹구조(二重船體, Double Hull)로 되어 있으며, 船體의 크기와 貨種에 따라 종방향 Bulkhead가 없거나 左右 Tank

그림 Ⅰ-14 화물 구획의 종단면 형상

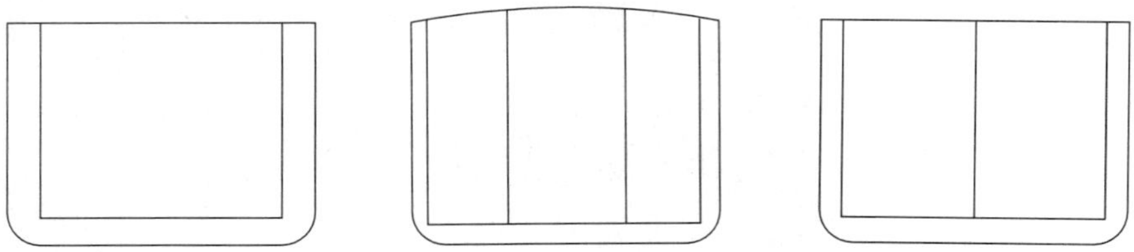

(a) 전통선 단면(대개 소형선) (b) 3분할선 단면(대개 대형선) (c) 2분할선 단면(대개 중형선)

로 2구분 분할 또는 3구분 분할되어 있다.

변두리의 2중구조는 대개 물탱크(Ballast Tank)를 두어 空船時의 적정한 沈下(Immersion)를 가능케 하고(너무 많이 떠오르면 프로펠러가 노출되어 추진 효율이 떨어지고 또 선박 동요가 심하여 항행이 어렵다) Trim(앞뒤로 기울음) 또는 횡경사(橫傾斜, List)가 없이 배가 바로 뜨도록 균형을 잡아 주는 데 쓴다.

격벽(Bulkhead)은 구조강성 목적 및 여러 종류의 화물을 분할 혼재(混載)하는 목적과 流體화물의 流動시 충격력(Sloshing Force)을 완충하는 목적 외에 손상시의 복원력(Damage Stability) 보유를 위하여 설정한다.

화물은 육상설비를 이용하여 싣고, 선박에서 내릴 때는 배에 설치되어 있는 펌프를 써서 퍼낸다.

화물은 인화성이 크므로 화재 예방 설비와 소방 설비를 규정대로 배치하여야 하고, 세정장치(洗淨裝置, Tank Cleaning)와 측심장치(測深裝置, Depth Gauge), 압력완충 배기장치, 필요에 따라서는 가열 코일(Heating Coil) 등이 설치된다.

(2) 살물 화물선(撒物貨物船 또는 散物, Dry Bulk Carrier, Bulk선)

Bulk란 말은 포장하지 않은 원래의 물질 그대로를 말하며, Dry Bulk의 반대는 Liquid Bulk도 성립이 되어 액체 Bulk船은 바로 유조선으로 된다. 그러나 일반적으로 Bulk선은 Dry Bulk선을 지칭한다.

Bulk 화물의 주종은 광석, 석탄, 곡물이며 시멘트, 원목, 칩(목재 Chip, 펄프 원료) 같은 것은 싣고 내리고 적재하는 것이 보통과 다르므로 특수 Bluk로서 운송선의 형태도 달라진다.

Tank의 용적은 Ballast Tank와 연료유(Fuel Oil, 약자로 F.O.) 탱크로서 적절하게 잡는다.

그림 Ⅰ-15 Midship Section

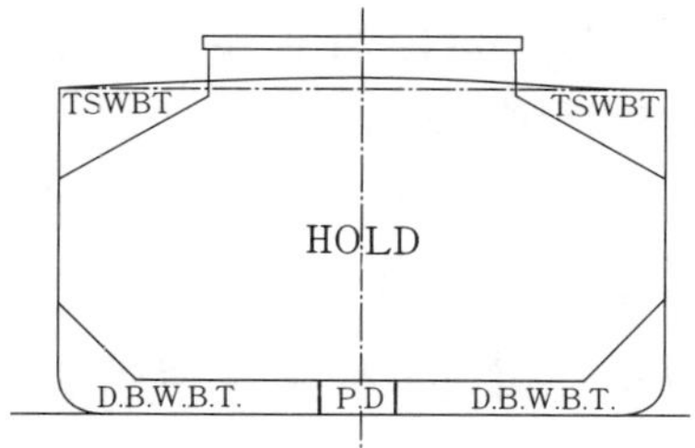

Top Side Tank와 Double Bottom Tank는 강력한 종강력 부재로서의 역할을 한다.

Double Bottom Tank의 Bilge Part의 경사(Slope)진 부분으로 인하여 Bottom구조와 Shell 부분의 剛性에 큰 기여를 한다. 즉 초대형 브라킷(肘板 Bracket) 보강재인 셈이다. 또한 貨物이 바닥의 중앙으로 저절로 무너져 내리게 하는 중요한 기능을 한다. 짐을 퍼낼 때 변두리의 짐을 가운데로 옮기는 것도 큰 일이기 때문이다.

Top Side Tank의 바닥이 경사진 것도 외판의 강성에 큰 기여를 하는 브라킷으로서 구실을 한다.

석탄이나 광석 같은 화물을 쌓아 올리면 옆으로 흘러내리고 가운데만 높게 되는데, 삿갓처럼 생긴 더미(무더기)의 옆면 경사는 자연 표면형성 경사각으로 Repose Angle(식각〔息角〕)이라고 한다.

Top Side Tank 바닥을 이 Repose Angle에 맞추어 만들면, 첫째 화물을 실을 때 화물더미 변두리의 빈 자리를 채워 넣는 수고를 덜고, 둘째 배가 롤링을 크게 하더라도 화물의 동요가 작다는 장점을 갖는다.

화물의 응집력이나 거칠기(粗度), 알의 굵기(粒度)에 따라 Repose Angle의 크기는 다르지만 Top Side Tank 바닥의 각도를 조금만 바꾸어도 화물창과 Top Side Tank의 용적 형성 내용에 큰 차이를 준다. 대개는 갑판과의 각도를 30도 정도로 한다.

배수량과 화물중량과 화물의 비중을 모두 고려하더라도 그림 Ⅰ-15와 같은 모양의 화물창 형성으로써 충분한 화물창 용적을 갖기 때문에 그런 모양을 만들 수 있다.

아주 특별히 가벼운 화물을 주로 싣는 배를 만들려면 배의 깊이를 깊게 하여 충분한 용적을 얻어내야 한다. 중앙부 창구(倉口, Hatch Opening)는 두께가 얇은 직육면체 모양의 4각판(Rectangular Panel) 구조의 Hatch Cover를 덮는다. 열고 닫는 것은 좌우 두 쪽으로 갈려져서 배의 양 옆쪽으로 이동하는 것이 보통의 방식이다.

배에 장착된 Pinion and Rack Gear 이동장치나 체인(Chain) 이동장치 방식을 쓴다. 창구의 폭은 대개 배 폭의 절반 정도이고 Cover 강도는 깊이 2 m 정도까지의 해수가 균일하게 위에 쌓여서 누르더라도 괜찮도록 한다. 이는 어느 순간에건 갑판을 넘는 파도가 Cover 위에 얹힐 수 있기 때문에 설정하는 설계 기준이다.

화물을 싣고 내리는 것은 4~5만톤급까지는 배 위의 하역용 기중기 등을 이용하지만 6만톤급 이상 되는 큰 배는 대개 항구의 부두 하역설비에 의하여 이루어진다.

(3) 컨테이너선(Container Ship)

컨테이너는 대마력 고속선이고 갑판 위에 컨테이너를 많이 싣게 되므로 복원력 확보가 중요한 관건이다.

화물창에 컨테이너를 쉽게 싣고 내리도록 Hatch를 크게 만들므로 배 구조가 어떻게 튼튼한 강성을 유지하느냐 하는 문제도 크게 대두된다.

선미는 좁아서 대용량의 큰 엔진을 앞쪽으로 이동하여 설치할 수밖에 없고, 그 위에 선실(船室, 居住區域)을 설치하게 되니까 뒷부분의 선체가 길어서 그 부분에도 최대한도의 컨테이너를 싣는 노력을 하게 된다.

자연히 선실구조는 성냥갑을 세워 놓은 것같이 얇고 높게 되어 대마력 엔진(최대급은 80,000마력으로 30만톤급 VLCC선의 40,000마력급 엔진의 2배가 됨)과 함께 심한 진동의 우려를 낳게 한다.

냉동 컨테이너의 운송수요도 점점 늘어 컨테이너에 장착된 냉동기에 전력을 보내려다 보니 4,000 kW 정도의 발전기를 3대씩이나 설치하게 되어 기관실 구조의 국부강도(局部强度, Local Strength) 및 소음에 대한 대처 방안도 고려하여야 한다.

배는 좁고 길므로 중앙부의 상하 굴곡 변형운동이 많이 발생한다. 또 위에서 언급한 것과 같이 갑판이 거의 없어 고무신과 같이 취약한 모양인 데다 대마력 고속 추진으로부터 오는 파랑하중(波浪荷重, Wave Load)의 급격한 변화나 비스듬히 오는 파도(Oblique Sea)에 의한 비틀림힘(Torsional Load), 직접적인 선수파(船艏波, Bow Wave)의 충격력 또는 Pitching 때

그림 I-16

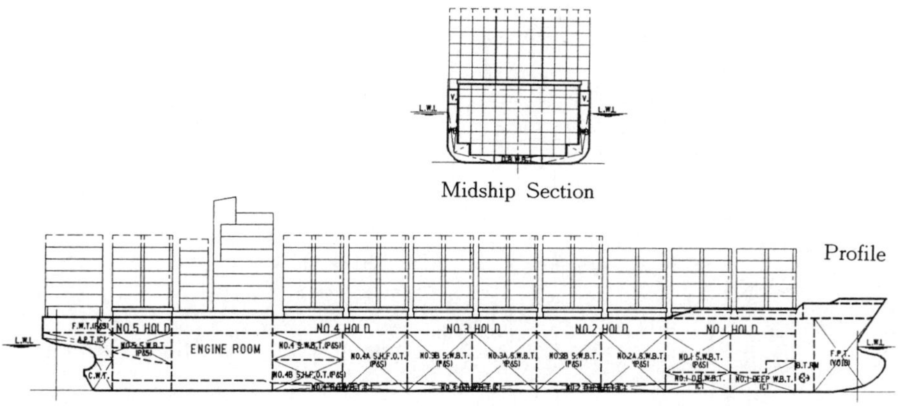

발생하는 배 바닥이 들렸다가 내려가면서 물을 때리는 충격력(Slamming Force) 등 구조에 부담을 주는 큰 부하가 걸리고 피로(疲勞, Fatigue)가 축적된다.

비단 배는 설계상으로 모든 세부적 배려가 다 되었다 하더라도 완전 무결한 용접과 녹이 잘 슬지 않도록 방청도장(Anti Corrosion Paint Coating) 등을 철저히 하는 생산상의 작업 품질이 완벽해야 한다. 작은 손상이나 균열로부터 선박의 전손(全損, Total Loss)을 유발할 수도 있기 때문이다.

Hatch Cover는 배의 폭방향으로 세 쪽으로 나누어 설치한다. Hatch Cover 위에 컨테이너를 4단씩 적재하게 되므로 Hatch Cover도 필요한 강도를 가지고 있어야 한다. 부두 기중기로 열어서 육상에 놓았다가 창내에 짐을 싣고 닫게 되는데, 부두 기중기 용량이 대개 30톤 부근이므로 더 무겁게 만들어서는 곤란하다.

Hatch Cover 두께가 800～1000 mm 정도 되는데 이것이 100 mm 정도 커짐에 따라 Hatch Cover의 중량 중심은 50 mm 올라가고 그 위에 모든 컨테이너의 중심 중량은 100 mm씩 일제히 올라가므로 복원력에 심각한 영향을 준다.

컨테이너 적재를 신속히 하기 위하여 Hold에 Cell Guide를 설치한다. 컨테이너의 네 귀 부분 수직 모서리선 부분이 틀에 끼워져서 부드럽게 유도되

그림 Ⅰ-17

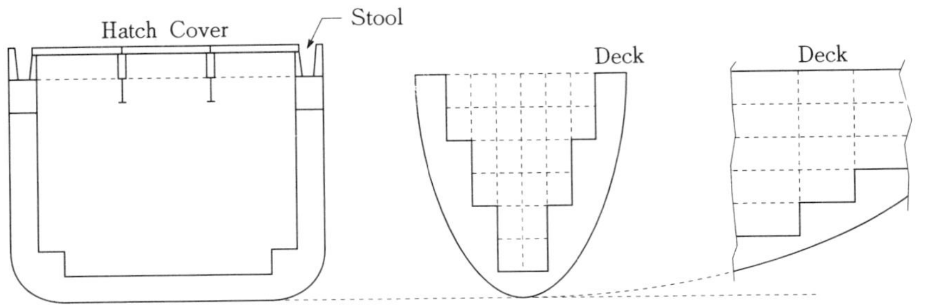

(a) 중앙 절단면도 (b) 폭이 좁아진 곳 (선수 부위) (c)바닥이 올라가는 곳 (선수 부위)

고 또 적치된 뒤에는 유동을 방지하기 위한 일종의 간단한 격자 구조이다.

주요 순항 루트의 컨테이너 구성비율을 참조하여 FEU(40 Feet Equivalent Unit)와 TEU(20 Feet Equivalent Unit)용 Cell Guide의 위치를 설정한다.

큰 Bilge Radius로 인하여 배의 중앙 부위에서까지도 Hold바닥의 좌우측이 좁아지고 또 선수미 쪽에서는 바닥이 치켜올려지고 폭이 더욱더 좁아지므로 고정 형태로 생긴 컨테이너 박스를 놓기 위해서는 계단식으로 단을 지을 수밖에 없다(Stepped Bottom, 그림 Ⅰ-17 및 22 참조). 이 경우 배의 외판과 바닥 각이 진 곳이 너무 가까워져서 선체의 강도 유지상 어려움이 생기고 또 협소하여 건조 작업에 어려움이 많다.

컨테이너선은 구성 철판이 두껍고 Block이 무거우므로 가공장비나 크레인 및 기타 운송장비도 모두 커야 한다. 배가 그리 크지 않더라도 설비가 좋지 않은 조선소가 하기에는 용이한 일이 아니다. 컨테이너선이야말로 모든 설계 능력과 생산능력의 진수가 집중적으로 발휘되어야만 명품이 나올 수 있는 기술능력의 정수이자 척도이다.

갑판과 Hatch Cover 위의 컨테이너를 튼튼히 또 능률적으로 고정하고 해체하기 위하여 Lashing Gear 또는 Container Fitting이라고 하는 금물(金物, Hardware)이 표준화품으로 잘 개발되어 사용되고 있다.

갑판은 Hatch Cover로 다 덮이고 외판 부위에 통로 정도가 남게 되는데 컨테이너가 놓여질 폭이 되지 않는다. 따라서 외판에 연장해서 Hatch Cover 上面과 같은 높이까지 받침대(Stool)를 세우고 컨테이너는 Hatch Cover와 받침대 위에 걸쳐서 실으며, 그 밑이 종방향의 이동 통로가 된다.

그림 I -18 컨테이너선과 Container Port

예리한 선수 형상과 즐비한 port의 container crane이 인상적이다.

그림 Ⅰ-19

맨 아래층(Bottom Tier) 컨테이너는 Bottom Fitting이라는 것을 써서 갑판, Hatch Cover 또는 Stool에 고정시키며 컨테이너 위에 컨테이너를 얹는 것은 전후 좌우로 밀리지 않도록 하는 중간 연결 고정금물(Stacker)을 사이에 끼워 넣고 맨 위층의 컨테이너 바닥과 선체 구조를 잡아 묶는 Tension Rod를 써서 컨테이너를 집단으로 고정시킨다.

선박의 심한 동요나 강한 파도로 인하여 Container Fitting이 파손되기도 하지만 박스가 파손되기도 하므로 복층 적재 높이와 Unit의 폭을 보통보다 크게 할 때는 선체 운동 특성에 따른 동하중(Dynamic Load)도 고려해야 한다.

선수파도를 막아 주기 위해 방파벽(防波壁, Wave Breaking Wall)을 설치하는 경우도 있고, 갑판과 Hatch Cover 위에 컨테이너 적재용 격자 구조(Stacking Beam)를 하는 경우도 있다.

Hatch Cover를 없애고 Hold 바닥에서부터 갑판 위 5단 높이가 되는 곳까지 적재하는 컨테이너선을 고안하는 등 여러 가지 양하역 편의를 향상시키는 노력이 이루어지고 있다.

화물 집하 형편상 40 Footer(FEU)와 20 Footer(TEU)의 개수를 생각대로 맞출 수가 없기 때문에 창내에 혼적하는 방법이 부분적으로 쓰이고 있으며 기계적으로 Cell Guide를 조정하는 등 고가의 고안이 쓰이기도 한다.

그림 I -20 Container box의 국제 규격과 표준 제작공차

이 표준에 의하여 이 세상의 모든 container와 선박의 cell guide, lashing fitting, trailor 및 철도 차량 등 관계되는 모든 설비가 잘 쓰여지고 있다.

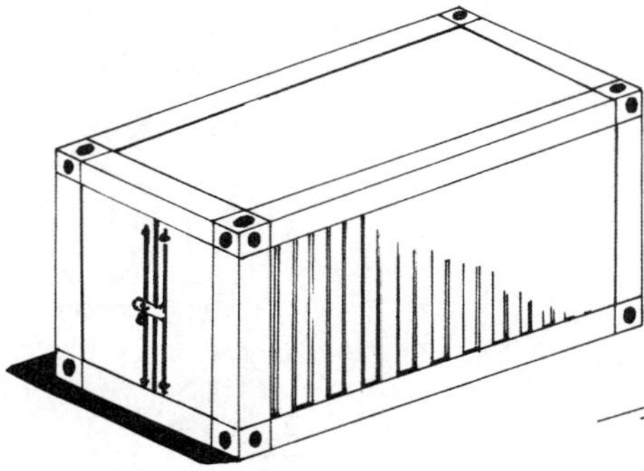

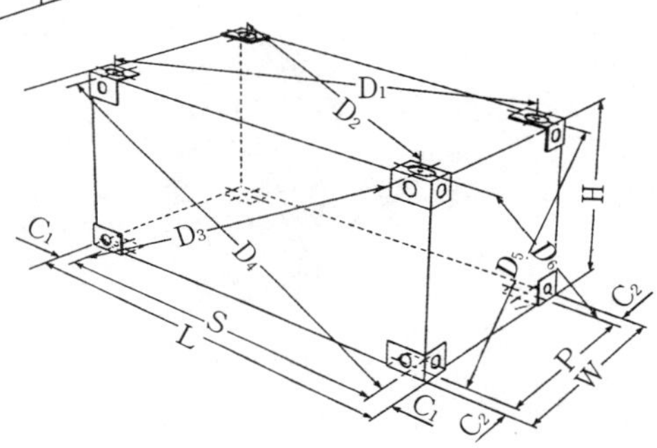

S— Length between centers of apertures in corner fittings

P— Width between centers of apertures in corner fittings

C_1— Corner fitting measurement $4^{+0}_{-1/4}$ inches($101.5^{+0}_{-1.5}$ mm)

C_2— Corner fitting measurement $3\frac{1}{2}{}^{+0}_{-1/4}$ inches($89^{+0}_{-1.5}$ mm)

L— External length of container

W— External width of container

D— Distance between centers of apertures of diagonally opposite corner fittings resulting in 6 measurements. D_1, D_2, D_3, D_4, D_5 and D_6

K_1— Difference between D_1 and D_2 or between D_3 and D_4, i.e., $K_1=D_1-D_3$ or $K_1=D_2-D_1$ or $K_1=D_3-D_4$ or $D_1=D_4-D_3$

K_2— Difference between D_1 and D_4. i.e., $K_2=D_3-D_6$ or D_6-D_3

H— Overall height

Dimensions in Inches, Millimeters

Freight Container Designation	Length(External)					S			P			K₁ Max		K₂ Max	
	ft	in.	tol.	mm	tol.	ft	in.	mm	ft	in.	mm	in.	mm	in.	mm
1A	40	0	+0 −3/8	12190	+2 −8	39	4	11984	7	5	2258	3/4	19	3/8	10
1B	29	11¼	+0 −3/8	9125	+0 −10	29	3¼	8918	7	5	2258	5/8	16	3/8	10
1C	19	10½	+0 −1/4	6055	+3 −2	19	2½	5852	7	5	2258	1/2	13	3/8	10
1D	9	9¾	+0 −3/16	2990	+1 −1	9	1¾	2786	7	5	2258	3/8	10	3/8	10

Width (external) Containers 1A, 1B, 1C, 1D—8ft$^{+0}_{-3/16}$ in, 2435^{+3}_{-2} mm

Height (external) Containers 1A, 1B, 1C, 1D—8ft$^{+0}_{-3/16}$ in, 2435^{+3}_{-2} mm

그림 Ⅰ-21 Container Fitting

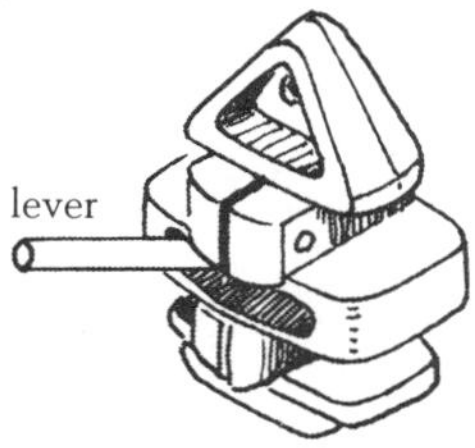

twist lock

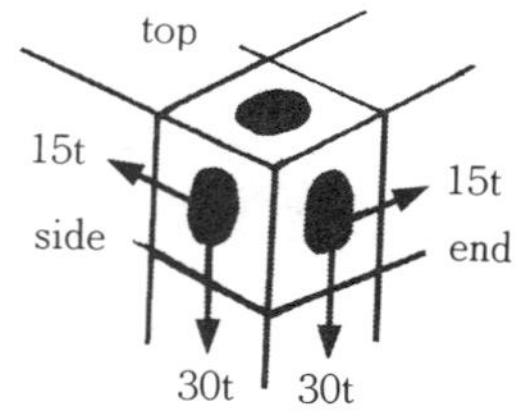

corner fitting of container

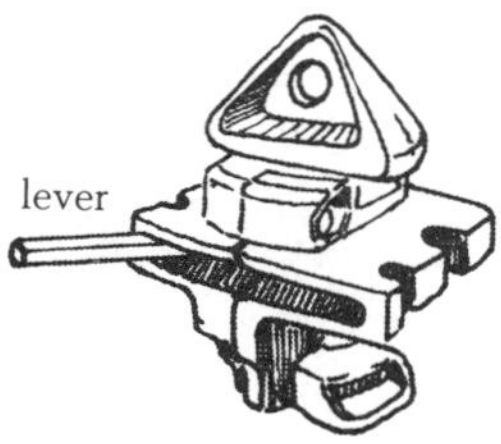

twist lock

single stacker

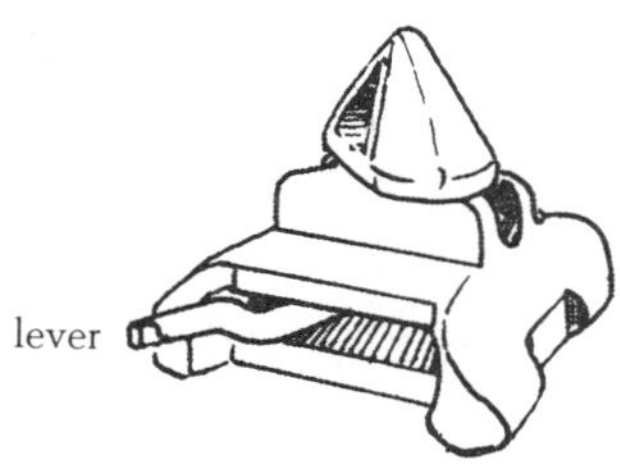

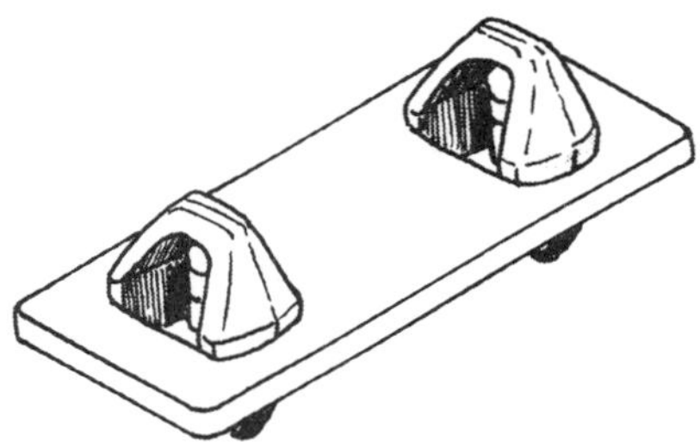

double stacker

lever를 돌려서 잠금으로써
위아래 컨테이너를 서로 체결

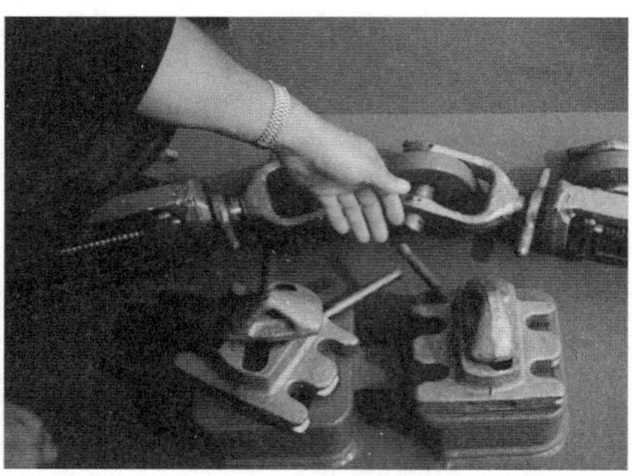

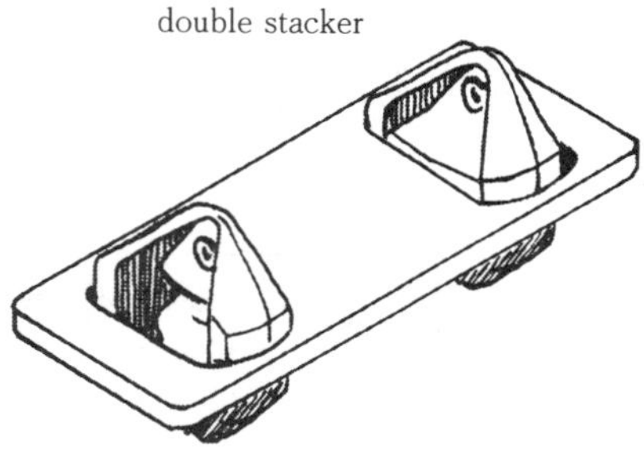

double stacker는 아래 두 컨테이너와 위의 두 컨테이너의 안전 cover fitting 4개를 서로 연결하여 묶어줌.

그림 I-22 건조중인 Block과 Cell Guide

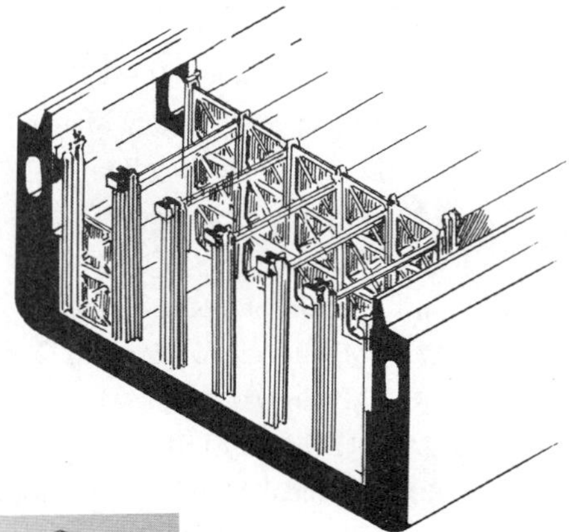

stool

컨테이너선 상위 20사

순위	해 운 사	척수	TEU 기준 컨테이너 적재능력
1	Maersk Line(덴마크)	106	232,257
2	Evergreen/Uniglory Marine Corp(대만)	106	228,248
3	P & O—Nedlloyd(영-화란 합작)	106	221,531
4	Sea Land Service(미)	95	215,114
5	Cosco(중)	139	201,693
6	Hanjin Shipping Co(한국)	62	174,526
7	Mediteranean Shipping Co	100	154,185
8	Mitsui-Osk Line(일)	62	115,763
9	NYK Line/TSK(일)	68	128,154
10	Hyundai Merchant Marine(한국)	36	112,958
11	Zim Islael Navigation Co	59	98,086
12	Yangming Marine Transport Corp(홍콩)	42	96,145
13	CMA-CGM(불)	30	89,658
14	OOCL(영)	36	85,940
15	Neptune Orient Lines(싱가폴)	36	85,684
16	CP Ships(캐나다)	46	85,016
17	K-Line(일)	45	84,198
18	APL(미)	38	79,918
19	Hapag Lloyd Container Line(독일)	25	74,372
20	Choyang Shipping(한국)	30	55,882

1997. Sept. 1. (자료 : Carrier지)

특별히 강력한 컨테이너나 특별히 높은 컨테이너 또는 35 feet 길이의 컨테이너도 소량씩 제한적으로 쓰이고 있다. 냉동 컨테이너 수요가 급격히 늘고 있으며 액체 용기 컨테이너까지도 쓰이고 있다.

50,000톤의 화물을 싣고 태평양을 7일에 건너는 해상운송의 신기원이 이미 이루어졌으며, 더욱더 대형화되고 더욱더 고속화되리라는 것이 컨테이너선의 미래라고 본다.

길고 빠른 배의 취약한 항만내 조종성능을 향상시키기 위하여 Side Thruster가 보편화되고 있으며, 항만 컨테이너 Crane의 고속화와 정밀화, 컨테이너 터미널의 효율적인 육운 연계로 점점더 많은 화물이 컨테이너화 될 것이다.

(4) PC船(Product Carrier, 정유 운반선)

정유는 Naphtha나 Gasoline과 같이 깨끗하고 휘발성이 강한 기름으로부터 Tar와 같은 끈끈하고 검은 제품에 이르기까지 다양하다.

여러 개의 탱크군(群) 또는 탱크들에 각기 다른 액체화물을 완전 분리운송할 수 있도록 잠수식(潛水式, Submersible Type) 펌프를 독립적으로 설치하는 경우가 많다.

탱크 속은 아주 품질이 우수한 특수 페인트 코팅을 필요로 하므로 구조방식도 평탄면(Flush Surface)이 많도록 부재를 배치하며, 도장을 하기 위해 녹슨 표면을 청결히 하는 Short Blasting 작업 중에 다시 녹스는 것을 막기 위해서 제습기(Dehumidifier)를 쓰는 등 조심스러운 건조 공법을 쓴다.

특수한 화물에는 가열 또는 냉각이 필요하거나 기자재에 특수 재질이 요구되거나 폭발, 독성 등에 대한 대처라든가 기타 더 특수하게 필요한 사항이 있는지 법률이나 산업표준 등도 세밀히 조사해야 한다.

선주의 초기 희망사항 중 운반하고 싶은 화물 종류의 명확한 규명이 필요하며, 그렇지 않으면 배 위에 설비할 장치를 명확히 규정하여 놓지 않고 일반적으로 "석유 정제유 일체를 운반하는 배를 설계하고 짓는다"라는 등 불분명한 언급을 해 놓으면 뒤에 분쟁의 소지가 있다.

그림 Ⅰ-23

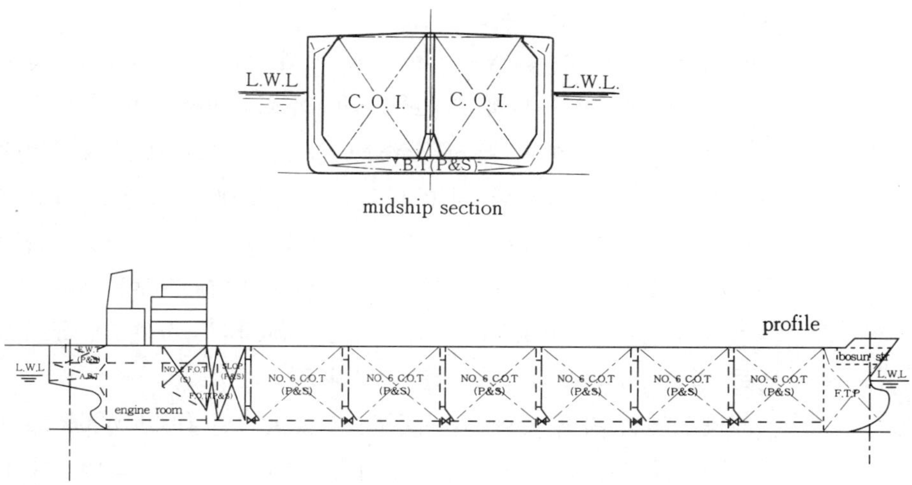

(5) 겸용선(兼用船, Combination Carrier)

겸용선이란 OBO船(Oil, Bulk, Ore Carrier), OO船(Oil, Ore), 鑛炭船(Ore, Coal) 등의 혼합 화물선을 뜻한다.

OBO선은 Bulk船, 油槽船, 鑛石船의 혼합선형이므로 여러 적하 상태에 부응토록 충분한 강도를 가져야 하며, 유조선의 배관 의장 장치가 그대로 Bulk船에 추가되므로 기관실이나 갑판이 몹시 복잡하다. 먼저 광석 전용선과 Ore/Oil선 및 광탄선을 개관하면 다음과 같다. 광석 전용선은 광석의 비중이 크므로 Cargo Hold 용적이 작아도 된다. 따라서 양현쪽에 큰 물탱크를 만들고 중앙 부위에 Cargo Hold를 내면 되므로 강력한 구조부재 배치가 합리적으로 된다.

광석 전용선을 二重船體 구조로 하여 중앙에 광석 Hold를 두고 양 옆에는 더 큰 물탱크를 둔다. 광석의 비중이 크기 때문에 큰 화물창이 필요없기 때문이다. 이 물 탱크의 대부분을 Oil 탱크로 쓰면 Ore Oil船이 된다. 광탄선(鑛炭船, Ore Coal Carrier)은 석탄이 그리 무겁지 않은 화물이므로 큰 화물창을 필요로 하지만 무거운 철광석을 싣는 데는 반밖에 필요없다.

전 화물창에 깊이의 반만 차도록 철광석을 실으면 화물이 한쪽으로 쏠려서 쌓일 때 배가 크게 기울고 전복될 위험까지도 있으므로 화물창을 한 칸씩 건너뛰어 꽉 차도록 적재한다. 이렇게 적재를 하게 되면 화물창과 화물창 사이 부분이 하향으로 작용하는 화물의 하중(Downward Cargo Weight Load)과 물의 부력이 엇갈리는 지점으로서 전단력이 크게 걸린다. 충분한 보강을 필요로 하는 부분이다.

OBO선은 광탄선에 다시 Oil 화물 적재 기능을 추가하는 것이므로 구조상으로 액체의 정적 부하(Static Load)와 유동부하(Sloshing Load)에 견디도록 강력하여야 한다. 특히 Hatch Cover를 떠밀어내는 충격력에 견디도록 다부지게 걸개를 채워야 하고(Clamping) 창내에 폭발을 예방하기 위하여 충전시키는 불활성 기체(Inert Gas 주로 Flue Gas, 즉 Boiler 연소 Gas로서 CO_2와 질소가 주성분)의 압력에도 견디도록 견고해야 한다.

압력 상한을 0.14 kg/cm^{2}으로 하므로 Hatch Cover가 200 m^{2}라고 가정하면 받는 힘은 280톤이나 되는 큰 힘이다.

해양오염 방지 규정에 따라야 하고 효율적인 Hold Washing까지 고려하게 되어 OBO는 Bulk선 모양의 二重船體 구조를 갖게 되며, 여러 가지 요인

그림 I-24

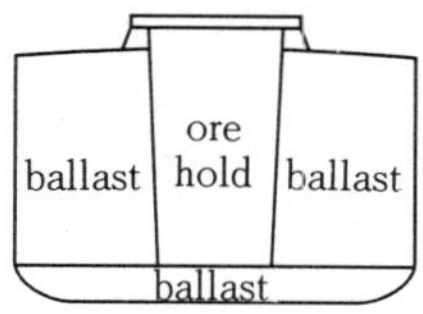

(a) ore carrier
초대형선도 만듦.
세계 최대는 현대 중공업이 건조한
365000 DWT

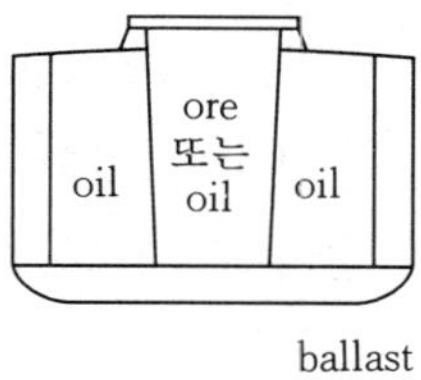

(b) ore oil carrier
대형선도 만듦.
ore 실을 때는 hold에 ore만 실음
oil 실을 때는 hold도 tank도 모두
oil 실음

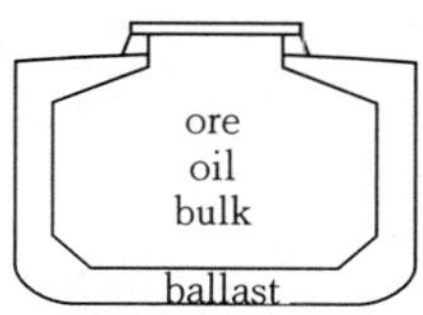

(c) ore bulk oil carrier
주로 중형선급임.
어느 cargo나 hold에 실음.

으로 대형선보다는 중형선 규모까지 채택되었다.

전용선(專用船)의 장기용선(長期傭船, Long Term Charter)과 대형화로 겸용선 수요 추세는 크게 감소되어 가고 있다.

(6) RO-RO船(Roll on Roll off선)

자동차처럼 짐 자체가 운전해서 배 위로 올라가고(Roll on) 도착항에서 내려오는 형태, 지게차로 컨테이너를 떠서 올려 내리고 또 도착항에서 떠서 내려오는 형태, 그리고 트레일러에 컨테이너를 실은 채로 올라가 있다가 그대로 도착항에서 내리는 형태 등을 총칭해서 RO-RO선이라고 한다.

자동차 운반선을 PCC(Pure Car Carrier)라고 하고, 보통 RO-RO선이라고 하면 원양 RO-RO 컨테이너선을 일컬음이며, 승용차와 컨테이너 트레일러나 화물트럭을 싣고 운전자까지 태워서 지정된 단거리 항로를 반복적으로 왕래하는 소형 貨客船을 RO-RO Ferry船이라고 한다.

모두 복층갑판(複層甲板, Multi Layer Decks 또는 Multi Tier Decks)으로서, 육상과 연결하는 RO-RO Ramp(이음다리, 대개 뒤에 있기 때문에

Stern Ramp라고 하며, 간혹 앞쪽에 있는 수도 있는데 이 경우 Bow Ramp 라고 함)가 있고 Hold에는 환기장치, 소화장치, 조명장치가 잘 되어 있어야 한다. 자동차의 연료탱크에서 휘발성 가스가 누출되어 누적될 수 있기 때문에 강력한 환기장치와 소화장치가 의무화되어 있다.

각 갑판간을 연결하는 사다리는 화물적재 Deck 손실을 줄이기 위해 되도록 짧게 만든다. 이때 양음(陽陰) Knuckle線, 즉 아래층 Deck와 사다리의 경사면은 음의 Knuckle선이 생기는데 너무 사다리 경사가 급할 때는 통과 차량의 이마를 받히거나 꽁무니가 끌리게 된다. 위층 Deck와 사다리 사이에는 양의 Knuckle선이 생기며, 경사가 급하면 차의 바닥이 닿게 된다. 대개 7：1 이상의 경사를 두는데 일일이 운행하고자 하는 차종의 모형을 만들어서 도상(圖上)시험을 해보는 것이 안전하다.

전항에서 컨테이너선의 설계 및 시공상의 어려움을 설명한 바 있으나 여러 가지 어려움이 더 가세된 선형이라 할 수 있다. 하역설비가 잘 안 되어 있는 항만에서의 하역이 능률적이라는 이유 때문에 고안된 선형이며, 대형 RO-RO선(2400 TEU가 최대형 급임)은 컨테이너선과 항만 및 육운 연계의 활성화로 퇴조되고 있다.

그림 Ⅰ-25

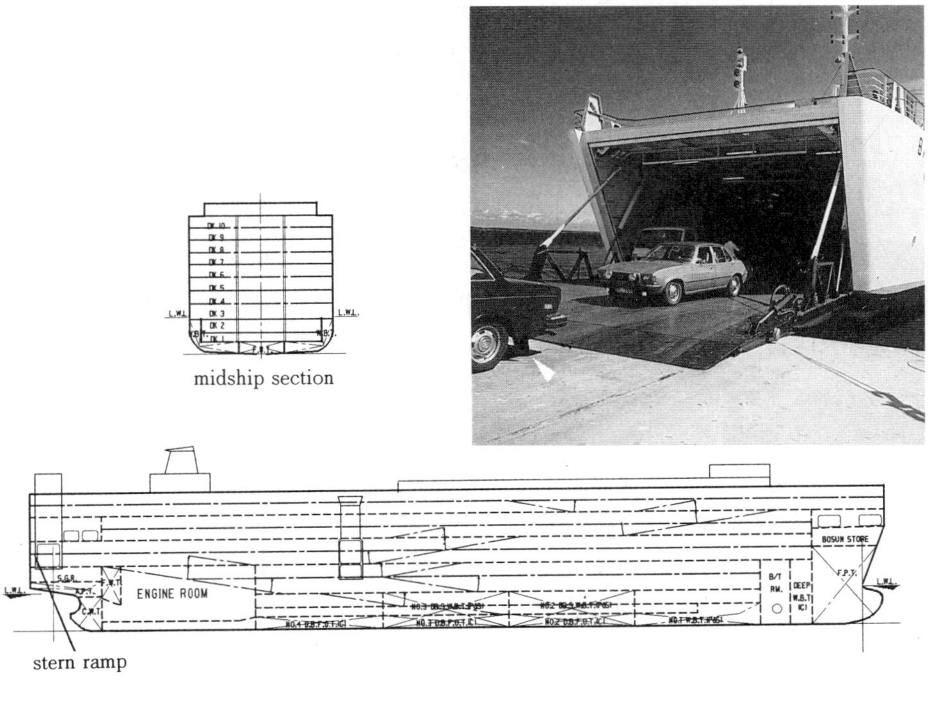

자동차의 국제교역이 늘어남에 따라 PCC선은 승용차 6000대를 실어 나르는 규모까지 대형화되고 있으며, Ferry선은 이축 CPP 프로펠러와 Side Thruster, Stern Door와 Bow Door 등 능률적인 접안(接岸)과 이안출항(離岸出港) 및 OR-RO 揚荷役의 효율을 향상시켜 왔다.

(7) Gas선, Chemical선(化學物質 운반선)

Gas선은 LPG(Liquefied Propane Gas, 액화 프로판가스), 에틸렌 등 탄화수소 가스와 액화 암모니아 등을 주화물로 운송한다.

비등점(沸騰點, Boiling Temperature)은 LPG가 −42℃, 에틸렌이 −104℃, 암모니아가 −33℃로서 탱크 재질은 저온에 강한 5% 니켈강을 써야 한다. 비중은 LPG 0.85, 에틸렌 0.57, 암모니아가 0.68로 좀 무겁다. 냉동기로써 비등점 이하가 되도록 냉각하면 0.25 bar(1기압은 1.013 bar) 정도의 낮은 압력으로 되어 탱크가 그다지 강력하지 않아도 된다.

탱크는 보온을 잘 하여야 하고 증발되는 가스는 재액화(再液化, Reliquefaction)한다. 냉동장치 없이도 고압에서는 액체상태를 유지하므로 강력한 탱크를 만들어서 고압상태의 LPG를 운송하는 압력식 운반선도 있는데 45℃ 기준이면 18 bar 정도가 된다. 너무 높은 압력을 낮추기 위하여 부분적으로 냉동기를 가동하는 혼합식 운반선의 탱크 압력은 5 bar 정도이다.

가장 중요시해야 될 일은 탱크의 완벽한 용접과 보온(保温, Insulation) 작업이다. 니켈강 탱크의 제작이나 보온 및 본선 탑재(搭載, Erection) 등은 고급 기술이 소요될 뿐 아니라 대형 가공장비 및 운송장비를 필요로 하므로 가스선을 건조한다는 것 자체로도 조선소의 능력 평가가 될 수 있다.

Chemical선은 부식성이 강한 황산 등을 위시하여 많은 종류의 유독성 물질, 기타 위험 물질을 운송하기 위하여 여러 개의 작은 탱크로 구획한다. 탱크 재질은 부식에 강한 SUS 316 LN 같은 스테인리스 스틸을 쓴다. 순수 스테인리스판은 비싸므로 Stainless Clad Steel Plate(얇은 스테인리스판을 被覆 接着시킨 강철판)를 많이 대체하여 쓴다.

펌프, 밸브, 배관, 기타 화물이 닿는 모든 금속 물질들은 다 특수재질로 해야 하고, 화물별로 보존 장치라든가 안전장치 등 부수 설비가 많으므로 아주 복잡한 배이다.

(8) LNG船(Liquid Natural Gas Carrier)

LNG는 주성분이 메탄(Methan, CH_4)으로서 가장 가볍고 깨끗하며 무미

무취이다. 값이 싸므로 석유 대체 연료로서 도시 가스로 쓰인다.

액화 상태로 운송 및 저장하며 −163℃라는 극저온 상태이므로 모든 금속 물질의 취성(脆性, Fragility, Brittleness, 쉽게 깨지는 성질)이 크게 증가하고 특히 鐵鋼材를 쓸 수 없다는 게 가장 큰 난제이다.

저온에서도 그대로 강성을 유지하는 특질 때문에 알루미늄으로만 LNG 탱크를 만드는데 만약에 LNG가 대량 유출되는 일이 발생된다면 어떻게 될 것인가? 그렇기 때문에 100% 완전 무결이 요구되는 것이다. 9% 니켈강을 쓸 수도 있겠으나 대형 탱크를 만드는 가공성이 어렵다. 운송 도중 탱크 내에서 기화되는 LNG는 설정해 놓은 안전 압력(0.25 bar가 정상 압력) 이상이 되면 안전 밸브가 작동하여 배출되는데, 재액화에 비용이 많이 들므로 주추진용 보일러에 연료로 보태 쓴다.

처음에 인도네시아 지역에서 극동(특히 일본)으로 운송하는 경제 단위가 125,000 m^3이었으며, 항로가 먼 페르샤만에서 운송하려면 135,000 m^3로 해야만 최종 도착지에 가지고 오는 가스량이 같아지는 것이다. 증발량은 겨울철과 여름철에 따라 다르지만 평균해서 하루에 전 화물의 0.15%로 본다.

화물창 형성방식은 구형(球形, Spherical Ball Type) 독립 탱크 방식과 멤브레인식(Membrane), 일명 다이아프램식(Diaphram)이라고 하는 배의 화물창 구조에 바로 보온하는 방식 두 가지가 많이 쓰인다. 개발자의 이름을 따서 구형은 Moss식(Norway의 조선소), 멤브레인식은 Technigas식과 Gas Transport식이 있다.

구형은 배는 배대로 신경쓰지 않고 짓고 후판(厚板) 알루미늄으로 완벽한 탱크를 만들어 얹으면 된다는 생각이었으며, 직경 40 m나 되는 Ball(약 32,000 m^3)을 어떻게 능률적으로 만드는가 하는 공법을 개발시켰고, 중간 높이의 허리 부분, 즉 지구의 적도와 같은 위치만을 받쳐서 탱크를 지지하는 방법의 고안으로 특허를 냈다.

탱크는 아주 두꺼운 판을 써서 만들며 보강재가 일체 없어 용접량을 최소화했다. 멤브레인식은 별도의 탱크를 만들 것 없이 배의 화물창 내벽에 보온을 잘 하고, 그 보온표면을 얇은 금속판으로 밀폐만 하면 된다는 개념으로, Technigas식과 Gas Transport식의 차이는 보온(Insulation)재의 구성과 시공방법에 있다.

최근 일본 IHI사(Iishikawajima Harima 중공업)에서는 Ball Type으로 하면 배가 커진다는 단점을 보완하기 위해, 선체에 설치할 경우 잉여 공간을 최소로 하는 직육면체형으로 했으며, 일반 구조와 같이 무게를 줄이기 위하여 얇은 재료를 쓰고 보강살대를 많이 붙인 탱크 구조 방식을 채택했다. 많아진 용접량을 해결하기 위해 자동화된 특수 대량생산 시스템을 구축했다. 이 방식을 SPB방식(Self Supporting Prismatic Type B, 自立角型方式)이라고 하며, 첫 배가 1993년 86,700m^3의 크기로 건조되어 취역중이다(알래스카-일본간 운항).

탱크나 배관 및 지지(支持, Support)가 극저온과 대기온도 차이로 인하여 크게 수축 팽창한다. 합리적인 수축팽창의 여유를 잡아 고정하지 않으면 균열이나 파손이 발생하므로 변위량을 잘 계산해 보고 적절히 대처하여야 한다.

LNG를 기관실에서 연소시키는 것은 여러 가지 위험 요인이 따르므로 충분한 안전 조처가 따라야 한다. LNG를 사용하는 보일러와 기름을 사용하는 보일러를 같이 운전해야 하므로 LNG 증발량(Boil off Gas Amount)을 보아 가며 기름 보일러의 연소까지도 조정해야 하는 복잡한 제어가 필요하다. 보일러를 때면서 추진 스팀 터빈을 가동시키는 것이 열 효율도 안 좋고 설치비도 많이 소요되므로 LNG와 기름을 다 사용할 수 있는 Duel Fuel Diesel 엔진을 개발하는 연구가 진행되고 있다.

LNG선은 방대한 규모, 높은 선가나 동원되는 첨단 기술면에서 볼 때 조선기술의 꽃이라고 할 수 있으나, 척수가 적어서 연속건조가 이루어지지 못하는 아쉬움이 있다.

액화 가스류의 물리적 특성

형 식	항 목	가스 종류별			
		L.P.G	Ethylene	Ammonia	L.N.G
냉 동 식 (대형선)	온 도	−42℃	−104℃	−33℃	−163℃
	비 중	0.58ton/m^3	0.57	0.68	0.45
	탱크재질	5% Ni강	5~9%Ni강	5% Ni강	후판 알루미늄 or SUS304 Sheet Lining or INVA(36%Ni강)Lining
	압 력	0.25bar	0.25bar	0.25bar	0.25bar
	증 발 량				0.15%/일
	허용증발압력				2.75bar at 37℃
압 력 식 (소형선 : 5천톤급)	압 력	18bar	−	18bar	−
혼 합 식 (중형선 : 2만톤 이하)	압 력	5bar	−	5bar	−

그림 Ⅰ-26

(a) Tanker

(b) Ore Carrier

(c) Container Carrier

(d) Handy Size Bulker

(e) Car Carrier

(f) Container Carrier

LNG TANK TYPES

	Ball Type Moss Rosenberg	Membrane Type Technigas	Membrane Type Gas Transport	S.P.B Type(Self-Supporting I.H.I Type B)	Conch Type(Self-Supporting Prismatic Type A)
Tank Shape (탱크 형상)	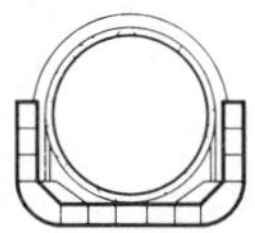	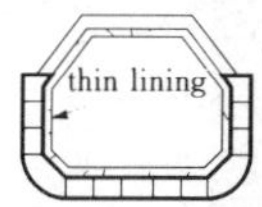	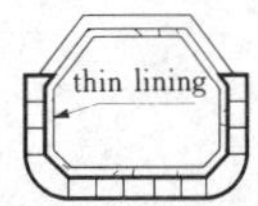	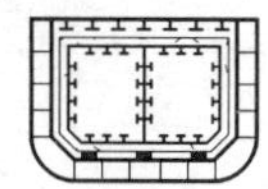	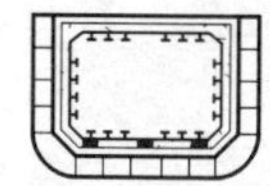
Tank Inner Wall Lining (탱크내면마감)	탱크 재질은 알루미늄 Lining은 없음.	 전후 좌우 신축흡수 스테인리스 스틸 SUS304	 극저온상태에서 수축팽창이 극히 작은 INVA강(니켈 36%) Lining 사용	탱크 재질은 알루미늄 Lining은 없음	탱크 재질은 알루미늄 Lining은 없음
Tank Supporting and Insulation (탱크지지와 보온)	원통형 Curtain Plate로 지지. 보온은 구형탱크 외면	2중선체 내면에 단단한 보온을 하고 그 표면을 Lining 마감하므로 선체가 바로 화물중량을 받음.	좌 동	알루미늄 탱크 내부에 Stiffener(보강재)가 있는 독립구조로서 하부를 받쳐줌. 보온은 탱크 외면에 시공	이중선체 내면에 보온을 하고 그 속에 화물탱크를 만들어 넣음.
Merit (장 점)	만들 때나 사용할 때 Care(주의력 집중)의 Point가 적다.	선체가 최적화 사이즈로 작아진다. 특수설비 증설이 불필요하다.	좌 동	선체가 최적화 사이즈와 형태를 갖는다.	특별히 없음.
Demerit (단 점)	선박이 높아져 바람을 많이 받으므로 조타장치와 계선계류 장치를 강화시켜야 한다.	만들 때나 사용할 때 Care(주의력 집중)의 Point가 많다. 특히 선체 외부의 충돌때 좌초 등 손상요인을 극력 피해야 한다.	좌 동	알루미늄 용접량이 상당히 많아서 용접자동화 라인 설비투자가 필요하다. 실용을 통한 장기 안전 검증이 필요하다.	불완전한 탱크를 전제로 하고 선체 내부에 보온함으로써 확실한 성능의 보장을 위한 시공부담이 크다.

그림 Ⅰ-27 LNG Ship

(9) 해양제선(海洋諸船, Offshore Ships)

해양제선이라면 해양 석유의 탐사, 시추, 생산, 처리, 저장 및 운송에 소요되는 선박들과 부대되는 파이프라인 부설선, 케이블(전선 케이블) 부설선, 기중기선, 작업원 거주선, 보급품선, 예인선, 각종 부선 등 일체의 선박류를 총칭한다.

시추선이나 시추공에서 석유를 채취하는 선박은 선체로부터 파이프를 해저 지하에 꽂아 놓고 있는 상태이기 때문에 위치유지(位置維持, Position Keeping)가 가장 중요하다.

여러 개의 Anchor를 놓고 Anchor Cable에 걸리는 장력간의 형평에 의하여 한 자리를 지키거나 또는 전방위 추진기(Azimuth Thruster)를 여러 대 놓아서 파랑이나 바람에 배가 밀리면 바로 추진기들이 자동적으로 작동하여 원위치로 되돌려 놓도록 자동화된 방법이 쓰이고 있다.

이런 장치를 Dynamic Positioning System이라고 한다. 모든 배들이 작업 수행 목적의 특수 기계류를 나름대로 각기 장비하고 있는 점은 다르겠지만 조악한 천후 조건(Harsh Weather Condition), 즉 높은 파도와 빠른 조류, 강한 바람, 추운 기후 조건하에서 작업을 수행할 수 있어야 한다는 일반 조건은 같다.

이는 北海(North Sea) 유전에서 많은 시추와 생산 활동이 이루어지기 때문에 연유한 조건들이다. 배가 너무 많이 움직이지는 않고 한 자리에 있으면서 조류나 바람의 영향을 완충시키기 위해 한 점의 회전점을 중심으로 돌아 주기만 하면 되는 FPSO(Floating Production and Storage Off-loading) 같은 배는 Turret Mooring 장치를 쓴다.

배에 아래 위로 관통하는 구멍을 뚫고 거기에 Turret라고 하는 돌쩌귀를 꽂은 다음 Turret 밑 부분에 Anchor를 여러 개 매달아 설치하는 것이다.

파도와 조류의 영향을 덜 받도록 하는 데는 반잠수식 Platform이 자주 쓰인다.

두 개의 작은 배를 물에 잠기도록 나란히 놓고 그 위에 원통형 Column(支柱, 기둥)을 여러 개 세운 다음, 그 위에 넓고 평평한 구조물을 얹으면 동요가 대단히 작아서 일하기 좋다. 아래에 좁은 선체가 물 밑에 잠겨 있으므로 그저 반잠수식(Semi-submersible) Platform이라고도 하고, 물 표면 위에는 Column이 서 있게 되므로 그 Column의 단면적이 바로 일어서는 힘(Righting Moment)을 발휘하는 중요한 요인이 되므로 Column Stabilizing Semi-submersible Platform이라고도 한다.

얕은 바다에서는 Jack up Platform이라는 것도 쓰이는데, 평평한 Platform을 물에 띄우고 삼각형 모양에서는 세 귀, 사각형에서는 네 귀에 큰 구멍을 뚫고 거기에 긴 다리와 Jack을 설치한다.

Jack으로 일제히 다리를 내리면 결국은 다리가 땅에 닿게 되고, 계속 Jack을 작동하면 Platform은 차츰차츰 높이 떠받쳐져서 원두막처럼 물 위 공중에 설치된다. 이런 상태에서 시추라든가 기타 필요한 일을 하고, 다른 곳으로 가고자 할 때에는 역순으로 해서 다시 물에 띄운 다음 예인하면 된다.

그림 Ⅰ-28

(a) 반잠수식 시추선
(Semi Submersible Drilling Rig)

(b) Jack Up 시추선

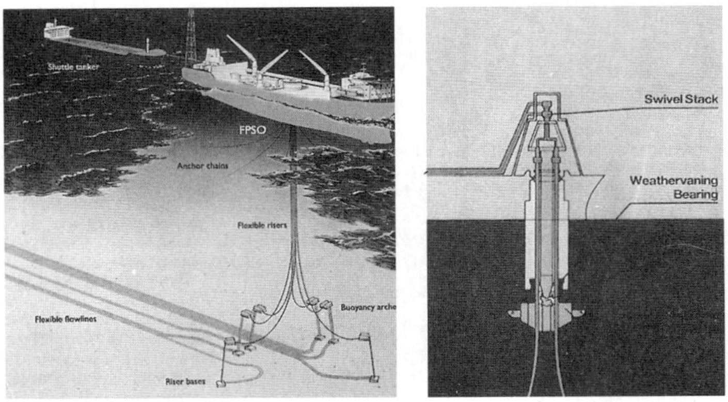

(c) FPSO Vessel
Floating
Production
Storage
and Offloading

Achor Chain에 의하여 고정된 Turret(돌쩌귀의 일종)를 통하여 해저 원유가 선박의 processing unit로 공급되며 배는 turret를 회전축으로 하여 외력(조류, 바람)에 따라 자유로이 회전한다.

(d) Jack Up 시추선을 반잠수식 Barge로 실어 나르고 있다.

(10) 항만 작업선

준설선(浚渫船, Dredger), 기중기선, 항타선(Pile을 때려 고정하는 배), 쇄석선(碎石船, Rock Breaking), Mini SEP(작은 Jack up의 일종), 토운선(土運船) 등 여러 가지가 있으나, 기중기선과 준설선이 가장 많이 쓰이고 있다.

강력한 Cutter 펌프 준설선은 시간당 8,000~12,000톤의 토사와 자갈을 25 m 정도 깊은 바닥에서 4 km 밖에까지 토출해 내는 위력을 가진다. 하루에 20시간 일한다고 할 때 160,000~240,000톤을 준설과 동시에 매축(埋築, Reclamation) 양방의 일을 하는 것이며, 10톤 트럭으로 운반한다면 16,000~24,000대 분이라는 가공할 만한 양이다.

(11) 군함과 여객선

각종 전투 수행을 목적으로 하는 함정은 날렵하고 빠르며 소구획 분할(Subdivision)이 많이 되어 여러 곳이 손상되어도 쉽게 침몰하지 않게 되어 있다. 핵추진 잠수함이나 항공모함(Air Craft Carrier) 같은 것은 엄청난 건조 비용이 들기 때문에 Project 성사가 거의 없다 보니 일반 기술자는 일해 볼 기회가 생기지 않는다.

VLCC보다 훨씬 큰 항모는 20~30만 마력의 출력이므로 추진 마력만 해도 VLCC의 5배 이상이 되니 가히 그 규모가 어느 정도인지 짐작해 볼 수 있다.

여객선은 예전에는 대양 항해목적의 여객수송선으로서 호화롭게 만들어졌었다. 목제 범선(帆船, Sailing Boat) 시절부터 국가의 위력이나 부호 귀족의 위신을 과시하기 위해 호화판으로 만들었다. 근세에 위용을 떨쳤던 초호화 대형 여객선 Queen Mary나 Queen Elizabeth호 같은 것은 오늘날의 VLCC보다도 더 컸다.

이제 장거리 여행은 비행기로 하고 단거리 항행은 Ferry가 도맡게 되었으므로 잘 먹고 휴양하는 데 쓰이는 Cruise 선이 카리브해, 지중해, 미국 서해안, 싱가폴 근역 해역 등 풍광이 좋은 바다에 띄워지고 있다. Cabin(침실) 수가 1200~2000실씩 하는 큰 배는 극장, Opera House, 도박장, Grand Ball Room, 풀장, 정구장 등 Leports(Leisure and Sports의 합성약어)의 천국을 이루고 있다. 3000~4000명이 승선하여 먹고 자고 놀고 하자니 승조선원도 1000명이 넘어야 할 정도이다.

이런 초호화판 Cruise는 제작비가 수억 달러씩 드는데 선박으로서의 설계나 건조의 점유 비용은 극히 일부분에 지나지 않는다. 주된 것은 건축이고 인테리어이고 예술이다. 엔지니어링이나 자재나 건조작업자는 유럽 전체의 공동 SOC(Social Overhead Capital, 社會間接資本)이다. 프랑스에서 만들든 이태리에서 만들든 같은 자원들이 쓰이는 것이다.

그림 I-29 호화 여객선들

크루즈선의 수주잔량

선 사	선 명	G.T	여객수	인도	조 선 소
Canival Cruise	Carnival Triumph	101,672	2,600	98.06	Fincantieri/ITA
Canival Cruise	Carnival Victory	101,350	2,600	00.06	Fincantieri/ITA
Canival Cruise	Elation	70,367	2,040	98.02	Kvaerner Masa/FIN
Canival Cruise	Paradise	70,367	2,040	98.11	Kvaerner Masa/FIN
Deilmann Reederi	Deutschland	22,400	604	98.05	HDW/GER
Disney Cruise Corp	Disney Magic	85,000	2,400	98.01	Fincantieri/ITA
Disney Cruise Corp	Disney Wonder	85,000	2,400	98.11	Fincantieri/ITA
Genting Inter.	Superstar Leo	75,000	2,800	98.09	Meyer Werft/GER
Genting Inter.	Superstar Virgo	75,000	2,800	98.12	Meyer Werft/GER
Holland America	Volendam	65,000	1,440	99	Fincantieri/ITA
Holland America	Zaandam	65,000	1,440	99	Fincantieri/ITA
Japan Cruise Line	Pacific Venus	26,000	720	98.04	Ishikawajima/JPN
Lelakis	Regent Sky	50,000	1,600	98	Avlis/GRE
NCL	–	78,000	2,350	98	Bremer Vulkan/GER
P&O	Sea Princess	77,000	2,100	98.01	Fincantieri/ITA
P&O	Ocean Princess	77,000	2,100	00	Fincantieri/ITA
P&O	–	69,153	1,800	00	Meyer Werft/GER
Renaissance Cruise	Renaissance 1	32,000	702	98.07	Atlantique/FRA
Renaissance Cruise	Renaissance 2	32,000	702	99.02	Atlantique/FRA
Royal Caribean	RCCL eagle 1	135,000	3,100	99	Kvaerner Masa/FIN
Royal Caribean	RCCL eagle 2	135,000	3,100	00	Kvaerner Masa/FIN
Royal Caribean	Vision cf the Sea	78,491	1,998	98.04	Atlantique/FRA
합 계		1,335,800	43,436		

*자료 : Guide '97(97년말 기준임)

주요 선사의 선복 현황(1996년)

선 사	척	천 GT	평균톤수	GT(%)	평균선령
Carnival Group	26	1,159.0	44.6	21.6	8.6
P & O	14	618.0	44.1	11.5	19.4
Royal Caribean	11	600.0	54.5	11.2	
Costa Crociere	9	308.0	34.2	5.7	22.7
Kloster Group	7	288.0	41.1	5.4	14.9
Chandris	6	287.0	47.8	5.4	14.8
Cunard Line	7	182.0	26.5	3.4	18.9
Black Sea Shipping	12	177.4	14.8	3.3	25.8
N.Y.K Cruises	3	128.0	42.7	2.4	4.0
Others	127	1,616.6	12.7	30.1	
Total	222	5,364.5	24.2	100.0	19.4

*자료 : ISL Bremen 주 : 1,000GT이상 선박 기준임.

Cruise 건조 Yard List

Owner	Ship Name	Yard	Pass	Crew	LOA, B, Draft	G.T	M/E(kW)	Speed (kn)	Del.	Con. Price (million)
Atlantic	Sea Venture	Perama/GRE	550	240	132.5, 20.0, 5	9,000	2-MWM, 8240	18.00	97	
Lelakis	Regent Sky	Avlis/GRE	1,600	649	228.6, 28.5, 6.9	50,000	4-Wartsila, 37180	20.00	98	USD 170.0
Canival Corp	Carnival Triumph	Fincantieri/ITA	2,600	940	272.2, 35.5, 8.2	101,672	6-Sulzer, 63360	22.50	98.6	USD 400.0
Canival Cruise	Elation	Kvaerner Masa/FIN	2,040	920	260.8, 31.5, 7.8	70,367	5-Wartsila, 47520	21.00	98.2	USD 300.0
Canival Corp	Carnival Victory	Fincantieri/ITA	2,600	1,040	272.0, 38.0, 8.2	101,350	6-Sulzer, 63360	22.50	00.6	USD 430.0
Deilmann Reederi	Deutschland	HDW/GER	604	240	175.0, 23.0, 5.8	22,400	4-MAK, 12320	19.00	98.5	DEM 225.0
Disney Cruise Corp	Disney Magic	Fincantieri/ITA	2,400	920	294.0, 32.2, 7.9	85,000	5-Sulzer, 57663	24.00	98.1	USD 380.0
Holland America	Volendam	Fincantieri/ITA	1,440	618	218.0, 30.8, 7.5	65,000		23.00	99	USD 300.0
Japan Cruise Line	Pacific Venus	Ishikawajima/JPN	532		182.9, 25.0, 6.5	26,000	2-Pielstick, 13636	20.80	98.4	
NCL	NCL	Bremer Vulkan/GER	2,350		256.0, 32.3	78,000	6-MAN, 50700	23.00	98	BITL 690.0
P&O	P&O	Meyer Werft/GER	1,800	803	270.0, 32.2, 7.9	69,153	4-MAN B&W, 47750	24.00	00	GBP 200.0
P&O	Grand Princess	Fincantieri/ITA	2,600	1,100	285.0, 36.0, 8	104,000	2-Simens, 41925	22.50	97.5	USD 385.0
P&O	Sea Princess	Fincantieri/ITA	2,100	900	261.0, 32.3, 8	77,000	4-Sulzer, 46080	21.00	98.1	USD 300.0
Services&Transport	Pual Gauguin	Atlantique/FRA	320	199	156.6, 21.6, 5.2	18,000		18.00	97.11	FRF 775.0
Renaissance Cruise	R1	Atlantique/FRA	702		181.0, 25.5, 5.8	32,000		18.00	98.7	USD 180.0
Royal Caribean	Vision of the Sea	Atlantique/FRA	1,998	783	279.0, 32.2, 7.8	78,491	4-Wartsila, 50400	22.30	98.4	USD 277.0
Royal Caribean	RCCL eagle 1	Kvaerner Masa/FIN	3,100	1,100	309.0, 38.6, 8.6	135,000	4-Wartsila, 75600	23.00	99	USD 500.0
Genting Inter.	Superstar Leo	Meyer Werft/GER	2,800	1,000	268.0, 32.2	75,000		24.00	98.9	USD 350.0
Celebrity Cruise	Mercury	Meyer Werft/GER	1,896	843	263.9, 32.2, 7.7	77,750	4-MAN B&W, 29250	21.50	97.1	USD 317.5
Conti Reederei	Columbus	MTW/GER	420	170	144.0, 21.5, 5.1	13,950	4-Wartsila, 10560	18.50	97.6	
Holland America	Rotterdam	Fincantieri/ITA	1,320	620	234.0, 30.8, 7.5	62,000	2-Sulzer, 34560	25.00	97.8	USD 250.0
Holland America	Hal 6	Fincantieri/ITA	1,440	618	218.0, 30.8, 7.5	65,000		23.00	99	USD 300.0
Ofotens og Vesteraa	Nordnorge	Kvaerner Kleven/NOR	460	59	123.3, 19.5, 4.9	11,350	2-MAK, 9000	18.00	97.3	USD 67.6

필자는 최대의 여객선 건조조선소인 핀랜드의 Masa조선소(예전 밧실라 조선소)를 방문하여 건조하는 장면을 구경했었다. 스내 겸 춤추는 무대가 있는 Bar를 만들고 있었는데 작업자들이 퇴근한 후였다.

조선소는 터만 제공한 셈이고 그 방 하나 꾸미는 데 20여개의 작은 업체들이 On and Off(들락날락 치고 빠지고 하는 식으로 일한다는 뜻)로 합작품을 만들던 터였다. 미세한 자재, 연약한 자재, 가지고 싶은 공구 등 모든 것이 지구가 돌다가 멈춘 듯 그대로 정지된 모습이었다.

나는 무릎을 쳤다. 이것이다. 남이 일하던 것을 절대로 망가뜨리지 않는다. 얼마나 신사적이고 협조적이고 인내심이 강하고 민주적인가? 일본의 자존심이라고 하는 미쓰비시 중공업이 Cristal Harmony라고 하는 닛뽕유센社의 Cruise를 짓고 나서 제 2 호선은 바로 Masa조선소에서 지었다.

다른 이유를 얘기할지 모르지만 비싸게 들고 좋지도 않으니까 핀랜드로 바꾸었을 것이다. 결국 Cruise의 SOC는 일본에도 안 되어 있다는 뜻이다. 조선 전문가들은 기회만 있으면 국내의 여객선 건조를 조급하게 독려하고 있지만, 연속 건조의 확신이 서는 그 때까지 Cruise의 SOC가 이룩될 그때까지 지루하지만 끈질기게 공부하면서 재력을 축적하면서 기다려야 한다.

조선소 근무 30년 동안 여객선 전담반을 편성 운영하기를 수차례 했지만 뾰족한 선수의 모습, 제껴진 앞 벽면과 비스듬한 연돌, 하얀 벽 위에 수없이 많은 창문의 점들, 파란 바다에 날렵한 모습을 살포시 띄워 놓고 저게 바로 내 Styling이라고 자랑 한 번 못해 보고 이 졸저에 넋두리를 늘어놓는 게 한스럽다.

그러나 한 조선소에서 대형선을 6일에 하나씩 만들어 내는 것도 우리만의 재주라고 한다면 억설이 되는 것일까? 이상에 소개해 온 선종의 거의 전부를 필요할 때 설계를 못해서 만들지 못했던 적은 한 번도 없었다. 언제든지 어려운 것같이 느껴졌던 일도 뜻이 있으면 반드시 성취된다는 신념으로 설계에 임하였고 그때마다 해결책이 생겼다. 말만 떨어지면 무섭게 따라붙어서 불개미 떼처럼 일해 주었던 그런 후배 사원들과 긴 세월 함께 했던 것을 다행스럽게 생각하며, 그들이 함께 데리고 일할 후배들에게 이 작은 졸저가 보탬이 되기를 바랄 뿐이다.

제Ⅱ장

조선공학 이론 기초공부

1. 심프슨 공식(Simpson's Formula)

선박의 배수량과 Trim 및 Stability를 계산하기 위해서는 수선(水線) 아래쪽에 잠겨 있는 부위의 부피, 중심, 모멘트 등을 계산해야 하는데 유선형으로 생겨 있어서 보통의 정형 도형의 계산 공식을 써서 계산할 수가 없다.

비교적 정확한 간이 계산방식으로 Simpson 공식이 쓰이는데 이 공식은 계산하고자 하는 도형을 여러 개의 작은 사다리꼴로 나누어 놓고 그 사다리꼴들의 면적을 계산하여 합산함으로써 전체의 면적을 구해내는 방식을 도입한 것이다.

그림 Ⅱ-1에서 곡선 ACEG 하부의 도형 면적을 구하는 대신 세개의 사다리꼴, 즉 ABDC의 면적 S_1, CDFE의 면적 S_2, EFHG의 면적 S_3를 구해서 모두 합치면 비교적 근사한 값을 얻어 낼 수 있다.

그림 Ⅱ-1 사다리꼴 등분도

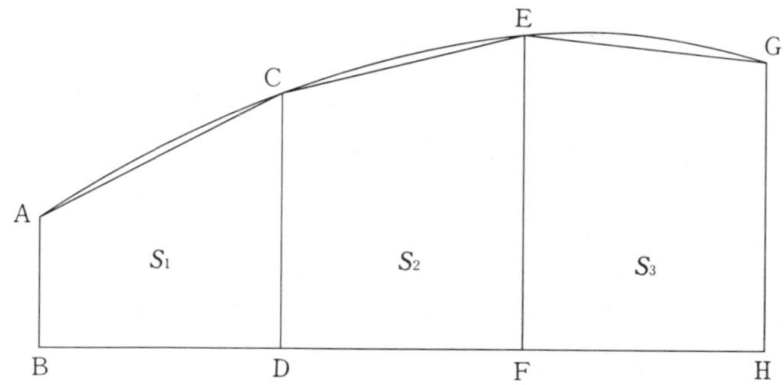

그림 Ⅱ-1은 3등분이지만 6등분을 하여 6개의 작은 사다리꼴 도형 면적을 합하면 구하고자 하는 도형 면적에 더욱 근접하게 되며, 만약에 12개 또는 24개의 사다리꼴로 나눈다면 더욱더 정답에 가깝게 된다.

그러나 많은 수의 작은 사다리꼴 면적을 일일이 계산한다는 것은 피곤하고 비능률적이다. 이를 간단하게 규칙적으로 곱셈 계수(Multiplier Factor)를 응용할 수 있도록 재치있게 연산공식으로 전개한 것이 바로 Simpson 공식이다.

그림 Ⅱ-2에서는 곡선 ABC 아랫부분의 면적을 실면적에 더욱 근사하게 계산하기 위해 2등분된 구간을 3등분으로 바꾸어 사다리꼴 ADIG, IGHJ, HJFC로 나누었다.

사다리꼴 ADIG의 면적$=1/2(H_1+H_4)\times 2/3\,S$
사다리꼴 IGHJ의 면적$=1/2(H_4+H_5)\times 2/3\,S$
사다리꼴 HJFC의 면적$=1/2(H_5+H_3)\times 2/3\,S$

위를 전부 합치면 $\frac{S}{3}\{H_1+2(H_4+H_5)+H_3\}$
여기서 사다리꼴의 특징에 의하여 $H_4+H_5=2H_2$이므로
위의 값은 $\frac{S}{3}(H_1+4H_2+H_3)$가 된다.

그림 Ⅱ-2 면적의 3분할도

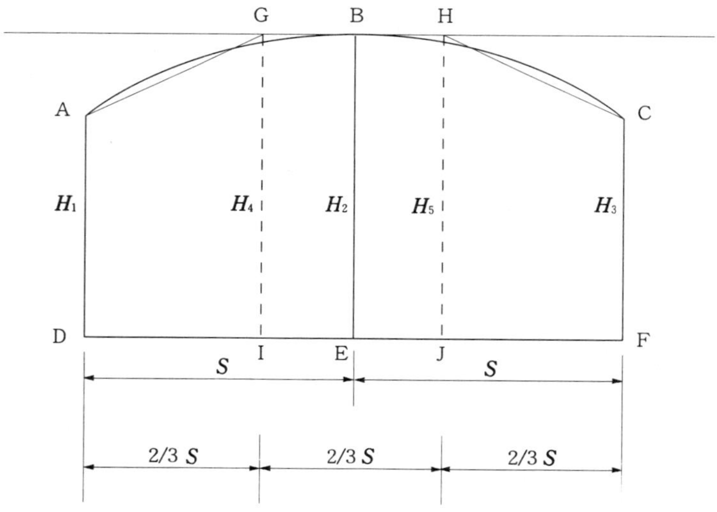

그림 Ⅱ-3 반복 누계를 통한 연속적용 계수의 성립

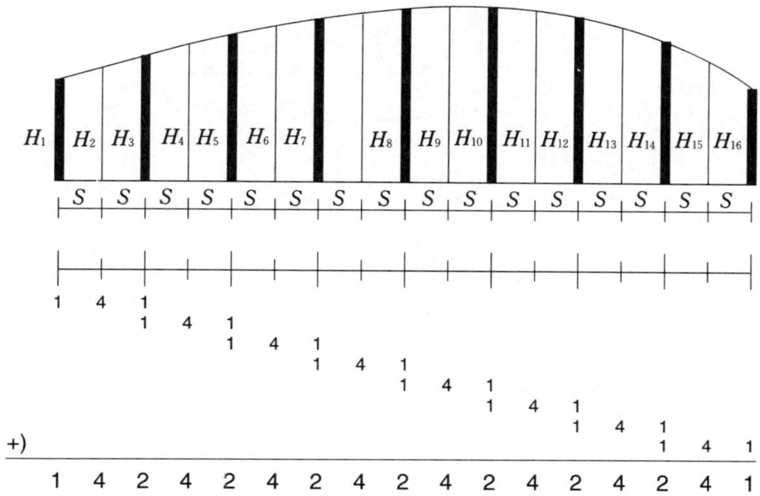

다각형 ADFCHBG의 면적이 $\frac{S}{3}(H_1+4H_2+H_3)$인 것이며, 이는 폐곡선 ABCFD의 면적과 근사한 값으로 동일시한다는 것이 Simpson 공식인 것이다.

예에서는 횡축 방향의 도형의 폭이 $2S$, 즉 2개 구간뿐인데 정밀하게 하려면 더욱 세분해야 한다. 이 경우에도 위 공식의 반복 누계를 통하여 하나의 간단한 연속 적용공식이 성립되므로 계산이 복잡해지지 않는다.

그림 Ⅱ-3은 두개의 구간을 하나로 묶어서 1, 4, 1 계수로 계산되는 단위로 나누어서 전부 합치면 기억하기 쉽고 쓰기 편한 다음과 같은 일반식이 성립됨을 보여 주고 있다.

전체면적 $A=S/3(H_1+4H_2+2H_3+4H_4+2H_5+\cdots\cdots+2H_{(n-2)}+4H_{(n-1)}+H_n)$

○ 곡면으로 둘러싸인 입체부피계산을 위한 심프슨공식의 응용

균일한 단면적을 갖는 규칙 도형의 부피는 밑면적×높이로 계산하고, 뿔(錐)은 밑면적×높이를 3으로 나눈 값으로 하며, 뿔대는 큰 뿔에서 윗부분의 작은 뿔을 빼주면 계산이 된다. 밑면적에다 높이를 곱한다는 것은 밑면

그림 Ⅱ-4 당근의 부피 계산

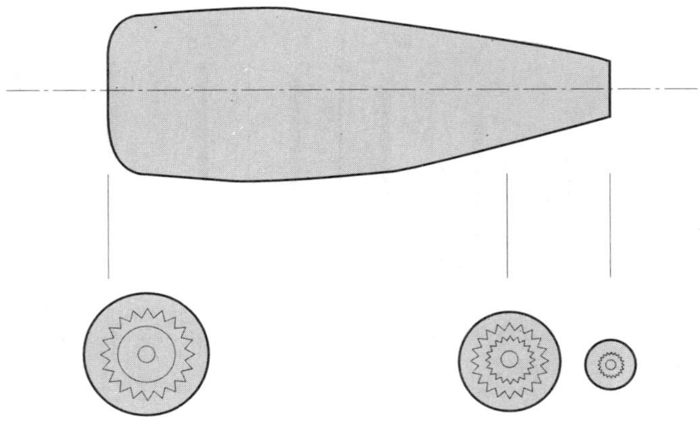

그림 Ⅱ-5 당근의 단면적 곡선

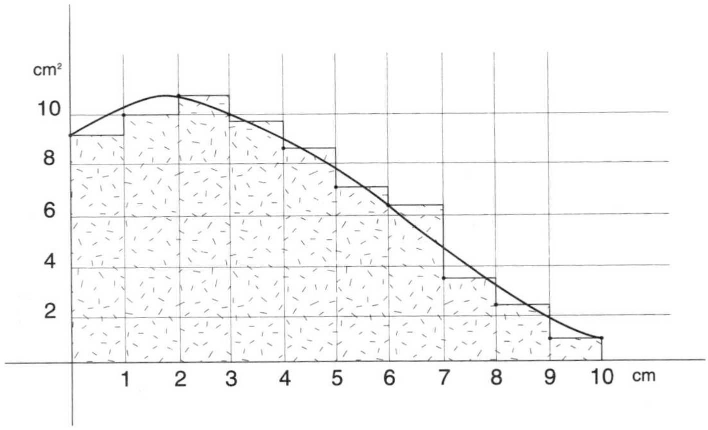

적과 똑같이 생긴 얇은 판을 높이만큼 쌓아 올린 것이 부피가 된다는 뜻이다. 그런데 길이 방향의 단면적이 일정하지 않고 변화가 된 경우에는 간단치가 않다. 다음과 같이 당근을 예로 들어 계산해 보자.

횡축은 당근의 길이이고 종축은 단면적이다. 그림 Ⅱ-5에서 길이를 1 cm 간격으로 10등분하여 단면적을 계산하여 종축에 표시하여 보았다. 매 1 cm 구간에서는 단면적이 일정하다고 가정하면 부피를 나타내는 그림은 망으로 표시된 부분처럼 정확한 막대 그래프가 될 것이다. 이것은 계산 편의를 위한 것이므로 구하고자 하는 유연한 모양의 당근의 부피가 아니고 1 cm 간격

그림 Ⅱ-6 원뿔대 연합으로 변모된 당근의 모습

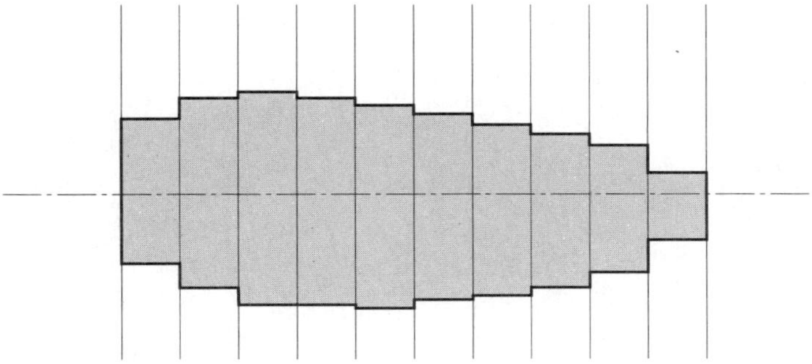

마다 단면적이 급격히 변화하는 이상한 모습의 원뿔대 연합의 부피인 것이다.

그래서 이번에는 당근을 길이 방향으로 1 mm 간격으로 등분하고 그 등분된 곳을 자른 단면적을 계산해서 좌표대에 그려 넣는다면 폭이 1 mm이고 단면적을 높이로 하는 하나의 가늘고 긴 막대가 100개나 그려질 것이다. 이 막대 한 개의 면적이 바로 두께가 1 mm인 당근 Slice 한 개의 부피가 되므로 막대 면적 100개를 더한 것, 즉 부드러운 곡선 하부의 면적을 계산하면 그것이 곧 당근의 부피가 됨을 알 수 있다.

○ 정 리

부드러운 연속 곡선으로 구성된 입체는 좌표대의 횡축에 길이 등분을 표시하고, 연직축에 각 길이 등분별 단면적을 표시해서 곡선 그래프를 그리고, 그 곡선 하부의 면적을 계산하면 입체의 부피가 됨을 일반 원리로 확정했다.

그림 Ⅱ-7은 유선형 모양을 하고 있는 전형적인 선박의 선수미(船首尾) 부분을 간단히 나타낸 투시 겨냥도이다. Station 1~7까지 단면적을 알고 있고 Station간 간격이 10 m이다. 그림 Ⅱ-8 Sectional Area Curve에서 망 표시된 부분 면적이 전체 부피가 되며, Simpson 공식으로 계산하면 다음과 같다.

그림 Ⅱ-7 선수 부분의 투시 겨냥도

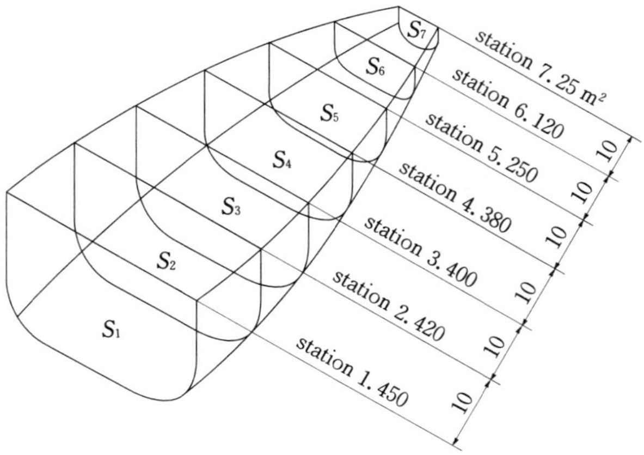

그림 Ⅱ-8 Sectional Area Curve

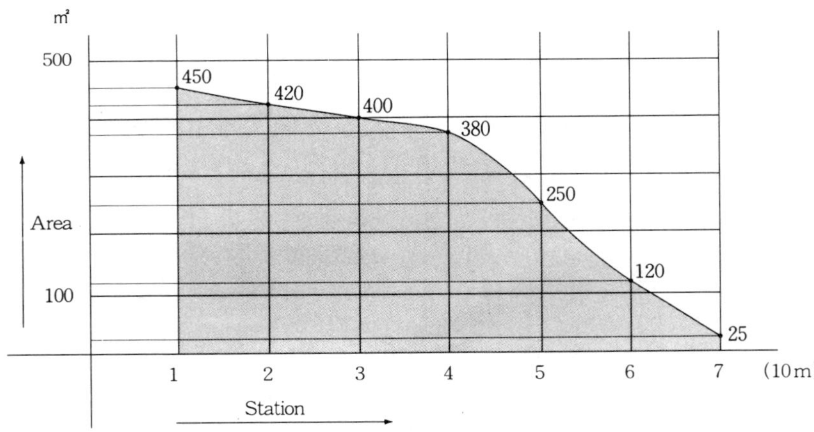

$$\nabla = 10/3(450+4\times420+2\times400+4\times380+2\times250+4\times120+25)$$
$$\fallingdotseq 18\,180(\mathrm{m}^3)$$

∇ : Displacement Volume

2. 중심(重心, Center of Gravity)

단일 고형 물질을 실에 꿰어서 들었을 때 수직으로 내려간 실의 연장선상에 그 물체의 중심이 반드시 위치하게 된다. 따라서 두 번만 꿰어 매달아 보면 중심점을 찾을 수 있다.

그림 Ⅱ-9와 같이 P_1 위치에서 도끼를 실로 꿰어 들었을 때 P_1P_2C를 잇는 수직선이 형성되었다. 그 사실을 선분 AB로 표시해 놓고 다시 P_2점에서 실로 꿰어 들었더니 C점에서 두 선이 교차하게 되므로 C점이 이 도끼의 重心인 것이다.

두 개의 물질 사이에는 무거운 물질 쪽으로 중량비에 역비례하여 중심이 위치하게 된다.

그림 Ⅱ-9

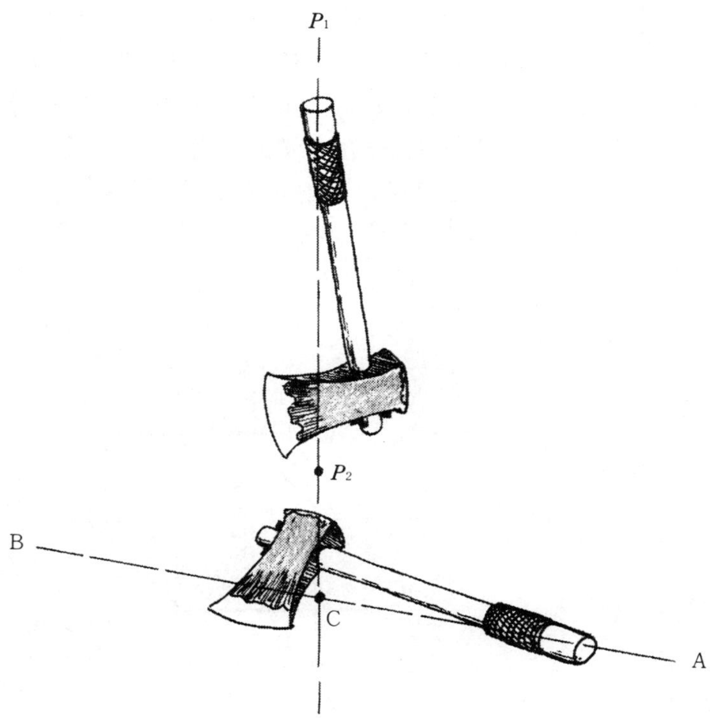

그림 Ⅱ-10

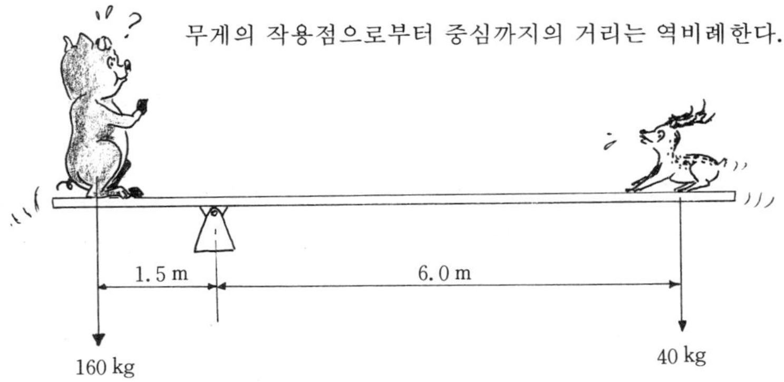

그림 Ⅱ-10의 시소에서 널빤지 무게는 편의상 없다고 가정했을 때 돼지와 사슴의 합성 중심은 돼지로부터 1.5 m인 곳이 된다.

세 물체 이상의 합성 중량 중심은 3차원 좌표대를 쓰는 수밖에 없다. 공간에 임의로 산재하는 여러 개의 물체들의 합성 중심이 *xy* 평면으로부터 얼마나 위로 떠올라 있는가, 즉 연직축인 *z*축 방향으로 어떤 위상에 있는가, *zx* 정면입면으로부터 얼마나 앞 또는 뒤로 갔는가, 즉 종축인 *y*축 방향으로 어떤 위상에 있는가, 또 *yz* 측면 입면으로부터 얼마나 우로 또는 좌로 갔는가, 즉 *x*축 방향으로 어떤 위상에 있는가가 밝혀지면 그림 Ⅱ-11과 같이 세 개의 평면, 즉 ① 중심을 공유하면서 *xy* 평면에 나란한 평면 *XY*, ② 중심을 공유하면서 *yz* 평면에 나란한 평면 *YZ*, ③ 중심을 공유하면서 *zx*에 나란한 평면 *ZX*가 서로 공유하는 점은 3개 면이 동시에 직교하는 오로지 이 한 점, 바로 *C*점이 전체 물체의 중량중심이 되는 것이다.

그림 Ⅱ-11

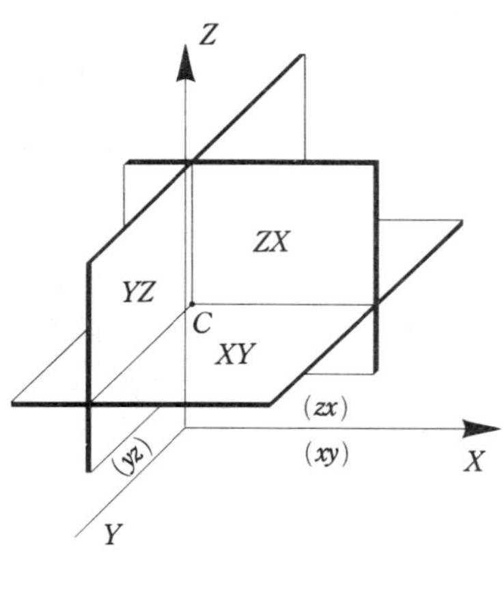

입체공간에 존재하는 점 A, B, C, D, E, 5점의 위치에 중량 M_A, M_B, M_C, M_D, M_E의 물체가 있다. 점 A, B, C, D, E의 좌표가 각각 $A(X_A, Y_A, Z_A)$, $B(X_B, Y_B, Z_B)$, $C(X_C, Y_C, Z_C)$, $D(X_D, Y_D, Z_D)$, $E(X_E, Y_E, Z_E)$로 표시되었다. 이때, 중량 중심은 다음과 같이 계산되는 좌표이다.

$$(CG)_X=\frac{(M_A \cdot X_A)+(M_B \cdot X_B)+(M_C \cdot X_C)+(M_D \cdot X_D)+(M_E \cdot X_E)}{M_A+M_B+M_C+M_D+M_E}$$

$$(CG)_Y=\frac{(M_A \cdot Y_A)+(M_B \cdot Y_B)+(M_C \cdot Y_C)+(M_D \cdot Y_D)+(M_E \cdot Y_E)}{M_A+M_B+M_C+M_D+M_E}$$

$$(CG)_Z=\frac{(M_A \cdot Z_A)+(M_B \cdot Z_B)+(M_C \cdot Z_C)+(M_D \cdot Z_D)+(M_E \cdot Z_E)}{M_A+M_B+M_C+M_D+M_E}$$

X축 방향의 중심 $(CG)_X$는 YZ 평면상에 있고, Y축 방향의 중심 $(CG)_Y$는 ZX 평면상에 있고, Z축 방향의 중심 $(CG)_Z$는 XY 평면상에 있으므로 CG는 세 평면이 교차하는 지점이 되는 것이며, 이 점이 바로 입체공간에 흩어져 있는 5개의 물체의 합성 중심이 되는 것이다. 기호로 쓰니까 복잡해 보이는데, 숫자로 계산하면 아주 간단하고 개념 정의가 명확하므로 예제를 풀어 보겠다.

다음 물체 A~E의 합성 중심을 구하여라. 괄호 안은 3차원 좌표값이다.

A=1kg (13, 14, 10)
B=2kg (-14, 10, 13)
C=3kg (15, -13, -11)
D=4kg (12, -15, -13)
E=5kg (-12, 13, 11)
전체 중량은 15kg

$$(CG)_X=\frac{1\times13+2\cdot(-14)+3\times15+4\times12+5\cdot(-12)}{15}=\frac{18}{15}$$

$$(CG)_Y=\frac{1\times14+2\times10+3\cdot(-13)+4\cdot(-15)+5\times13}{15}=0$$

$$(CG)_Z=\frac{1\times10+2\times13+3\cdot(-11)+4\cdot(-13)+5\times11}{15}=\frac{6}{15}$$

$$\therefore CG=\left(\frac{18}{15},\ 0,\ \frac{6}{15}\right)=\left(1\frac{1}{5},\ 0,\ \frac{2}{5}\right)=(1.2,\ 0,\ 0.4)$$

선박의 실중심을 계산하려면 기만개의 개체(철판, 기계류, 기타)의 중심을 이런 식으로 계산해야 하는 것이다. 많은 사람들이 오랜 세월에 걸쳐서 이 간단한 원리의 지루한 계산을 하는 것이다. 다만 긴 설계 기간 동안 다른 일을 하면서 잘 조직된 Format에 습관적으로 익숙하게 입력시켜 나가니까 지루함을 의식하지 못하고 지나치게 된다.

3. 부력, 배수량, 아르키메데스의 원리

그림 Ⅱ-12에서 밑면의 가로 세로가 각각 1 m이고 높이가 1.4 m인 투명 유리상자에 물을 가득 채웠다. 그 위에 스프링 저울이 연결된 로프를 붙잡고 매달린 소년이 있다. 저울은 55 kg을 가리키고 있다. 로프를 늘어뜨려서 소년이 물 속에 완전히 몸을 담갔다. 그랬더니 저울이 5 kg을 가리켰다. 넘친 물은 깔대기를 통해서 똑같은 크기의 물통에 받아 담았다. 소년이 나와서 보니 들어갔던 물통에서는 5 cm가 넘쳤고, 비었던 물통에는 5 cm가 고였다. 50,000 cm^3(50 ℓ), 즉 50 kg의 물이 이사를 했다.

여기서 정리를 해보자.

(1) 55 kg의 소년이 5 kg으로 줄은 것은 부력이 50 kg만큼 떠받쳐 주었다는 뜻이다.
(2) 넘쳐난 물 50 ℓ는 바로 소년의 몸의 부피이다. 소년의 비중은 55/50 해서 1.1이다.

여기서 고대 희랍의 물리학자였던 아르키메데스(Archimedes)의 원리가 정리되었다.

"유체 속에 잠긴 모든 물체는 그 물체가 차지하고 있는 부피와 똑같은 부피의 유체의 중량만큼의 부력을 받는다." 금 등 귀금속의 비중을 조사해서 알아놓고 자유 형상으로 생긴 금덩어리의 진위를 알기 위해서 통의 물을 넘치게 하는 부피계측 방법으로 비중을 조사하곤 했었는데, 그 과정에서 일정한 부력을 받는 사실을 알아냈다고 한다.

그림 Ⅱ-12 부력 실험

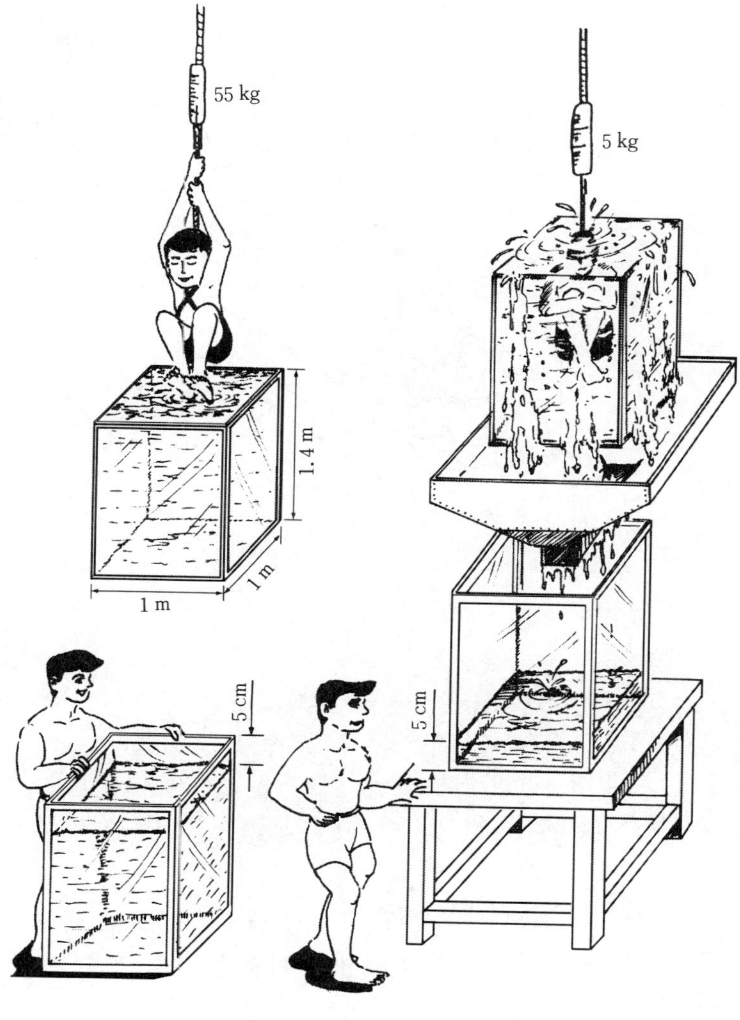

가장 일반적인 말로 하니까 오히려 혼돈스럽다. 소년이 몸을 담금으로 해서 넘쳐난 물, 즉 쫓아낸 물이 배수량(排水量, Displacement)이므로 전문용어를 도입하면 아르키메데스 원리는 간단하다.

부력=배수량

그림 Ⅱ-13

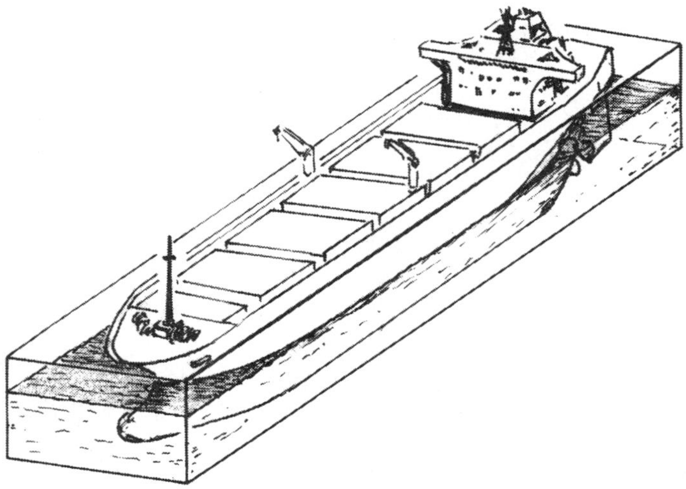

정리의 확대 : 이해와 기억을 돕기 위해 사람으로 예를 들었지만 잠기지 않고 물에 뜨는 물체를 검토해 보자.

가로 세로 높이가 각각 10 cm이고 무게가 500 g인 나무토막을 물에 띄우면 잠김선, 즉 흘수선은 5 cm가 될 것이다.

어떻게 5 cm라는 것을 알았을까? 본능적으로 알 수도 있겠지만 "어떤 물체가 뜬다는 것은 자중과 부력이 같기 때문에 떠서 가만히 있는 것이다."

"떠 있는 물체의 무게와 부력과 배수량은 모두 같다"라고 하는 원리가 성립되는 것이다. 배도 그림 Ⅱ-13처럼 통 속에 넣고 넘친 물을 재어 보면 부피도 알고 중량도 알 수 있겠지만, 너무 커서 그렇게 할 수 없으므로 자중은 모든 구성 부재의 무게를 덧셈하여 계산해 내야 하고, 잠김 부피는 흘수선 이하의 부분의 곡면체를 계산하는 방식으로 실린 짐의 무게를 알아 낸다.

Note : 배수량(Displacement) 기호는 △
해당 부피(Volume) 기호는 ▽로 쓴다.

부력과 유체 비중과의 관계를 알아보자.

소년의 예에서는 유체가 물이었으므로 부피는 바로 중량으로 되어서 관심을 기울이지 못했을 것이다. 이번에는 비중 13.6인 수은(액체)에 가로, 세로, 높이가 각각 10 cm인 쇠(강철)를 넣으면 얼마나 높이 뜰까? 쇠의 비중은 7.85이다. 잠김선의 깊이를 d라고 하면 $\triangle = 10\text{ cm} \times 10\text{ cm} \times d \times 13.6$이고, 자중은 $10 \times 10 \times 10 \times 7.85$이다. 둘이 서로 같으니까

$$d = (10 \times 10 \times 10 \times 7.85) \div (10 \times 10 \times 13.6) = 5.77(\text{cm})$$

결국 5.77 cm만 잠기고 4.23 cm는 뜨게 된다.

4. 부심(浮心, Center of Buoyancy)과 Metercenter

물에 떠 있는 물체에 의하여 배수된 공간(Displaced Space)에 물을 채웠을 때 그 물의 무게 중심이 바로 부양력(浮陽力, Buoyant Force)의 중심점이 되므로 부심이라고 한다. 균형을 갖춘 규칙도형(Balanced Regular Form)에서는 도상 중심과 일치하나 불규칙한 형상에서는 계산해 내야 한다.

선박은 좌우현 대칭이므로 정립(Upright) 위치에서는 부심이 중심선상에 있으면서 높이가 어디쯤일지 개개의 위치를 짐작해 볼 수 있지만, 옆으로 기울었을 때는 전 길이 구분마다 좌우상하의 편재 정도가 전부 틀려서 짐작해 보기가 어려우며 적분 방법의 계산이 불가피하다.

그림 II-14와 같은 구형 물건들은 물에 띄워놓고 보면 부심이 어디일까 쉽게 짐작이 된다. 그러나 불규칙하게 생긴 주전자나 기울어져 있는 선박의

그림 II-14

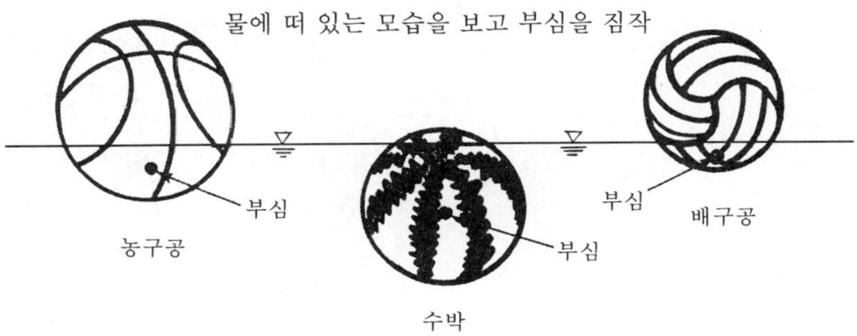

그림 Ⅱ-15 편재된 부심

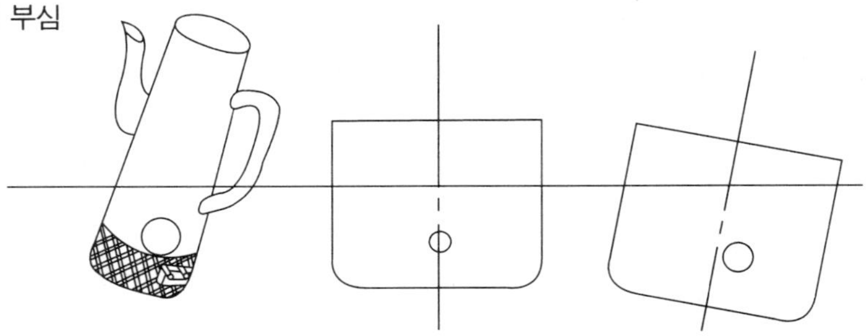

부심이 어디일지는 알기가 어렵지만 그림 Ⅱ-15의 ○표를 그려 놓은 부분일 것이라는 막연한 짐작은 간다.

배가 우현으로 θ 도만큼 기울면서 흘수선이 DD'에서 dd'로 바뀌었고 부심은 B에서 B'로 이전되었다. 경사시에 이전된 부심에서 수면으로 수직선을 그어 올려 원래 배의 중심축과 만나는 곳이 작은 각도 범위 내에서는 어느 경우에도 같은 특성점으로 Metercenter라고 하며 복원력 계산의 중요한 기준점이 된다. 여기서 자연히 성립되는 모멘트 평형식을 이용하여 BM값을 계산하는 공식을 유도해 내겠다.

수면하 전체 부피 ∇가 B에서 B'만큼 이동한 모멘트는 프리즘같이 생긴 DdC(부피 V)가 P_1에서 P_2만큼 옮겨진 모멘트와 같다.

θ 가 작은 각이므로 $BB' \fallingdotseq BM \sin\theta$ 의 근사식이 성립되고 DD'와 dd'의 길이는 같다고 가정할 수 있다. 따라서 $\nabla \times BM \sin\theta = V \times P_1P_2$와 같은 모멘트 평형식이 성립된다. V값과 P_1P_2를 구해 내면 BM값을 표시하는 공식이 유도될 것이다.

그림 Ⅱ-16 부심과 Metercenter의 기하학

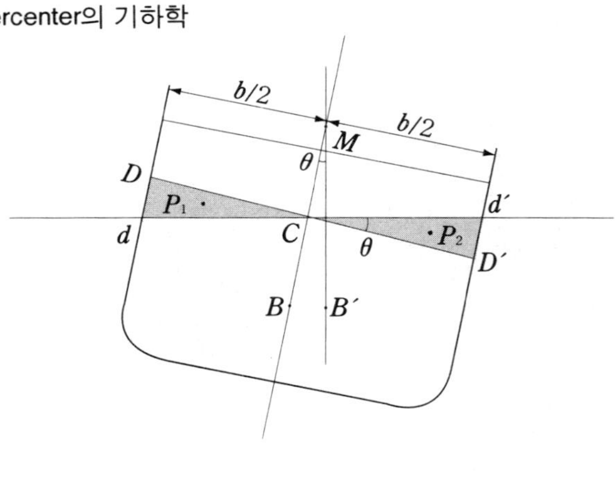

그림 II-17 수선면도(水線面圖)

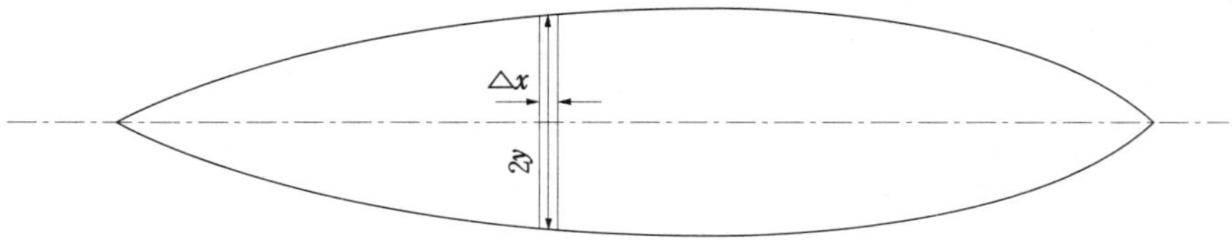

중앙 부위에서는 CD값이 $b/2$이지만 선수미로 가면서 줄어드는 변수값이므로 y라고 표시하자. 그러면 삼각형 DdC나 $D'd'C'$도 선수미로 가면서 형상이나 면적이 변화한다. 이번에는 종축 방향을 x축으로 놓고 아주 작은 길이 Δx만 떼어서 생각하도록 하자.

삼각형 DdC 밑변 $DC=y$이면 높이 $Dd=y\ \sin\theta$가 된다.

P_1C나 P_2C는 삼각형의 도형 중심 겸 무게 중심으로 삼각형의 성질상 꼭지점 C로부터 D와 d의 중간점까지 거리의 2/3이다. θ가 미세한 각이므로 거리 P_1P_2, 즉 P_1C+P_2C는 $2/3y+2/3y$가 되어 $(4/3)\,y$가 된다.

이제 배의 전 길이 방향으로 프리즘 같은 DdC의 부피 V와 모멘트 m은 다음과 같이 표시된다.

$$\Delta V=1/2\times y\times y\ \sin\theta\times\Delta x=1/2\,y^2\Delta x\ \sin\theta$$
$$V=1/2\int y^2\ \mathrm{dx}\sin\theta$$
$$m=(4/3)\,y\times1/2\int y^2\ \mathrm{dx}\sin\theta=2/3\int y^3\ \mathrm{dx}\sin\theta=\nabla\ BM\ \sin\theta$$

그런데 수선면(水線面, Water Line Plane)의 관성 모멘트 I는 높이 $2y$, 폭 Δx인 작은 사각형의 관성 모멘트 i값 $\dfrac{\Delta x(2\,y)^3}{12}$의 길이 방향 누계이므로 $I=2/3\int y^3\ \mathrm{dx}$로 되어 $m=I\ \sin\theta$로도 표시될 수 있다.

따라서 $\nabla\times BM\ \sin\theta=I\ \sin\theta$로 되어 아래의 식이 도출된다.

$$BM=\frac{I}{\nabla}$$

이 식은 굉장히 중요한 식이며 목적한 계산을 하기 위하여 결과만 써도 되지만 왜 I를 ∇로 나누면 BM이 되는지 의문을 갖는 사람이 많아 유도 과정을 소개하였다.

그림 Ⅱ-18

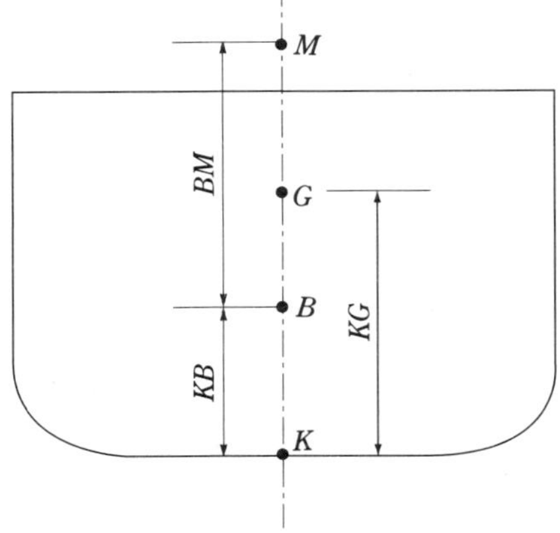

*BM*이 계산됨으로 해서 선박의 수직 중심 선상에 있는 핵심 경혈(한의학에서 침 놓는 급소들)들이 전부 정의되고, 특히 맨 위의 백회(머리 위의 정수리 경혈)라고 할 만한 Metercenter(약자로 M)가 확정된다. 임의의 작은 경사각으로 배가 기울어졌을 때에는 새로 설정된 부심 *B*에서 수면에 수직인 직선을 그으면 Metercenter를 지나게 된다. 이것은 반대로 생각하면 Metercenter에 끈을 고정시키고 배수량의 중심인 부심 *B*에서 끈에 추를 매어단 다음 추를 흔드는 것과 같은 양상이 되는 중요한 점이다.

특히 중량 중심 *G*로부터 *M*까지 거리 *GM*이 복원력의 크기를 규명하는 중요한 값이 되는 것이다.

아래 점들은 별기 없으면 만재흘수선 상태로 떠 있을 때의 특성값들이다. 그림 Ⅱ-19에서와 같이 $KB+\boxed{BM}-KG=GM$으로 *GM*이 파악된다.

기왕에 신체 부위로 얘기가 나왔으니 *M*은 백회, *G*는 명치 끝, *B*는 단전, *K*는 용천(발바닥의 중앙부)이라고나 할까 모두가 아주 중요한 값들이다.

기울어진 배가 원 위치로 복원하려고 하는 힘, 즉 Righting Moment는 $\triangle \times GG'$이고 이는 $\triangle \times GM \cdot \sin\theta$. 여기서 만약 *G*가 *M*보다 높은 점에 위치한다면 $\triangle \cdot GM \cdot \sin\theta$ 만큼의 전복 모멘트가 작용하게 된다.

3차원 곡면체인 선박의 부심을 구하는 예를 들기 위하여 가장 간단한 모습의 배 모양을 만들었다.

그림 Ⅱ-19 선박 계산의 핵심 Point와 인체의 급소점

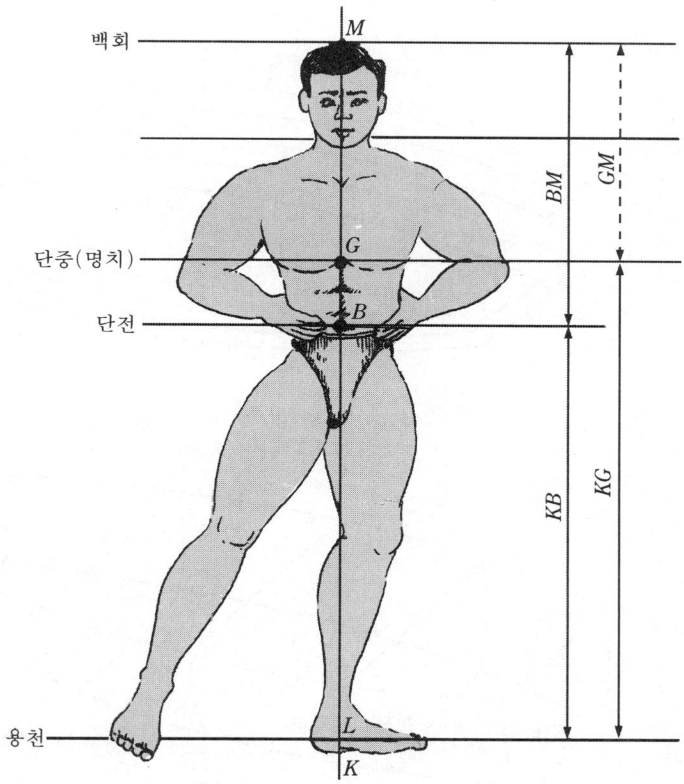

$$KB+BM-KG=\boxed{GM}$$

그림 Ⅱ-20

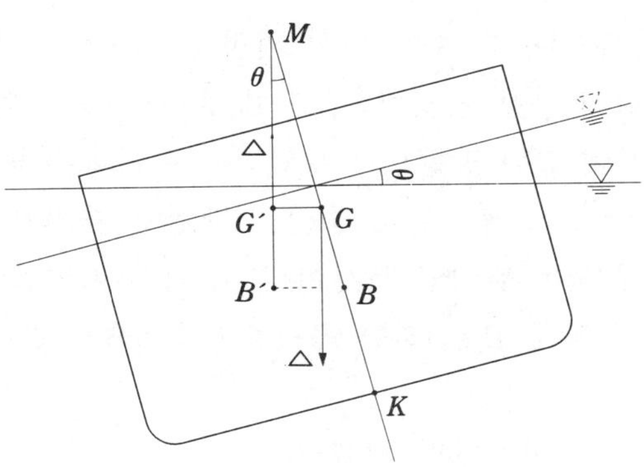

그림 Ⅱ-21 부피의 중심을 구하기 위하여 수평방향으로 등분하여 slice를 만들고 종방향으로 토막을 친 그림

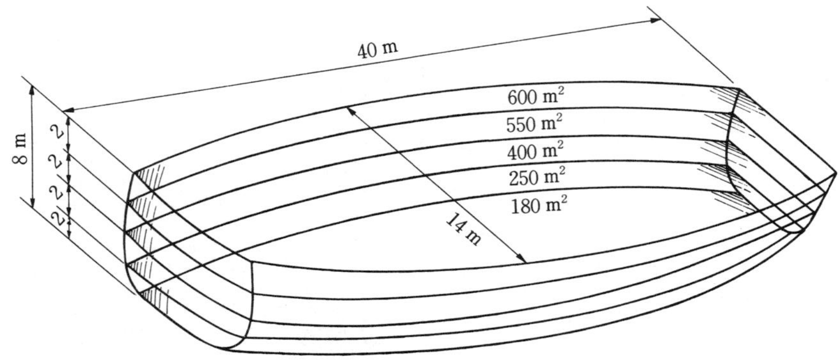

그림 Ⅱ-22

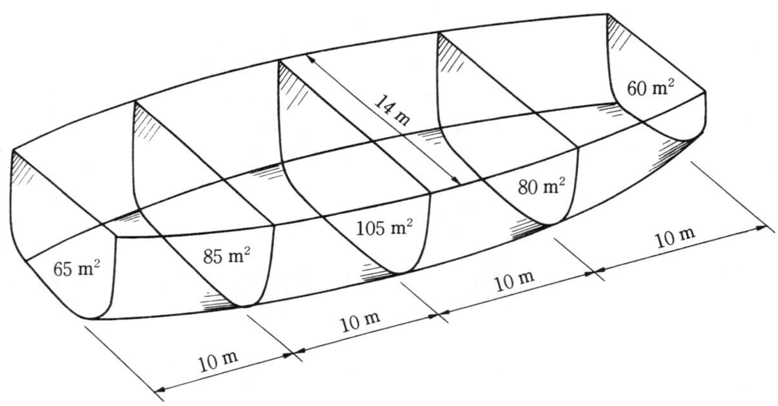

그림 Ⅱ-21은 부심의 수직 방향 위치를 계산하기 위하여 높이 방향으로 수평면과 나란히 등분한 것이고, 그림 Ⅱ-22는 부심의 길이 방향의 위치를 계산하기 위하여 길이 방향으로 횡단면과 나란히 등분한 것이다. 잘게 자르기만 하면 Simpson 공식으로 중심을 계산할 수가 있다.

두 그림은 *LBd*는 같지만 특성이 각각 다른 배임을 참조하기 바란다. 본 예제를 위하여 실재(實在)하는 곡면체의 Lines를 설계한 것이 아니기 때문이다.

각각의 예제로 이해하면 되겠다.

○ V.C.B(Vertical Center of Buoyancy)

$$\nabla = 2/3(\triangle_{1} \times 600 + \triangle_{4} \times 550 + \triangle_{2} \times 400 + \triangle_{4} \times 250 + \triangle_{1} \times 180)$$

$$\fallingdotseq 3187\ m^3$$

$$\fallingdotseq 3187\ ton$$

☞ 삼각형 내의 숫자는 심프슨 공식 곱셈수이다.

물의 비중을 1.0으로 가정하면 $\nabla = \triangle$

$$M_V = 2/3(\triangle_{1} \times 600 \times \bar{8} + \triangle_{4} \times 550 \times \bar{6} + \triangle_{2} \times 400 \times \bar{4} + \triangle_{4} \times 250 \times \bar{2} + \triangle_{1} \times 180 \times \bar{0})$$

$$= 15,467(m^4)$$

$$\frac{M_V}{\triangle} = 4.85$$

상하 방향 부심은 중앙선 바닥으로부터 4.85 m만큼 높은 곳에 존재한다.

◎ L.C.B(Longitudinal Center of Buoyancy)

$$\nabla = 10/3(\triangle_{1} \times 65 + \triangle_{4} \times 85 + \triangle_{2} \times 105 + \triangle_{4} \times 80 + \triangle_{1} \times 60)$$

$$\fallingdotseq 3317\ m^3$$

$$\fallingdotseq 3317\ ton$$

물의 비중 1.0으로 가정하면 $\nabla = \triangle$

$$M_L = 10/3(\triangle_{1} \times 1 \times 10 \times (-\overline{20}) + \triangle_{4} \times 85 \times (-\overline{10}) + \triangle_{2} \times 105 \times (0) + \triangle_{4} \times 80 \times \overline{10} + \triangle_{1} \times 60 \times \overline{20})$$

$$= -1000\ m^4$$

$$\frac{M_L}{\triangle} = -0.3$$

종방향 부심은 배의 중앙부위(Midship)에서 선미방향으로 30cm 떨어진 곳에 위치함.

Note : 만약 위와 같이 개별 예제가 아니고 실재하는 1개의 배 설계도에서 계산하면 VCB와 LCB는 한 개의 점을 규명하는 좌표값으로 된다. 즉 부심은 배 바닥의 중심선으로부터 4.85 m 상방, 배의 중앙 부위로부터 뒤쪽으로 0.3 m 간 지점이라고 입체적으로 규명이 되는 것이다.

5. 경하중과 재화중량(Light Weight, Dead Weight)

가로, 세로, 높이가 각각 20 cm, 30 cm, 10 cm이고 밑판과 옆면의 두께가 1 cm, 비중이 0.5인 나무상자가 있다. 이 빈 상자를 물에 띄우면 홀수가 얼마인지 계산해 보자.

○ 자중계산

밑면의 무게	$(20-2)(30-2)\times1\times0.5=252(g)$
긴 옆면 2개의 무게	$2\times30\times10\times1\times0.5=300(g)$
짧은 옆면 2개의 무게	$+)\ 2\times(20-2)\times10\times1\times0.5=180(g)$
판들의 무게의 합	$732(g)$

배수량=부력이고 이 경우에는 빈 상자 무게가 부력 전체이므로 홀수를 d라고 하면 다음의 식이 성립된다.

$$20(cm)\times30(cm)\times d\times1.0=732(g)$$

$$d=\frac{732}{600}=1.22(cm)$$

그림 Ⅱ-23

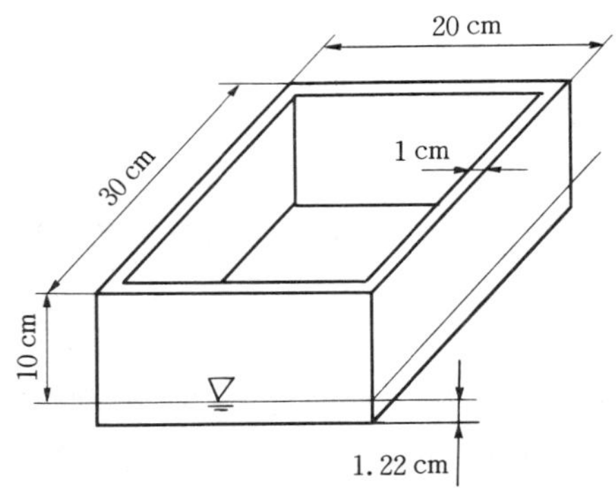

(a) 빈상자를 물에 띄운 그림
(Light Ship Draft 상응)

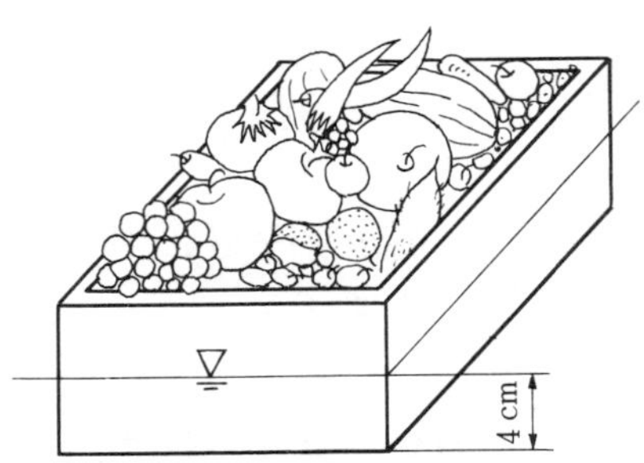

(b) 과일을 담은 상자를 물에 띄운 그림
(Loaded Draft 상응)

○ 적재물 무게 계산

이번에는 상자에다 과일과 야채를 담았더니 흘수가 4 cm로 깊어졌다. 과일과 야채의 무게는 얼마인지 계산해 보자.

배수량=부력=(상자무게+과일과 야채무게)
4(cm)×20(cm)×30(cm)×1.0=2400(g)

부력에서 상자 무게를 빼면 되므로 2400−732 해서 과일과 야채는 1668 g이 된다.

선박의 경우에는 상자 무게는 경하중(輕荷重, Light Weight), 과일과 야채는 재화중량(載貨重量, Dead Weight)이다.

부력(浮力, Buoyancy)=배수량(排水量, Displacement)
=Light Weight+Dead Weight

○ T.P.C

짐을 더 실었을 때 흘수선이 깊게 침하하는 것으로부터 흘수선이 깊어지는 정도를 보고 짐의 무게가 얼마나 되는가를 재빨리 알아보는 것은 화물적하 계획에 매우 큰 도움이 된다. 따라서, 흘수선의 추가 침하 매 1 cm당 Displacement가 얼마나 늘어나는가를 T.P.C.(Tons Per Cm Immersion)라고 한다. 선박은 곡면체로서 각 흘수선별로 T.P.C.가 다르므로 전부 미리 계산해서 Hydro Data(기본 선박 계산 특성표)에 기재해 넣는다.

6. TRIM

선박의 앞뒤의 잠김(Immesion)이 같아서 선체가 수면에 나란하게 떠 있는 상태를 Even Keel 상태라고 하고, 앞 또는 뒤로 기운 것을 List라고 한다. 경사가 졌기 때문에 수평상태에 비교하여 선수미가 더 침하된 양이나 또는 부상된 양을 Trim이라고 한다.

Even Keel일 때 선수선미가 10 m Draft인데 선미의 Draft가 11.5 m, 선수가 8.5 m로 기울면 선수 트림(Trim by the Head) 1.5 m라고 한다.

빈 배일 때는 뒤로 더 많이 기울게 되며 화물을 꽉 차게 실어도 정확하게 Even Keel에 맞는 배는 없으며, 확물 적재 위치를 조정하거나 Ballast

Water 배치를 조정하거나 Bunker Fuel을 공급받는 타이밍을 공선 출항시에 급유할 것인지 중간 기항 항구에서 급유할 것인지 적화항에서 급유할 것인지를 정하는 것까지 가장 긴 시간 동안 수평에 가깝거나 또는 앞이 조금 덜 잠김상태, 다시 말해서 선미 쪽이 조금 더 잠김 상태로 되도록 조정하여 운항한다.

경사가 너무 심하면 선미의 바닥이 수심이 낮은 연안 지역에서 좌초되기 쉽고 또 구조의 종강력에도 더 많은 부하를 가져와서 좋지 않다.

TRIM에 대한 정확한 특성을 알아야 침수시의 안전에 대한 설계적 고려나 화물적하와 Ballast를 효율적으로 운용할 수가 있는 것이며, 이는 역으로 여러 가지 Trim 상태를 체크하여 가장 쓰기 좋은 Trim특성을 갖는 선도를 개발해야 하는 것이다.

좋은 Lines를 만든다는 것은 부양력 최적화, 저항 추진 최적화, 복원력 최적화, Trim 최적화, 적화능력 최적화를 다 만족시켜야 하는 어려운 일인 것이다.

구획의 분할과 자중 요소의 배치 또한 잘해야만 좋은 Lines를 만들 수 있다. 좋은 선형의 설계란 서로 연관된 변수간에 서로서로가 꼬리를 물고 물려서 돌아가므로 한 가지 Factor를 최적화한다고 바꾸면 전체 계산 사이클을 다시 한번 돌아야 한다. 센스 없이 설계하면 영원히 계산만 하고 쓸모없는 종이배만 만들었다가 구겨 버리는 양상이 된다.

경험의 집적을 통한 전산기의 Lines 개발 프로그램이 있지만 컴퓨터 바둑이 인간의 두뇌를 따라오려면 요원하듯이 아직은 만족스럽지 못하다. 올바른 Naval Architect Designer의 Ensemble 육성에 지속적으로 공을 들여야만 하는 것이다. Lines 설계를 잘하는 똘똘한 놈 한두 명으로 좋은 배를 설계한다는 것은 망상이다. 다음은 Trim량 계산 원리를 설명하겠다.

그림 Ⅱ-24를 보면, 배가 기울기 전에 선수 부분 갑판 위에 있던 W가 선미 부위로 거리 L만큼 이동해 갔다. 이때 배가 크게 기울었는데 선수선미부의 Trim은 어떻게 변할 것인가? 먼저 부심의 계산 예에서와 같이 부심 B는 기지점이다.

또 $BM_L=\dfrac{I_Y}{\nabla}$로서 M_L(종방향 Metercenter)을 구한다.

그림 Ⅱ-24 Trim Concept

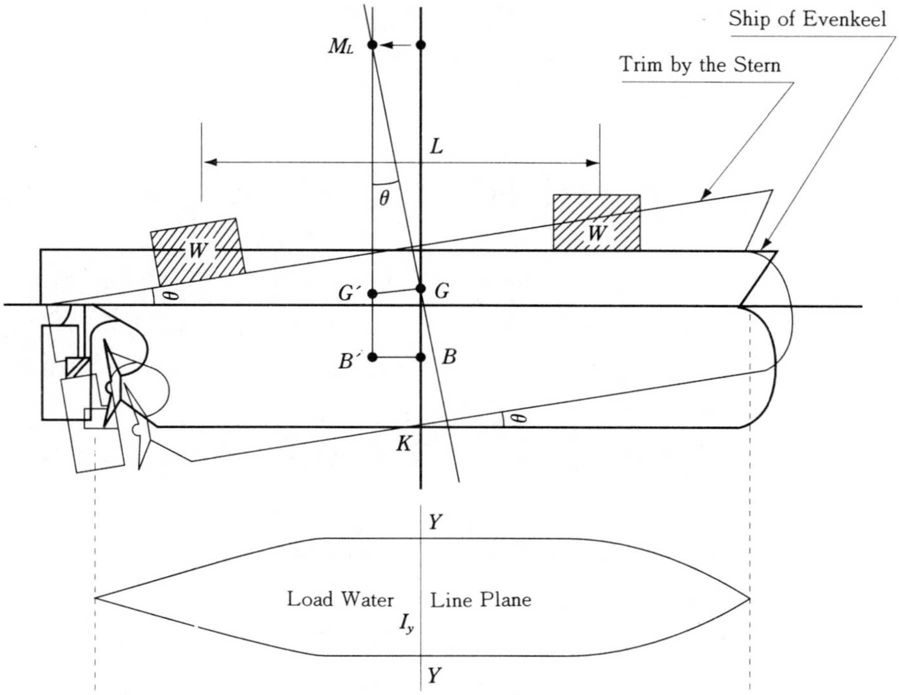

> Note : 횡방향 BM을 구할 때 I_x를 구하던 방식대로 이번에는 Y축에 대한 관성 모멘트를 구해야 한다.

경사에 의하여 새로이 잡혀진 부심 B'와 M_L을 잇는 선이 흘수선과 직교하게 되며, BM_L과 $B'M_L$ 사이의 형성 각도 θ가 바로 경사각이 된다. 이 각도를 알기 위해 모멘트 평형식을 만들어 보자.

$$W \times L = \triangle \cdot GG'$$

$$= \triangle \cdot GM_L \tan\theta$$

$$\tan\theta = \frac{W \times L}{\triangle \cdot GM_L}$$

여기서 θ값을 알게 되었으며, 경사각도 θ값만 알면 작도를 통해서든, 또는 계산을 통해서든 Trim량을 얻을 수 있다. 실무적으로는 설계 과정을 통하여 입력하는 중량과 Hydro 특성값들에 의하여 선박의 Trim 특성 데이터가 작성되고, 그것에 의하여 각종 적화 Case Study와 손상시의 침수 및 복원력 계산이 이루어진다.

7. 선형 선도(船型線圖, Hull Form Lines)

선도는 3차원 곡면체를 정의할 수 있는 그림으로 여러 개의 횡단면과 여러 개의 평면 단면과 여러 개의 측면 단면을 투영하여 외곽선만 모아 그린 것이다. 병원에서 찍은 CT 단층촬영과 같이 잘게 자른 면들에서 외곽선만 채취한 것이다.

쉽게 설명하기 위하여 그림 Ⅱ-25에서 계란의 Lines를 예로 들었다.

계란 위의 임의의 점 *P*를 잡아 *P*를 지나는 횡단면으로 자르고, 다시 *P*를 지나는 수평면으로 자르고, 또 다시 *P*를 지나는 수직면으로 자른 그림을 그려 보았다.

이 사실은 계란 위의 모든 점은 임의의 3차원 절단 평면들에 의하여 만들어지는 외곽선들이 만나는 점으로 규정된다.

표면을 구성하는 무수하게 많은 임의의 점들을 규정하는 대신에 3차원 절단평면들로 촘촘하게 자르고 그 외곽 절단선, 즉 투영되는 곡선을 3차원 좌표대에 그려 놓는다면 어떠한 곡면체도 복제 생산이 가능하게 된다.

그림 Ⅱ-25 3차원 곡면의 정의

ㄱ자의 칼로 계란을 자른 그림

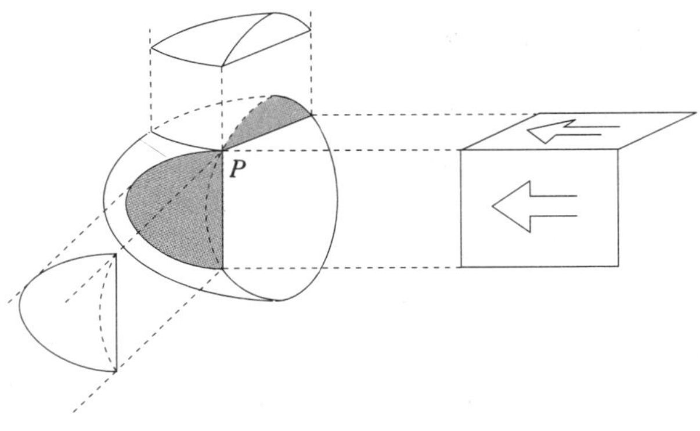

그림 Ⅱ-26 Body Plan Lines of an Egg

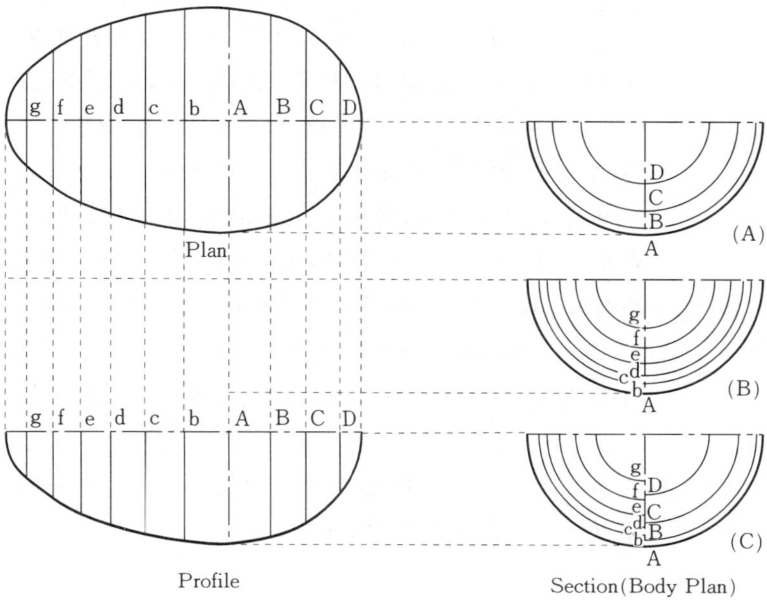

그림 Ⅱ-27

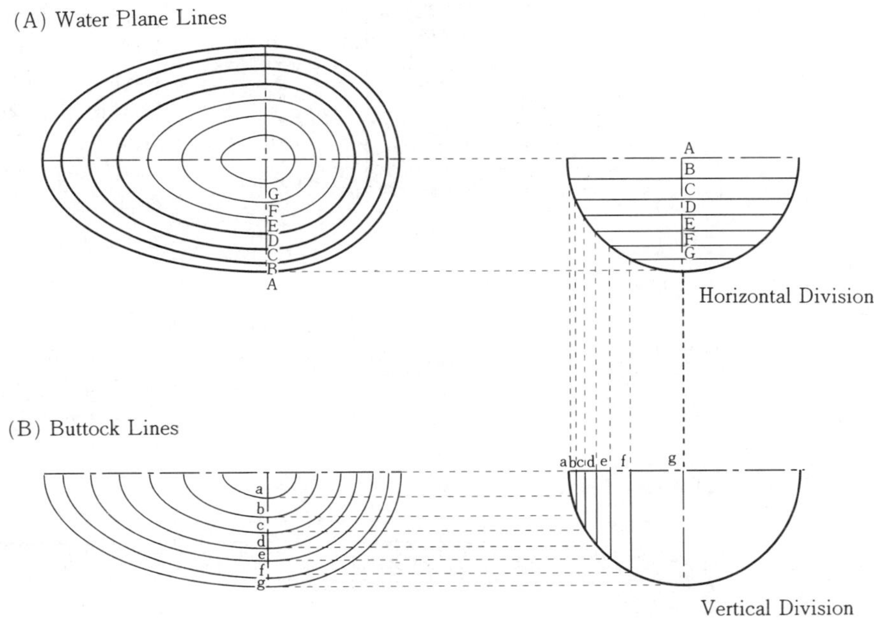

횡단면의 외곽선만 모아 그린 것이 Body Plan이며 그림 Ⅱ-26 (A)는 머리 부분의 횡단면 A, B, C, D의 표시이고, (B)는 아래 부분의 횡단면 A, b, c, d, e, f, g의 표시이며, (C)는 우측 반면에 머리부분만을, 좌측 반면에 아래 부분만을 나타나도록 (A)와 (B)를 섞어 그린 것이다. 그림 Ⅱ-27 (A)는 A~G의 7개의 평면단면의 외곽선을 그린 것이고, (B)는 a~g의 7개의 수직측단면의 외곽선을 그린 것이다.

이와 같이 여러 그림으로 표현되는 것을 단순화시켜서 그림 Ⅱ-27 (A)의 Water Plane Lines에 횡단면선과 Vertical Division 선을 그려 넣고 (B)의 Buttock Lines에 횡단면선과 Horizontal Division선을 넣고 그림 Ⅱ-26(C)의 Body Plan에 Horizontal Division선과 Vertical Division선을 그려 넣어서 그림 Ⅱ-26 (C), 그림 Ⅱ-27 (A), (B)를 한 종이에 그려 넣으면 완전한 선도가 되는 것이다.

그림 Ⅱ-28은 이와 같은 방식으로 그린 선박의 Lines인데, 이 그림을 통해 선박의 입체를 느껴 보자.

그림 Ⅱ-28 Shipform Lines

(a) Body Plan

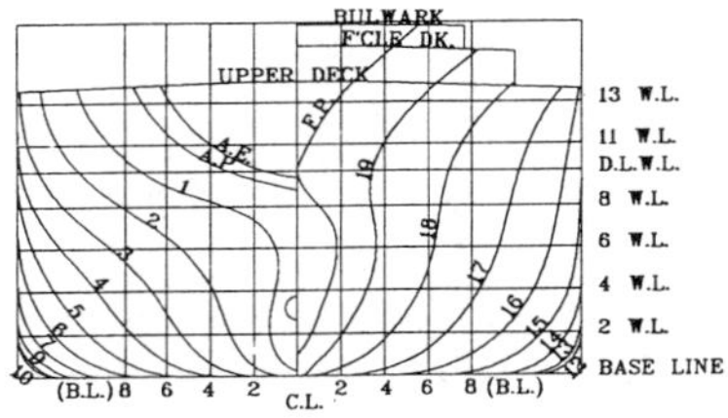

principal	particulars
L.O.A.	168.00 m
L.B.P.	160.00 m
breadth	26.00 m
draft	10.00 m
depth	13.60 m
displ.	29,384 m

(b) Buttock Lines

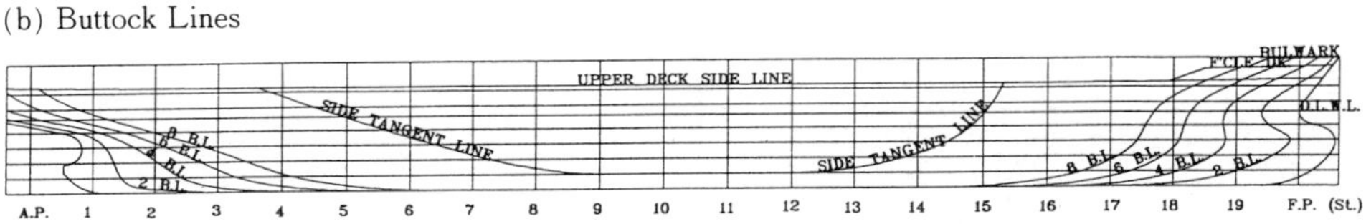

(c) Water Plane Lines

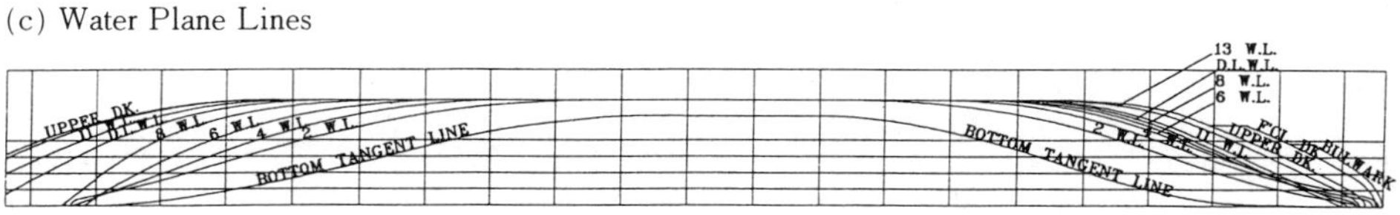

8. 손상시의 복원력(Stability in Damage Condition)

1 선박의 손상과 복원력

선박이 전복 침몰함으로써 10,000명 정도가 사망한 역사적인 사건들이 과거에 몇 건 있었다. 최근까지도 대형 광탄선들이 아무 흔적도 없이 실종된 사고들이 여러 건 있었다. 침몰이 순식간에 이루어졌음을 의미한다. 인명구조를 위해서는 침몰만은 막아야 하고 불가피한 상황이라면 최대한도로 침몰 시간을 지체시킬 필요가 있다.

실제로 전쟁 수행 목적의 함정들은 큰 구획을 되도록 없애고 여러 개의 작은 구획으로 나눈다. 로켓, 함포, 어뢰를 맞더라도 침수되는 곳의 부피를 극소화시켜서 전복이나 침몰을 막거나 지연시키기 위함이다.

손상된 선박에서 유출되는 석유의 해양 환경 오염으로 인한 생태계 파괴가 중요 사안으로 대두되면서 선박 손상시의 복원력에 대한 많은 강화 방안들이 규정화되고 있다.

손상은 충돌과 좌초 또는 자체 구조 결함으로 인한 균열의 파급으로부터 오는데, 손상의 위치, 관통의 깊이 및 길이나 면적에 대한 가정 설정이 세월이 갈수록 엄격해지고 광범위해지고 있다. 즉, 피해가 대단히 클 수밖에 없는 엄청난 손상을 받았을 때에도 배가 얼마나 안전한가 또는 얼마나 긴 시간을 침몰하지 않고 견디는지 하는 계산과 Motion Study를 해보고 또 어디를 보강하거나 칸막이를 더해서 견디는 능력을 향상시킬 수 있는지 따져봐야 하는 것이다.

광범위한 침수는 손상 정도 및 특성에 따라 급격히 진행되기도 하지만 서서히 진행될 수도 있는데, 이 침수의 진행을 Progressive Flooding이라고 하며 침수에 의해서 배가 기울어지면서 침수 속도가 또 바뀌어 나가는 대단히 복잡한 동작의 연속과정이다. 여기에다 실제적으로 존재하는 해일과 조류, 파도, 바람의 영향까지 따지려면 한없이 복잡해진다.

이러한 엄청난 계산적 Study를 과거에는 엄두도 못냈었는데 컴퓨터가 복잡한 계산에 편리하게 쓰이게 되면서 점점 어려운 Study들이 시도되고 해양

그림 Ⅱ-29

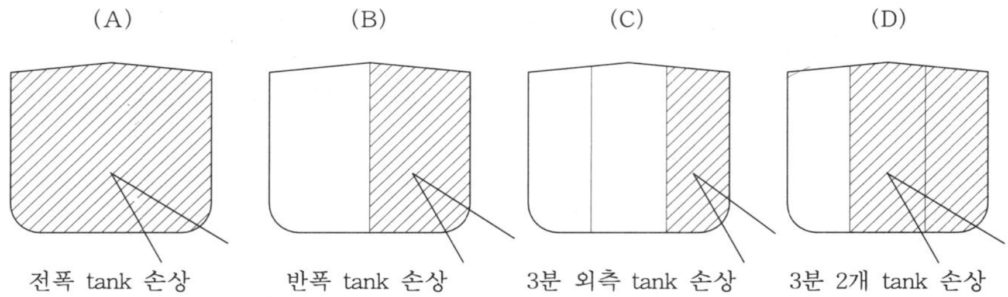

법제 당국들에 의하여 징구되는 계산 종류가 자꾸 늘어나고 있다. 이러한 계산 노력이 신선형 개발 업무량 중에 상당 부분을 차지할 정도가 되고 있다.

배의 한 단면에서의 손상을 생각할 때 그림 Ⅱ-29와 같이 종격벽에 의해 다르게 구분된 선형들에 나타나는 차이를 생각해 보는 것은 이해에 도움이 된다.

(A)는 Draft만 깊게 침하될 것이다. (B), (C), (D)는 우현으로 기울 것이다. 어떤 것이 가장 위험한 상황을 만드는 것인지 계산해 보지 않으면 알 수 없는 것이다. 기존 적하상태와 종방향 손상 규모에 따라 크게 다르기 때문이다.

이러한 계산중에 구획을 막아 주는 Bulkhead나 Deck 구조 등은 침수에 의하여는 상하지 않는다는 가정을 가지고 계산을 한다. 이런 구획 구분 구조가 깨어지느냐 살아 남느냐를 계산하려면 또 다시 몇 갑절의 방대한 작업량이 될 것이며, 따라서 현재까지는 그러한 구조의 적합성 사정이 법제상 요구 조건이 되고 있진 않다. 무너질지도 모르는 격벽이나 중간 갑판을 충분히 튼튼하다고 가정하고 손상시의 복원력을 따지는 어정쩡한 현실인 것이다.

손상되어 침수가 되더라도 그 안에 어떤 용적을 갖는 물질, 즉 화물이나 기계 등 고형물이 있다면 물은 빈 공간에만 들어가는데, 이렇게 물이 들어갈 수 있는 공간을 침수용적률(Permeability)이라고 한다.

쌀을 가득 실은 Hold에 침수가 되면 쌀알과 쌀알 사이 공간에 물이 들어가므로 그러한 틈새의 총계를 Hold Volume의 백분율로 표시하여 이를 Permeability라고 하는 것이다.

기관실에 물이 가득 들어간다고 가정했을 때 쇳덩어리로 되어 있는 단위 기계는 단지 선박의 자중 요소로서만 존재했었으나 침수된 물에 잠기게 되면 하나의 부력 발생 요소가 된다. 쇠로 된 어떤 기계의 부피가 1 m^3라면 1톤의 부력을 선박에 작용시키게 되는 것이다(공기중에서 기계 자신의 중량은 쇠의 비중이 7.85이므로 7.85톤임).

그래서 기관실에 침수가 되어 물이 가득 들어찬다고 하면 다음과 같은 총체적 개념의 계산이 이루어진다.

- 침수 용적 3000 m^3
- 침수 용적 중 Permeability 2200 m^3
- 침수 용적에 의하여 새로이 생긴 부력 820 ton(800 m^3×1.025)
  (즉, 깨어지지 않은 작은 탱크 및 고형물의 용적 $\sum v_i$)

3000 m^3의 기관실에 물이 가득 찼다고 하지만 실제의 복원력 상실은 2255톤(2200×해수비중 1.025)에서 820톤은 뺀 1435톤이다. 매번 고형물의 볼륨을 직접 계산하는 것도 번거로운 일이므로 보통 상선에서는 기관실의 Permeability를 0.85로 잡는다.

이렇게 흡수가 전혀 일어나지 않는 고형물질이 있는 반면에 나무, 곡물같이 천천히 물을 흡수해서 자신이 무거워지는 화물이나 컨테이너 상자같이 물이 서서히 새어 들어가는 경우는 장시간에 걸친 상태 변화가 생기므로 이런 사항들도 엄밀히 가려내서 고려하여야 하는 것이다.

유조선 손상시의 기름 유출이 가장 심각한 문제를 야기하게 되므로 어느 경우에나 확실히 사태에 도움이 되는 처방으로 중형급 이상의 유조선에 대해서는 2중선체(Double Hull)가 강제 규정으로 제정되기에 이르렀다. 그렇다고 계산해 봐야 할 일이 줄어든 것은 아니지만 현실적으로 경미한 손상에 의해서는 기름 유출 가능성이 현저하게 줄어들 것이라는 데 대하여 모든 사람이 공감하는 방안인 것이다. 향후에도 상당 세월 동안 이 문제에 대한 해결 노력이 지속될 것이다.

2 화물의 움직임

화물의 움직임은 선박의 복원력에 영향을 주고 또 구조에 영향을 준다. 자동차, 컨테이너, Hot Coil과 같은 대형 공산품은 움직이면 화물도 파손되

그림 Ⅱ-30 Top Side Tank의 역할

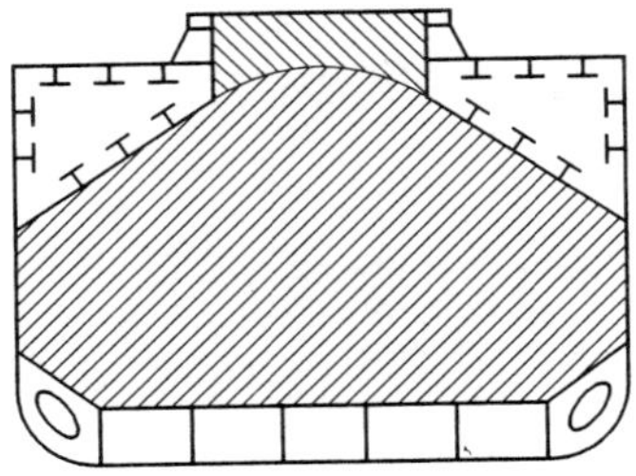

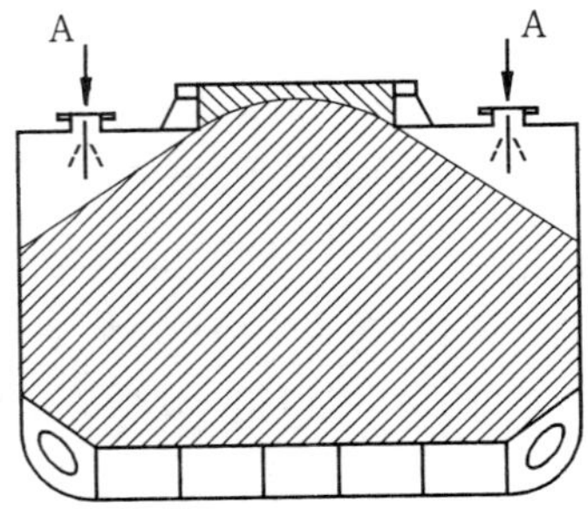

엄청난 덤 일이지만 A의 곳에 hatch 이외의 다른 곳, 즉 갑판에 grain hole을 통해 부어 넣어야 한다. 만약 채워넣지 않으면 아래 그림과 같이 전체화물이 움직여서 복원력의 상실 우려와 구조의 파손위험을 유발한다.

배가 롤링해도 화물 움직임 없음

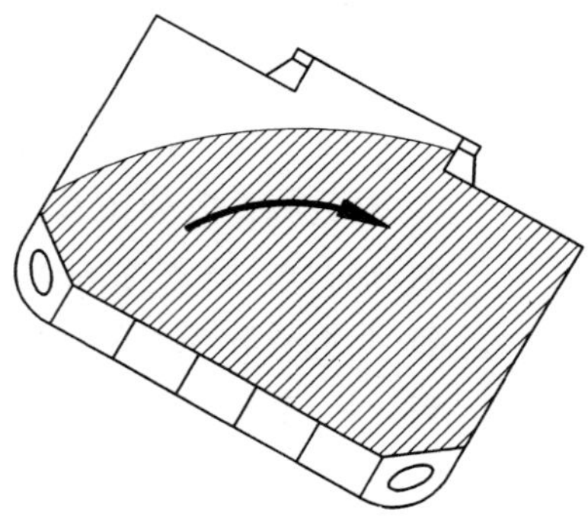

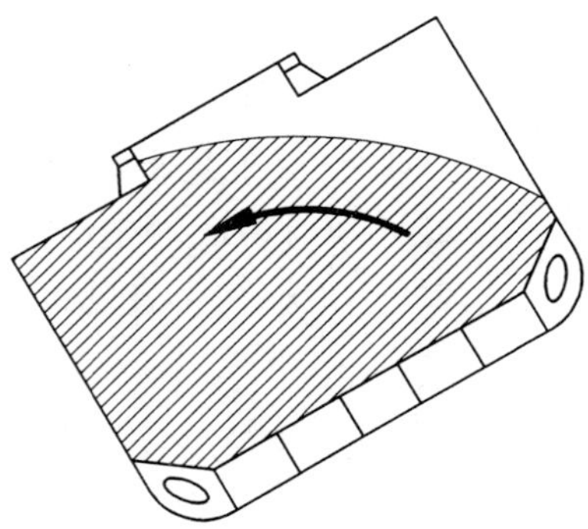

배의 롤링에 따라 화물이 대규모의 격렬한 운동을 함

고 선체를 파손시킬 수도 있다. 일반 살물건화물(Dry Bulk Cargo)이나 기름 등 액체화물도 일제히 움직일 때는 엄청난 자중이동이나 충격력을 발생시키므로 선체구조 형상이나 구획 칸막이 등으로 대처하고, 대형 고형중량물 화물은 받침과 묶음(Support and Lashing)을 잘 하여야 한다.

(1) 건화물선

건화물의 대표격인 석탄, 곡물, 철광석은 비교적 작은 입도(粒度, 알굵기)로써 쌓아 올리면 흘러내리고 삿갓 모양으로 남게 되며, 이 원추 모양의 경사면 각도를 Repose Angle(식각〔息角〕, 화물 경사면과 수평면이 이루는 각도)이라고 한다.

입도가 잘고 끈끈한 점착력이 있다면 Repose Angle은 더 커지며 그렇지 않은 경우에는 작아진다. 가장 흔한 화물의 자연적으로 형성되는 Repose Angle에 맞추어서 Top Side Tank의 경사면 각도를 30°로 하였다.

이로 인하여 Hatch Opening으로 Loading한 Cargo가 가장 빠르게 제자리를 채울 뿐만 아니라 배가 Rolling하더라도 Cargo가 움직이지 않게 되어 복원력이나 구조에 손상을 주지 않게 된다.

(2) 유조선 등 액체 화물선

유체는 이동이 빠르고 따라서 더욱 충격적인 운동력을 가지며, 이런 현상은 표면력 효과(Surface Effect)라고 하고 구조를 때리는 충격력을 Sloshing Effect라고 한다. 그림 Ⅱ-31과 같은 넓은 함지박에 물을 가득 넣어서 들었을 때 물 표면의 움직이는 힘으로 몸을 가누려 해도 앞뒤로 흔들리는 표면력효과를 경험했을 것이다.

그림 Ⅱ-31

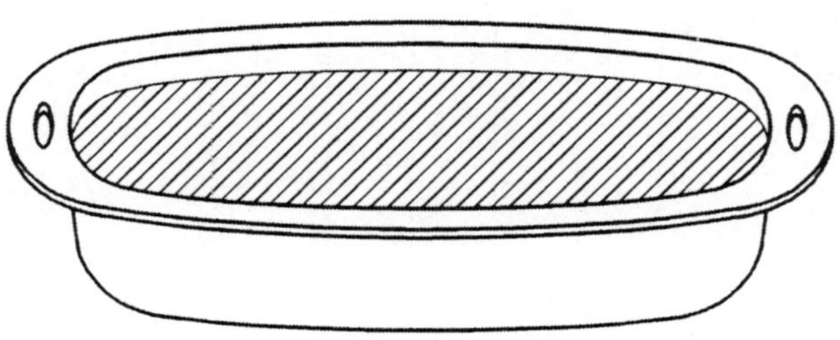

그림 Ⅱ-32

빗금친 곳이 물탱크로서 앞쪽 화물창과 인접 뒤쪽 화물창 사이에 설치하므로 화물적재에 장애를 주지 않는다.

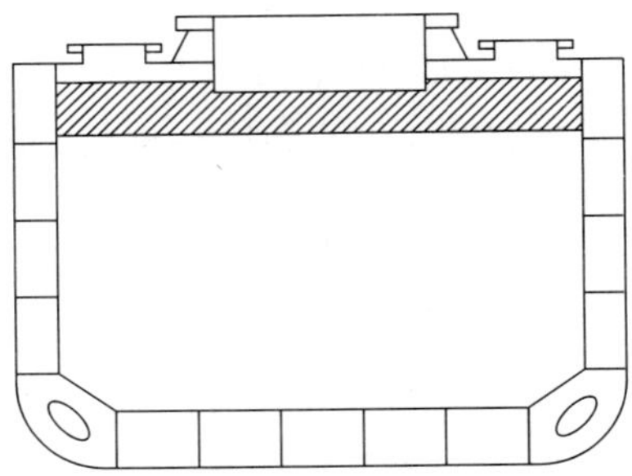

그림 Ⅱ-33

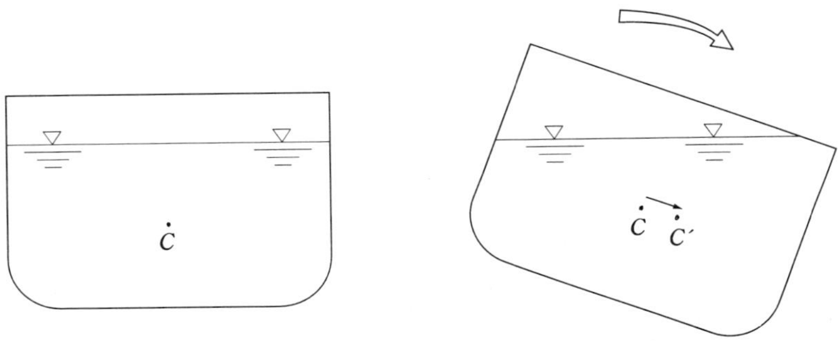

바로서 있을 때

Rolling에 의하여 기울어졌을 때
중심위치도 많이 이동하고
배도 많이 기울고

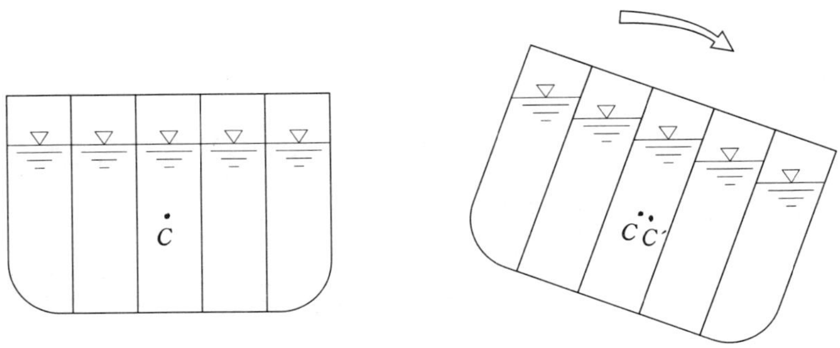

종방향으로 칸막이를 많이 하면

중심이동도 작고 기울기도 덜 기운다.
각 구획의 표면력도 작다.

이 표면력 효과는 롤링에 의한 기울기 각도를 더욱 크게 촉진해서 더 큰 롤링을 촉발하기도 하고, 계획적으로 주기를 맞추도록 칸막이를 설정하면 오히려 롤링을 줄이는 안전력(Stabilizing Force)을 발생시킬 수도 있다.

실제로 여러 가지 배에서 일부러 물이 좌우로 움직이면서 롤링을 줄이도록 고안한 Flume Stabilizer를 채택하기도 한다.

표면력 효과를 줄이기 위해서는 구획 칸막이(Subdivision)를 많이 해주는 것이 가장 효과적이다.

그림 Ⅱ-33에서 칸막이를 많이 하면 유체이동이 적으니까 덜 기울어지고 각 구획의 물표면이 작아 표면력도 작아진다. 유조선은 강성유지를 위하는 목적도 있지만 표면력도 고려하여 종 Bulkhead를 설정한다.

Sloshing Force를 감쇄시키는 데는 반드시 수밀(水密, Water Tight) 격벽이 아니고 충격력을 완충시켜 줄 수 있는 Open Bulkhead 정도라도 되는데, 이를 Swash Bulkhead라고도 하고 Anti Sloshing Bulkhead라고도 한다. 큰 배의 대단히 긴 Center Tank의 중간에 설치한다.

그림 Ⅱ-35의 점선표시가 그것이다. 만약 이 Bulkhead가 없다면 배가 큰 각도로 피칭할 때 큰 표면력이 Tight Bulkhead를 파손시킬 수 있는 것이다.

그림 Ⅱ-34

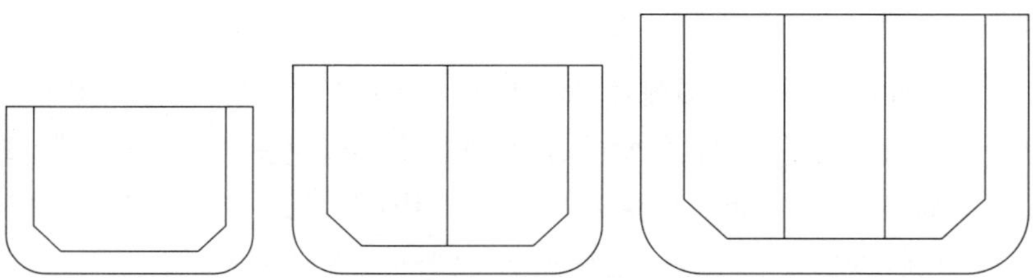

(a) 작은 배 (NO. Bulkhead)　(b) 중간 배 (1 Bulkhead)　(c) 큰 배 (2 Bulkhead)

그림 Ⅱ-35

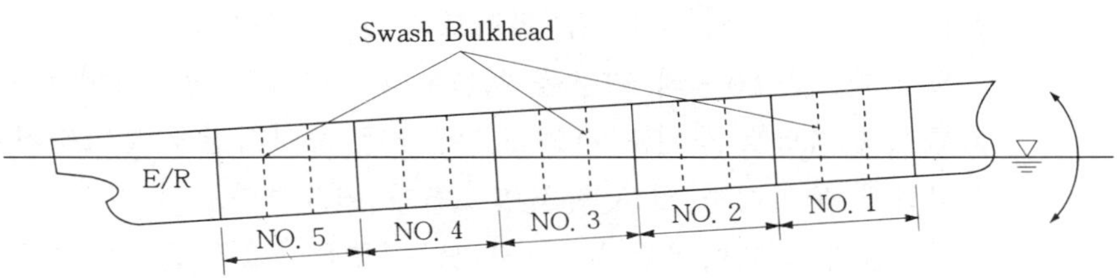

그림 Ⅱ-36

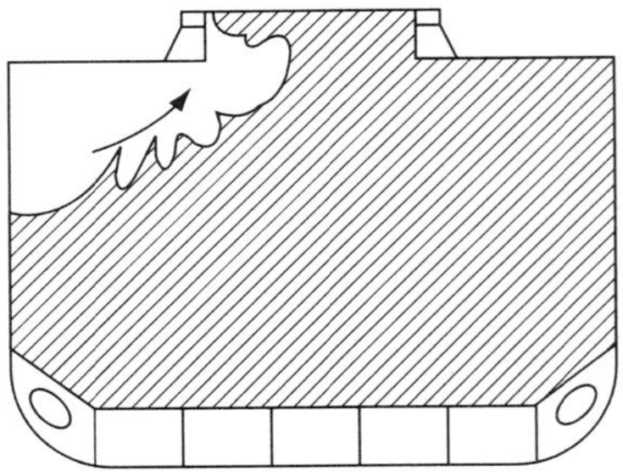

OBO선(Ore, Bulk, Oil 겸용선)은 건화물선 형상을 하고 있는데, 기름을 실었을 때 롤링시에 발생하는 Sloshing Force가 Hatch Cover의 밑바닥을 올려치기 때문에 Hatch Cover 구조와 고박장치(Clamp)를 대단히 육중하고 강력하게 한다.

(3) 컨테이너선

컨테이너를 차곡차곡 여러 층 쌓기 좋게 똑같이 생긴 격자구조를 짜넣는 것을 셀 가이드(Cellular Cell Guide)라고 하며, 튼튼한 앵글로 컨테이너의 네 귀를 움직이지 못하게 잡고 있도록 세워서 선체와 연결한 것이다. 셀가이드의 장점은 Loading이 빠르고 Lashing(잡아묶음)이 없어도 되는 점이다.

Hatch Cover 위에는 셀가이드 없이 바닥에만 고정 Fitting을 붙여서 고정하고 3단~4단까지 쌓아올린 다음 Lashing을 한다. 셀 가이드의 장점을 살리기 위해 Hatch Cover을 없애고 Hold의 셀 가이드를 높이 연장해서 Loading 작업의 편의를 도모하는 고안도 쓰이고 있다.

그러나 컨테이너 박스를 너무 높이 쌓으면 중량 Load로 인하여 밑에 있는 컨테이너가 부서지지 않도록 중간에 중량을 받아 주는 조처가 있어야 하고, 넘어드는 파도로 Hold가 침수됐을 때 효율적으로 물을 퍼내는 강력한 펌프가 준비되어야 하는 등 번거로운 점이 많다.

셀 가이드는 20′용과 40′용을 처음부터 구분해서 설치하며 40′를 싣는 곳에 20′를 2개 직렬로 싣기도 하는데, 이 경우 중간지점에 고박장치가 없으므로 격심하게 움직이지 않도록 특별조처가 필요하다.

건화물과 컨테이너를 두 가지 모두 효율적으로 운반하는 겸용선으로는

Wide-Open Hatched Bulker 선형이 있다. 갑판이 없을 정도로 전부 Hatch로 만들고 종통주행 Gantry Crane을 설치하여 컨테이너 등 짐을 신속히 Hold에 적재하거나 Hold로부터 실어 내는 데 쓴다.

셀 가이드는 없으므로 Lashing Fitting을 이용하여 전체 컨테이너가 상하 좌우로 서로서로 엮어지고 궁극적으로는 Hold의 바닥과 안쪽벽(전후 및 좌우)에 고정된다.

배가 어느 쪽으로라도 기울어지는 운동을 계속하므로 Lashing용 Fitting들은 압축력(Compression)과 인장력(Tension)을 다 받더라도 잘 견디도록 튼튼하게 만들어져야 한다.

컨테이너의 구조 강도나 8개의 귀퉁이 Fitting은 충분히 튼튼해야 한다. 운항 도중에 Fitting이 하나 깨어지거나 컨테이너 박스가 하나 깨어지면 인접 Fitting은 과부하를 받아 또 깨어질 확률이 높아져서 심한 격랑을 항해중이라면 더 많은 컨테이너가 연쇄 파손될 수도 있으며, 떨어져 나온 컨테이너들이 자유 이동을 하면서 선체를 파괴한다면 선박 전손사고(Total Loss)를 유발할 수도 있는 것이다. 컨테이너 Fitting을 수천 개씩이나 능률적으로 체결 또는 해체하기 위하여 선박의 건조 정도는 정밀하게 잘 지켜져야 한다. 선체 전체가 허리 부분에서 위로 휘어 올라오는 Hogging 상태가 될 수

그림 Ⅱ-37 Wide Open Hatch Bulk선 종단면 예도

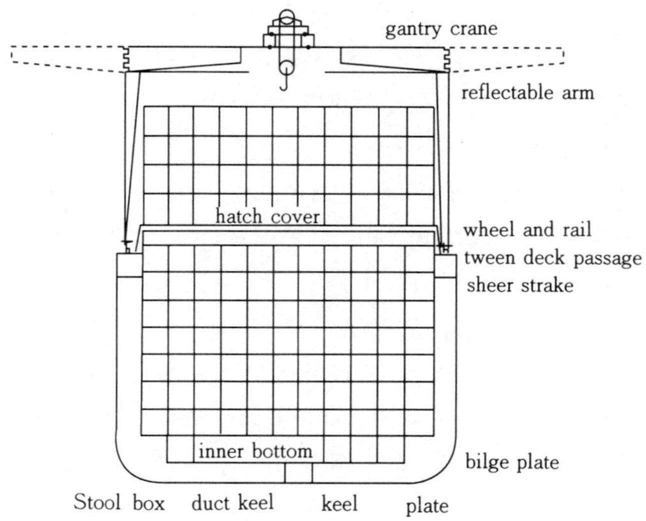

그림 Ⅱ-38 Wide Open Hatch Bulker의 Gantry Crane 겨냥 그림
(선수 부분은 그림 생략)

도 있으며, 각 개별 Hold의 바닥도 미세한 양이긴 하지만 수압을 받아 볼록하게 솟아오른다.

Hatch Cover 위에는 또 여러 단의 컨테이너를 싣게 되는데 Hatch Cover 폭이 거의 배의 폭에 가까울 정도로 넓으므로 Hatch Cover도 어느 정도 처져 내린다. 바닥이 솟아오르고 위가 처져 내리므로 컨테이너를 쌓고 맨 위 평면에서 컨테이너끼리 횡으로 엮어 매어 주는 Fitting을 체결해 주어야 하므로 Hold 높이를 설정할 때는 이러한 변형을 고려한 여유까지도 두어서 정해야 한다.

Hatch Cover는 워낙 무거우므로 Gantry Crane의 양 다리 위에 설비한 Hatch Cover Lifting Gear로 들어올려서 인접 Hatch Cover 위로 가져다 얹는다.

Gantry Crane의 양 팔은 현외(舷外)로 펴내었다 접어 오므렸다 할 수 있는 Retractable Arm으로 하며, 짐을 드는 Trolley가 펴진 Arm을 따라 현외에 이르게 된다. 이러한 Wide Open Hatch선에 Paper 제품도 주로 실어 나르며, 이 목적으로 쓰기 위하여는 습도를 제거하는 Dehumidifier도 설치하여야 한다.

(4) RO-RO Cargo선

RO-RO Cargo는 승용차, 트럭, 버스 등 차량과 컨테이너를 적재한다. 컨테이너는 트레일러와 함께 Loading되기도 하고 지게차가 컨테이너를 떠가지고 들어가서 놓아 주기도 한다.

컨테이너는 컨테이너 Fitting에 의하여 고정하며 차량들은 쐐기받침을 바퀴 밑에 받쳐 넣고 Tension Wire로 Lashing을 한다. Tension Wire는 연결후에 쉽고 간편한 동작으로 팽팽하게 당겨지도록 고안된 것(Tensioning Buckle 방식이나 Lever Pooler 방식 또는 기타 유사한 것들)을 쓴다.

(5) Hot Coil Cargo

Hot Coil만 싣는 배는 없었다. POSCO의 코일을 미국으로 나르는 전용선이 몇 척 운항되고 있는데 Lashing 편의, Crane Reach(충분히 큰 Hatch Opening), Bottom 강도, Ballast Tank의 상부위치 배치 등 특별 고려를 했다.

무거운 Hot Coil은 고작 바닥 2단 정도밖에 적치가 안 되므로 전체 중량중심이 너무 낮아져서 선박의 심한 횡복원 동요를 유발한다. 따라서 중심을 위로 이전시키기 위하여 Ballast Tank를 일반 Bulk선에 비하여 높은 곳에 더 많이 배치한 것이다.

Coil Cargo는 보통은 단위 물량이 그리 크지 않으므로 보통 다목적 건화물선 같은 데 한두 개의 Hold에만 적재하므로 선박의 과격한 동요로 인한 특별한 운항상의 애로는 없으나 개별 코일의 동요방지를 위해서 Lashing은 잘해 주어야 한다.

코일은 통조림 속에 들어 있는 파인애플 토막처럼 생겼는데 구멍 뚫린 곳을 앞뒤로 향하게 해서 로프를 꿰어 묶고 좌우현 방향으로 구름을 방지하기 위해 바닥에 쐐기를 받친다.

코일과 코일이 닿지 않는 틈에는 나무판을 끼워 넣는다. 이렇게 해서 코일 화물 전체가 1개의 덩어리 화물처럼 상호 연결시키고 고박한 다음 전체가 더 이상 움직이지 못하도록 4면의 벽체와의 간격 공간도 통나무나 또는 나무로 짠 견고한 격자로 채워 넣는다.

9. 구획개념

1 정 의

선박의 구획(Compartmentation)은 사용목적 공간의 분할 및 위치 설정이다. 구획간 차단 칸막이(Bulkead, 隔壁 격벽)는 전체 구조강성을 형성하는데 주요 역할을 하며, 침수(浸水, Flooding)와 화재의 파급을 차단하고 유해 가스의 유입 차단 등 필요한 목적에 부합되도록 강도도 가져야 하고 부수되는 의장장치(艤裝裝置)도 차단목적에 적절한 방법으로 설치되어야 한다.

Hatch, 문비(門扉), 맨홀, 통풍통(通風筒 Ventilator) 등 개구(Opening)는 명확히 차폐(遮閉, Closing)되어야 한다.

배관(配管, Piping), 통풍지관(Duct), 전선(電線, Electric Cable 또는 Cable), 제3인접 구획간의 좁은 밀폐 통로의 경과 관통, 와이어로프나 체인의 관통도 모두 명확한 차폐 수단과 함께 설치되어야 한다. 이런 것들은 본질적으로 취약하므로 구조 운동이나 화물 Handling에 의하여 파괴 또는 손상되지 않게 보호되어야 한다.

2 Damage Stability와 이중선체(Double Hull)

원칙적으로 어느 단일 구획의 완전 침수(Flooding)에도 배는 안전하게 떠 있어야 하며, 어떤 내부 격벽도 도괴(倒壞, Collapse)되어서는 안 된다. 그런데 침수가 좌초(坐礁, Grounding)나 충돌(衝突, Collision)에 의하여 발생될 때 단일 구획만 파손시키지 않고 인접한 2개 구획 또는 그 이상의 구획이 동시에 파손될 경우가 많았다.

대규모 Damage와 침수는 배를 심하게 경사시키고 경사되면 Bulkhead가 물과 짐의 하중을 견디지 못해 도괴하는 현상이 연속적으로 발생하므로 결국 침몰하게 된다(Progressive Damage).

침몰은 귀중한 인명과 재산의 엄청난 손실이며, 특히 유조선에 의한 방대한 규모의 해양오염이 대규모의 자연 파괴를 유발하므로 IMO(국제해양국기구, International Maritime Organization)는 중형급 이상의 유조선에 대하여 이중선체를 의무화하였다.

3 주의해야 할 구획들

(1) 배 안에서 침수의 파급은 침몰을 뜻하고 가스의 누기(Leak)는 바로 폭발로 이어지게 되므로 예비적 화재이다. 육상의 화재는 피난의 가능성이라도 있지만 망망대해상의 선상 대화재는 퇴로가 없다는 점에서 각별하다. 불과 폭발성 가스는 신비스러울 정도로 영험하게 불완전 Point를 돌파하고 파급한다. 따라서 예방과 대책에 대하여는 엄정한 관련법규가 잘 짜여져 있지만 설계나 시공시에는 심층 배려가 무한히 투입돼야 한다.

(2) 貨物구역(Cargo Compartment)의 앞은 F.P.T(Fore Peak Tank, 船首水槽)와 경계하고 있으며, 그 사이 Bulkhead를 Collision Bulkhead라고 한다. 선수에서 충돌이나 좌초하더라도 그 Bulkhead만큼은 손상받지 말아야 된다는 취지로서 Fore Peak에서 일정거리 뒤쪽에 있어야 하며, 바닥에서 상갑판까지 확실히 막도록 해야 한다.

同구역의 뒤쪽은 Engine Room(약자로 E/R)의 앞쪽 BHD(Bulkhead의 약자)로 중요하게 취급된다.

특히 유조선에서 Cargo Oil의 휘발성 가스가 E/R으로 유입돼서는 안 되므로 그 사이에 Bunker Oil Tank나 해수 Ballast Tank 등을 두어 Cofferdam(완충지역)역할을 하도록 한다.

(3) 유조선의 Pump Room(약자로 P/R)에는 화물류 펌프와 Ballast 펌프 그리고 P/R Bilge 펌프(고인 물 등을 푸는 펌프로서 건화물선에서는 Cargo Hold 등 非탱크 건조구역들에서 조금씩 새어 들어오는 물도 Bilge 파이프를 통하여 이 펌프로 푸게 되어 있으므로 대단히 중요한 法定 펌프임) 장비가 되어 있으므로 위급시의 중요한 기능을 발휘하는 공간으로서 E/R에 진배없는 중요구획으로 간주한다.

이 P/R에 Bilge Water나 배관에서 누유 또는 누수가 돼서 침수가 발생되었을 시를 대비하여 상갑판 위에서 Bilge Pump Start와 관련 밸브류 개폐를 할 수 있도록 규정화되어 있다. P/R 역시 화물류 탱크와 E/R 사이의

Cofferdam으로 간주되고 있어서 P/R에 폭발성 가스가 축적되어 있어서는 안 된다. 공기의 신선도를 유지하기 위하여 P/R의 통풍장치는 시간당 30회 이상 전 볼륨의 공기를 치환할 수 있는 용량으로 한다.

(4) 安全 대비 Zone 設定과 각 구역의 중요성 인식

① Hazardous Zone(**위험예고 지역**)

휘발성 가스나 기타 위험물질 산재 가능성이 있는 곳을 Hazardous Zone이라고 한다. Cargo Tank, Cargo Tank Deck, P/R, RO-RO선의 Hold가 중요한 곳이며, Ballast Tank같이 인접한 Space도 구조의 Crack을 통하여 가스가 새어 들어가서 축적될 우려가 있으므로 준 Hazardous Zone으로 간주하여 최근 들어서는 Safety Zone으로는 정의하지 않는다.

따라서 유조선의 Ballast System의 파이프의 E/R내 도관(導管)은 금기한다.(단, Cargo Area가 아닌 After Peak Tank 등의 Ballast Pipe는 E/R의 펌프로 도관한다.)

일단 Hazardous Zone으로 定義가 되면 구역내에서 Fire Flame, 電氣 스파크(스위치, 모터, 전등에 의한), 금속의 마찰 스파크, 고열발생 등 모든 火因 가능 물질이나 행위가 규제받으며, Explosion Proof(防爆), 방염(Flame Proof, 防焰) 또는 Fire Proof(防火) 제품을 사용해야 한다.

그림 Ⅱ-39 안전 Trunk 개념도

각 Deck에 있는 사람들이 가장 빨리 안전한 장소로 일단 피신케 배치한 안전 Trunk의 예이다. 각 Deck와 Trunk 사이의 문은 화재의 열과 맹독성 연기나 Gas를 차단할 수 있어야 한다.
안전 Trunk에서는 수직 사다리를 이용해서 제일 위의 갑판으로 피신할 수 있는 것이다.

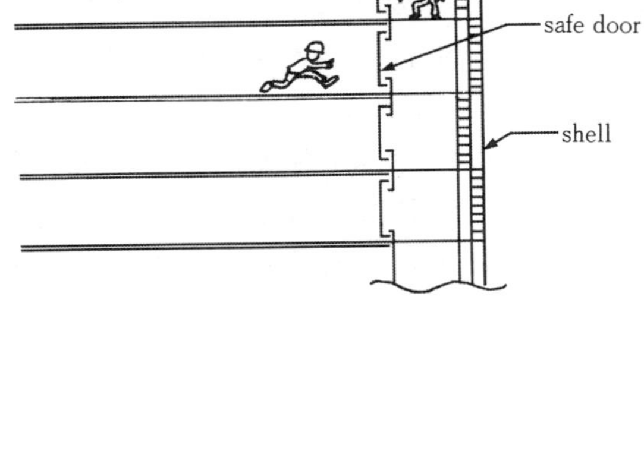

RO-RO선의 각 Deck에서 안전한 곳, 즉 노천 最上甲板까지 RO-RO Ramp를 통한 피신 경로는 걷는 거리가 멀어서 시간이 많이 걸린다. 따라서 신속하게 안전한 피신처를 통하여 상갑판으로 갈 수 있도록 계단실들이 있으며 화염과 열로부터 피신중인 사람을 보호하도록 되어 있다.

② **Control Space**

Wheel House(操船室, Navigation Room), E/R Control Room(ECR), Cargo Oil Control Room(COC) 등의 집중 제어 구역이며, 비상 조명 통신 및 조작장치들이 집중적으로 설치되고 항상 고정운전원이 있다고 간주하여 각종 경보(Alarm)가 비치된다.

ECR에서 최상부 갑판으로 피신하는 Escape Trunk를 두도록 규정하고 있는 나라도 있다. 독자적인 엔진으로 구동하는 비상 발전기(Emergency Generator), CO_2 또는 Foam, Halon 등 집중 소화장치, E/R 내 연료탱크 밸브 조작반 등을 한 곳에 모아서 비치하는 Fire Station도 주요 Control Space 중의 하나로 중시되어야 할 Space이다.

③ **Machinery Space**

E/R 등 기계가 밀집되어 있는 곳은 모두 Machinery Space이며 E/R이나 P/R 등 중요한 곳은 Fire Alarm과 집중 소화장치가 갖추어져야 한다.

내연기관의 연소용 공기 공급 기계나 열교환기의 발산 열 냉각 기타 유해한 가스, 냄새, 분진 등 때문에 시간당 최소 10회 이상의 환기를 시켜야 하고 Hazardous Zone으로부터의 가스유입은 철저히 차단되어야 한다.(대용량 내연기관이나 보일러 등에 대해서는 연소용 급기 용량에 맞는 충분한 Air량을 계산해야 한다.) E/R의 가장 낮은 Flat로부터 안전한 곳까지 비상 수직 피신로가 설치되어야 한다. 보통은 선미의 제일 낮은 부분인 Propeller Shaft가 있는 곳부터 조타기실 Deck까지 설치한다.

④ **Living Space(居住區)**

Living Space는 선원들이 생활하는 곳이므로 가장 안전하여야 한다. 중요한 법제 및 안전 Guide Line들은 다음과 같다.

침실간 칸막이와 침실과 복도간 격벽은 화재에 15분 견딜 수 있는 A15 방화구조로 해야 한다.

화재 우려가 있는 기계실, 취사장 E/R으로 통한 Engine Casing 또는

Elevator Trunk, Pipe Trunk, Cable Trunk 등은 60분간 견딜 수 있는 A60 방화 구조이어야 한다. 갑판간 계단실 Door도 A60이어야 한다.

선실 내부 천장 반자 윗부분까지 매침실마다 격벽으로 막는다는 것은 배관이나 에어 컨디셔너용 Duct 전선 등 처리가 곤란한 것들이 많아서 터놓는다. 그러나 너무 큰 구역이 다 서로 통해 있으면 그곳을 통해서 화재시의 화염이나 매연 가스가 모두 파급되므로 몇 개의 Sub구역으로 나누어서 불을 차단할 수 있는 鋼板 BHD를 두며 이를 Fire BHD라고 한다.

선실의 복도에서는 어느 경우에도 양쪽 두 곳의 퇴로가 확보되도록 배치되어야 하며, 여러 사람이 모이는 밀폐 공중장소(Public Space)는 2개의 출구를 가져야 한다.

그림 Ⅱ-40에서 복도의 어느 지점에서라도 퇴로는 양쪽 두 군데로 가능하게 되어 있다. 굵은 선은 강제(鋼製) 격벽 표시인데 6~7층 되는 House Block을 견고하게 지지하기 위해 Engine Opening폭에 맞게 종방향 BHD를 넣었고, Stair Case Block(Elevator Trunk, Pipe Duct, Cable Duct 등)은 E/R부터 최상부 Deck까지 수직으로 관통하여 있으므로 어느 Deck에서도 Steel 구조로 짜여졌고 좌우단에 연해서 횡단하는 Steel BHD를 넣었다.

4변의 외곽 Wall Structure와 내부 Steel 구조로서 6~7층 정도의 선실 구조는 그 견고성이 유지되는 것이다. 그림 Ⅱ-40대로라면 천장 반자 위의 Fire BHD 구획도 자연스럽게 형성되는 셈이다. 즉, 6개의 Sub Section으로 Steel 벽체에 의하여 구분되는 것이다.

그림 Ⅱ-40 선실 배치 예

굵은 선으로 그린 곳이 견고하게 하기 위해서 steel bulkhead를 넣으면 이것이 바닥으로부터 천장 반자 속까지도 구획을 분할하여 화재의 광범위한 확산을 예방하게 되는 것이다.

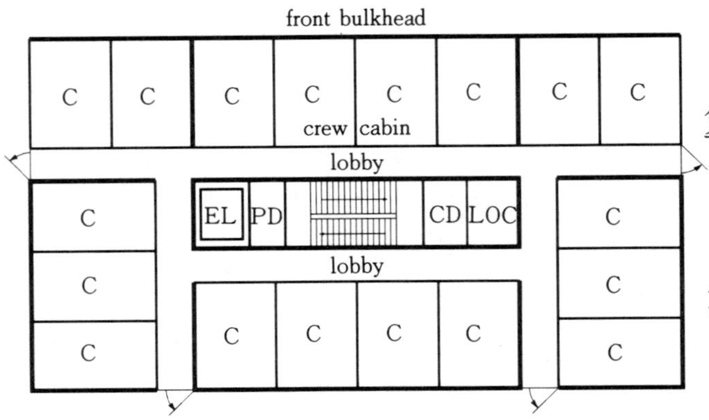

⑤ 船體 파이프 主通路

일반 건화물선(Dry Cargo Ship)은 Ballast 主官과 Bilge Main 등 낮은 위치에서 종통하는 관들을 설치하기 위해 Duct Keel을 설치한다. E/R 前部 BHD에서 시작해서 F.P.T 뒤 BHD(No. 1 Hold의 앞 BHD와 같은 곳, 이곳을 Collision BHD로도 정의)까지 설치한다. 기타 消火水(甲板洗淨水 겸용)용 파이프, 유압관, 전기 케이블 보호관 등은 上甲板에 설치한다.

Duct Keel은 적절한 조명과 환기장치가 있어야 하며, 上甲板까지 수직통로를 선수, 중앙, 선미 부위 각각 한 군데씩 세 군데 설치한다. 컨테이너선은 상갑판에도 짐을 싣기 때문에 배관에 적절한 곳이 없어 상갑판 직하 양현 끝부분에 종통 통로를 만들어서 관로와 Cable Way로 쓴다.

이 자리는 구조상 필요에 의하여도 강력한 박스 구조가 필요하므로 아주 제격으로 배관로로 쓰이는 것이다. 이 통로에서 Cargo Hold로 들어가는 통로를 내면 일견 편할 것같이 보이지만, 가장 강력한 종강력 부재(실제로 대형 컨테이너선에서는 30～50 mm Hi-ten Steel)에 큰 구멍을 내야 된다는 문제와 이 통로가 닫히지 않았을 때는 어느 한 곳의 파손에 의하여 침수된 물이 선체의 전 Hold 구간 길이를 이동하면서 어느 Hold로도 침수가 파급되는 잠재 가능성이 커지기 때문에 좋지 않다.

그림 Ⅱ-41 컨테이너선의 종통 통로(Passage Way)

컨테이너를 갑판에 적재하니까 사람 다니는 데 불편할 뿐만 아니라 세찬 파도 때문에 위험하기도 하므로 갑판 밑에 통로를 두어 통로겸 배관 및 전선로로 쓴다. 이곳이 침수되고 배가 기울어진다면 이 물은 선미에서 선수 부근까지 다 통해 있으므로 절대로 Hold와 통하게 해서는 안 된다. 즉, 한 Hold가 침수되었을 때 이곳을 통해서 모든 Hold가 침수되어 침몰하게 되므로 이곳은 독립구획으로 해야만 하는 것이다. 이치면에서는 바닥에 있는 Duct Keel도 마찬가지이다.

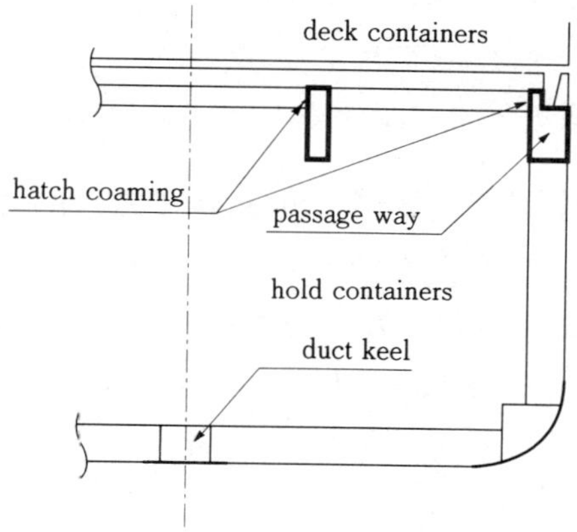

전체 출입 통로를 완전히 닫고 다부지게 고정한다면 문제는 없겠으나 긴 세월간 아무 문제가 없다 보면 안전 불감증이 생겨서 그 육중한 Door를 반드시 닫고 굳게 고정한다고 보기가 어렵다.

기실 세심한 안전 담당 관청에서는 이 통로로부터 각 화물창으로 Door를 낼 경우 망각이나 오조작을 우려하여 각 Hold의 트랜스 BHD가 있는 곳마다 종통 통로를 폐쇄 차단토록 요구하게 된다. 그 폐쇄 차단한 곳마다 다시 육중한 출입문을 내고 모든 파이프와 케이블의 Water Tight가 보장되는 관통 방식을 써야 하는 불편함과 비경제가 생긴다.

이 통로상의 Door 역시 닫지 않으면 도로 마찬가지이기 때문에 결국 이곳으로부터는 Hold에 구멍을 내지 않는 것이 바람직하다.

그림 Ⅱ-41은 컨테이너선의 전형적인 단면을 그린 것으로 Duct Keel과 Passage Way라고 하는 구획을 보여 주고 있다. 굵고 진한 선으로 표시된 부분이 중요한 종강력 발생 부분으로, 그림처럼 극단적은 아니지만 실제 두꺼운 강판을 쓰는 것이다.

4 구획 칸막이의 관통(Penetration)과 開口 되막음

(1) 밀폐(密閉, Tightness)의 종류

① 수밀(Water Tight)

침잠(沈潛, Immersion, Submersion)시에 물이 새지 않는 상태, 즉 일정 수압을 고르게 받아도 밀폐가 유지되는 상태를 의미한다. 구획 전체의 경계 부위(Boundary)가 그러한 밀폐가 유지되는 것을 Water Tight구획이라고 정의한다.

비슷한 말로 기름만 관건이 되는 곳은 유밀(Oil Tight)이란 말도 쓴다. 유체 탱크나 작은 물건인 경우 수압 시험을 해 볼 때도 있고, Dry 구획 구조인 경우는 완전한 용접 시공과 검사를 통하여 밀폐를 확인한다.

② 기밀(氣密, Air Tight 또는 Gas Tight)

대기압, 즉 절대압력 1기압(게이지 압력 0)에서는 새지 않고 밀폐가 되나 물에 침잠시키거나 또는 공기압을 더 높이 올렸을 때는 샐 수도 있다고 하는 약한 밀폐 상태를 의미한다. 맨홀같이 작으면서 견고하게 만들어 많은 볼트로 단단하게 밀폐한 것은 수밀 또는 유밀이며, 출입문(Steel Door)이나 대형 Hatch Cover의 용어는 Water Tight라고 표시하더라도 Understanding은 Air Tight로 통한다.

시험방법으로 Hose Nozzle로 Packing 부위에 물을 분사하면서 반대편에 가서 새는지 안 새는지 보는 Hose Test를 한다.

③ 防火 구조(Fire Tight)

주로 화재의 우려가 상존하는 구획, 즉 기관실 및 기타 Machinery Space, Accommodation Space가 일반 관심 대상으로서 A60, 즉 한쪽에 화재가 났을때 반대편 구획은 최소 60분까지는 불이나 또는 치명적 질식 매연이 파급되지 않는 정도를 말하며, 보통 4mm 정도 이상 두께의 鋼材甲板이나 격벽과 鋼板製 Steel Door, 소형 Hatch Cover 등도 방화구조로 인정한다.

Door나 Hatch Cover의 Rubber Packing은 목적상 완전 부합되지는 않지만 형편상 인정한다.

④ 기타 유사한 어휘들

정확하게 정의되는 것들도 있지만 조선 현장에서 적당히 통용되는 관용어들이 대부분이다.

○ Explosion Proof Type과 Flame Proof Type : Hazardous Area에서 쓸 수 있도록 전기 스파크, 기타 불티가 기구 밖으로 나오거나 가스가 기구 안으로 유입되지 않도록 고안된 전기기구(주로 모터, Relay, 전등 등)나 화염발생 기기를 가리키는 말이다.

○ Drip Proof와 Splash Tight : 위에서 떨어지는 낙숫물 정도에는 지장을 받지 않고 기능하는 것을 Drip Proof, 임의 각도로 흩날리는 물이나 Spray 또는 Splash(자동차 바퀴에 의하여 튀어오르는 흩뿌림 물 줄기 같은 것)에도 기능을 하는 것은 Splash Tight라는 말을 쓴다. 대개 전기기구에 대한 내수성능의 표시이다.

○ Dust Proof : 시멘트 운반선이나 석탄 등 분진이 많은 광물질 운반선에서 먼지 때문에 자주 못 쓰게 되는 의장품을 특수하게 고안할 경우 붙이는 말이다.

○ Noise Tight : 대형 Fan이나 유압 펌프 등 견디기 힘든 고음을 차단하는 경우를 말한다.

○ Smelling Tight, Bug Tight : 선실구역에서 쓰는 어휘로서 음식물 등 냄새가 거주구 내에서 잘 퍼지지 않도록 취사장 식당에 기밀이 잘 되는 문을 달고 외기(外氣)와 통풍이 잘 되도록 Arrange하는 것을 Smelling Tight 라고 하고, 방의 마감이나 가구 등의 틈새를 없앰으로써 특히 취사장 같은 데는 바퀴벌레 서식 환경을 없애고 침실 같은 데서는 빈대의 번식을 억제하도록 한다는 말이다.

(2) 관통의 종류

① 파이프의 관통

BHD 두께 T1은 보통 12 mm 이상 18 mm 정도가 가장 많고 Pipe Wall 두께 T4는 Diameter가 30A, 40A 정도면 4 mm 이하이다. 이에 상응하여 뚫은 구멍을 막아, 주는 Intermediate Flange(중간 관이음자락)의 두께 T2는 몇 mm가 타당한지 관통 피스(Penetration Piece 또는 Spool Piece)의 파이프 부분 두께 T3는 얼마로 할지 세심한 고려를 해봐야 한다.

수천개소의 이러한 관통 부위는 여러 가지 변화된 타입들을 쓰기도 하지만 궁극적으로는 비슷한 것들이다. 여기서 파이프 또는 관통 Piece가 깨어지면 양쪽의 구획은 하나의 구획으로 통합되어지며, 이는 굉장히 위험한 상황을 초래할 수도 있는 것이다. T2와 T3가 오랫동안 튼튼하게 잘 쓰이도록 증강된 Scantling(寸法)을 쓰는 것이 좋다.

그림 Ⅱ-42

bulkhead나 deck에 빗금친 관통 piece를 먼저 붙여놓고 그 다음 양쪽에서 배관을 해 나간다. 이 부분은 배의 bulkhead의 일부분이 되므로 관통 피스의 관의 두께 T_3는 T_4 보다 두껍게 하는 것이 좋은 설계도이다. 박판 구조의 불완전한 배열과 용접으로 인한 균열 결함이 있을 확률이 높은 곳에 대하여 2중 차단 목적의 cofferdam을 둔 예이다.

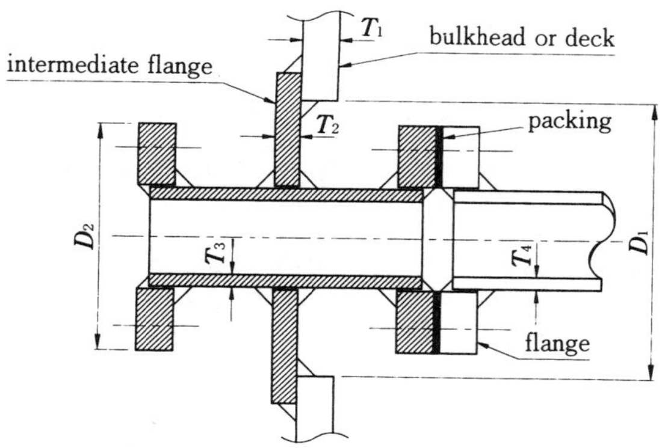

② 세경관이나 비철 파이프의 관통

구획간 격벽에 용접을 못 하니까 다음 같은 방안들을 쓴다.

○ 관통 부위만 SUS(Stainless Steel Pipe)관으로 Pass시키고 Steel 격벽에 용접한 경우

○ 격벽에 二重板(Doupling Plate)을 대고 그 Plate에 볼트 구멍을 뚫어 연결관을 볼트에 붙인 파이프 이음자락을 너트로 고정시키는 경우

○ 관통 Gland를 쓸 경우

그림 Ⅱ-43

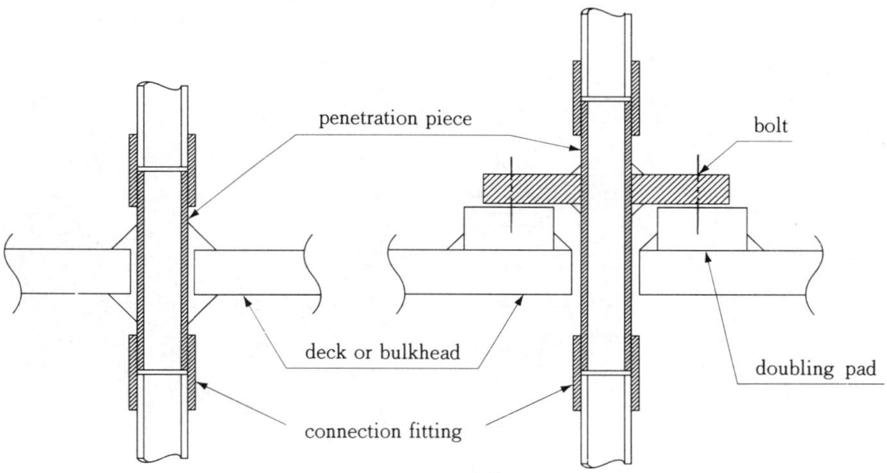

(a) Sleeve형 Penetration Piece는 강판과 용접이 가능한 금속으로서 녹이 안 스는 Stainless Steel을 쓰는 예임.

(b) 강판에 용접이 안 되는 비철금속으로 관통 Piece를 Bolt로 체결한 모습을 보여 줌.

그림 Ⅱ-44 Gland Type 관통 피스

Fixing Bolt를 조이면 패킹이 눌리면서 팽창하여 밀폐 상태를 형성한다.

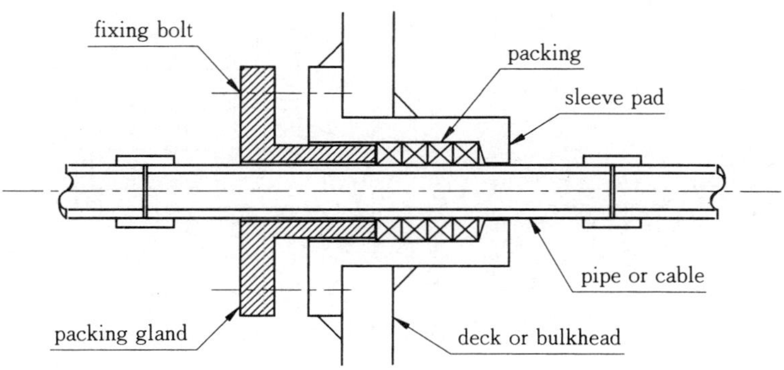

③ **케이블의 관통**

케이블은 Gland Type 관통과 Color 방식이 쓰인다.

케이블이 Color를 관통하고 남은 빈 자리는 회반죽 Compound로 막는다.

또 MCT(Multi Cable Transit)라는 표준 규격 관통방식도 있다.

Steel Color Frame과 관통 내열 Section들은 케이블 규격별로 표준화되어 있는 산업제품으로 공사 품질상으로는 좋으나 규격에 맞게 Section을 맞추는 데 품이 많이 들고 제품 값이 비싸서 엄격한 Hazardous Zone 등 특수한 경우에만 소량씩 쓴다.

그림 Ⅱ-45 Color 방식

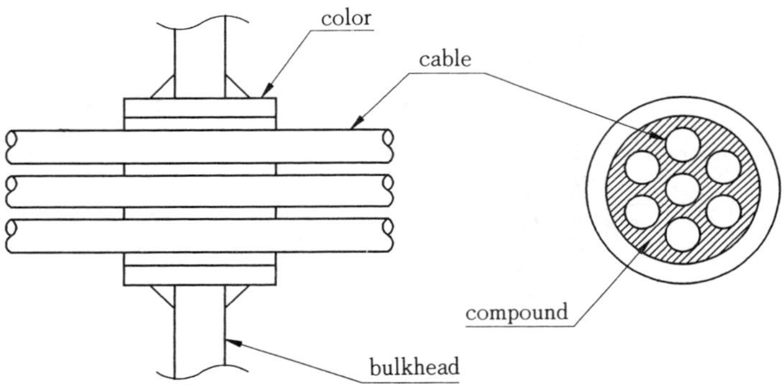

그림 Ⅱ-46 MCT 방식

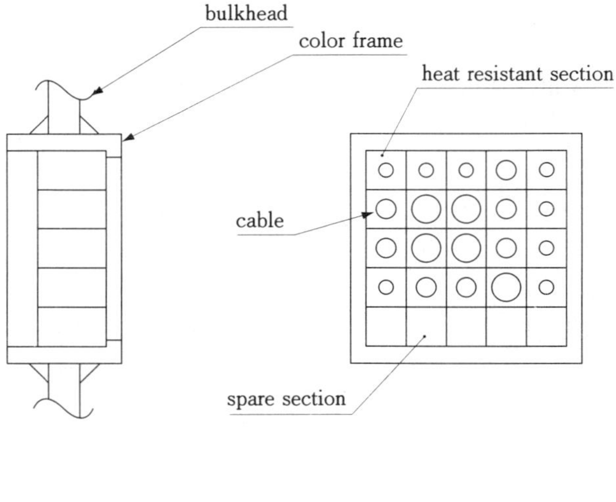

(3) 구획 분할에 유의할 곳

① Ventilation Duct의 Branch Way

그림 Ⅱ-47에서 보듯이 구획 A, B, C로 갈라져 들어가는 Duct의 Branch a, b, c 세 곳에 Closing Damper로서 구획 A, B, C의 밀폐를 유지하는데, 대개의 Ventilation Duct용 Damper의 밀폐 정도는 불완전하다. 결국 밀폐가 엄정하게 지켜져야 할 곳에는 Common Main Duct를 나누어 쓰지 말고 별도의 독립 Main으로 설치하여야 한다.

그림 Ⅱ-47

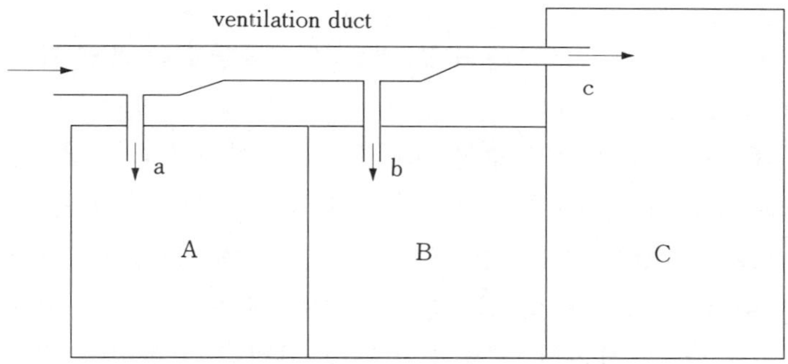

② RO-RO Hold의 BHD Door

開口가 크고 BHD 구조가 연약구조인 데 반하여 Rubber Packing은 화재에 의한 손상 때문에 쓸 수가 없으므로 Steel to Steel Touch, 즉 Packing이 없이 금속끼리 꼭 맞아서 Air Tight를 지키도록 해야만 하는 어려움이 있다. 결국 변형이 유발되지 않도록 Deck, BHD 및 Door Opening과 Door 전체가 확실하게 밀폐 상태를 지켜 줄 수 있도록 견고한 구조를 해야 한다.

③ Hazardous Zone의 Boundary

두 Zone간의 경계 부위는 여러 곳에 형성되지만 가장 보편적이고 알기 쉬운 예로서 Tanker선의 House Front의 횡단면을 보자.

그림 Ⅱ-48에서 Accommodation과 E/R은 Safety Zone이고, 우측편은 갑판 위나 밑이나 Hazardous Zone이다.

그림 Ⅱ-48

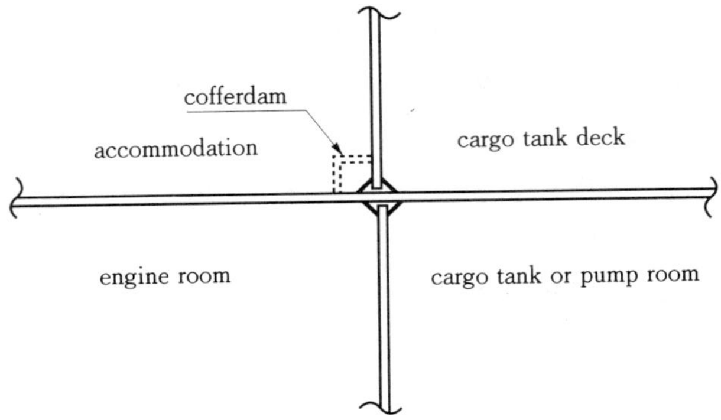

+자로 조립된 부분은 구조 계산상 소요대로만 쓰면 대개 9~11 mm 정도의 얇은 강판들이다.

갑판은 연속판이고 수직 BHD는 갑판 아랫부분과 윗부분에서 Alignment 상태가 그림 Ⅱ-48처럼 어그러질 확률이 크다. 강한 응력의 집중처이므로 Crack의 발생이 우려되는 곳이다. 일단 Crack은 발생되면 그림 Ⅱ-48의 4분면 중 어느 쪽으로도 파급된다. 어떤 때는 점선으로 표시된 것처럼 작은 Cofferdam을 설치한 경우가 있는데 완벽한 처방이라고는 볼 수 없다.

위의 직교 부위는 두꺼운 강판들을 쓰고 용접을 완벽히 할 필요가 있으며 骨材들도 크기 선정과 위치 선정을 합리적으로 하여 불합리한 응력 집중을 막고 취약한 곳을 보강하여야 한다.

이 구역간에는 배관, 세경 튜브, 전선이 대단히 많이 관통하고 특히 펌프의 Driving Shaft가 E/R으로 관통하므로 Flamable Gas의 Leak를 차단하기 위하여 잘 성립된 설계표준과 철저한 작업 품질 관리가 요청되는 곳이다.

10. 모형시험(模型試驗, Model Test)

1 개 요

설계된 선박의 속도 성능을 검증하는 방법으로 축소 모형을 만들어서 예인 수조(Towing Tank)에서 저항시험과 자항시험을 수행한다.

그림 Ⅱ-49와 같이 탱크(대형은 200 m 정도 길이)의 양쪽에 레일을 깔고 예인 전차(Towing Carriage)를 설치하여 모형선(대형 1/25~1/50 축척비로서 5~7 m 길이)을 예인함으로써 모형선의 저항을 계측한다.

그 다음은 모델에다 동력 모터와 모델 프로펠러를 장착하고 자항을 해봄으로써 특정 속도에서의 소요 마력을 알아본다. 이때 예인 전차는 궤도 유지를 위한 Guide와 편차 보정을 위한 미세한 힘만 작용시킨다.(모델의 점성저항이 실선의 그것에 비하여 상대적으로 크게 나오므로 이를 상쇄하기 위함.)

예인 전차는 계측 및 입회 요원이 탑승할 좌석과 자료 재취 및 연산 장비들이 있고, 추진동력 Unit와 제어기 등이 완비된 거대한 구조물이며 대단히 예민한 초정밀 장비이다.

예인전차를 쓸 경우 마력과 속도를 알게 되므로 저항력 F를 알 수 있게 되며, 예인전차 대신 동력모터로 모형선을 끌어 주는 시험을 할 경우 회전력 Q가 계산되므로 전체 저항을 알 수 있는 것이다.

그림 Ⅱ-49 예인 전차의 모습 약도

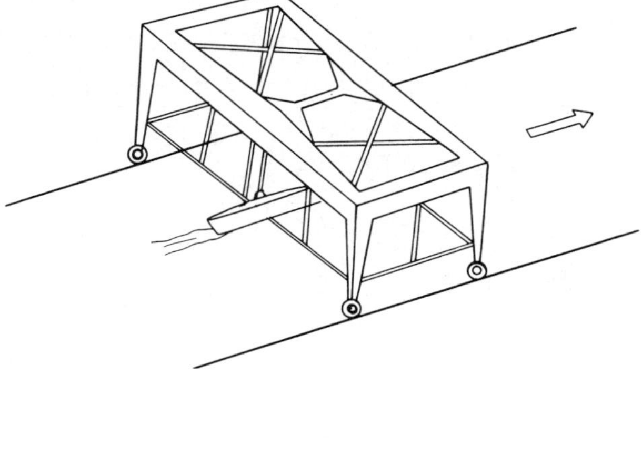

이와 같이 축소 모델을 시험하고 그 시험값을 가지고 본선의 속도성능을 알아보는 데는 모델과 확대 실물 사이에 어떠한 관계가 있는지 알아야 한다. 이를 위해서 저항이나 추진 효율 요인들을 여러 개의 항목으로 분할해서 상사가 성립되는 항은 그대로 실선으로 확장 변환하고, 계산을 해서 쓰는 항목과 편차 수정을 위한 보정을 해주는 항목들은 필요한 처리과정을 통해서 실선의 총저항과 자항추진 효율을 도출하게 되는 것이다.

Note : 이하 저항시험과 자항시험에 대한 설명에서 쓰이는 기호의 첨자 M은 Model의 경우이고 첨자 S는 실선의 경우이다.

[2] 저항시험

(1) 전통적 해석법

모델의 총저항	−	모델의 마찰저항	=	모델의 잉여저항
$(R_T)_M$	−	$(R_F)_M$	=	$(R_R)_M$
시험계측		계산 모형의 침수면적과 같은 면적을 갖는 평판의 저항값		점성 저항과 조파 저항 및 기타 저항

"유체 내에서의 운동체의 운동 상수인 Froude Number가 같으면 조파저항 계수가 같다"라고 하는 유체역학적 정의를 이용하여 조파저항이 주성분인 $(R_R)_M$으로부터 본선 잉여저항$(R_R)_S$를 계산해 낸다.

그러면 역으로 본선의 마찰저항 $(R_F)_S$를 독자적으로 계산해서 합함으로써 본선의 전체저항 $(R_T)_S$를 구할 수 있게 된다.

$$(R_R)_S + (R_F)_S = (R_T)_S$$

이 방법은 R_F를 2차원 평판으로 가정해서 계산하는 방법이므로 2차원 해석법이라고 한다.

Note : Froude Number$=V \div \sqrt{GL}$

(V : 속도, G : 중력가속도, L : 배의 길이)

Note : $(R_R)_M$을 조파저항 $(R_W)_M$으로 간주해서 비례를 성립시킴으로써 본선의 조파저항 $(R_W)_S$를 도출하여 이를 바로 잉여저항 $(R_R)_S$로 간주한다는 것은 점성저항 $(R_V)_S$를 무시한 것과 마찬가지여서 전체 저항계산에 편차가 생기게 되므로 각 수조는 경험 데이터를 참고해서 이 편차를 보정해 준다.

다시 간단하게 도식으로 표시하면 다음과 같다.

전체저항 시험계측 / 상당평판 마찰 저항 계산

$$(R_T)_M - (R_F)_M = (R_R)_M = (R_W)_M + (R_V)_M \fallingdotseq (R_W)_M$$

↓ 자중비율로 확대 변환

$$(R_R)_S \fallingdotseq (R_W)_S$$

↓

$$(R_T)_S = (R_F)_S + (R_R)_S$$

최종 도출 / 상당평판 마찰저항 계산

(2) ITTC 1978 Standard Method(삼차원 해석법)

전통적 방법에서 점성저항을 조파저항과 함께 잉여저항으로 처리하고 편차를 보정해 주는 방법은 정확치 않다고 보고 새 방법을 모색한 것이 삼차원 해석법이다.

조파저항이 거의 없는 저속에서의 저항을 재면 총저항은 마찰저항과 점성저항만의 합계일 수밖에 없다. 이 합성값은 마찰저항에다가 어떤 비례 상수를 곱한 값이 된다는 것이 밝혀졌으며, 그 계수를 형상영향계수(Form Factor)라고 한다.

이 Form Factor는 선체의 삼차원적 생김새와 물의 점성계수에 따른 특성치이므로 Form Factor를 응용한 저항시험 해석법을 삼차원 해석법이라고도 한다.

Note : 마찰저항과 점성저항의 차이

마찰저항은 침수된 선체 표면에 에워싸고 있는 물과 선체 표면이 미끄러지는 데 걸리는 반작용력이다. 바닥이 매끌매끌한 플라스틱 바가지를 물 위에서 누르면서 밀고 나가는 것과 바닥이 거친 광주리나 소쿠리로 밀고 나간다면 확실히 저항력이 다를 것이다. 표면 넓이와 표면 조도가 가장 중요한 영향인자이다.

점성저항은 유체의 점도로 인한 응집력 때문에 생긴다. 숟가락을 물, 경유, 꿀, 조청, 콜타르, 그리스 등 점도가 다른 액체 속에 넣고 앞으로 밀고 나가고자 한다면 인근 유체 분자간의 점도로 인하여 뒤로 잡아당기는 것과 같은 저항이 생기는데 유체마다 저항의 정도가 다름을 알 수가 있다. 물은 점도가 가장 작기 때문에 점성저항이 가장 작지만 좌우간 저항으로서 존재한다.

○ Ⅰ단계—형상 영향계수의 추출

저속시험에서는 파도가 없으니까 $(R_W)_M \fallingdotseq 0$이므로

$$\begin{aligned}(R_T)_M &= \{(R_F)_M + (R_V)_M\} \\ &= (R_F)_M \times (1+K)\end{aligned}$$

가 성립되는 형상 영향계수 K 추출

○ Ⅱ단계—정상 저항시험

형상 영향계수 K를 응용하여 $(R_W)_M$ 계산

계측	상당평판 마찰저항 계산		
$(R_T)_M$	$- \ (R_F)_M$	$\times \ (1+K) =$	$(R_W)_M$
			↓ 변환
$(R_T)_S$	$= \ (R_F)_S$	$\times \ (1+K) +$	$(R_W)_S$
	상당평판 마찰저항 계산		

위와 같이 삼차원 부피로서 갖는 점성저항을 합리적으로 규명해서 활용하는 것이 이치에도 맞고 적중률도 좋다고 해서 ITTC(국제 예인수조 협의회)가 1978년에 표준형으로 채택하여서 사용을 권장했고, 오늘날 많은 수조가 적용하고 있다.

그림 Ⅱ-50 수조시험

3 자항시험

(1) 성립의 기초

프로펠러의 회전에 의하여 얻어지는 유체의 흐름속도 V_A를 회전수(n)와 직경(D)으로 나누어 준 수치 $\frac{V_A}{n \times D}$를 프로펠러 전진비라고 하며, 실물 본선과 모델의 전진비를 같이 해주면 추진력과 얻어지는 속도의 관계가 닮은 꼴이 된다. 즉, 상사가 성립된다.

(2) 효율의 항을 상사가 성립되는 여러 개의 항, 즉 상대회전효율(Relative Rotative Efficiency : e_p/e_0), 프로펠러 단독효율(Open Water Efficiency : e_0) 및 선체효율(Hull Efficiency : e_h)로 분리 전개함으로써 모형 시험에서 얻은 계측치를 이용하여 실물 선체의 추진효율을 찾아낸다.

(3) 원동기를 장착하고 추진기를 돌려 배를 추진하여 일정한 속도를 얻은 다음 그때의 Power, 즉 축의 회전력(Torque : Q)와 추력(Thrust : T) 회전수(RPM : n)를 계측한다.

단, 모델의 점성저항이 실선의 점성저항보다 상대적으로 크게 나타나는 특성이 있으므로, 즉 Scale Effect가 있으므로 이 점을 극복하고 필요속도를 얻어내는 데는 모델 프로펠러가 불필요하게 큰 힘을 내야 한다.

따라서 이 점을 보완키 위하여 자항으로 추진하는 모델에 약간의 외력을 가해서 프로펠러의 일을 도와 준다. 만약 이 보정을 안 해 주고 시험을 해서 얻은 결과대로 실선의 프로펠러를 만든다면 프로펠러가 너무 커져서 엔진마력의 여유가 있을 경우에는 본선이 희망했던 속도보다 빨라지거나 또는 꼭 맞는 엔진을 썼을 경우에는 엔진의 힘이 모자라게 될 것이다.

(4) 원동기를 장착하고 프로펠러를 돌려 배를 추진하면 다음과 같은 요인들의 상관관계가 형성된다(그림 Ⅱ-51 자항시의 Power Speed 관계 참조).

① 엔진 IHP(도시마력, 즉 이론상 계산 마력) : 피스톤 실린더 내의 압력과 용적의 함수, $f(P, V)$

② 추진축의 SHP(축마력) : 회전력(Torque)과 회전속도의 함수, $f(Q, n)$

③ 프로펠러의 PHP(추진기마력) : 추력(Thrust)과 주변 유속의 함수, $f(T, V_a)$

④ 선박의 실사용 EHP(유효마력) : 저항(Resistance)과 선속의 함수, $f(R, V)$

그림 Ⅱ-51 자항시의 Power Speed 관계

⑤ 추진 유속과 선속 관계

$V_a=(1-W)V$

W : Wake Gain(반류에 의한 속도 증가율) 점성에 의하여 유체가 배를 쫓아오면서 배를 앞으로 밀어 주는 것과 같은 효과를 내는 현상

⑥ 추력과 저항과의 관계

$R=(1-t)\,T$

t : 프로펠러가 발생시킨 추력의 손실률

(5) 추진 효율

① 전체 추진 효율

e_t=프로펠러 효율을 1이라고 가정하면, 유효마력/축마력

$$\text{EHP/SHP}=\frac{R\times V}{2\pi n Q}$$

참 고

$\text{SHP}=F\times V$

$=Q/D\times 2\pi D\times n$(회전수)$=2\pi n Q$(그림 Ⅱ-52 참조)

그림 Ⅱ-52 Torque를 알 때의 마력 계산

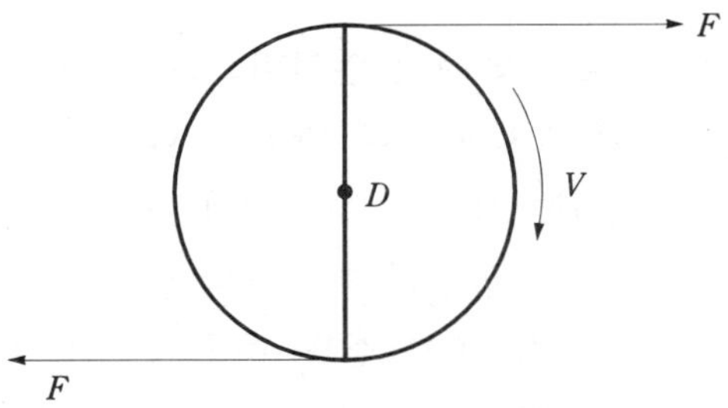

$$\text{HP}=F\times V=\frac{Q}{D}\times 2\pi D\times n(\text{회전수})$$
$$=\frac{Q}{2\pi\times n}$$

여기서 프로펠러 효율이 1일 수는 없으므로 e_p라고 하면 다음과 같이 된다.

$$e_p = \frac{T\,V_A}{2\pi n Q}$$

V_A값은 프로펠러 단독효율 e_0를 포함한 이론적 계산을 통해서 얻어낸다. 다시 e_p를 포함하는 e_t식으로 전개하면 다음과 같이 된다.

$$e_t = \frac{R\times V}{2\pi n Q} = \frac{T\times V_A}{2\pi n Q}\times\frac{R\times V}{T\times V_A}$$

$$= e_p\times\frac{R\times V}{T\times V_A}$$

$$= e_p\times\frac{(1-t)T\times V}{(1-W)V\times T}$$

$$= e_p\times\frac{1-t}{1-W}$$

다시 프로펠러 단독효율 e_0를 넣어서 식을 변형시킨다.

$$e_t = e_p\times\frac{e_0}{e_0}\times\frac{1-t}{1-W}$$

$$= \frac{e_p}{e_0}\times e_0\times\frac{1-t}{1-W}$$

=(상대회전효율)×(프로펠러 단독효율)×(선체효율)

선체의 생김새로 인하여 몰입되어 오는 흐름 속에서의 프로펠러 효율 e_p가 정수 중에서의 효율 e_0보다 항상 크다.

위에서는 e_p/e_0, t는 상사가 성립된다. e_0는 모형선의 추력계수와 회전력계수를 실선으로 확장 변환하여 실선의 e_0를 계산한다. W는 모델의 경우가 실선보다 크게 나타나므로 보정해 주어야 한다. 확장 변환과 보정은 전문적인 분야로서 본서에서는 설명을 생략한다. 이와 같이 해서 모형선의 전체 추진 효율로부터 실선의 전체 추진 효율이 얻어지면 실선의 저항에 대비하여 얻어내고자 하는 선속에 필요한 소요 마력을 얻어낼 수 있는 것이다. 다음의 식에서 HP가 계산된다.

$$(e_t)_s = \frac{R_s \times V}{\mathrm{HP}}$$

R_s : 저항시험에서 설명한 대로 구함.
V : 의도하는 본선의 속도
HP : 엔진의 BHP에서 DHP, SHP로의 Power 전달과정에서 전달 손실이 적어 모두가 대단히 근접한 값이다. 그러므로, 그냥 HP로 표시한 것임을 이해하기 바란다.
BHP : 제동마력(Brake H.P.)
DHP : 인도마력(Delivered H.P.)
SHP : 축마력(Shaft H.P.)

11. 완성선의 검증

1 경사시험과 Dead Weight

(1) 경사시험

경사시험은 계산상으로만 도출해 낸 무게중심 G가 실제로 어디일까를 실선에서 실험적으로 구하는 것이다.

그림 Ⅱ-53에서처럼 갑판의 중앙점 C에다 추를 매달아 놓고 시험 중량물 W를 좌현에서 우현으로 거리 S만큼 이동했더니 추와 중심선의 각도는 θ가 되었다.

이 θ를 알기만 하면 기하학적으로 기지의 Metercenter M의 위치와 연관시켜서 G점을 알게 되는 것이다. 찾아내고자 하는 중심을 G라고 가정하면 경사 후에는 G가 M에서 새로이 형성된 신흘수선으로 내린 수직선상으로 이전하게 되며 이 점은 G'라고 하자. W가 S만큼 이동한 일이 결국 $\triangle$가 $\overline{GG'}$만큼 이동한 일이 되므로

$$\begin{aligned} W \times S &= \triangle \times \overline{GG'} \\ &= \triangle \times GM \tan\theta \end{aligned}$$

$$GM = \frac{W \times S}{\triangle \times \tan\theta}$$

그림 Ⅱ-53 경사시험 설명도

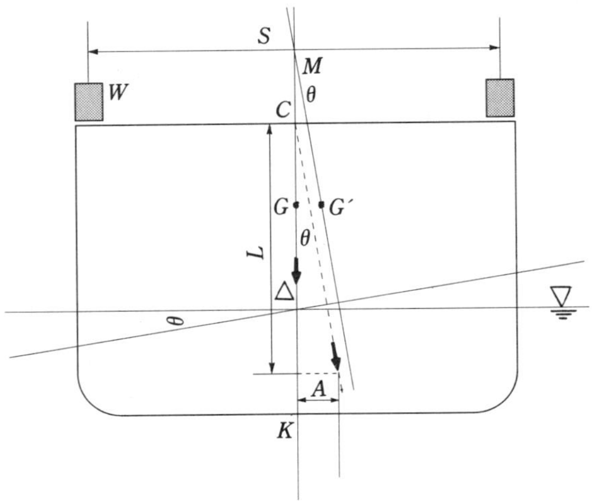

여기서 $\tan\theta = \frac{A}{L}$로 위 식에서 GM이 계산된다.
$KG = KB + BM - GM$의 관계에서 KG가 알아지는 것이다.

○ **시험의 실제**

① 큰 배가 기울어질 정도의 수십톤 중량물을 정확하게 옮겨 놓아 가면서 하는 작업은 놓는 위치에 장애물이 걸린다든가 하는 물리적인 애로가 따를 때도 있다.

② 추는 중심선상 아무데나 매달아 θ만 읽으면 되는데 각도가 미세하므로 바람이 불거나 물결이 있어 배가 롤링이라도 하면 계측이 어렵다. 추가 너무 예민하게 움직이는 것을 방지하기 위해서 Viscosity가 큰 유체 상자에 추를 담가 놓고 시험을 하기도 한다.

(2) Dead Weight

① **계측 및 계산**

계약서에 Dead Weight를 보증했기 때문에 Dead Weight 계측이라고 하나 실제는 Light Weight를 계측하는 것이다. LWT가 나오면 DWT는 △에서 빼면 그냥 나오므로 무엇이라도 마찬가지이긴 하다.

바람이 없고 물결이 잔잔한 날 배를 도크나 안벽에 붙여 띄워 놓고 보트를 타고 배를 돌면서 전, 중, 후, 좌우해서 6군데 정도 흘수를 읽는다. 흘수가 정확하게 Even Keel(No Trim), Upright(正立)가 아니므로 여러 등분의 각 흘수선별로 똑바르게 떠 있는 상태에서의 배수량 등 모든 자료를 정리해 놓은 Hydro Data Sheet에서 Light Weight를 찾은 다음 보정 계산을 수행하여 실제의 Light Weight를 확정한다.

② 가감 조정 대상

완공된 선박에는 경하중(LWT)으로 정의된 상태대로만 모든 물품이 실려 있을 수만은 없으므로 다음과 같이 분류 조사해서 보정해 주어야 한다. 일일이 무게를 달거나 자료를 참조하거나 또는 경험상 감각에 의한 목측까지 동원되어야 하며, 선주와 조선소 양 상대간 합의가 이루어져야 하는 고단한 작업이다.

- 비탑재 하선 대상품 : 공사용 설비, 잔재, 유류
- 미선적 탑재품 : 최소소요 청수, 법정 Spare, 공사지연으로 아직 붙이지 않은 것
- 임의 선주 조달품 : Oil 등 소모재, Spare, Accessary 등 모든 Item

보통 숫자가 많고 위치도 다양하며 무게도 정밀하게 재야 하므로 Survey 하는 데 노력과 시간이 많이 걸린다.

2 M/E(主機) Shop Test, Onboard Test, 시운전

(1) Shop Test

시험장에서 실시하는 시험운전을 Shop Test라고 한다. 냉각수 순환을 시켜야 하며 Load 겸 엔진의 Output(출력) 계측용 유압식 동력계(Dynamometer)를 쓴다. 주요 계측 Item은 마력(HP), 회전수(RPM), 연료소모량(FOC), 피스톤 압력(MEP), 급기 압력 등이며, 계측치는 엔진이 설계대로 만들어졌는가 하는 것을 확인하고 또한 시운전시와 운전시의 참고 데이터로 쓰인다.

(2) Onboard Test

해상 시운전을 하러 나가기 전에 정지된 배에서 모든 기계나 장치를 한번씩 가동시켜 보는 시험의 총칭이다. Mooring Test는 안벽에서 엔진과 프로펠러를 저속으로 돌려 보는 시험이며, 배가 움직이지 못하게 묶어놓은 상태

하에서 시험하므로 그런 이름이 사용된다.

발전기 Load Test도 실제 필요한 저항을 걸어 보는 큰 시험이며, 에어컨디셔너의 Cooling Down Test는 각 방의 온도가 제대로 냉각되는지 알아보는 번거롭고 지루한 시험이다. 온도가 높은 여름에만 한다.

전용선별로 중요 시스템의 특수시험이 있긴 하지만 보통 배에서는 위의 시험 같은 것들이 크고 중요한 시험이다.

(3) 시운전

① 개 요

Onboard Test를 마치고는 외항에 나가서 속력시험, 직선 및 지그재그 운행 성능시험, 선회시험, 관성시험, 역전시험(Crash Stop) 등 선형시험과 Anchoring, 유조선의 Intering 시험 등 의장시험을 실시한다. 이들 시운전

그림 Ⅱ-54 속력 시운전

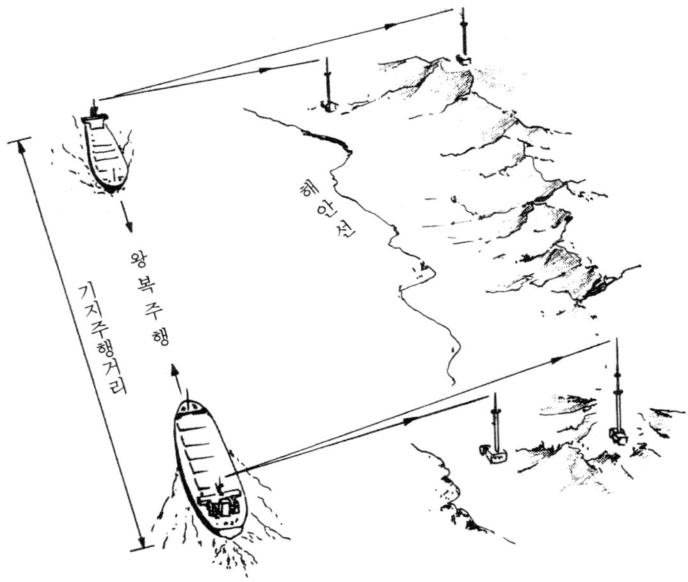

Note : 1) 배에서 관측하는 높은 곳과 낮은 곳의 Mile Post가 겹쳐서 보이는 곳이 계측 기준점이 된다.

2) 시험 필요 수심이 나올 수 있는 거리만큼 나가야 한다. 수심이 낮으면 물 속의 지표면과 선체 사이에서 점성으로 인한 유체유동 효과에 의하여 속도가 빠른 것으로 나온다.

중에도 가장 중요한 것은 속력시험이며, 속력을 계측하는 방법은 전통적인 Mile Post 이용방법과 전자파 감응방법 두 가지가 있다.

Mile Post 이용방법은 Mile Post 2개를 해안선 연안 멀리서 잘 보이는 언덕 위에 설치해 놓고 그 사이를 배가 왕복하면서 걸린 시간을 재서 평균 속도를 얻어낸다.

전자파 감응식은 발신기지를 두 곳에 두고 배가 임의의 방향으로 코스를 잡아도 되는 2발신기지 방법과 발신기지를 한 곳에만 두고 주행코스를 발신기지와 일직선으로 되도록 주행 운항해야만 하는 1발신기지 방식이 있다.

선상의 수신기를 Trisponder라고 하는데 단위시간당 이동된 변위를 바로 기계 내부에서 계산하여 속력만 Output으로 내는 간편한 현대장비이며 Mile Post 방식은 이제 거의 쓰이지 않는다.

② 자연적 영향과 보정

조류, 파도, 바람 등이 심할 때는 속력이 저하되고, 수심이 낮으면 (VLCC 경우 60 m는 넘어야 함) 천수영향(Shallow Water Effect)을 받게 되어 보정이 필요하다.

국제적으로 권위를 가지고 있는 BSRA(영국 선박기술연구원 협의회), ITTC(국제 수조협의회), SNAME(미국 조선학회), MARIN(화란 국영해양 연구소) 등이 제시하고 있는 표준적인 방법들을 쓴다.

③ 추진 마력의 계측

선박의 엔진은 여유 마력을 가지고 있기 때문에 단지 계약 속도를 얻어내는 것은 언제라도 가능하나 문제는 지정된 마력으로 계약속력이 나왔느냐를 검증하는 것이 속력 시운전인 것이다.

마력을 재는 방법은 다음 방법들이 쓰인다.

- 연료유가 얼마나 소모되었나를 체크하여 Shop Test시에 마력당 연료가 얼마나 들었나를 보여 주는 자료로부터 출력을 계산한다.
- 과급기에서 실린더로 보내 주는 급기압력을 재어서 Shop Test시의 마력과 급기 압력의 관계를 보여 주는 자료로부터 출력을 계산한다.
- 추진축의 비틀림 정도를 Strain Gauge로 재어 축에 회전력이 얼마나 작용되었는가를 알고 그 회전력으로써 엔진 출력을 계산한다.

그림 Ⅱ-55

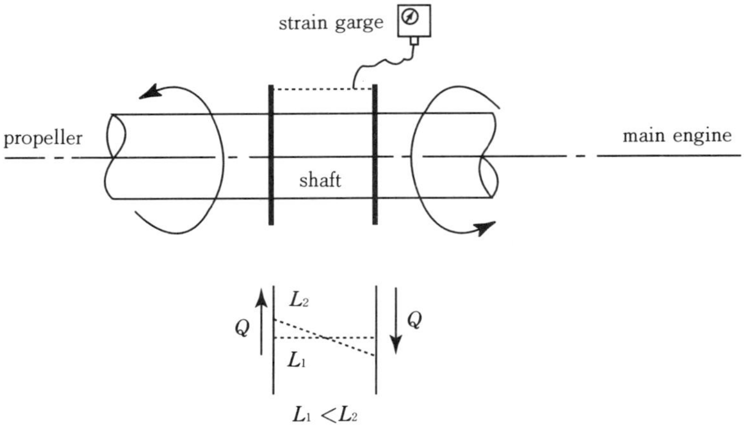

비틀림 상수 T_C

Strain Gauge는 미세한 길이 변화를 감지하고 계측하는 정밀 계측장치이다. 머리카락보다도 훨씬 가는 도선에 미세한 전류를 통과시키면 길이에 따라 저항값이 다르므로 미세한 길이 변화도 저항차로써 읽어내는 것이 기본 원리이다.

종전에는 Knife라는 두름띠 2개를 축에 고정시킨 다음 그 두름띠 사이를 Gauge인 미세한 선으로 연결한다. 회전력에 의해 축의 비틀림이 발생하면 두름띠 사이를 연결한 미세한 선의 길이가 늘어나게 되므로 늘어난 길이와 축의 비틀림 상수로부터 회전력을 계산해 낸다.

Strain Garge의 정밀도가 향상 개선되면서 최근에는 복잡한 부가물 없이 축 표면에 Strain Grage를 바로 붙여서 회전력을 계측하고 출력 마력을 연산해 내는 좋은 장치가 개발되었다.

Diameter가 1 m씩 되는 강철 축이 비틀린다는 것은 상식적으로는 이해가 잘 안 되지만 미세한 변화까지도 정확히 감지해 내는 계측기술의 응용인 것이다.

비틀림 상수 Tc

축 비틀림 → Sensor길이 증가 → 비틀림량 계산 → Torque → HP

제Ⅲ장 구 조

1. 구조 일반

구조란 외력에 견딜 수 있는 형체를 일컬음으로 우리 눈에 보이는 모든 것은 구조를 가지고 있다. 그 중에서도 우리가 집중적으로 알고 이해해 보려고 하는 것은 선박구조이다. 선박은 많은 양의 짐을 싣고 물에 떠서 풍랑과 조류에 따른 전체적 움직임으로부터 받는 힘과 주추진력과 물로부터 받는 저항력 등에 대하여 견딜 수 있도록 견고하여야 하고, 그 외에 힘을 쓰는 엔진이나 발전기, 크레인, 윈치 등 중기계에서 받는 부분적인 부하에 대하여도 잘 견디도록 튼튼하여야 한다.

선박은 대단히 크고 복잡한 구조를 가지고 있으며, 복잡하게 받고 있는 외력과 내력의 영향 및 이에 필요한 강도를 갖게 만들어야 하므로 필요한 설계나 계산에는 많은 작업이 필요하다. 이러한 선박구조를 이해하기 위해서는 가장 알기 쉽고 이해하기 쉬운 기초부터 설명하겠다.

1 강 도

강도에는 잡아당기는 힘에 견디는 인장강도, 엇갈리게 눌러서 자르는 힘에 견디는 전단강도, 비틀림힘인 우력(짝힘)에 견디는 비틀림강도, 구부리는 힘에 견디는 굽힘강도, 축 방향으로 누를 때 견디는 압축강도 및 좌굴강도 등 여러 가지 강도가 있다.

그림 Ⅲ-1 인장강도

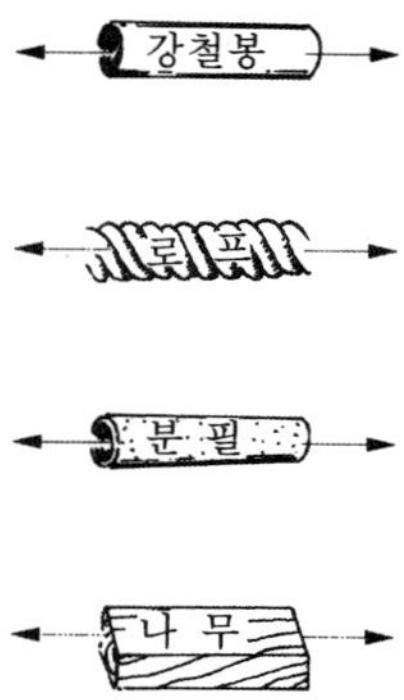

아주 강하다.

강하다.

아주 약하다.

좀 강하다.

그림 Ⅲ-2 전단 강도(Shearing strength)

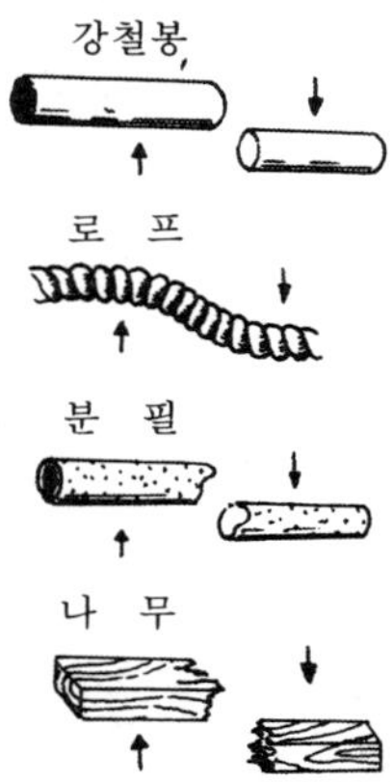

아주 강하다.

약하다.
작두와 같은 전단기에는 잘 잘린다.

아주 약하다.

조금 강하다.

그림 Ⅲ-3 비틀림 강도(Torsional Strength)

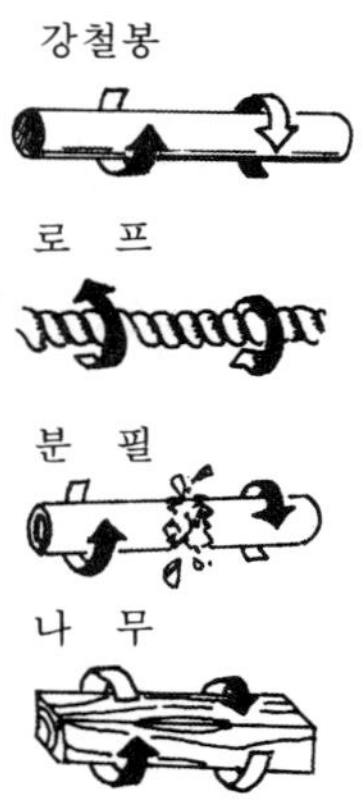

대단히 강하다.

전연 저항력이 없다.

쉽게 잘린다.

강하다.

그림 Ⅲ-4 굽힘 강도

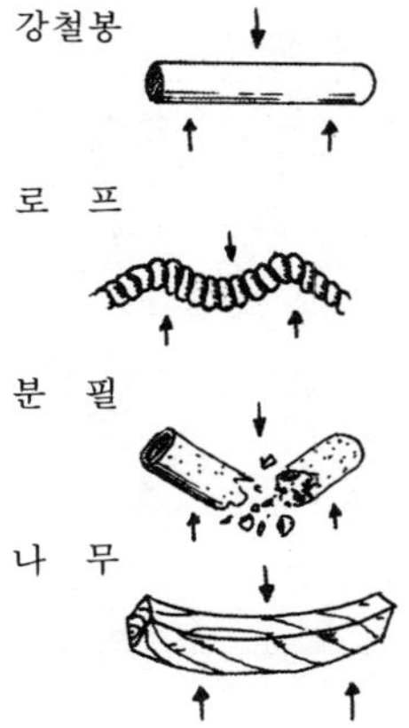

아주 강하다.

저항력이 없다.

쉽게 전단된다.

구부러지나 쉽게 부러지지 않는다.

그림 Ⅲ-5 좌굴 강도(Buckling Strength)

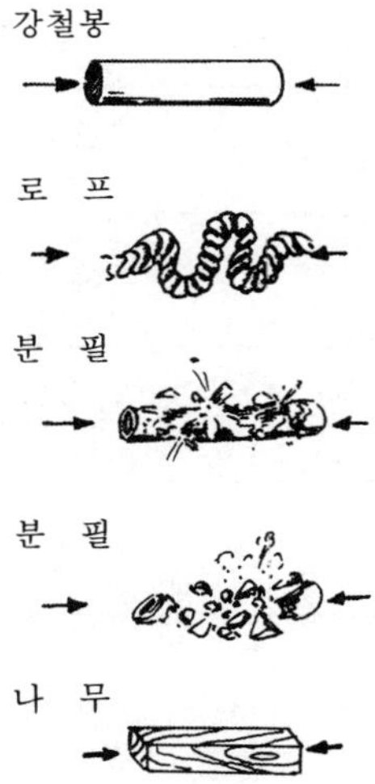

대단히 강하다.

전연 저항력이 없다.

작은 힘에는 꽤 견딘다.

큰 힘에는 붕괴되고 만다.

작은 힘에는 견디다가 큰 힘에는
굴복하여 휘어지고 만다.

2 강도의 구성요소

(1) 단단한 재료(material)를 써야 한다.

나무보다 알루미늄이 강하고 그보다 철이 더 강하다. 일반 철보다 강철이 더 강하고 특수 합금강이 또 더 강하다. 강도 계산시에는 탄성계수(E)라고 하는 특성치로써 규명이 된다.

(2) 단단한 모양으로 생긴 것을 써야 한다. 그림 Ⅲ-6의 모양들을 보면서 느껴 보면 다음과 같다.

그림 Ⅲ-6

①	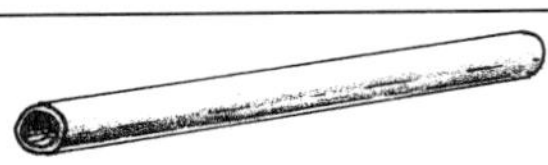	아주 단단하다.
②	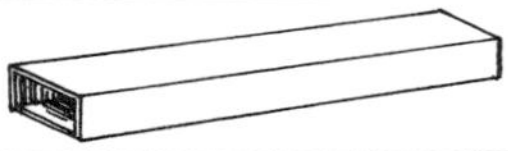	좀 약하다.
③	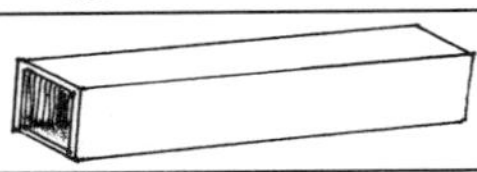	아주 단단하다.
④	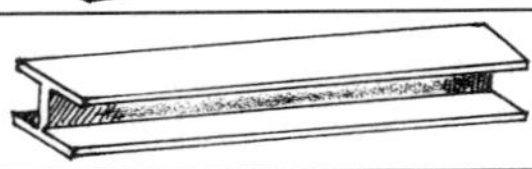	단단하다.
⑤	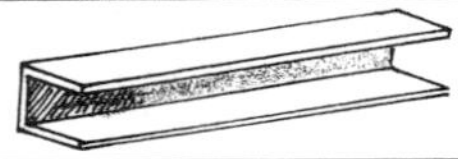	단단하다.
⑥	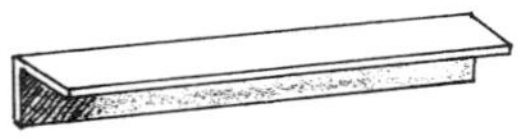	좀 약하다.
⑦		아주 약하다.

(3) 단면적이 큰 것이 강하다.

○◎□回와 같은 형상들 중 같은 단면적이라면 강하게 생긴 것이 강하겠지만 단면적인 현저하게 크다면 모양이 불리하더라도 더 강할 것이다.

(4) 길이가 상대적으로 짧은 것이 강하다(그림 Ⅲ-7 참조).

구부러지는 형태는 힘의 크기, 지지 형태, 누르는 점의 결속 상태, 작용선의 편심, 단면의 생김새 등 여러 가지 요인에 따라 각각 다른 모양으로 나타난다.

그림 Ⅲ-7

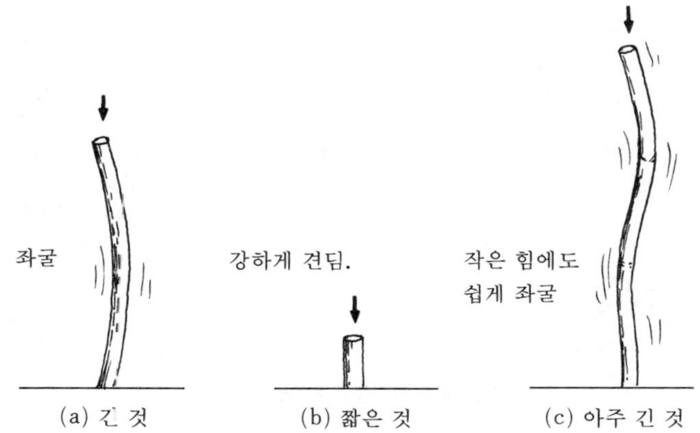

그림 Ⅲ-8

구부러지는 형태는 힘의 크기, 지지 형태, 누르는 점의 결속 상태, 작용선의 편심, 단면의 생김새 등 여러 가지 요인에 따라 각각 다른 모양으로 나타난다.

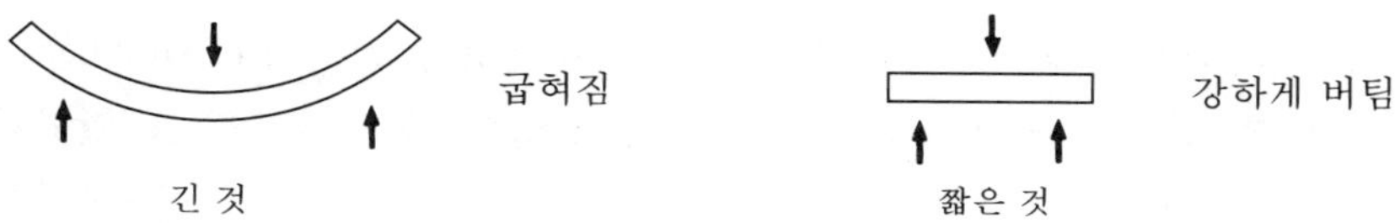

그림 Ⅲ-9 복잡한 구조들의 강도

그림 Ⅲ-10

책받침과 같은 얇은 판은 대단히 약하여 쉽게 변형한다.

골판지 같은 형상의 얇은 판은 종방향 굽힘에는 강하지만 횡방향 굽힘과 비틀림힘에는 대단히 약하다.

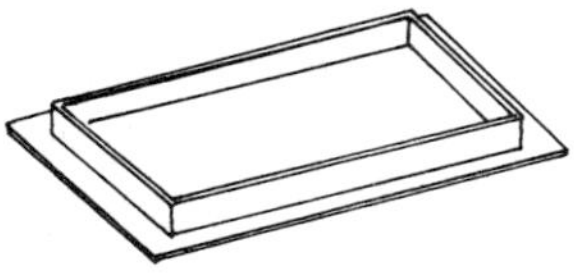

구부림이나 비틀림에 많이 강해졌다.

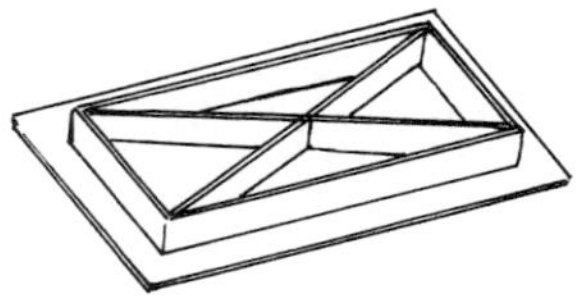

구부림이나 비틀림에 더욱 강해졌다.

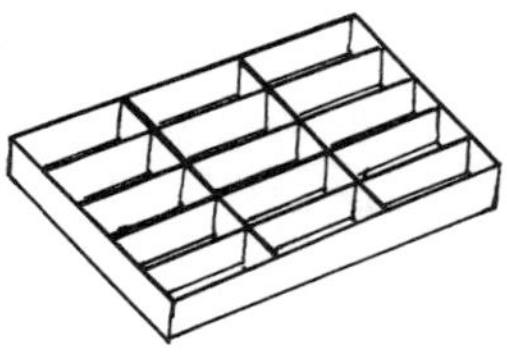

계란상자같이 보강이 되면 대단히 강하다. 이 형태를 편의상 열린 계란곽형(opn egg box)이라고 해보자.(전문구조용어로는 Grillage라고 한다.)

이상의 그림에서 본 바와 같이 부재(部材, Strength Member)를 어떤 형태로 만들거나 조합하느냐에 따라 강성이 크게 달라짐을 알았다.

3 Span이 긴 교량판의 예

(1) Truss 보강 : 교량판과 일체가 되어 보강한다(그림 Ⅲ-11 참조).
(예) 동호대교, 한강철교

그림 Ⅲ-11

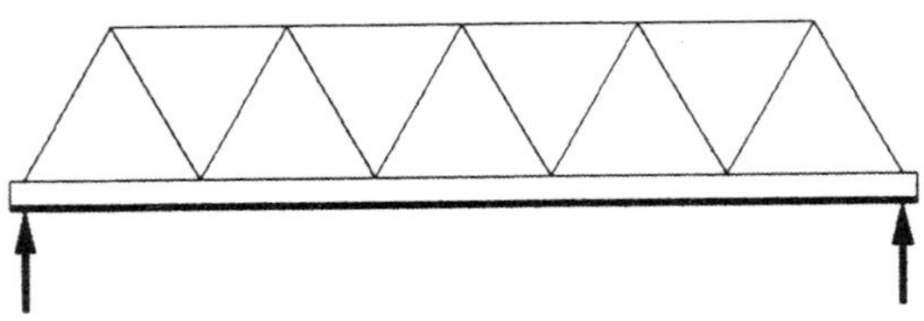

(2) 사장교(斜張橋, Suspension Bridge) : 주탑이 교량판에 연결된 강색(鋼索, Wire Rope)을 잡아 들어 준다(그림 Ⅲ-12 참조).
(예) 올림픽대교, 행주대교

그림 Ⅲ-12

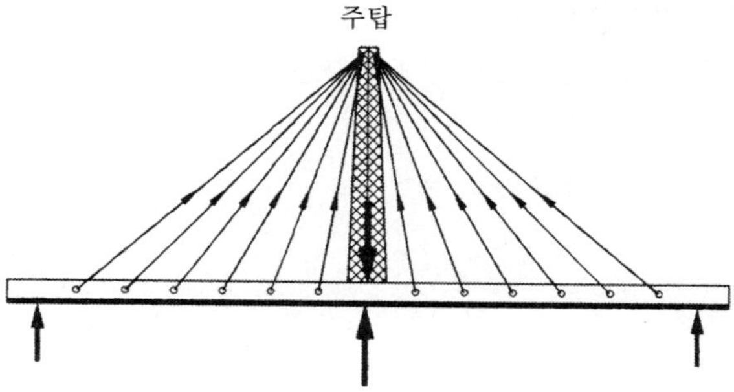

(3) 현수교(縣垂橋, Hanging Bridge) : 줄의 육상 지점 A에서 장력 T로 줄을 당기고, 교량판은 여러 개의 매달음 줄에 의하여 들려져 있다(그림 Ⅲ-13 참조).

(예) 남해대교, 미국 금문교, 조지워싱턴교

그림 Ⅲ-13

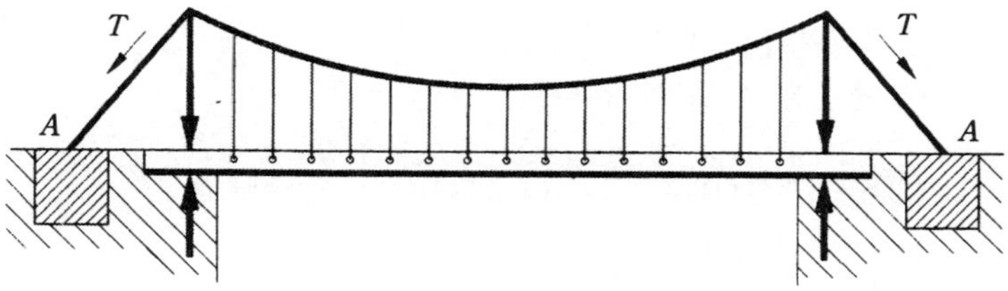

(4) Arch 현수교 : 활처럼 휜 강재구조에 줄을 연결해 교량판을 들어 주고 있다(그림 Ⅲ-14 참조).

(예) 제1한강교, 동작철교

그림 Ⅲ-14

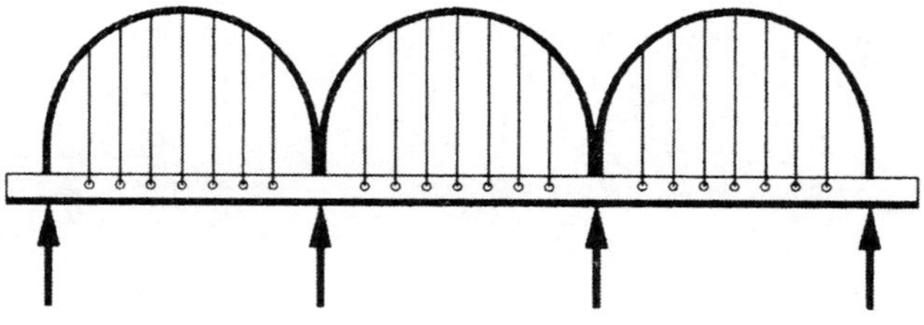

(5) 복합변형 Truss/Arch식 : A, B점의 양쪽 밖은 교량판을 받쳐 주는 Barcing 역할을 하여 교량의 길이를 AB로 축소시키는 구실을 하고, 구간 AB는 Arch현수로 하거나 또는 Truss로 만들어 줄 수도 있다(그림 Ⅲ-15 참조).

(예) 성산대교

그림 Ⅲ-15

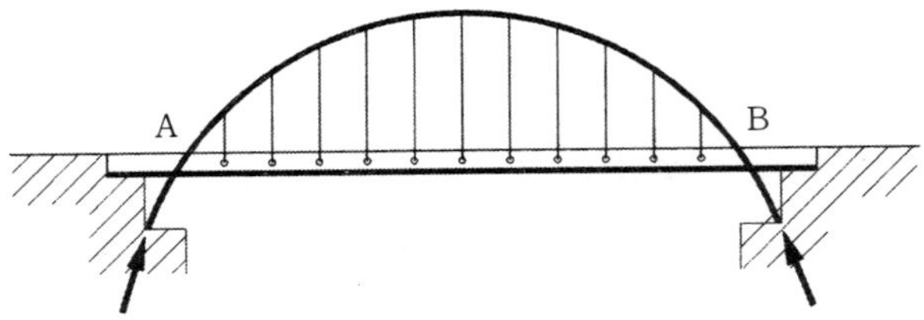

4 비틀림(Twisting, Torsion)

봉(俸)의 단면이 비틀림 모멘트(또는 Torque) T를 받을 때 단면이 받는 전단력은 다음과 같다.

(1) 중실(中實, Solid Section) 원형단면

$$\tau_{max} = \frac{16T}{\pi D^3}$$

(2) 원형 파이프(두께가 t, 반지름 r)

$$\tau = \frac{T}{2\pi r^2 t}$$

(3) 조립단면(변의 길이가 b_1, b_2, b_3이고 두께가 t인 H형강)

$$\tau = \frac{T \times t}{J}$$

$$J = \frac{t}{3}(b_1 + b_2 + b_3)$$

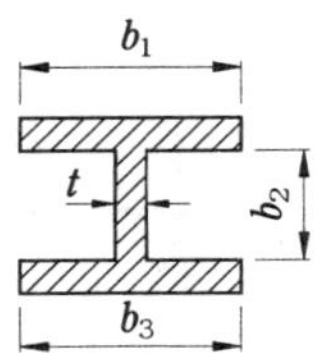

한 변이 짧은 직사각형 단면이나 기타 어떠한 구조 강재 단면을 비교해 보더라도 가장 간단한 원형 단면이 가장 강하다고 하는 것은 쉽게 알 수 있으며 계산도 간단하다.

그 밖에 사각형 같이 모서리가 있는 형상은 복잡해진다. 또 한쪽 끝이 지지되어 있거나 양쪽 모두 지지되어 있으면 회전력이 걸릴 때 계산이 대단히 복잡하고 어려워진다. 비틀림 양을 계산하는 것도 몹시 복잡하다. 많이 비틀리면 반드시 변형한다는 원리로부터 변형을 차단하면 비틀림에 강해진다는 것은 쉽사리 알 수 있는 일이다.

선박 구조의 취약성을 고무신과 비교하면 이해가 쉬워진다. 그림 Ⅲ-16에서 보면, 위로부터 누르는 힘 *P*에 의하여 신발은 쉽게 구부러지고 옆면이 밖으로 벌어지고 앞끝 뒷끝은 치켜올려질 것이다.

옆으로부터 *S*로 밀면, 옆면은 쉽게 오므라들 것이며 앞끝, 뒤끝은 치켜올려질 것이다.

*T*만한 회전력을 걸어 비틀면 쉽게 비틀리면서 열린 곳이 좁아지고 S자 형태로 변형될 것이다.

이렇게 쉽사리 모든 종류의 힘에 대하여 취약한 것은 너무 탄성적인 물질이기 때문이기도 하지만, 형상이 길고 넓적하다는 것과 열린 부분이 너무 많다는 것, 옆면 부재가 적절히 지지되지 못하고 있다는 점들이 중요 요인이다.

그림 Ⅲ-16

고무신은 어떤 힘이나 moment에도 쉽게 굴복하고 변형된다.

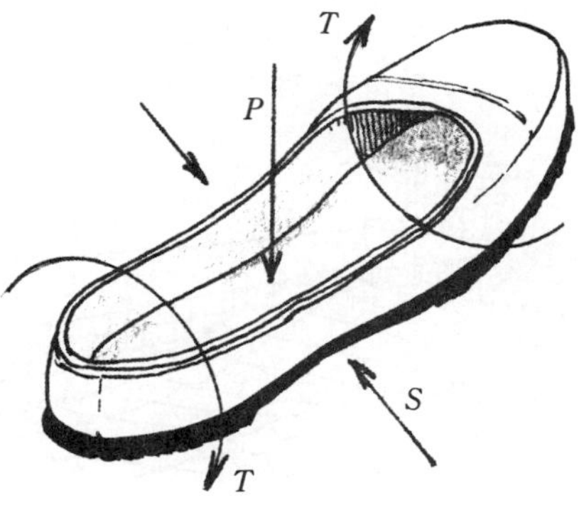

그림 Ⅲ-17

비틀림힘에 대한 저항력이 커짐.

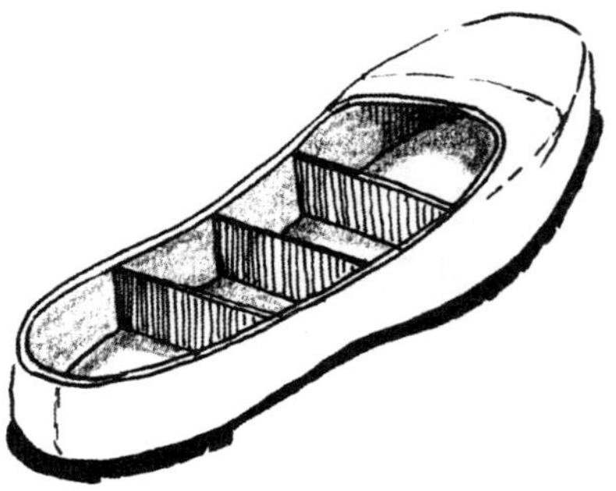

이 고무신에 칸막이 구조를 세 개 만들어 넣은 그림 Ⅲ-17을 보자. 힘 *P*에도 *S*에도 회전력 *T*에도 훨씬 강하게 대응할 것이다. 추가된 칸막이는 엄격하게는 *P*에 대해서 아무 관계가 없는 부재이다. 그만큼 전체적인 견고성(Rigidity)이 있어야 모든 방향의 부하에 대하여 잘 견딘다는 것을 잘 보여 주는 예이다.

만약에 위의 개구부(開口部)를 완전히 밀폐시킨다면 신발의 견고성은 크게 증대될 것이다.

그림 Ⅲ-18 Wave Load 형상도

파도의 힘을 받고 있는 선체의 응력 해석을 위하여 잘게 Model로 잘라 놓은 모습. 파도의 큰 산과 골로 인하여 선체가 큰 힘을 받게 됨을 느낄 수 있다.

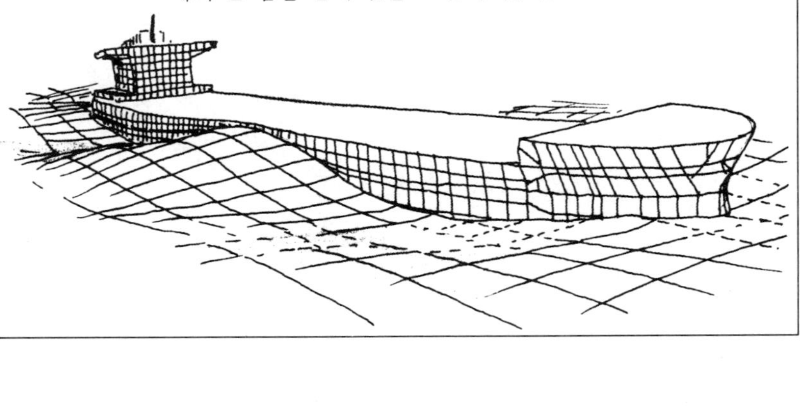

그림 Ⅲ-19

FEM 해석 결과 선체가 비틀림힘을 받고 있음을 보여주고 있다.

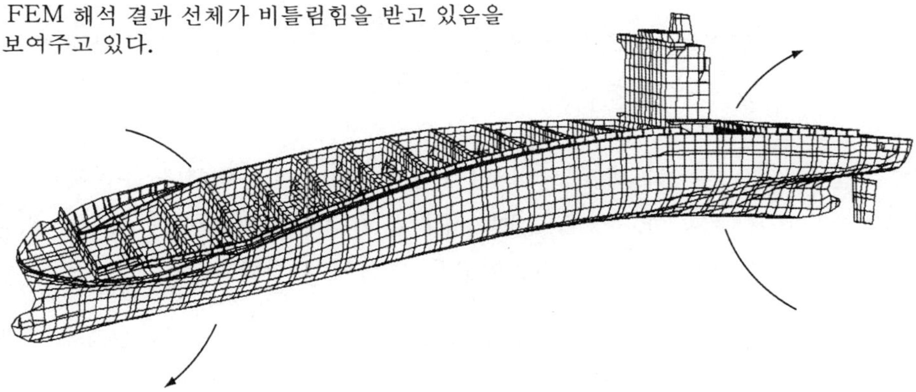

그림 Ⅲ-20은 배의 토막 부분이 파랑 속에서 롤링과 피칭 등 복합운동 중의 한 순간을 그린 것인데, 좌현 앞 부분은 많이 잠겨서(Immersion이 커서) 부력을 크게 받고 우현 뒤쪽은 많이 떠올라서(Immersion이 작아서) 부력이 충분치 못하다.

우현 뒤쪽의 배의 자중 부분과 화물중량을 합하면 하향 하중 *W*는 상당히 커진다. 실제 배가 상당히 길다는 점을 상정하면 작은 피칭에서도 선수미의 부침(浮沈)이 크며, 추진 속도에 따른 선수파의 영향, 그리고 배의 운동(Motion)으로부터 오는 관성효과(Dynamic Effect)까지 고려하면 가공할 만한 비틀림힘이 걸려 오는 것이다.

그림 Ⅲ-20

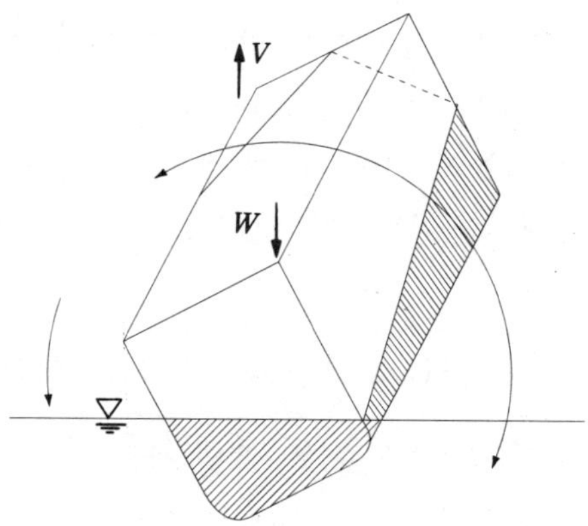

고무신 그림과 함께 보면 다음과 같은 결론이 도출된다.

① 폭과 깊이에 비해서 길이가 긴 배는 비틀림힘을 우려해야 한다.
② 폭에 비해서 깊이가 작은 배, 즉 납작한 배도 비틀림힘을 우려해야 한다.
③ 갑판이 너무 많이 열려 있는 배는 비틀림힘을 우려해야 한다.
④ 칸막이, 즉 횡격벽(横隔壁, Trans Bulkhead)의 개수가 적은 배 화물창이 긴 배도 비틀림힘을 우려해야 한다.

생김새와 적화 상태로부터 비틀림이 제일 우려되는 선형은 컨테이너선과 광석운반선이며, 그런 배일수록 전방에서 비스듬히 오는 파도, 즉 우측 전방이나 좌측 전방에서 세차게 오는 파도(Oblique Wave)는 피해서 항행하는 것이 좋다.

5 기둥(Pillar, 柱)

임계하중(臨界荷重) 계산에는 오일러(Euler)식이 쓰인다.

$$\mathrm{Pcr} = \boldsymbol{n} \times \frac{\pi^2 E I}{I^2}$$

$\boldsymbol{n}$은 상수로서 양단이 hinge일 때 1.0, 양단 고정시 4,
한 쪽 고정 다른 쪽 자유단일 때 0.25이다.

위의 식에서 견디는 힘은 탄성계수에 비례하고, 즉 단단한 재질 특성에 비례하고 좋은 단면 생김새에 비례하며 길이의 제곱에 반비례한다. 즉, 길이가 조금만 더 길어지면 많이 굵어져야 한다.

배에서는 기관실 내에 있는 여러 층의 갑판이 엔진 개구(開口, Opening) 부분에서 기둥에 의하여 받쳐지며, 가끔 선실의 갑판간 사이에 쓰이고 RO-RO선의 Car Deck에 많이 쓰인다.

6 브래킷(Bracket)과 브레이싱(Bracing)

두 부재가 격자(格子)를 이룬 사이를 견고히 엮어 주는 부재로서 대개는 작은 면재로 생긴 것을 Bracket이라 하고, 길며 봉재(棒材)로 생긴 것을

그림 Ⅲ-21 Bracket과 Bracing

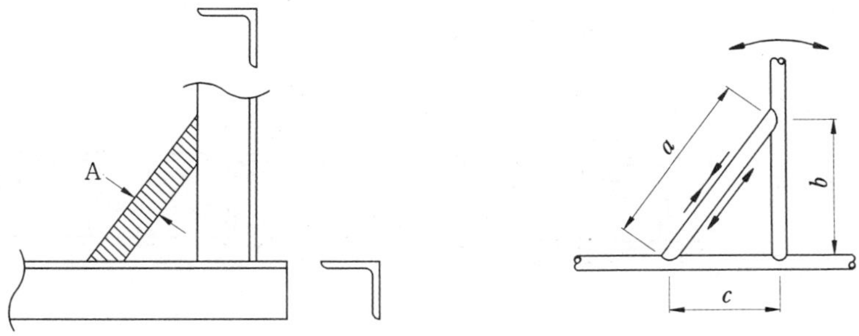

(a) Bracket
A 부분이 더 많은 힘을 쓰고 나머지 작은 삼각형 부분은 큰 힘을 받지 않는다.

(b) Bracing
구간 *a, b, c*가 변형을 일으키지 않도록 너무 길지 않게 설정해야 한다.
또 결속점은 견고하여야 한다.

Bracing이라고 부른다. 두 부재 모두가 압축과 인장력에 강하게 대응하므로 가장 보편적인 보강방식으로 널리 쓰인다.

면재가 많이 쓰이는 선박 구조에는 Bracket이 많이 쓰이고 광폭 지붕구조, 크레인붐, 송전철탑 등 봉재를 써서 강한 구조를 형성하는 Truss에서 Bracing이 많이 쓰인다. 파리의 에펠탑이나 도쿄 타워도 Truss 구조로서 수많은 Bracing이 쓰이고 있는 것이다.

그림 Ⅲ-22는 가는 각목으로 만든 나무 사다리로서 견고해 보이지 않는다. 큰 하중 *P*를 걸면 쉽사리 구부러질 것이다. 상변에는 압축응력이 생기고 하변에는 인장응력이 발생한다. 상변은 수축하고 하변은 늘어난다. 중앙에서 양 끝 부분, 즉 구간 A 같은 곳은 사각형이었는데 사다리꼴로 되었을 것이다. 즉 사각형의 네 귀가 일그러져서 위쪽 두 귀는 90도보다 크게 되고 아래쪽 두 귀는 90도보다 작아졌다는 뜻이다. 만약 이 사각형이 전혀 일그러지지 않도록 견고하다면 사다리는 구부러지지 않을 것이다.

그림 Ⅲ-22 Truss의 이해

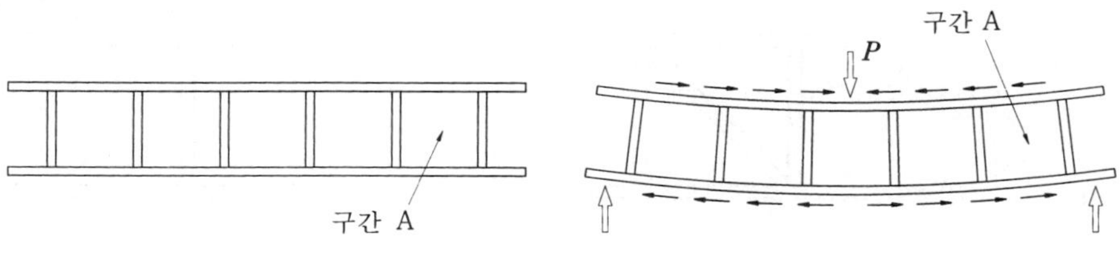

그림 Ⅲ-23

직선재 Bracing이 압축과 인장에 강력히 대응하므로
전체 구조는 구부러지지 않고 견디어 낸다.

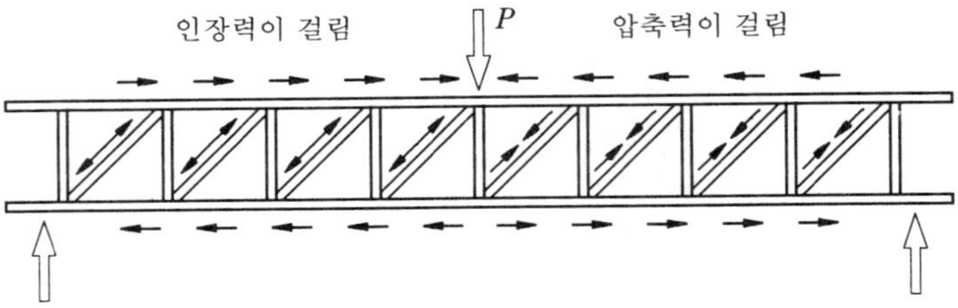

그림 Ⅲ-23에서 수평 부재와 수직 부재로 형성되는 각 사각형에 대각선 방향으로 직선 부재를 넣어 보강시키고 중앙에 하중 *P*를 걸었다.

상변의 압축응력과 하변의 인장응력은 각 대각선 부재에 분력으로 걸릴 것이다. 하중 *P*의 왼편에서는 인장력으로, 오른쪽에서는 압축력으로 걸림을 알 수 있다. 이 대각선 부재는 Bracing이며 비교적 약해 보이는 직선 부재가 인장력과 압축력에는 강하게 대응한다는 특질을 잘 이용한 구조 형태라고 볼 수 있다. Bracing이 휘어지거나 결속점이 파괴되지 않는 한 이 사다리는 구부러지지 않을 것이며 Bracing이 신축변형 범위 내에서만 사다리는 구부러질 것이다.

그림 Ⅲ-24와 같이 Bracing은 우력 *P*에 대하여도 강력하게 대항하므로 여러 가지 구축물의 기둥과 기둥 사이에 많이 쓰인다.

그림 Ⅲ-25는 Bracing 대신 압축력에 전혀 저항력이 없는 Wire Rope를 쓴 예이다. 우력 *P*에는 로프 A가 장력으로 저항하고 우력 *P´*에는 로프 B가 장력으로 저항한다.

따라서 A와 B를 함께 묶어 놓으면 사각형 격자는 안전하다. 단, Wire 로프는 늘어나는 신축성 때문에 탄성 범위 내에서는 격자가 움직일 것이다.

그림 Ⅲ-24

그림 Ⅲ-25

7 응력에 대응하는 전통적 구조 부재 형태의 예

(1) 배불림 보와 기둥

그림 Ⅲ-26과 같은 목도꾼(긴 막대기 양쪽 끝에 물초롱이나 자갈 바구니 같은 것을 매달고 가운데 부분을 어깨에 메고 다니는 사람)의 멜대봉 경우에는 지름 D의 원주형을 쓸 경우 무거우므로 가늘어도 될 부분은 지름 d로 가늘게 만들고 휨을 가장 많이 받는 곳만 굵게 만든다. Bending이나 변형이 가운데 부분에서 가장 크기 때문이다.

멜대봉과 같은 모양을 세워서 기둥으로 쓴 예는 희랍, 로마시대 신전이나 궁궐 등 유적에 많이 있으며 영주 부석사의 목재기둥도 배불림 기둥을 썼다. 이것도 D 굵기의 아래 위가 다 같은 원주를 쓸 수도 있겠으나 아래의 주춧돌 크기나 위의 보 등과의 조화나 경제성 및 예술성을 함께 고려했을 것이다.

그림 Ⅲ-26 배불림 보와 기둥

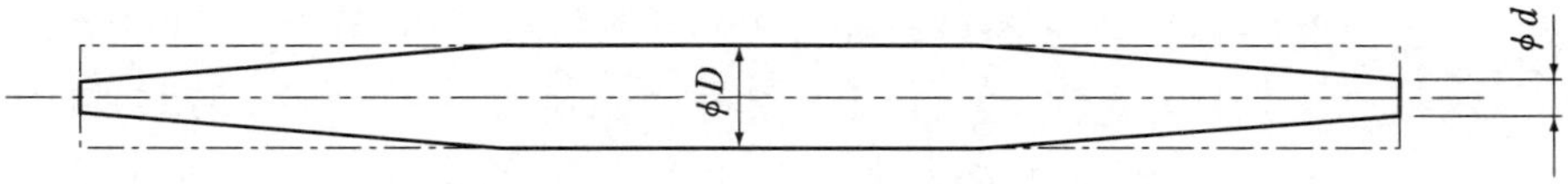

(2) 요철상판(凹凸床板)

배불림 보나 기둥의 원리를 판재로 확대 적용한 것이다. 그림 Ⅲ-27은 위쪽의 표면고를 낮추고 자재를 절감하기 위해 필요한 곳만 두께 T를 갖도록 한 예이다. 교량판이나 선박의 Hatch Cover에 많이 쓰인다.

그림 Ⅲ-27

그림 Ⅲ-28

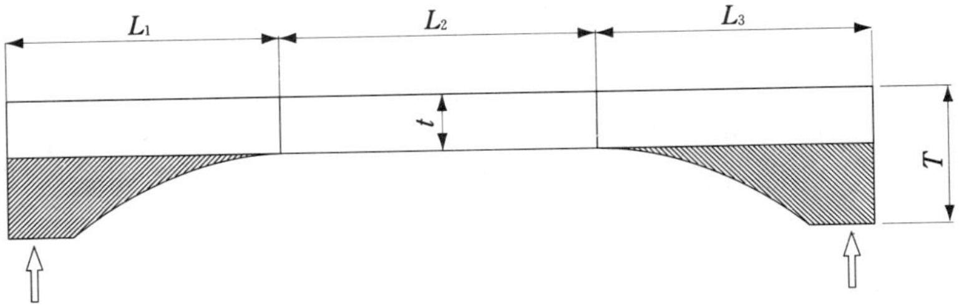

그림 Ⅲ-28의 개념은 Span L_2 구간을 짧게 만들고 두께를 t로 만든 예이다. L_1과 L_3 구간의 하부 경사는 $L_1+L_2+L_3$ 전체 길이를 t의 두께로 길게 만든 다음 밑에 큰 Bracket을 대준 것이라고 이해하면 된다. 그래도 전체를 T의 두께로 만드는 것보다는 크게 경제적이기 때문이다. 배를 부르게 해서 힘을 강하게 하는 것과는 다른 개념이다.

(3) 돔(Dome), 캠버(Camber)

그림 Ⅲ-29는 돔의 그림으로 옛날 강력한 인장부재가 별로 없었던 시절에 압축력에 강한 사다리꼴 단면의 석재를 이어 붙여서 다리를 놓았다. 가장 중요한 키포인트는 A, B지점이 견고하게 지지해 주는 것이다. 돌이 부서지지 않는 한 하중 P에 강력히 대응한다. 석굴암의 천장은 이것을 입체적으로 전개시켜 구형(球形, Spherical Shape)으로 만들었다.

천장 주행 기중기(Overhead Travelling Crane)의 Girder Box를 만들 때부터 위로 휘어진 모양으로 만들어서 강성을 증대시키고 금속의 장기적 피로

그림 Ⅲ-29

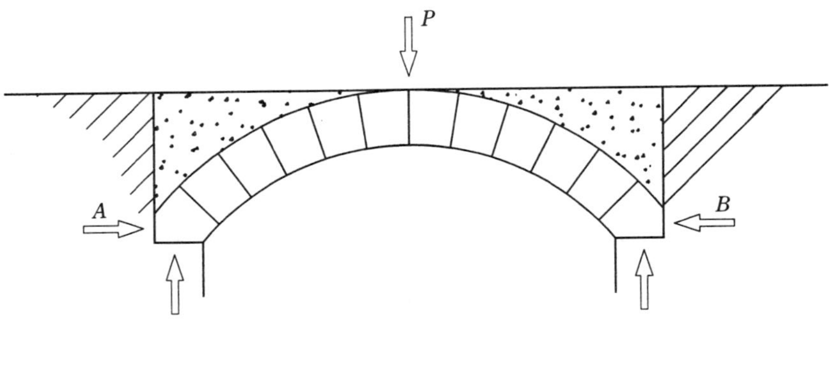

그림 Ⅲ-30

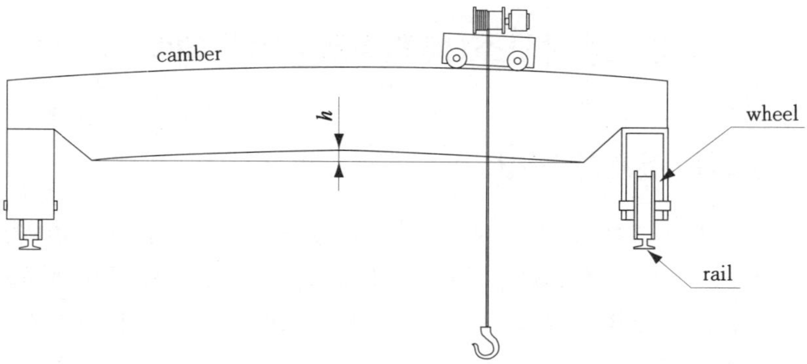

가 발생할 것에 미리 대비하는 것이다(그림 Ⅲ-30 참조). ***h***를 Camber의 크기로 규정한다.

선박의 갑판이나 승용차의 Bonnet Cover도 물이 잘 흐르도록 하는 목적과 강성(剛性) 증대를 위하여 좌우로 둥글게 面 Camber를 준다. 선박에서는 Hatch Opening을 크게 뚫으므로 Tanker선 이외에서는 강성에 기여하지 못할 것이다.

(4) Tension Beam

철근 콘크리트 Beam이나 상판을 만들 때 아래 부분의 주철근을 강력한 Tension *T*를 주고 있는 상태에서 콘크리트를 굳혔을 경우, 무하중 상태에서도 그 철근은 영원히 가운데로 당기는 내부응력을 가지고 있을 것이다(그림 Ⅲ-31 참조). 하중 ***P***를 걸면 하면에는 Beam을 신장시키는 응력이 발생되어도 기존 내부응력과 상쇄되어 Beam이 늘어나지 않게 된다. 즉, 휘어지려면 하면이 늘어나야 하는데 역으로 하면을 늘어나지 못하게 해 놓으면 휘어질 수가 없게 된다. 제작과정이 번거롭고 세월이 가면 금속이 피로하게 되므로 특수한 경우가 아니고는 잘 쓰이지 않는다.

그림 Ⅲ-31

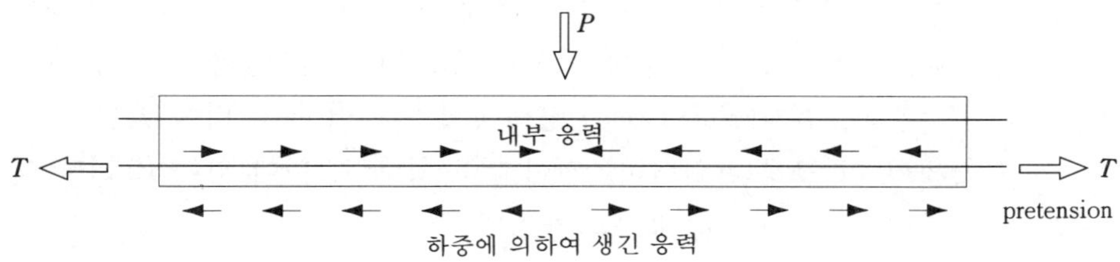

2. 선체구조(船體構造, Hull Structure)

1 선체의 단면

선체는 크게 보면 사각형 단면을 갖는다. 선수(船首, Bow), 선미(船尾, Stern), 기관실(機關室, Engine Room), 선실(船室, Accommodation)을 제외하고는 中央部 또는 Cargo Part는 그림 Ⅲ-32처럼 사각형 구조이다.

네 면과 칸막이는 대단히 큰 면적을 가지므로 큰 면압과 인장력 및 압축력, 전단력, 비틀림힘 그리고 여러 가지 모멘트, 진동 및 충격력을 받는다. 선종별로 단면형상이 틀리기는 하지만 위에 언급한 각종의 큰 힘에 견딜 수 있도록 보강해야 한다.

그림 Ⅲ-32 중앙 절단면 형상

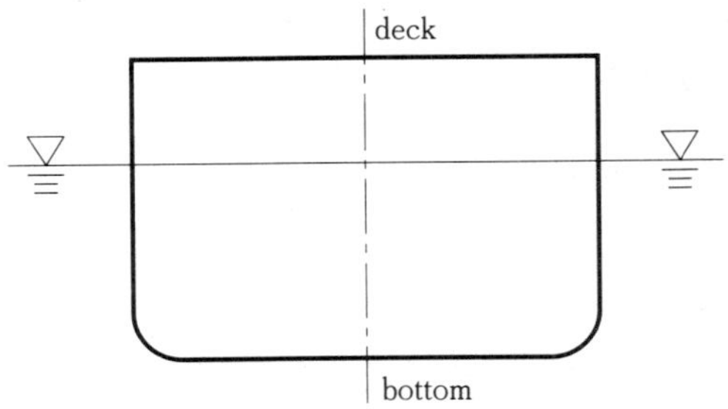

2 외력 상황

(1) 부 력

수압으로써 선체에 걸려 오므로 깊은 곳의 부력이 크다. 부력의 크기를 화살표의 크기로 표시하면 그림 Ⅲ-33과 같다. Bottom이 큰 부력을 받고 있다. 공선시, 즉 Hold에 화물이 없으면 Bending을 받는다.

특히, 만재(Full Load) 상태에서 어느 Hold가 비어 있을 때는 Bending이 훨씬 더 크게 마련이며, 짐이 있는 Hold와 비어 있는 Hold 사이에 큰 전단력이 걸린다(그림 Ⅲ-34 참조).

그림 Ⅲ-33 정수압 작용도(Static Water Pressure)

깊은 곳일수록 압력이 높아진다.
(10 m당 약 1 kg/cm²) 압력의 크기를 화살의 길이로 표현하였다.

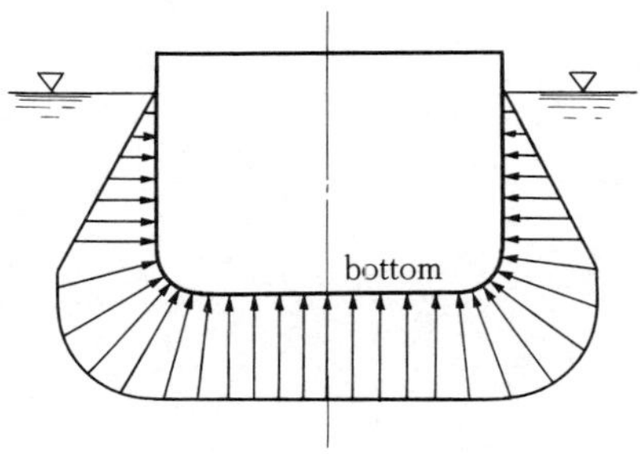

그림 Ⅲ-34 큰 전단력 발생도

광석은 무거운 화물이므로 Hold를 1개씩 거르고 적재한다. 짐을 실은 칸과 빈 칸 사이에는 화중과 부력이 크게 엇갈려서 큰 전단력이 발생된다. 이를 견더내기 위해서는 중앙절단면의 종방향 부재의 총합계 면적이 커야 한다.

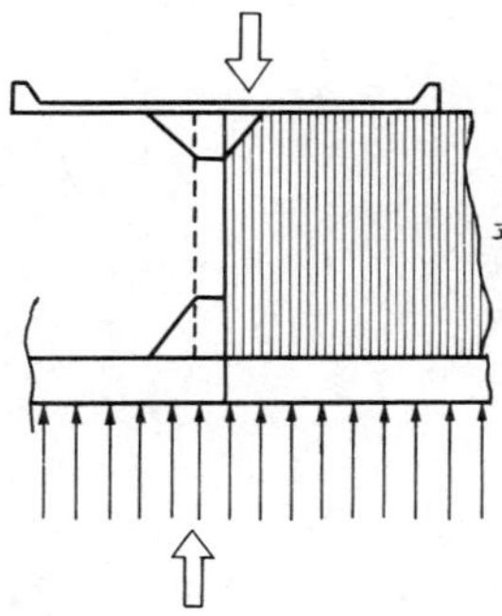

그림 Ⅲ-35는 30도 정도의 롤 운동의 한 순간을 그린 것인데, 우현(右舷) 외판에 큰 부력이 걸림을 보여 준다. 이에 대응하여 우현 Bilge 부분을 크게 보강하지 않으면 안 된다. 이런 큰 모멘트에 의하여 선체 단면 형상이 마름모꼴로 일그러지는 형상을 Racking현상이라고 한다(그림 Ⅲ-36 참조).

그림 Ⅲ-35에서 Hatch Opening이 있는 구간에서는 외판 전체가 외팔보(Cantlever) 형상으로 생겨서 견디는 힘이 약해 보인다. 따라서 Top Side Tank와 Bottom 쪽의 Bilge Part를 프리즘 모양의 대단히 강력한 구조로 짠

그림 Ⅲ-35 오무림 모멘트 작용도

배가 한쪽으로 크게 기울면 안으로 오그려뜨리는 모멘트가 작용하며 이것을 견더내기 위해서는 횡 Bulkhead와 횡방향 Hatch coaming이 강해야 하고 4귀의 구조가 견고해야 하며 특히 아래쪽 양귀(Bilge 부분)가 견고해야 한다.

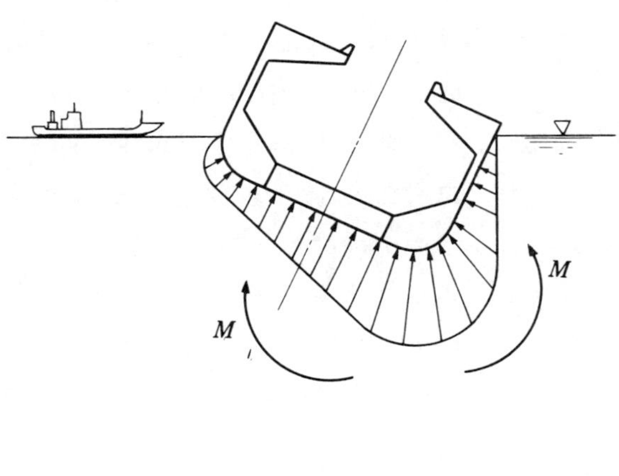

그림 Ⅲ-36 Racking 현상

자동차 운반선의 롤링의 한 순간을 크게 경사한 모습인데 강력한 부력 모멘트와 상당히 높은 위치의 구조 중량과 화물 중량이 씰그러지는 모멘트가 번갈아가면서 반복적으로 걸리게 된다.

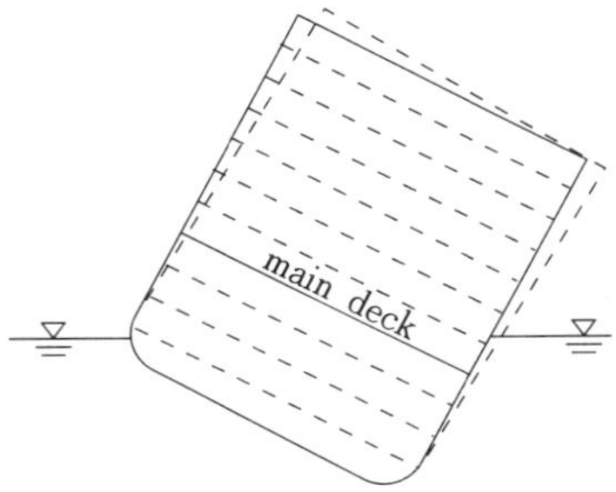

다. 그러면 이 강력한 보가 Hold Bulkhead 사이에 걸려서 Hatch Opening이 있는 구간의 취약점을 보완해 준다. 또, 이 보 4개가 전 Hold 부분에 연속해 있으면서 배 전체의 종강력을 형성하는 데 크게 기여한다. 배가 기울지 않더라도 파도에 의하여 선수미 부위에서 서로 반대쪽의 Immersion이 커지면 큰 비틀림힘을 받는다.

비틀림힘에 대한 특성은 전항에서 설명했으며, 특별히 우려하지 않으면 안 되는 비정상 선형의 경우에만 특별 Study가 필요하다.

경구조로 이룩된 자동차 운반선은 Racking현상에 의하여 피로가 누적되므로 균열의 발생 가능성이 높다(그림 Ⅲ-36 참조).

(2) 종강도

선체 형상으로 인하여 부력은 길이의 중앙 부위에서 크고 선수미 방향에서 작다. 이에 반하여 선수미 부위의 선체 중량이 무거우며 화물을 실었을 때는 중앙 부위가 무겁게 된다.

재화시와 공선시(Ballast Water 필요량 적재)의 부력과 중량분포를 함께 그림으로 나타낸 것을 하중곡선이라고 한다. 그림 Ⅲ-37과 같이 배를 중량 Component로 분할하여 Curve로 그렸고, 배의 흘수선 이하 용적을 일정 거리로 등분하여 부력 Component를 계산하고 그 크기를 배의 길이에 맞추어 Curve로 나타냈다. 두 Curve값의 差(Balance)를 하중곡선을 그렸으며, 하중곡선으로부터 각 점의 전단력과 함께 모멘트가 계산된다.

그림 Ⅲ-37 부선(浮船, Barge)의 荷重곡선

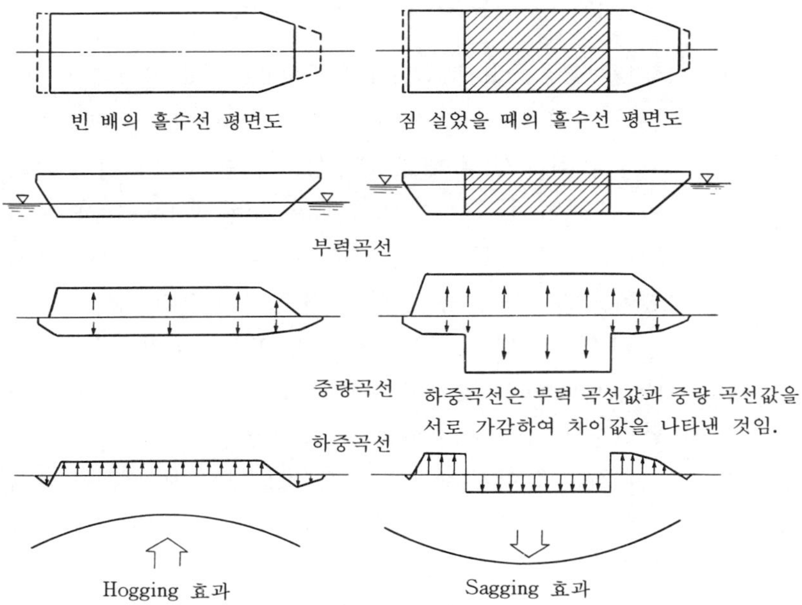

그림 Ⅲ-38 실선의 전단력/모멘트 선도 예
(하중 곡선은 생략되어 있다.)

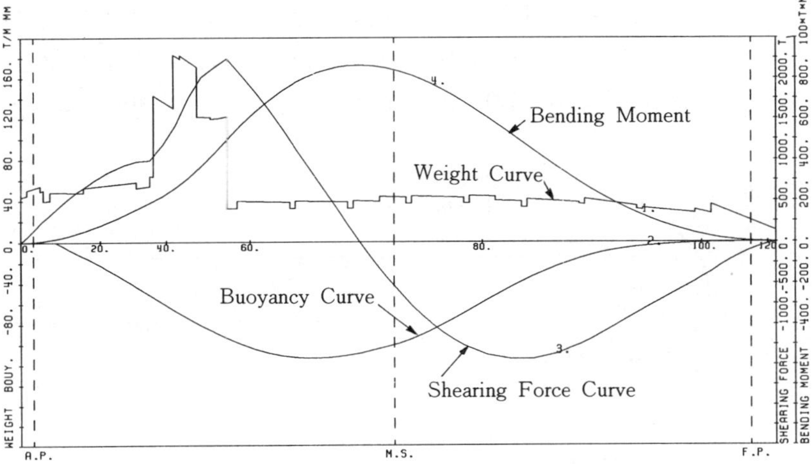


```
COND. NO. 1.   LIGHTSHIP CONDITION
     CURVES                              SCALES
     1.- WEIGHT DISTRIBUTION             1 UNIT 20.      T/M
     2.- BOUYANCY DISTRIBUTION           1 UNIT 20.      T/M
     3.- SHEARING FORCE DIAGRAM          1 UNIT 250.     T
     4. -BENDING MOMENT DIAGRAM          1 UNIT 10000.   TXM

     MAX. POSITIVE SHEARING F.   2245. T.   TO   -40.   M. OF M. S.
     MAX. NEGATIVE SHEARING F.   -1428.T.   TO   34.    M. OF M. S.
     MAX. POSITIVE BENDING M.    86424.TXM  TO   -8.    M. OF M. S.
     MAX. NEGATIVE BENDING M.    -0.   TXM  TO   0.     M. OF M. S.
```

3 종강도와 Loading Manual

貨物量, Ballast Water량, Bunker Oil 잔량에 따라 Draft와 Trim이 바뀔 뿐만 아니라 대양 곳곳마다 시시각각으로 파도의 파장과 파고가 바뀌므로 항행상 참고가 될 대표적 운항 상태를 선정하여 최악의 파도 조건들에 대하여 계산하여 운항자료집(Loading Manual 또는 Trim And Stability Booklet)을 만든다. 이 자료 중 제일 조건이 좋지 않은 운항 컨디션에서도 능히 견딜 수 있는 종강도 기준이 설정된다.

VLCC의 경우 700,000~800,000 ton·meter의 모멘트나 된다. 이 종강력 Requirement에 맞추어 주구조 부재의 배치와 크기가 확정 표시되는 중앙 절단면도(Midship Section)를 설계한다.

파장의 길이가 선체와 같은 파도에서 배가 골에 걸쳐 있으면서 화물을 만재하고 있다면 최악의 Sagging상태, 즉 중앙부가 크게 휘어 처지는 상태가 된다.

배가 같은 파도의 산에 올라앉아 있고 배가 공선 상태(물론 Ballast는 적재)이면 최악의 Hogging상태, 즉 중앙부가 휘어 올라가고 선수미가 처지는 상태가 된다.

線圖 확정시에는 화물 적하조건에 의한 구획 분할이 여러 가지 적하상태에서 Max Sagging과 Max Hogging이 너무 커지지 않는지 확인하고, 필요하면 선도를 일부 고치거나 구획 배치를 조정하거나 할 필요가 있다.

그림 Ⅲ-39

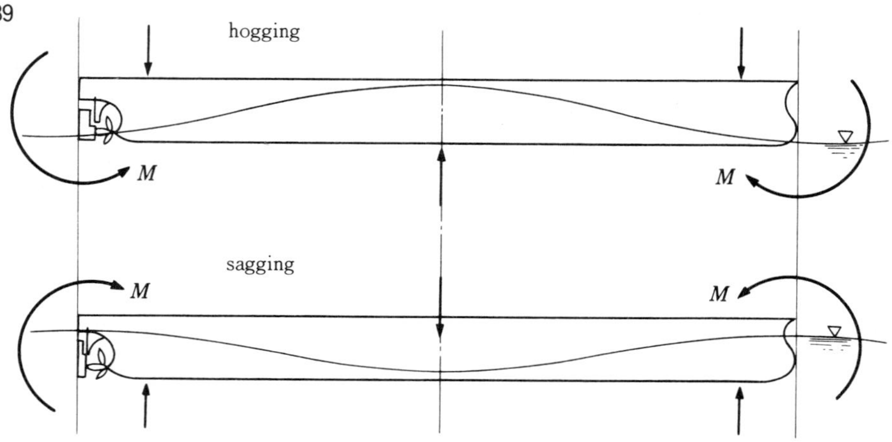

그러한 배려가 성공적으로 이루어지지 않는다면 운항에 제약이 많이 걸리거나 필요 이상의 Ballast를 항상 싣고 다녀야 한다거나 구조 부재가 너무 미련하게 커져서 선체가 너무 무거워지거나 하는 등의 부작용이 생긴다.

VLCC에서 1000톤 정도의 짐을 덜 실은 일이 그리 큰 Loss같이 보이지 않을지 모르지만 1000톤짜리 화물을 30년간 잠시도 쉬지 않고 이리저리 옮기게 하고 그 운임을 낸다면 얼마나 비싸게 들지 금방 느끼게 될 것이다. 바로 그만한 크기의 손실이 나는 것이다.

4 구조의 형성

그림 Ⅲ-41은 전체 격자 구조가 탄탄해 보이고 웬만한 힘을 어느 쪽에서 가하더라도 모양이 변형되지 않을 것처럼 보인다.

튼튼해 보이는 이유는 다음과 같다.

① 크기에 비하여 부재가 두꺼워 보인다.

② 부재 간격이 조밀하다.

③ 부재가 쉽게 일그러지지 않는 단단한 모양을 하고 있다.

이런 것들은 생활경험으로부터 얻은 감각으로 평가하는 것이다.

그림 Ⅲ-40 판재와 一方向 보강재

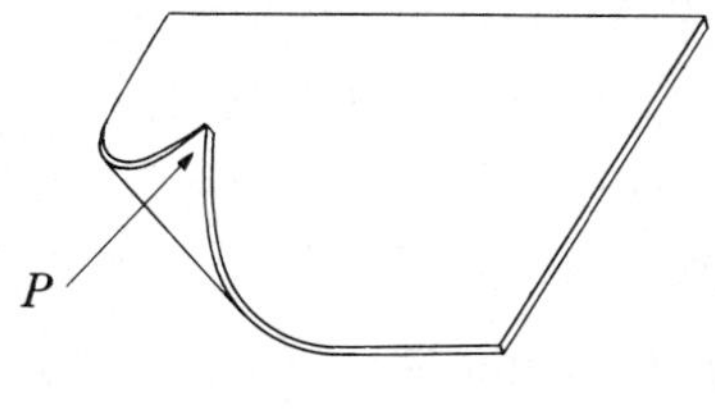

임의의 방향으로 구부릴 수 있다.

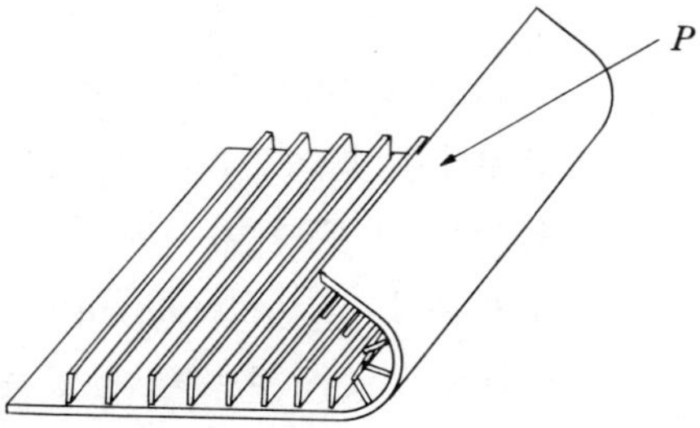

한 방향으로만 구부릴 수 있다.

그림 Ⅲ-41 二方向 보강재

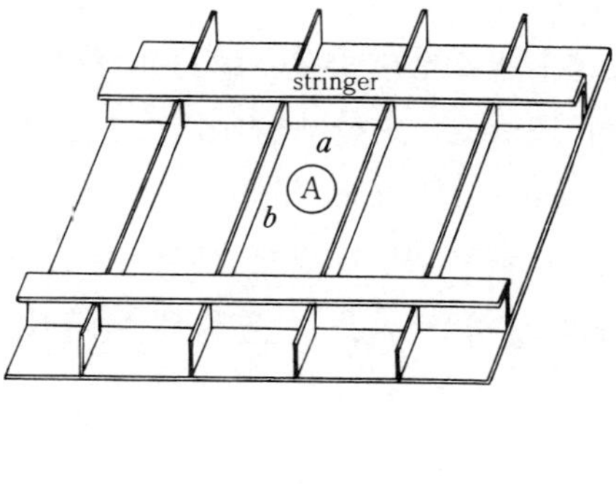

더욱 튼튼하게 만들려면 다음과 같은 방법을 쓰면 된다.

① 더 두껍게 한다.
② 직선 부재의 외형을 더 키운다.
③ 부재를 더 조밀하게 많이 붙인다.
④ 힘을 더 쓰기 좋게 Bracket 같은 구속 보조 부재를 더 붙인다.
⑤ 겹으로 만든다(二重船體 구조, Double Bottom 또는 Bouble Shell).

이런 기본형을 가지고 변화해 가면서 모든 부위의 구조를 최적화하는 것이다.

Frame이라고 쓴 부재는 기본 부재라고 해서 Primary Member라고도 한다. 선체에서는 대개 종방향을 Primary로 잡는다.

재료는 L형 Angle, T Bar, Bulb Plate 등 다양하게 사용한다. Stringer라고 쓴 횡부재는 Transverse Member라고도 하고 Web Frame이라고 한다. Stringer라는 말은 묶어 준다는 뜻으로 Longitudinal이 제 역할을 잘 하도록 중간 지지점을 마련해 준다.

그림 Ⅲ-41에서 거리 *a*와 *b*는 Frame Space 또는 Span이라고 하고 *a*나 *b*가 너무 크면 Ⓐ부분의 구조 강성 안전도(Structural Stability)가 문제되므로 다시 Span을 잘게 나누는 방요재(防搖材, Stiffener)라고 하는 小부재를 추가로 붙여야 한다.

Longitudinal만 가지고는 긴 선박의 종강력이 충분치 못하므로 대단히 큰 종부재를 붙이는데, 이 부재는 Trans Member를 다발로 묶어 주는 Stringer 역할을 할 뿐만 아니라 Trans에 의하여 자신이 지지되어지기도 한다. 이 종부재를 Longitudinal Girder라고 부른다.

Girder 중에 中央線에 있는 것을 Center Girder라고 하고, Center Girder와 나란히 더 붙이는 Girder를 Side Girder라고 한다(그림 Ⅲ-43 참조). Girder들은 높이가 높으므로, 즉 면적이 크므로 Bottom Plate와 마찬가지로 Longi와 Stringer가 필요하며 Bottom Trans와의 강한 결속을 위하여 큰 Bracket를 둔다. 이 Bracket 또한 면적이 크므로 Stiffener들을 필요로 한다.

Bottom Longi와 Bottom Trans가 교차하는 곳에 Slot라는 Hole을 뚫는데, 그림 Ⅲ-43처럼 열린 대로 두는 곳도 있고, 다부진 결속이 필요하여 Color Plate라고 하는 작은 연결판을 이어 붙이는 곳도 있다. 작은 부분 같

그림 Ⅲ-42 선저구조(船底構造)의 견고한 모습

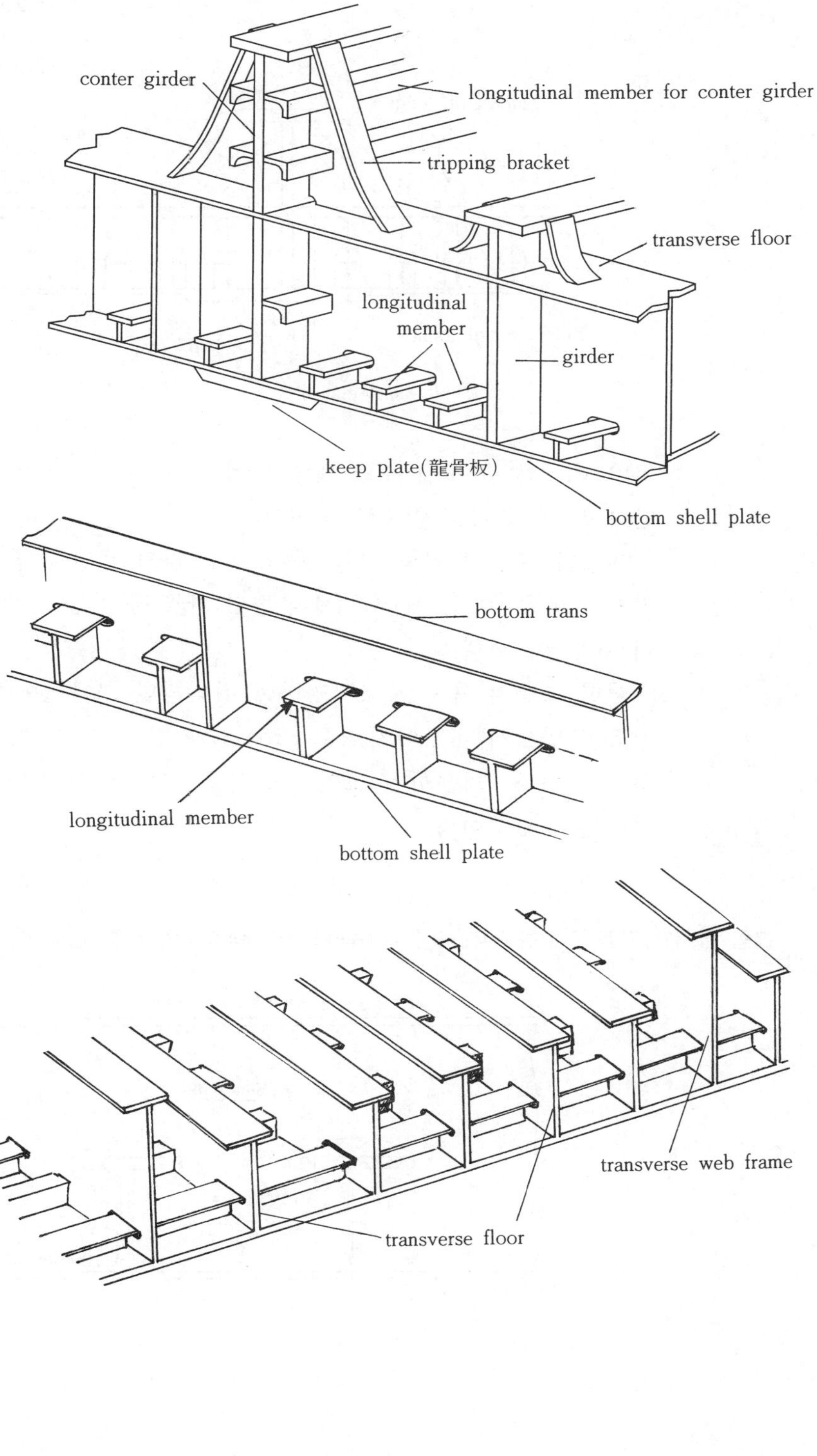

그림 Ⅲ-43

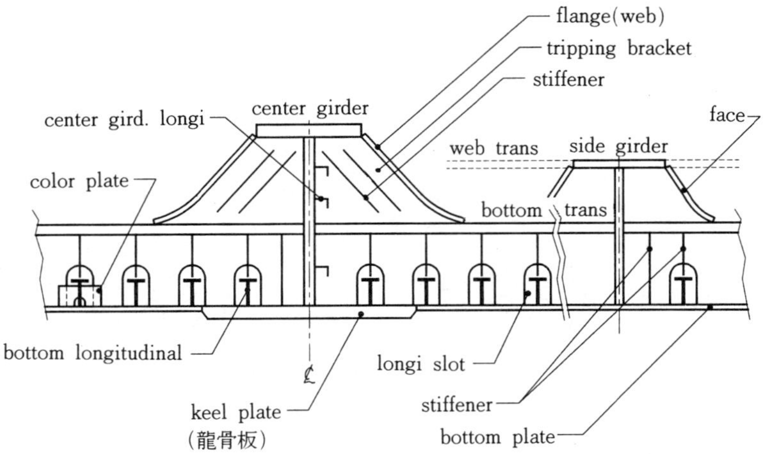

지만 VLCC 한 척에 수만 개에 달하는 이 구멍에서 선체 생산성이 판가름 난다고 할 정도로 중요한 곳이다.

용접과 도장의 일의 양을 줄여 주고 일의 품질을 좋게 하려면 중량물의 정확한 이송장치는 물론 부재의 절단 가공 용접 등 선행 작업들이 정확하게 이루어져야 한다.

어떤 고유의 특수한 조립방법이 취택되면 그에 상응하는 필요한 선행과정들이 반드시 이루어지도록 Process와 정도 관리 체제가 Line Up되어야 하는 것이다. 최근까지 고안되어 사용하는 것 중 제일 좋은 것은 그림 Ⅲ-44 같은 모양이다.

그림 Ⅲ-44 가장 견고하고 깨끗한 Longitudinal Member의 관통 형태 예

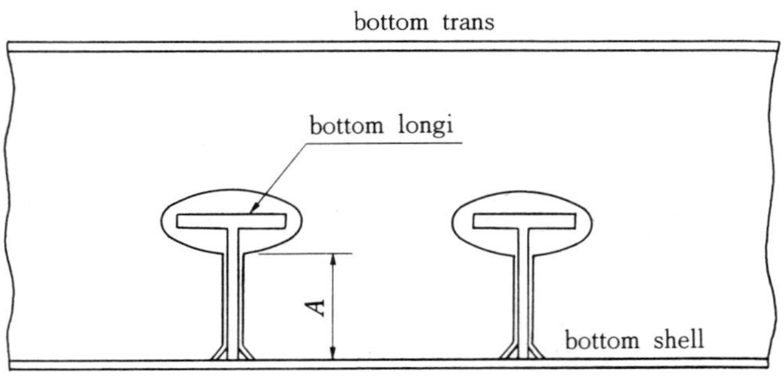

구간 A만 용접하면 되므로 용접량이 현격하게 적고 특히 힘들게 용접하고 사상하고 도장해야 할 곳이 거의 없어졌으므로 생산성이 크게 향상되고 품질이 월등하게 좋아지는 훌륭한 공법이다. 구조적으로도 Open된 Slot Type로서 가장 견고한 방식이다.

그림 Ⅲ-45는 측면에서 선저 부분을 Center Girder 쪽으로 본 것이다. 설명해 온 바와 같이 선체는 제일 바깥쪽 外皮부분(Skin, 船殼)과 내부 骨材(Skeleton)로써 형성되며, 보기에도 탐탁하게 강력한 부재들이 밀도 짙게 어우러져서 하나의 연합체를 이루는 것이다.

짐의 하중이나 부력 또는 파랑이나 내부 유동물에 의한 운동부하(Dynamic Load)에 대하여 선체는 완벽한 단일체로서 적응하고 견디어야 한다. 어느 한 부분이 불필요하게 강해도 안 된다. 그 강한 곳과 약한 곳의 경계점이 취약해지기 때문이다. 이렇게 복합한 모든 부위의 세부 설계를 함에 있어 잘 설정된 선급규칙(船級規則, Classification Rule)이 정비되어 있고, 또 전산 구조 해석 방법들이 개발되어 있어 편리하게 쓰인다.

그림 Ⅲ-45 **Profile View to Center Line**
(In Way of Center Girder)

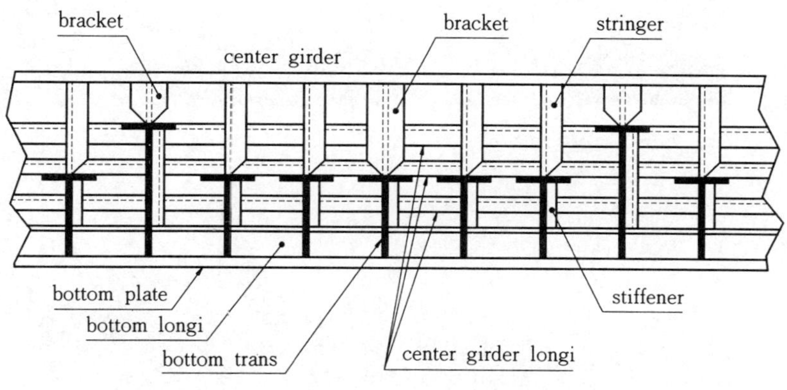

그림 Ⅲ-46 2중 선체 구조

(a) 외판이 굴곡된 곳

(b) 외판이 평평한 곳

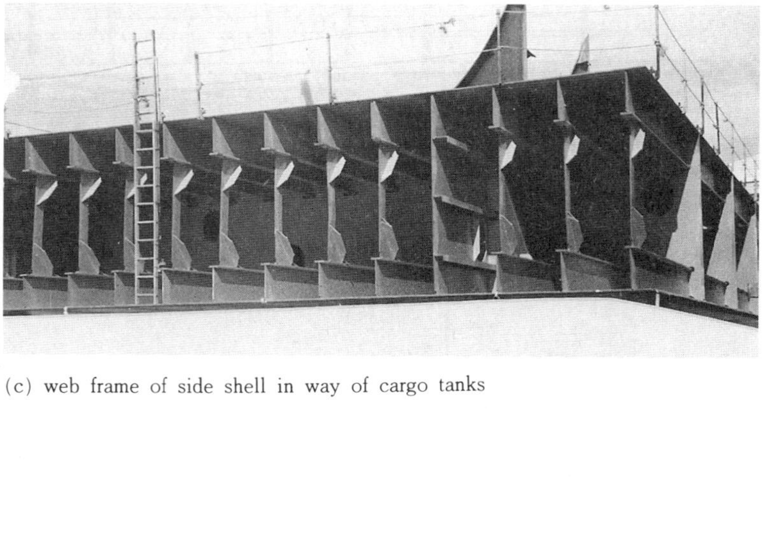

(c) web frame of side shell in way of cargo tanks

그림 Ⅲ-47 FEM 구조 해석 결과도

＊FEM(Finite Element Method, 有限要素法)
bottom의 longi. girder와 transverse bulkhead가 만나는 곳에 걸리는 응력을 해석한 것이고 검게 표시된 곳이 응력이 높게 걸리는 곳임을 보여준다. 즉, 힘을 많이 받고 있음을 보여 준다. 실제 자료에서는 응력 수준이 수치나 색깔로 표시되므로 수준을 낮출 수 있도록 부하 배치, 구조 부재 비치나 크기를 바꾼다.

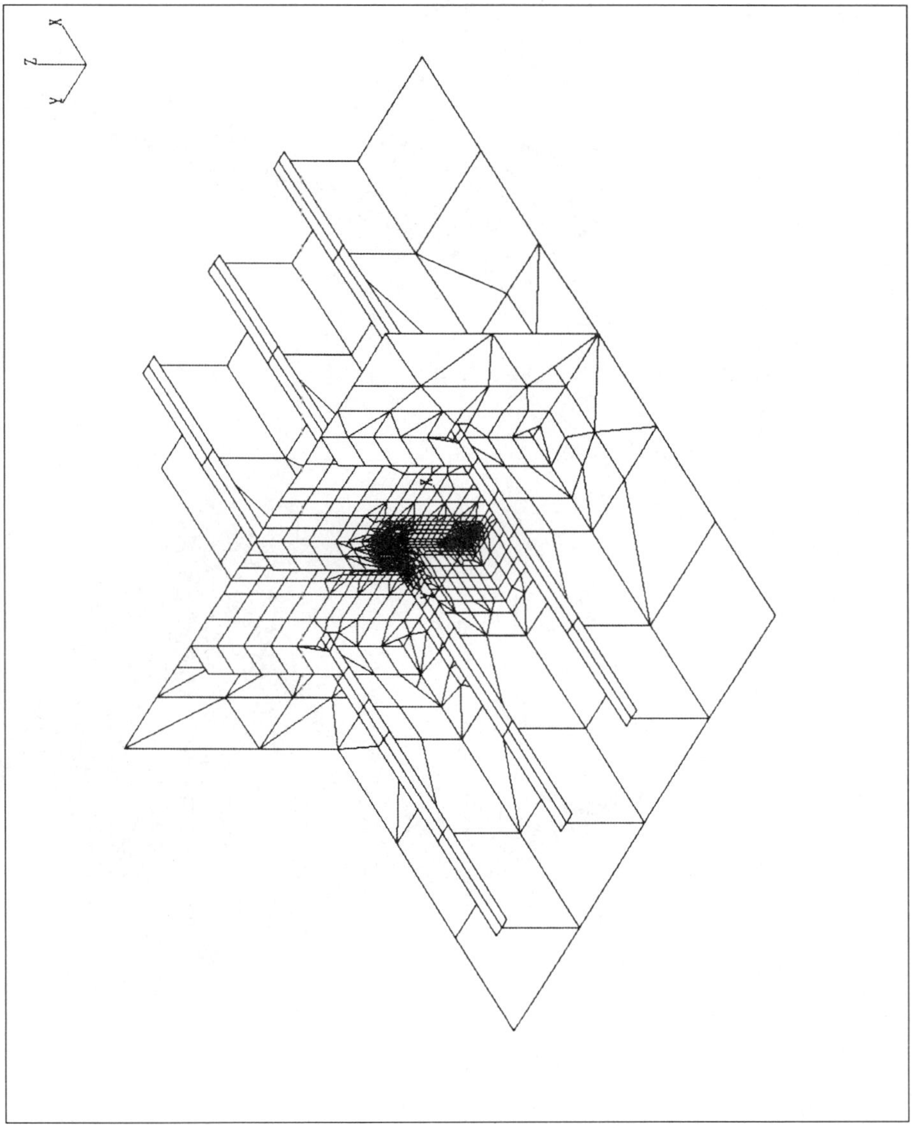

그림 Ⅲ-48 기관실 내부 골재 구조도

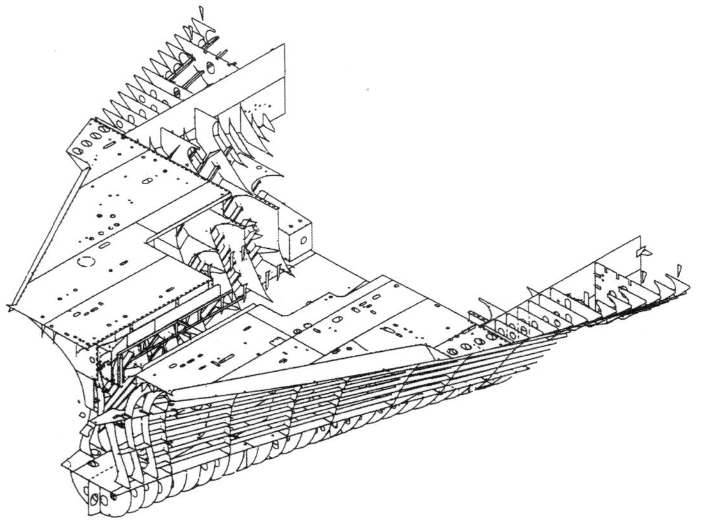

(a) 뒤쪽에서 앞으로 향하여 내려다본 그림

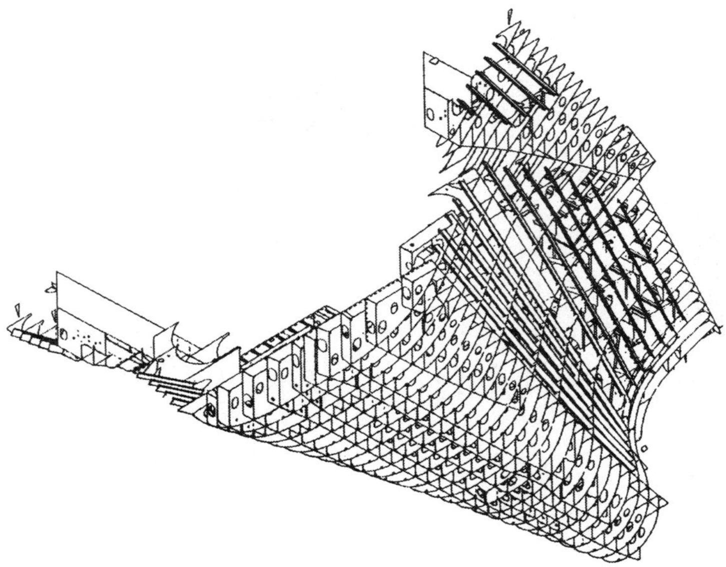

(b) 앞쪽에서 뒤로 향하여 올려다본 그림

그림 Ⅲ-49 전형적 이중저(Typical Double Bottom)

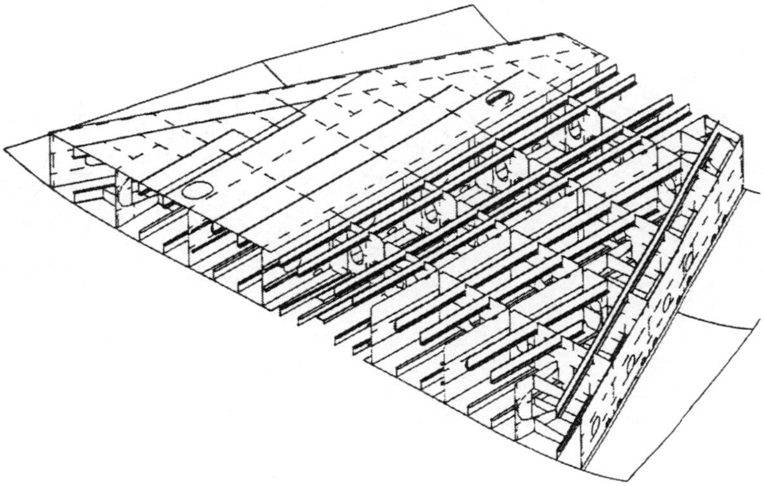

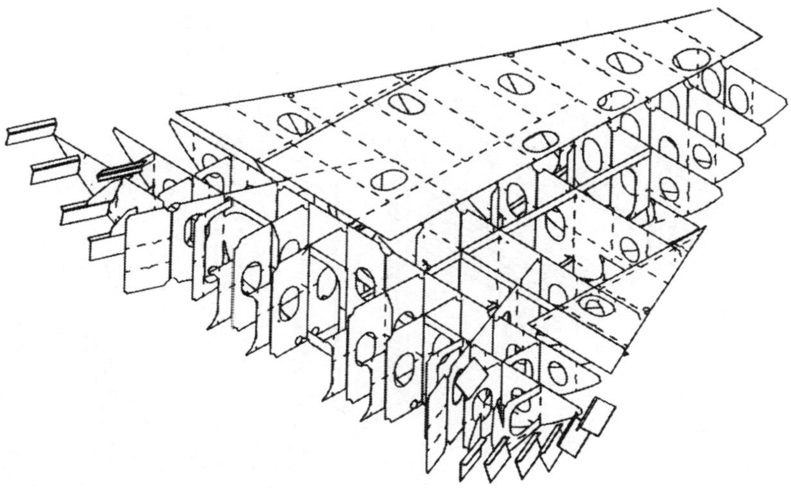

그림 Ⅲ-50 Bilge 부분

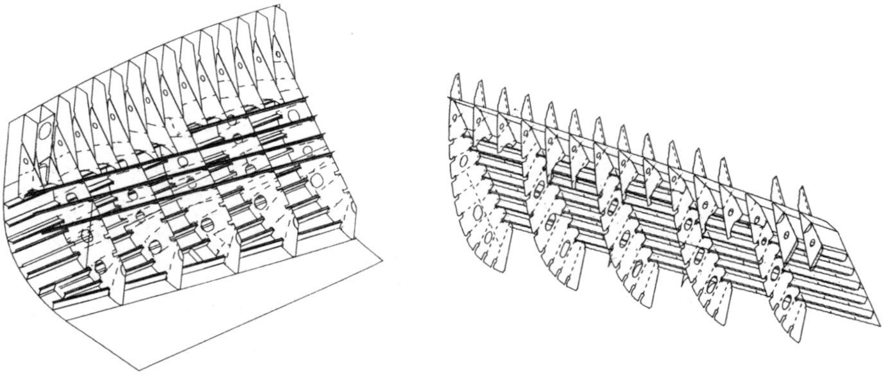

그림 Ⅲ-51 Longitudinal Center Bulkhead

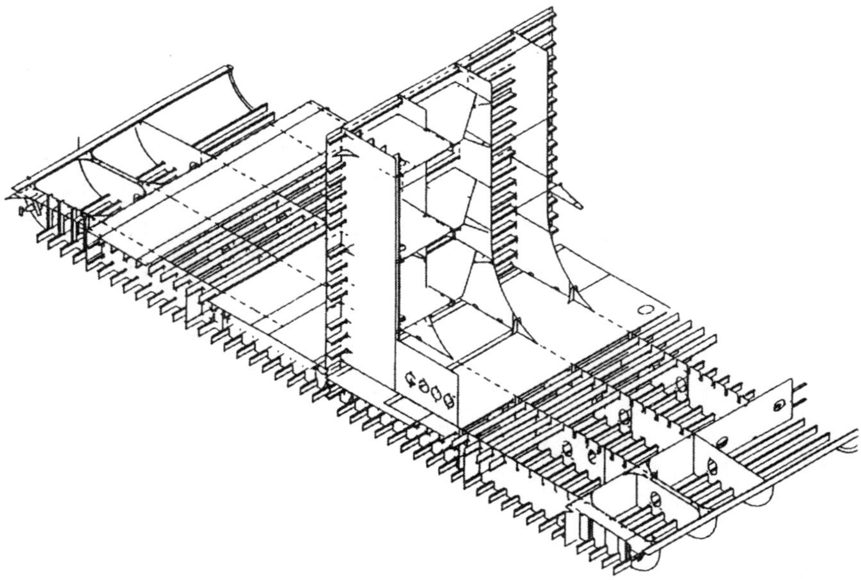

3. 기초 공부

○ 부하와 응력

부하(負荷)는 Load, Force, 重量(Weight) 등으로 표시되고 있는데, 이를 면적으로 나누어 줌으로써 단위 면적당 부하, 즉 응력(Stress)이 계산된다.

○ 탄성과 소성

힘을 가하면 변형을 일으켰다가 힘을 제거하면 원상으로 되돌아가는 성질을 탄성(彈性, Elasticity)이라 하고, 힘을 제거해도 원래 모습으로 돌아가지 않는 성질을 소성(塑性, Plasticity)이라고 한다. 탄성체도 응력을 증가해 가면 소성변형을 일으키는 한계에 도달하게 되는데, 이 한계 응력을 탄성한도(Elastic Limit)라고 한다.

○ Hooke의 법칙

탄성한계 내에서는 부하와 변형량이 비례한다. 이는 "응력과 변형도가 비례한다"도 마찬가지로 성립되는데, 비례상수는 물질에 따라 다르며 탄성계수라고 한다.

$$\text{응력} = E \times \text{변형도}$$

E는 종탄성계수(縱彈性係數)이며, 횡탄성계수는 G, 체적탄성계수는 K로 표시한다. 연강(軟鋼)의 E값은 $2.1 \times 1{,}000{,}000\ \text{kg/cm}^2$이다.

○ 항복점/파단강도

부재가 힘을 받은 상태에서 형태를 고수 유지하다가 힘이 점점 커지면 항복하여 영구 변형을 일으키기 시작하는데, 이를 항복점(Yielding Point)이라고 하며 선박용 연강은 $25\ \text{kg/mm}^2$이다. 그 힘이 자꾸 더 커지면 결국 파단하게 되는데, 이때의 강도를 파단강도(Breaking Point 또는 최후강도)라고 한다.

선박용 연강의 경우 $41\ \text{kg/mm}^2$이며, $50\ \text{kg/mm}^2$ 정도의 강은 고장력강(High Tensile Steel)이라고 한다. Hi-ten 32 또는 36 등의 재질 호칭의 숫자는 Yielding Point 기준의 표시이다.

○ 안전율

파단강도를 실제 허용 또는 사용응력으로 나눈 것을 안전율 또는 안전계수(Safety Factor)라고 한다. 탄성범위 내에서 부하에 의한 응력을 계산하고 허용응력과 비교해 보는 것은 복잡하므로 파단되는 최후강도와 부하를 바로 비교해 가며 설계하는 것을 극한설계(極限設計)라고 한다.

예 제

(1) 단면적이 1.5 cm^2인 강봉에 3톤의 인장이 걸려 있다. 안전율은 얼마인가?

파단하중 41 $kg/mm^2 \times 1.5 \times 100 \times 1/1000$ t$=6.13$ t

S.F.$=6.15 \div 3 \fallingdotseq 2$

(2) 단면적이 1.5 cm^2인 강봉에 3톤의 전단하중이 걸려 있다. 안전율은 얼마인가?

파단하중 41 $kg/mm^2 \times 1.5 \times 100 \times 1/1000$ t$=6.15$ t

S.F.$=6.15 \div 3 \fallingdotseq 2$

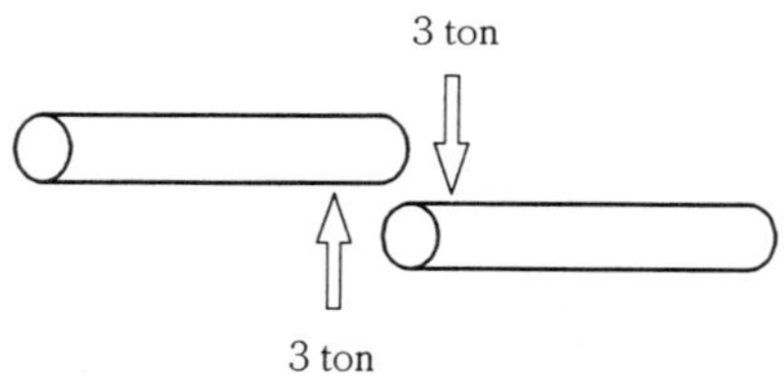

○ 모멘트(Moment)

보는 굽힘 모멘트(Bending Moment)와 전단력(剪斷力, Shear Force)을 함께 받는다. 굽힘 모멘트와 전단력은 굽힘응력(Bending Stress)과 전단응력(Shear Stress)을 각기 발생시킨다.

모멘트란 하나의 회전력으로서 작용력이 작용점으로부터 이격되어 있을 때(떨어져 있을 때) 이격된 거리는 지렛대의 팔(Arm)의 길이로서 큰 힘을 내는 역할을 한다.

그림 Ⅲ-52

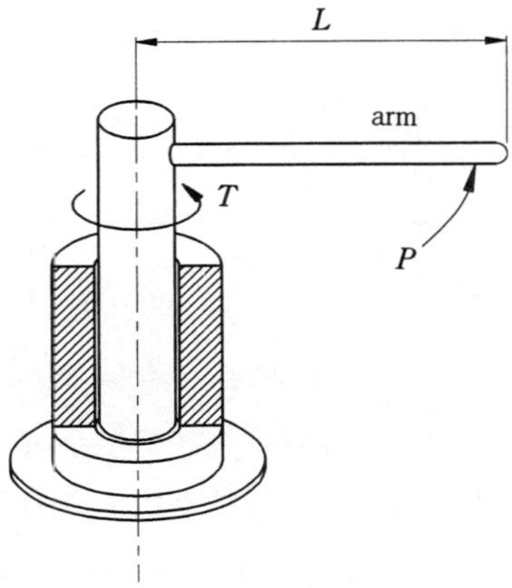

그림 Ⅲ-52에서 회전력 T로 돌쩌귀를 돌리는 것보다 팔의 끝에서 P로 밀면 대단히 큰 힘이 나오며, 돌쩌귀에서 돌지 못하게 하면 $P \times L$만한 큰 회전력이 돌쩌귀에 미친다. 이것을 모멘트라고 한다.

또, 돌쩌귀를 수평방향으로 떠미는 힘보다 수평으로 연결된 Arm을 들어 올리거나 내리누르면 역시 큰 모멘트가 발생한다. 먼저의 수평방향 모멘트는 수직축을 중심으로 한 것이고, 나중의 수직방향 모멘트는 수평축을 중심으로 한 것이다.

• 구조적 평형

전체 부하와 전체 반력의 크기가 같고 전체적인 모멘트의 총합이 0이 되는 것이다.

그림 Ⅲ-53

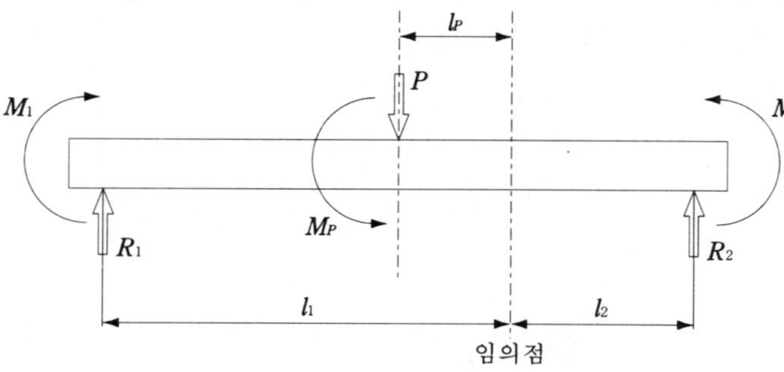

$P = R_1 + R_2$ ·· 식 1

시계방향 모멘트 $R_1 \times L_1 = M_1$

반시계방향 모멘트 $R_2 \times L_2 = M_2$

$P \times L_P = M_P$

$M_1 + (-M_2) + (-M_P) = 0$ ··· 식 2

$M_1 = M_2 + M_P$

이 원칙으로부터 간단한 부하상태는 미지의 반력이나 모멘트 계산이 가능하며, 이렇게 쉽게 계산되는 보(미지수 숫자와 등식 숫자가 같은 경우)를 靜定보, 안 풀리는 보를 不靜定보라고 한다.

부정정보는 과잉 지지 상태를 단순한 문제로 나누어서 풀어 가지고 결과를 더하는 방법이나 변형량까지 도입하여 상관관계식을 만들어 풀거나 유한요소법(有限要素法, Finite Element Method, 약자로 FEM) 등으로 풀어야 한다.

○ 보 속의 응력

보가 전단하중을 받으면 굽힘 모멘트가 발생하며, 보의 내부에서는 법선응력(法線應力, Normal Stress, 축방향 또는 종방향 응력)과 전단응력이 생긴다. 법선응력은 상하단에 가장 크게 걸리며, 단면의 전단응력은 최상부와 최하부에서 0이며 중립축 부근에서 최대이다.

이렇게 부위에 따라서 다른 응력의 크기를 각각 계산할 수 있으나, 계산에 품이 들고 계산해 봤자 계산에 꼭 맞도록 복잡한 모양으로 보를 만들어 쓸 것도 아니기 때문에 일일이 계산하는 것은 노력낭비일 수 있다.

어떻게 생긴 단면이 힘 쓰는 데 가장 좋은지 일반적으로 따지는 기준이 되는 척도의 계수로서 단면 계수(Section Modulas)를 쓴다.

그림 Ⅲ-54에서 하중 P에 의하여 보가 휘어져 있으며, 내부에는 전단응력과 법선응력이 발생하여 있다.

그림 Ⅲ-54

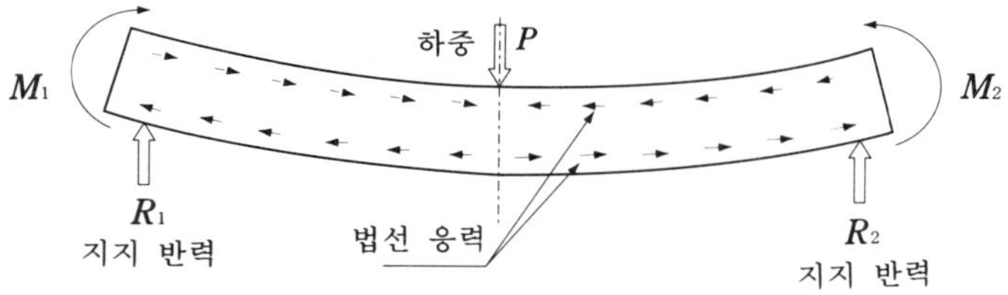

• **전단응력(τ)**

사다리꼴 단면봉에 V만한 크기의 전단 외력을 걸었을 때 Z-Z축에 나란하고 임의의 거리 y만큼 떨어져 있는 점의 전단응력 크기는 다음과 같다.

$$\tau = \frac{V \times Q}{b \times I_z}$$

V : 전단하중

Q : 임의의 거리 y보다 먼 쪽 면적 전체(A)의 1차 면적 모멘트

b : 임의의 거리에서의 Z축 방향폭

I_z : 2차 면적 모멘트

그림 Ⅲ-55

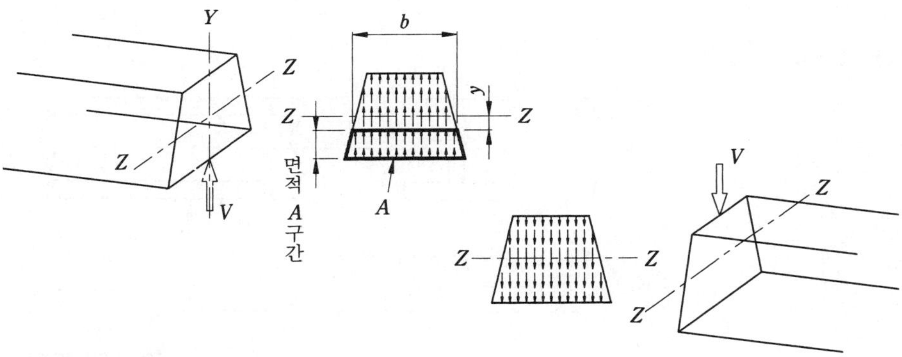

그림 Ⅲ-55는 여러 위치에서 τ를 계산하여 각 위치에서의 전단력의 크기를 화살의 길이로써 도형화해서 표시한 것이다. 위의 식으로부터 Q값이 큰 곳이 τ가 커지는 것을 알 수 있다. 즉, 중립축 부위에서 τ가 커진다.

전단에 강하려면 절대 면적의 크기와 강한 재질이 가장 중요하나, 이 그림으로부터 파이프처럼 속이 비어 있는 단면재보다는 속이 들어 찬(中實) 부재가 좋다는 것을 알 수 있다.

• **법선응력**

그림 Ⅲ-56에서 보면 윗면과 아랫면은 방향이 반대인 가장 큰 법선응력이 작용되고 중립축에서는 법선응력이 0가 된다. 이로써 법선응력에 대응하는 가장 이상적인 부재 형태는 파이프처럼 속이 비어 있는 재료이다.

그림 Ⅲ-56

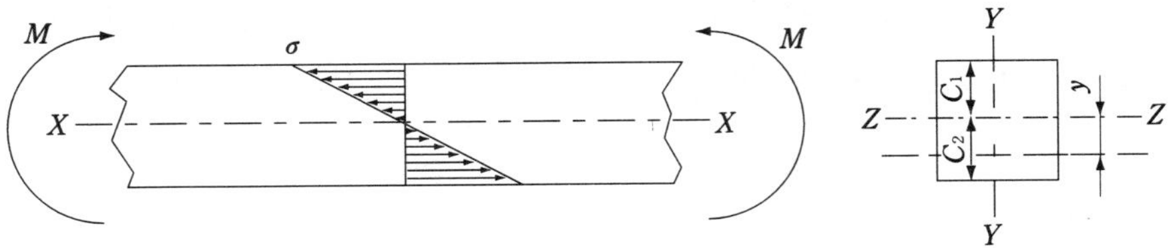

그림 Ⅲ-57

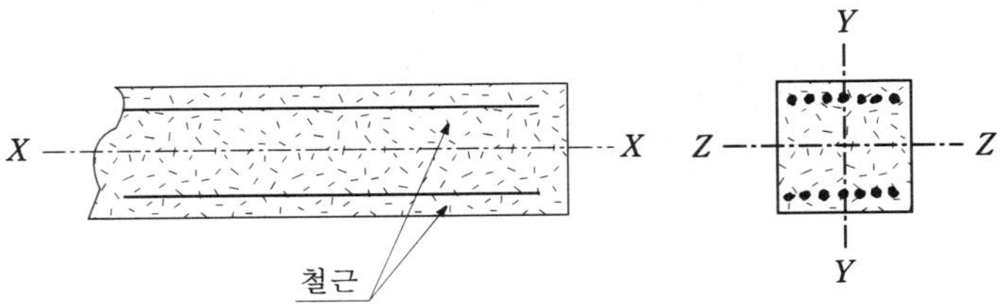

그림 Ⅲ-58

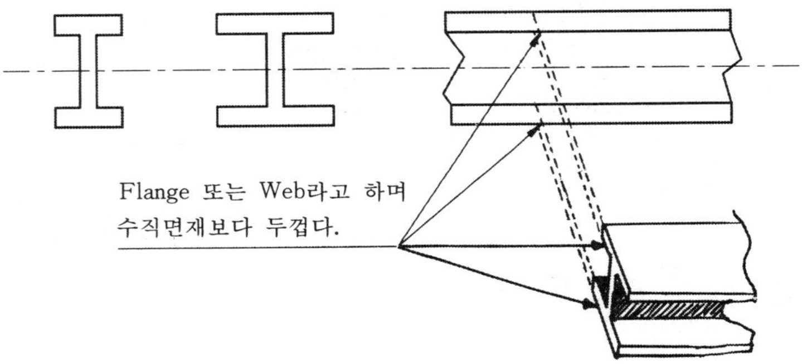

그림 Ⅲ-57과 같은 철근 콘크리트는 법선응력과 전단력을 고려한 적절한 복합보가 되는 것이다. 또, 널리 쓰이는 구조 형강인 I빔이나 H빔도 같은 이치이다(그림 Ⅲ-58 참조).

• **단면계수**

그림 Ⅲ-59의 중립축에서 *y*만큼 떨어진 곳에서 법선응력의 크기는 다음과 같다.

$$\sigma = \frac{M \times y}{I_z}$$

그림 Ⅲ-59

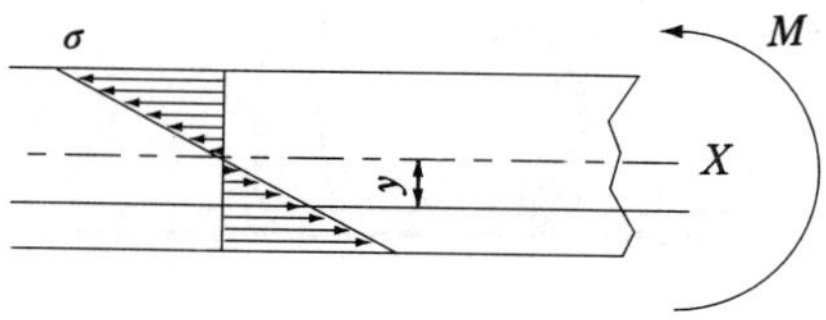

그림 Ⅲ-60

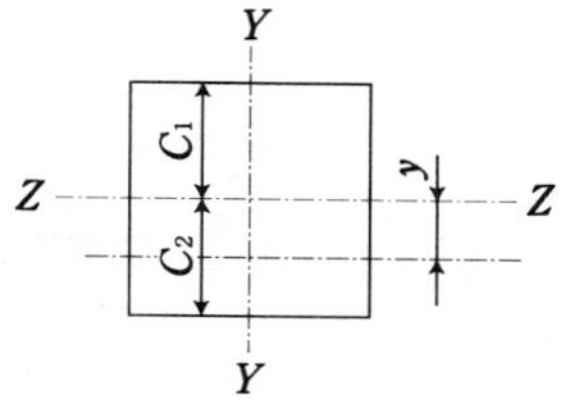

여기에서 σ_X의 절대치가 최대가 되는 곳은 y가 제일 큰 값 $C_1(C_1=C_2)$이다.

여기서 $\dfrac{I_z}{C_1}$을 Z라고 정의하면 $I_z=Z\times C_1$이므로

$$\sigma_{\max}=\frac{M\times C_1}{I_z}=\frac{M}{Z}$$

이 식으로부터 Z가 큰 것을 써야 $\sigma_{\max}$가 작아짐을 알게 된다. 즉 Stress Level이 작아진다. 이 Z를 단면계수라고 정의하며, 널리 쓰이고 있는 형강재들은 단면면적에 비하여 단면계수가 큰 형상들이라는 것을 알 수 있다.

• **여러 가지 형상의 단면계수**

그림 Ⅲ-61

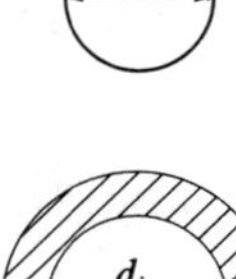

$$\frac{1}{6}bh^2$$

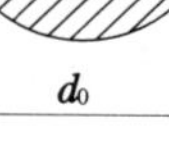

$$\frac{1}{32}\pi d^3$$

$$\frac{\pi(d_0^4-d_i^4)}{32d_0}$$

그림 Ⅲ-62

'I' section과 같음

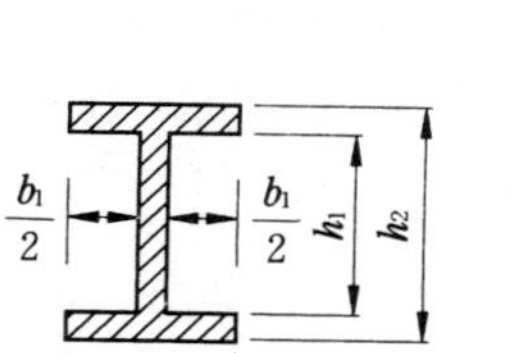

$$\frac{b_2h_2^3-b_1h_1^3}{6h_2}$$

그림 Ⅲ-63

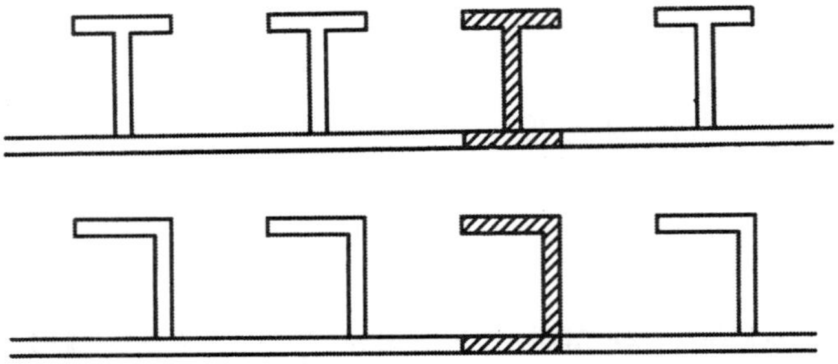

단일 구조용 부재, 즉 단독으로 보나 기둥으로 쓰이는 것들은 대개 그림 Ⅲ-62의 모양으로 생겼고, 조립용 부재로 아주 많이 쓰는 Angle(L형)과 T형 형강은 면재에 붙여서 쓰므로 Angle이나 T 단독으로서의 단면계수는 큰 의미가 없다. 그림 Ⅲ-63과 같이 L은 ㄷ자로, T는 I 또는 H자로 Panel구조에서 기여하고 있기 때문이다.

○ 종강도 계산과 중앙 절단면도의 설계

• 선급협회(船級協會, Classification Society)

선박의 등급을 정하고 관리하는 전문기술 용역단체라고 이해하면 된다. 맨 처음 시작은 영국의 Lloyd 형제가 보험회사를 운영했었는데, 보험에 가입한 선박들의 해난 사고가 잦아 손실이 커지자 안정도의 등급을 매기고 보험료에 차등을 두기로 하였다.

그렇게 태어난 전문 용역단체가 오늘날의 영국선급 LR(Lloyd's Register of Shipping)의 전신이다. 그 뒤에 미국은 ABS(American Bureau of Shipping), 노르웨이는 DNV(Det Norske Veritas), 프랑스는 BV(Bureau Veritas), 일본은 NK(Nippon Kaiji Kyoki, 日本海事協會의 일본식 발음) 등 세계 5대 선급이 생겼다. 우리 나라의 KR(Korean Register of Shipping, 韓國船給協會)도 세계 10대 선급에 포함되어 주요 선급의 세계적 모임인 IACS(International Association of Classification Society)의 멤버로서 활약 중이다.

船級은 최초 발족 때부터의 취지대로 안전 감시 역할을 그대로 하고 있으며, 높은 기술 수준과 신용도로써 선주에 대하여 도면 감리 및 건조 검사의

그림 Ⅲ-64 주요 선급의 Mark

영국선급협회 : LR

노르웨이선급협회 : DNV

프랑스선급협회 : BV

미국선급협회 : ABS

한국선급협회 : KR

일본선급협회 : NK

용역을 한다. 특히 각 정부에 제출해야 하는 기술검토를 대신 해주거나 때로는 정부의 업무를 대행해 주는 사례도 많이 있어 많은 사람들이 선급이 국가기관이 아닌가 혼돈하고 있으나 엄격히는 민간용역회사 성격을 띄고 있다.

선급은 기본 설계 계산서를 통하여 충분한 부양력과 복원력 침수와 화재 구조 강도 환경오염 등 안전사항에 대하여는 광범위하게 감리하고 규제하고 있으나, 에너지 Saving을 어떻게 한다든지 화물 양하역을 얼마나 능률적으로 한다든지 하는 선박의 운항이익과 관련된 사항에는 관여하지 않는다. 선급의 중요한 기여 중에서도 구조설계와 용접검사에 관한 한 절대적이다. 외력조건을 안다고 해도 선박의 구조 부재 하나하나를 전부 계산에 의하여 설계한다는 것은 오랜 세월과 엄청난 노력을 필요로 하므로 현실적으로 불가능하다.

선급 Rule Book에는 경험과 통계를 토대로 간편하게 각 구조 부재의 배치나 크기를 정할 수 있는 간이공식들을 잘 마련해 놓고 있기 때문에 구조설계를 대단히 능률적으로 할 수 있는 것이다.

물론 그와 같은 경험식들에 의해서 계산된 값은 부분적으로는 너무 큰 여유치를 갖거나 또는 여유치가 불충분할 수도 있다. 따라서 조선소들은 유한요소법(Finite Element Method Analysis, 약자로 FEM)에 의한 구조의 전산해석을 통하여 최적설계를 하는 빈도가 늘어 가고 있다.

• **종강도 계산**

전절에서 하중곡선으로부터 전단력과 굽힘 모멘트를 계산한다고 언급했었는데, 이는 방대한 계산량이다. 전산기가 선박계산에 쓰이고 나서부터는 선박 Lines의 Hydro Data와 잘게 분할한 위치별 중량 Component만 입력시키면 간단하게 길이 방향의 각 분할지점에서의 굽힘 모멘트값과 전단력값이 나온다. 파랑에 의하여 추가로 발생되는 종강력 부하도 파랑의 특성을 입력시킴으로써 쉽게 얻어낼 수 있다.

종강력 계산이 전산에 의하여 처리되기 이전에는 손쉽게 쓸 수 있는 약산 경험식들을 만들어 썼으며, 현재까지도 초기계획 설계단계에서 참고적으로 쓰고 있다.

각 선급 역시 종강도의 최소 필요값을 계산하는 약산 경험식을 만들어서 규칙으로 쓰고 있다.

☞ **대표적 근사공식(파도의 높이가 L/20인 경우)**

최대굽힘 모멘트 $M=\dfrac{\triangle\times L}{\text{계수 }1}$

계수 1 : 25−35

△ : 만재배수량

L : 배의 길이(수선간장)

계수 2 : 7−10

최대 전단력 $V=\dfrac{\triangle}{\text{계수 }2}$

이들 식의 값보다 좀더 상세히 알고 싶으면 정수 중의 굽힘 모멘트와 전단력값도 별도의 약산식으로 계산하고, 파랑 중의 굽힘 모멘트와 전단력도 별도의 약산식에 의한 값을 계산해서 각각을 합산하여 전체 굽힘 모멘트와 전체 전단력으로 사용한다.

배를 사각형의 단면을 갖는 하나의 보라고 간주하여 구하여진 굽힘모멘트 값으로 갑판과 선저에서의 굽힘응력을 구한다.

$$\sigma=\frac{M}{I/C}=\frac{M\times C}{I}=\frac{M}{Z}$$

C는 중립축으로부터 갑판 및 선저까지의 거리이고, I는 단면의 2차 모멘트이다. 여기서 I/C는 단면계수(Section Modulas) Z로 정의하며, 구조 강성을 대변하는 구조 단면의 특성값이다.

전체 전단력을 이용하여 종 Bulkhead가 없는 배는 다음과 같은 보의 전단응력 공식으로 임의의 위치에서 전단응력 τ를 계산한다.

$$\tau = A \times \frac{V \times Q}{t \times I}$$

V : 전단력

Q : 응력을 알고자하는 위치에서 중립축을 중심으로 먼 곳에 있는 단면의 면적 모멘트

t : 응력을 알고자 하는 위치에서의 부재의 두께

I : 단면의 2차 모멘트

A : 단면의 특성 상수

종발케드가 있는 배는 앞에서 가정한 조건과 다르므로 달리 풀어야 하고, 종발케드가 없는 배라 할지라도 실은 종류와 규격이 다른 여러 가지 종방향 부재들이 있어서 그렇게 쉽게 전단응력이 계산되는 것은 아니다. 단지 이상화하여 풀 수 있다는 배경만 설명하는 바이다.

실무적으로 처리하는 데는 선급에서 제시하는 여러 가지 약산식이 쓰여지며, 필요할 때는 전산기를 이용하는 직접 해석법으로 처리하여야 한다.

◇ *기초공부* ——— 관성 모멘트의 계산

선체의 많은 종강력 부재, 즉 갑판, 선저판, 외판 등 외곽 종통면재와 종 BHD(Bulkhead), 내부갑판 등 내부 종통면재, 종방향 Girder 그리고 종방향 연속 Frame 등으로 형성된 선체의 관성 모멘트 또는 단면계수를 계산하는 것은 상당히 번거로운 일이다. 착오 없이 능률적으로 계산하는 데는 가설축을 설정하고, 특성치들을 규칙적으로 적어넣고 계산하는 Table화 기법이 응용된다.

그림 Ⅲ-65에서 중립축 기준 I_Z 값을 알고 다른 임의의 축을 기준으로 하는 I_{AA}를 계산해 보면 다음과 같다.

그림 Ⅲ-65

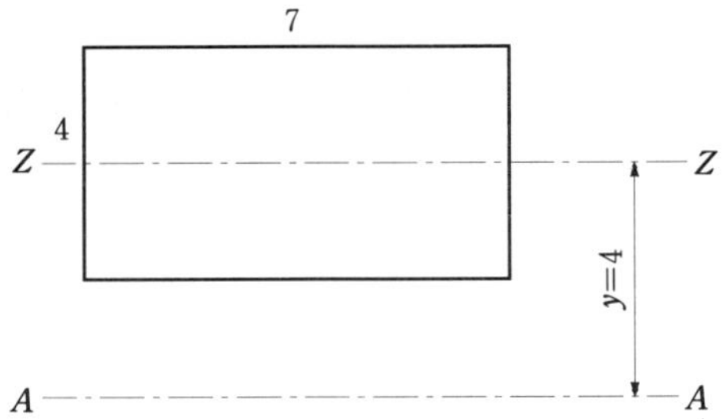

그림 Ⅲ-66

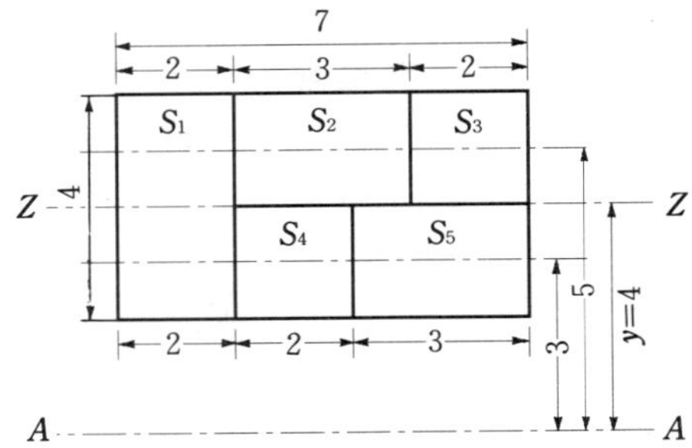

$$I_{AA}=I_Z+A\cdot y^2$$

$$I_Z=\frac{b\cdot h^3}{12}=\frac{7\times4^3}{12}=37.33$$

$$I_{AA}=37.33+28\times4=485.33$$

이번에는 그림 Ⅲ-66에서 가설축 I_{AA}를 계산함으로써 I_Z를 알아내는 공식의 소개와 답을 아는 문제를 풀어 봄으로써 공식의 적용성을 알아보자.

$$I_Z=I_{AA}-A\cdot y^2$$
$$=[\sum(A_i C_i^2)+\sum i_0]-A\cdot y^2$$

전체 면적을 S_1~S_5로 분할하여 계산 Table을 만들자.

	A_i	C_i	$A_i C_i$	$A_i C_i^2$	i_0
S_1	8	4	32	128	$\frac{2\times4^3}{12}=10.67$
S_2	6	5	30	150	$\frac{3\times2^3}{12}=2.0$
S_3	4	5	20	100	$\frac{2\times2^3}{12}=1.33$
S_4	4	3	12	36	$\frac{2\times2^3}{12}=1.33$
S_5	6	3	18	54	$\frac{3\times2^3}{12}=2.0$
$\sum$	28		112	468	17.33

$$I_{AA}=468+17.33=485.33$$
$$A\cdot y^2=28\times16=448$$
$$I_Z=485.33-448=37.33$$

그림 Ⅲ-67

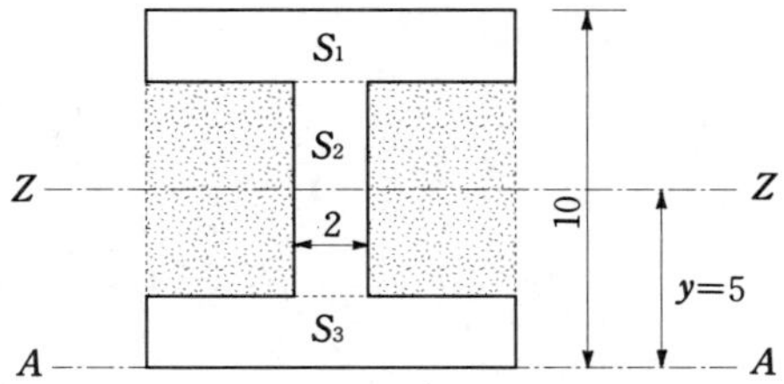

이번에는 그림 Ⅲ-67과 같이 좀 복잡한 H자 도형을 가지고 잘 맞는지 검정해 보자.

$$I_z=\sum(A_i C_i^2+i_0)-A\cdot y^2$$

	A_i	C_i	$A_i C_i$	$A_i C_i^2$	i_0
S1	20	9	180	1620	$\frac{10\times2^3}{12}=6.67$
S2	12	5	60	300	$\frac{2\times6^3}{12}=36$
S3	20	1	20	20	$\frac{10\times2^3}{12}=6.67$
Σ	52		260	1940	49.34

$$I_z=1940+49.34-52\times25$$
$$=689.34$$

H자형의 I_z계산을 한번 알려진 공식으로 풀어 보자. 이는 가로 세로가 각 10인 정사각형에서 I_z에서 점 찍은 부위의 I_z을 빼주면 된다.

$$I_z=\frac{10\times10^3}{12}-\frac{(10-2)\times(10-4)^3}{12}=689.33$$

이상으로써 선박의 단면계수 계산은 좀 지루할지라도 조직적으로 할 수 있다는 것을 알았다. 그러나 경사면과 Bilge Strake 부분의 4分圓의 i_0를 구하는 방법이 필요하므로 여기 소개한다.

경사면은 직립직사각형으로 이상화(그림 Ⅲ-68 참조)

$$i_0=\frac{bh^3}{12}$$

그림 Ⅲ-68

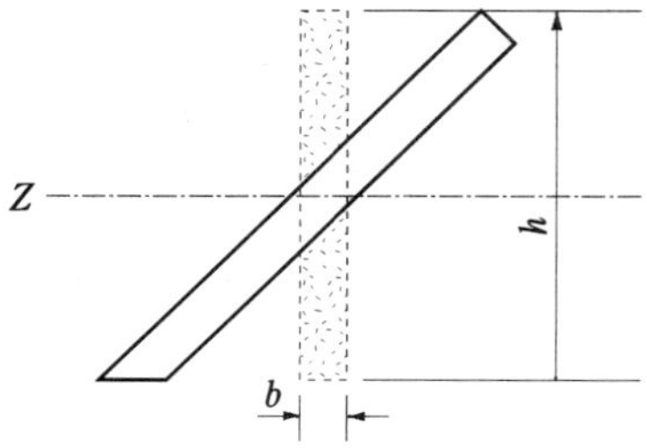

그림 Ⅲ-69

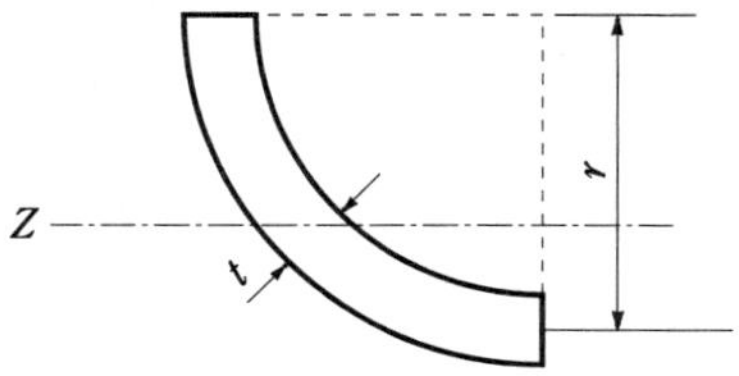

4분원은 2분원의 공식에 의하여(그림 Ⅲ-69 참조)

$$i_0 = \frac{1}{2} \times 0.2976\, r^3 t$$

다음은 종강력의 기초가 되는 단면계수의 계산방법을 이해하기 쉽도록 그림 Ⅲ-70과 같이 단순화된 중앙 종단면도를 만들어 계산과정을 보여 주기 위한 예제이다.

Section Modulas는 다음과 같다.

그림 Ⅲ-70

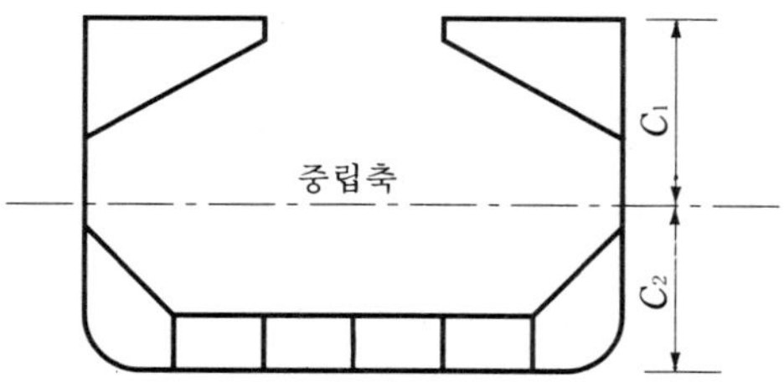

$$Z_{\text{deck}}=\frac{I}{C_1}$$

$$Z_{\text{bottom}}=\frac{I}{C_2}$$

$$I_{\text{bottom}}=I_{\text{중립축}}+\{\sum(A_i\,C_i)\}\times C_2\text{이며 } C_2=\frac{\sum A_i\,C_i}{\sum A_i}\text{이므로}$$

$(\sum A_i\,C_i)=(\sum A_i)\times C_2$이 된다. 따라서

$$I_{\text{bottom}}=I_{\text{중립축}}+(\sum A_i)\times C_2^2$$

로 표기하거나 다음과 같이 표기할 수 있다.

$$I_{\text{중립축}}=I_{\text{bottom}}-\{\sum(A_i\,C_i)\}\times C_2\text{ 또는}$$
$$=I_{\text{botton}}-(\sum A_i)\times C_2^2$$

A_i는 모든 종강력 부재의 각각의 면적, C_i는 선저(Base Line)에서 각 종강력 부재들의 면적 중심점까지의 거리, $I_{\text{bottom}}=\sum(A_i\,C_i^2+i_0)$이다. i_0는 각 부재의 자체 축에 대한 2차 모멘트인데, 값이 작아서 예제에서는 산입을 생략하였다.

그림 Ⅲ-71에서는 예제를 간단하게 보여 주기 위해 종방향 부재 중 많은 수의 형강재는 생략하고 판재만을 표기했다(○는 두께의 표시이고, ●는 부재의 중심표시임. C_i, 부재촌법, 두께는 mm 단위임).

그림 Ⅲ-71 약화된 중앙 종단면도

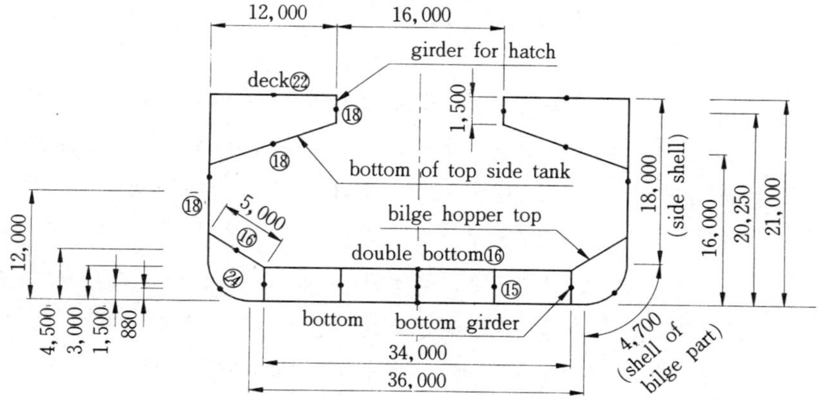

	C_i(mm)	A_i(cm^2)	$A_i C_i$($m \cdot cm^2$)	$A_i C_i^2$($m^2 \cdot cm^2$)
Deck	21000	2×12000×22=5280	110880	2328480
Girder for Hatch	20250	2×1500×18=540	10935	221434
Bottom of Top Side Tank	16000	2×15000×18=5400	86400	1382400
Side Shell	12000	2×18000×18=6480	77760	933120
Bilge Hopper Top	4500	2×5000×16=1600	7200	32400
Double Bottom	3000	34000×16=5440	16320	48960
Bottom Girder	1500	5×3000×15=2250	3375	5063
Shell of Bilge Part	880	2×4700×24=2256	1985	1747
Bottom	0	36000×21=7560	0	0
Sum(∑)		36806	314855	4953604*

*4842897에는 각 부재의 자체축에 대한 2차 모멘트값의 총계 $\sum i_0$가 산입되어야 하나 본 예제에서는 값이 작아서 생략하였음.

$$C_2 = \frac{\sum(A_i C_i)}{\sum A_i} = \frac{314\,855}{36\,806} = 8.55(\text{m})$$

$$C_1 = 21 - 8.55 = 12.45(\text{m})$$

$$I_{\text{중립축}} = \sum A_i C_i^2 - C_2 \sum A_i C_i$$

$$= 4\,953\,604 - 8.55 \times 314\,855$$

$$= 2\,261\,594(\text{m}^2 \cdot \text{cm}^2)$$

$$Z_{\text{bottom}} = \frac{I}{C_2} = \frac{2\,261\,594}{8.55} = 264\,514(\text{cm}^2 \cdot \text{m})$$

$$Z_{\text{deck}} = \frac{I}{C_1} = \frac{2\,261\,594}{12.45} = 181\,654(\text{cm}^2 \cdot \text{m})$$

정해진 구조설계 단면으로 Section Modulas를 구해 보았는데 이것은 Stress Level을 검토해 보기 위한 수순이고, 역으로 Stress Level의 허용치를 규제해 놓고 소요 Section Modulas를 계산한 다음 구조단면을 설정하는 작업 과정도 필요한 것이다.

어떤 수순을 밟더라도 엄청난 양의 계산이 반복적으로 필요하고 결과적으로 도출된 최종 설계도는 모든 선박 이용 차원에서의 요구 조건을 모두 만족하는지 간편하고 빠른 검색이 이루어져야 한다.

시행착오 방식의 가역작업을 줄이기 위하여 또한 선박 사용상의 허용기준을 설정하기 위하여 허용굽힘 모멘트, 허용 전단력, 허용 전단응력 등 경험약산식이나 선급규칙이 정하여져서 쓰이는 것이다.

○ **Key Plan**

선체 중앙 부위의 횡단면도(Midship Section), 구조 상세도(Construction Profile & Section Plan), 외판 전개도(Shell Expansion) 등 3개 도면을 보통 Hull Key Plan, 또는 그저 Key Plan 또는 Conpro라고 부르며, 구조의 생김새를 완전히 규정짓는 도면이다.

선박건조를 위해서는 그 외에 선수 구조도, 선미 구조도, 기관실 구조도, 선실 구조도 등이 더 그려져야 하며, 이 부분들은 복잡한 충격 부하나 耐振動 성능 등 계산이 어렵고 계산을 해도 잘 맞지 않는 곳이다. 경험축적과 우수한 표준정립 등 노련한 설계사의 진가가 발휘될 수 있는 곳이다.

요즘 피로, 파괴, 충돌 등을 처리하는 대용량 컴퓨터와 소프트웨어 개발로 많은 해석 Approach가 이루어지고 있다.

우수한 설계는 가볍고 견고하고 내구적이며 건조 당시 일거리가 적어야 하고 여러 가지 측면에서 사용하는 데 편리해야만 하는 것이다. 이러한 우수한 설계의 노력은 다른 기초공학 부분의 발달과 더불어 영원히 계속될 것이다.

제Ⅳ장

선박의 추진(Propulsion)

1. 추진의 종류

인류는 원시시대부터 인력으로 노(櫓, Oar, Paddle)를 저어서(Rowing) 추진하거나 풍력을 이용하는 돛(Sail)에 의한 추진을 해왔으며, 증기기관의 발명으로 물레방아 바퀴와 같은 Paddle Wheel을 선체의 양 옆에 붙여서 추진하는 동력선이 쓰여지기도 하였으나, 오늘날에는 추진의 주종을 이루는 Screw Propeller로 일반화되었다.

그림 Ⅳ-1 Rowing Boat

그림 Ⅳ-2 Sailing Boat

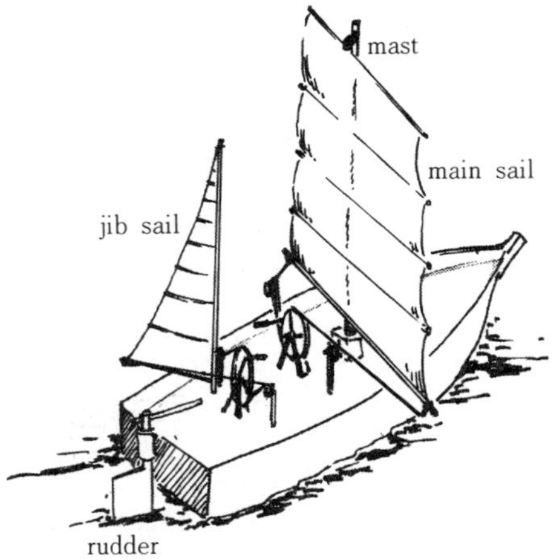

1 돛(Sail)에 의한 추진

풍력은 뒤에서 밀어 주는 순풍일 때는 최대효율이 나겠지만 옆에서 부는 側風, 심지어는 앞에서 불어 주는 역풍까지도 응용하여 배는 목적지로 가야 하므로 어떻게 그렇게 하는지 이치를 생각하여 보자.

그림 Ⅳ-3과 같이 돛에 수직으로 작용하는 풍력의 분력에 의하여 측면풍도 배가 가고자 하는 방향으로 이용이 된다. 단 너무 멀리 측면 쪽으로 밀리므로 방향을 잡아 주는 Jib Sail을 붙이거나 Rudder(舵)를 써서 방향 조정을 해주어야만 한다.

그림 Ⅳ-3 측면풍이 범선의 전진 추진력으로 쓰이는 원리

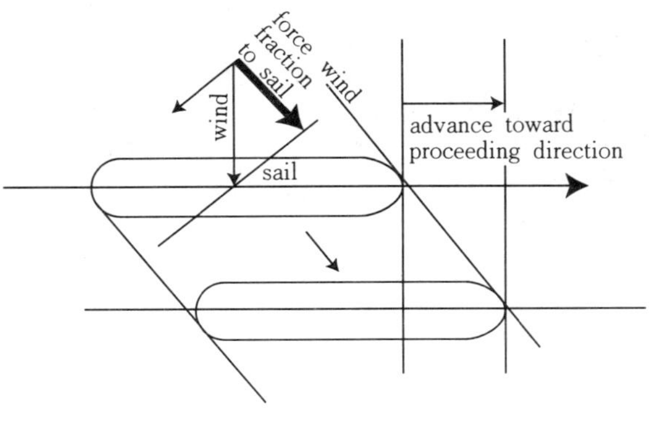

그림 Ⅳ-4 Jib Sail이 방향 선회에 쓰이는 원리

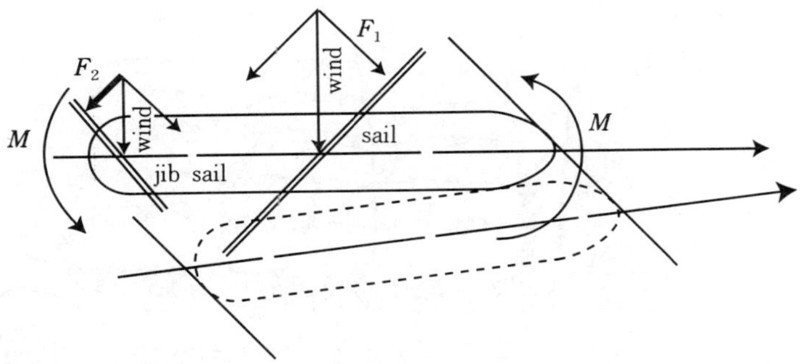

Jib Sail을 선미에 붙이면 수직으로 작용하는 풍력의 분력 F_2가 배를 반시계방향으로 돌리는 모멘트 M을 발생시키고, 이 모멘트에 의하여 선수의 방향이 잡혀지면 주 돛을 비스듬히 밀어 주는 힘 F_1에 의하여 점선의 추진 방향으로 가게 될 것이다.

결국 그림 Ⅳ-5와 같이 물살이 빠른 강을 수영해서 건널 때 바로 건너다 보이는 곳보다 훨씬 상류를 향해서 가면 건너편으로 가지긴 하지만 힘도 많이 들고 시간도 많이 걸리는 것과 동일하다.

측풍을 이용할 수 있음은 물론 Sail 각도를 배방향과 나란한 방향 쪽으로 돌리면 작지만 분력 F_1을 얻어낼 수 있어 활용가능한 바람 방향의 범위가 넓어진다. 극단적으로 얘기하면 정확하게 정면에서 불어오는 정역풍만 빼고는 어떠한 바람도 다 이용할 수가 있는 것이다. 또 정역풍인 경우에는 지그재그 항행을 하면 돛단배(범선, 帆船, Sail Boat)는 어느 방향이라도 갈 수 있는 것이다.

그림 Ⅳ-5 순간 추진방향과 실질적 지향방향

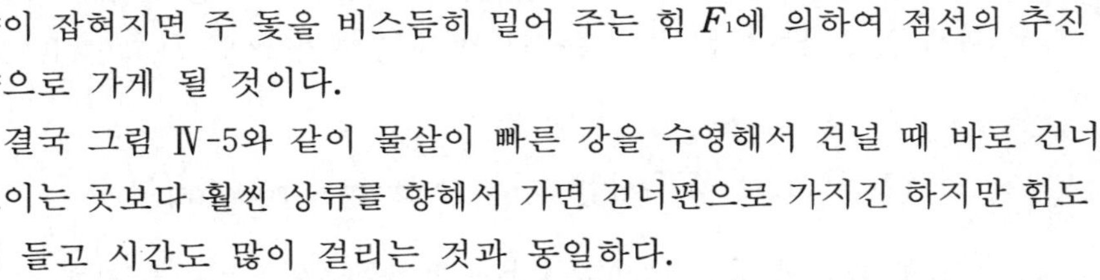

그림 Ⅳ-6 고전적인 초대형 범선

대형선을 추진하기 위하여는 큰 힘이 필요하므로 바람의 힘을 많이 얻기 위해 돛을 많이 붙인 전통적인 범선 형태가 쓰였다(그림 Ⅳ-6 참조).

2 Paddle Wheel을 거쳐 Screw Propeller로

그림 Ⅳ-7과 같은 Paddle Wheel은 소음 충격 등으로 작게 만들어서 고속으로 돌리지는 못하고 크게 만들어서 저속으로 돌릴 수밖에 없으며, 크게

그림 Ⅳ-7 Paddle Wheel

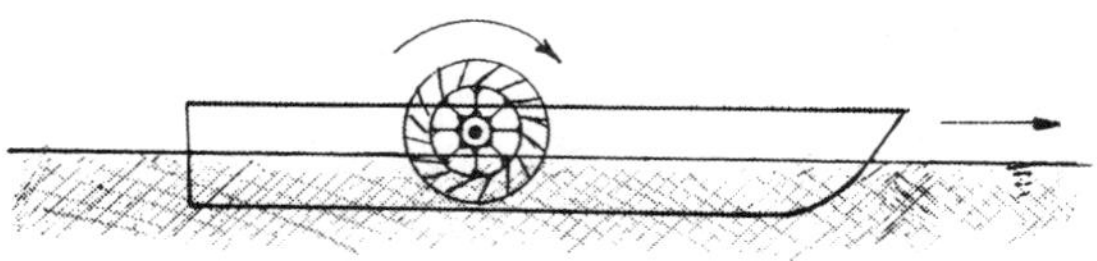

(a) concept of paddle wheel vessel

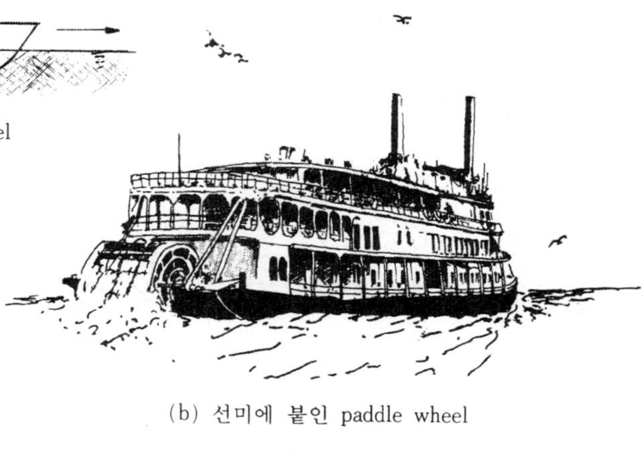

(b) 선미에 붙인 paddle wheel

그림 Ⅳ-8 최적화된 상선의 일반적 프로펠러와 선미 모양

만들다 보니 자체 저항이 큰 단점으로 나타나 결국 스크루 프로펠러의 출현과 함께 없어지게 됐다.

그림 Ⅳ-9 여객선류—멋과 낭만이 느껴진다.

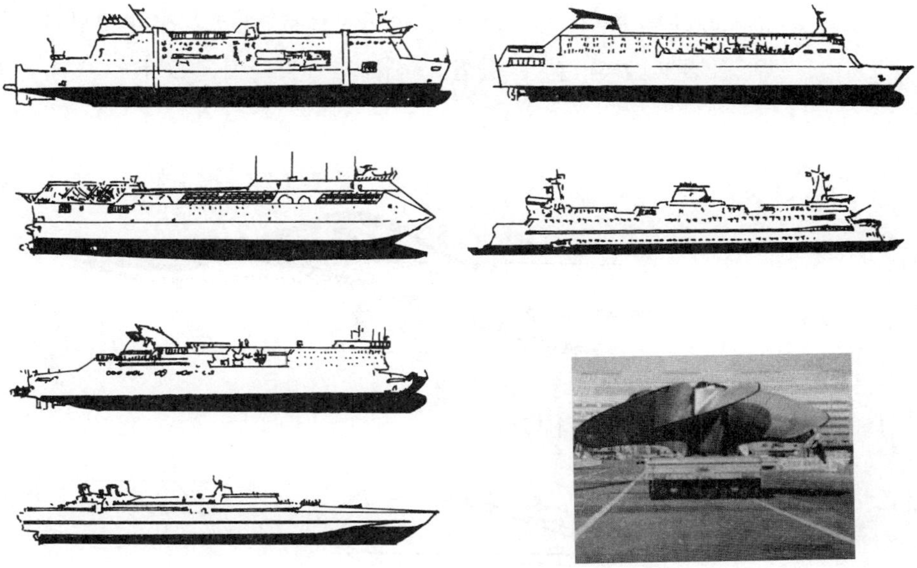

2. 특수목적이나 효율증대를 위한 여러 가지 추진 방식들

1 Hydro Foil

얇은 평판을 배바닥보다 낮은 위치에서 가로질러 설치하면서 얇은 판의 선수쪽 부분이 위로 향하여 들리게 하고 강력한 추진력을 가하면 배의 앞부분이 떠오르게 된다. 이 원리를 이용하여 배가 떠오르고 잠긴 부분이 작아지면 같은 추진 마력으로 빠른 속도를 얻어 낼 수가 있다.

그러나 단순 평판은 경사각이 커야 하고, 그러면 그림 Ⅳ-10과 같이 와류를 형성해서 무리한 힘과 그에 따른 동요가 예측되므로 아주 안정된(Steady and Smooth) 모습으로 양력을 얻어내는 유선형 단면을 쓴다.

그림 Ⅳ-11과 같이 정면에서 유선형으로 유체를 보내 줄 때 상하면의 압력 분포차가 생겨서 위로 떠오르는 힘이 생기는데 이를 양력이라고 한다.

유선형의 상부 외곽선이 하부보다 길다. 그러므로 속도 V_1이 V_2보다 빠르고, 따라서 압력 P_2가 P_1보다 높아지므로 양력 L이 발생한다. 실제로 가벼운 물질로 위와 같은 실험을 해보면 위로 떠오른다.

그림 Ⅳ-10

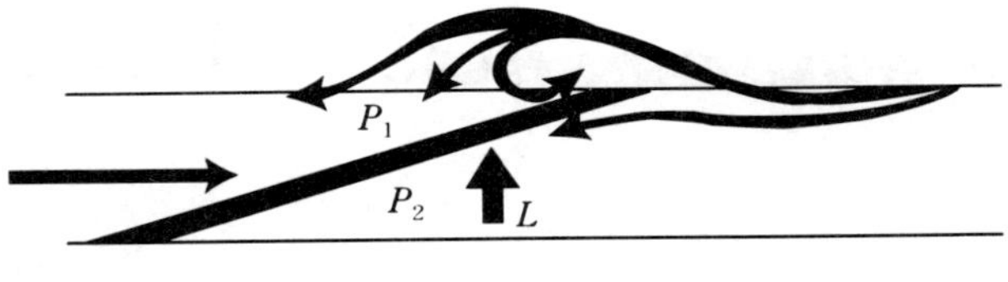

그림 Ⅳ-11 유선형 단면의 양력 발생

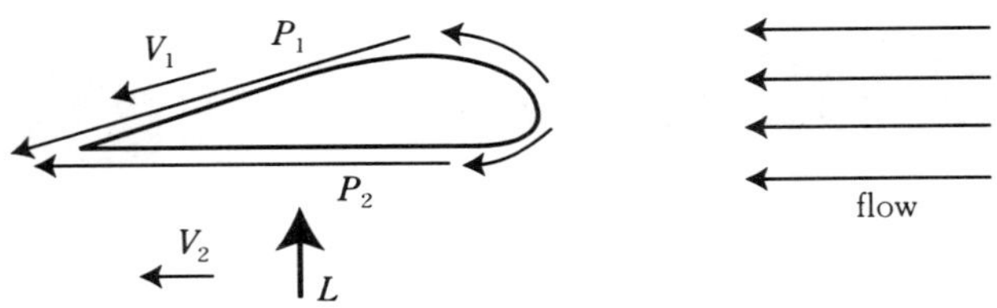

배가 어느 정도 들리고 나서 마지막 남는 선체 부분의 저항을 극소화하기 위하여 미끈하게 잘 생겨야 하며, 많이 들렸을 때에도 프로펠러가 확실히 잠겨 있게 하기 위해 추진축은 선미방향으로 하향 경사시킨다.

그림 Ⅳ-12 Hydrofoil

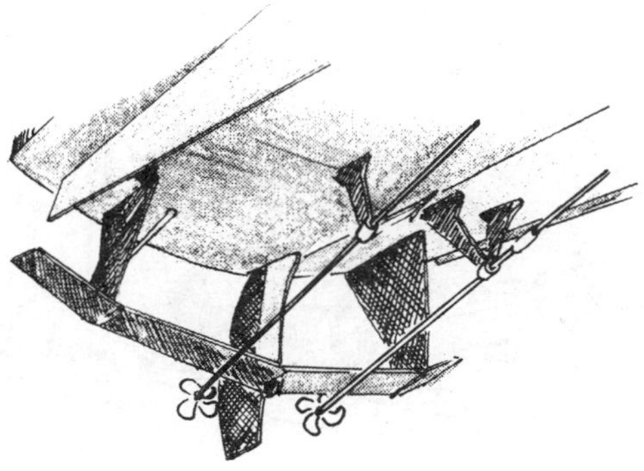

밑에서 본 모습

그림 Ⅳ-13

2 Water Jet

강력한 펌프로 노즐(Nozzle)을 통하여 해수를 분출하는 반작용의 힘으로 배가 앞으로 추진한다. 효율은 떨어지지만 고속 추진시 사용하며 프로펠러로부터 유발되는 진동의 우려가 없고 노즐 방향을 돌리면 뱃머리도 같이 돌아간다. 또 대개는 추진 노즐이 두 개인 쌍동선(雙胴船, Twin Hull)이므로 배의 방향을 돌리는 것은 노즐만 가지고도 가능하다. 따라서 Steering Gear나 Rudder가 따로 필요없다.

그림 Ⅳ-14 Water Jet

그림 Ⅳ-15 Water Jet의 선회 방식
2개의 Jet Nozzle 중 어느 한쪽을 아래쪽으로 구부려서 역추진을 가능케 함으로써 배를 선회시킨다.

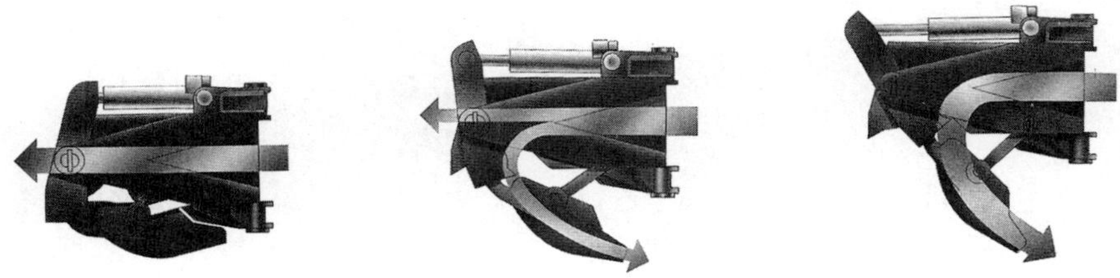

(a) 정추진
뒤로 분사하고 앞으로 추진

(b) 부분역추진
부분적으로 앞으로도 분사

(c) 역추진
앞으로 분사하고 뒤로 추진

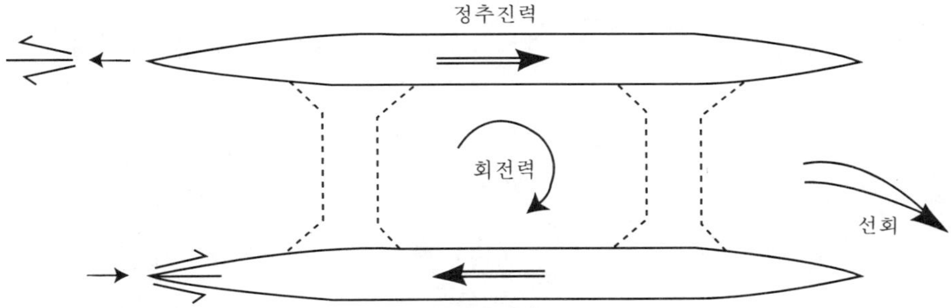

그림 Ⅳ-16 Water Jet 응용 고속선류

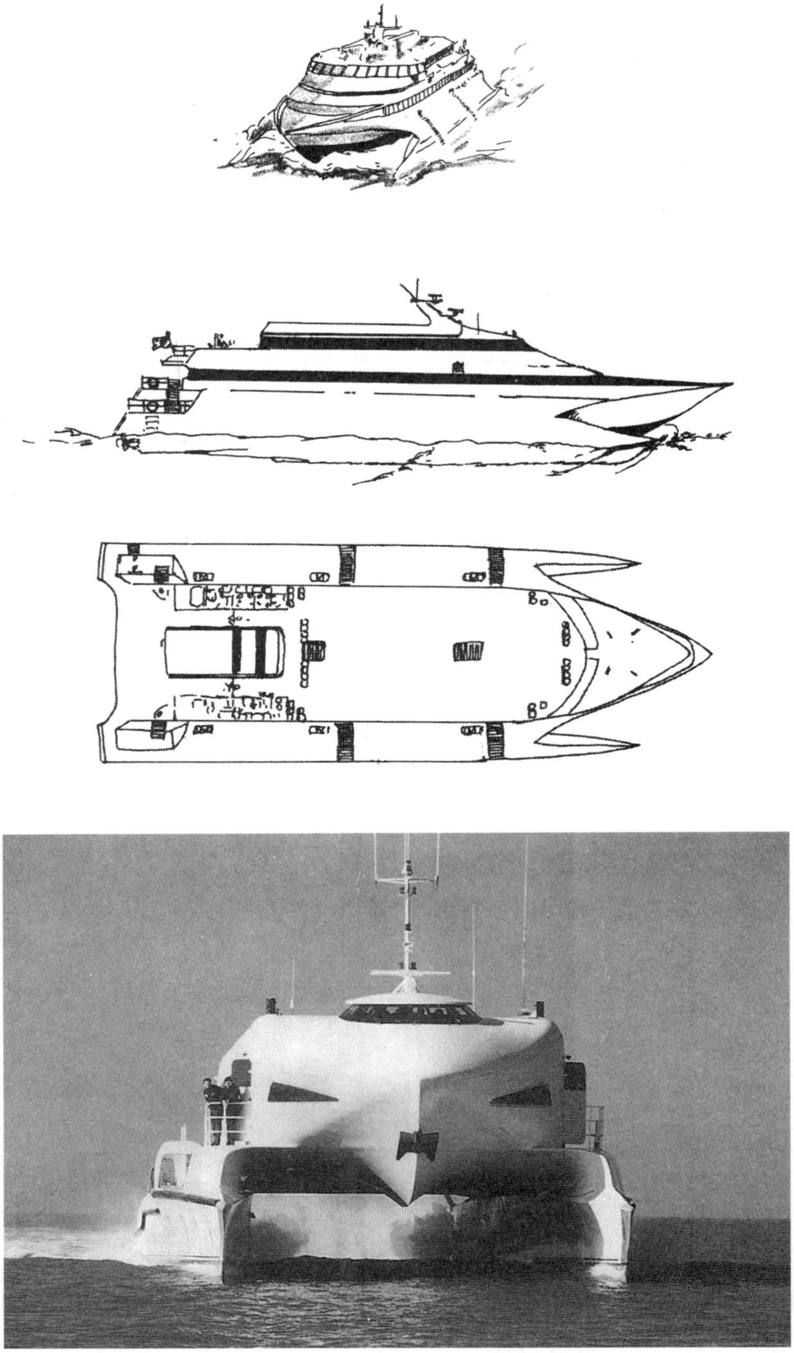

3 Hover Craft

선체의 주위를 Air Curtain으로 돌려치고 그 속에 압축공기를 넣어서 수표면을 밀어 배가 거의 떠오르게 한다. 떠오른 배는 물에 의한 추진저항이 거의 없으므로 작은 힘으로도 빠르게 추진되며, 특히 파도와의 충돌충격이 없어서 고속 운항이 가능한 것이다. 추진기로는 Air Propeller라고 할까 Fan같이 생긴 추진기를 갑판에 탑재하여 사용한다.

그림 Ⅳ-17

4 초전도체 등 미래형의 추진

배 밑에 초전도 자석을 깔고 자기장을 형성시킨 다음 그에 직각 방향으로 전류를 흐르게 하면, Fleming 왼손법칙이라고 알려진 물리적 성질에 의하여 추진력이 생기는 것을 응용하는 것이다. 시험선 운행까지 하고 있으나 경제적 실용선 개발까지는 시간이 더 걸릴 것이다.

3. 프로펠러의 원리

그림 Ⅳ-18과 같이 나사못은 돌리면 전진하여 나무 속으로 들어간다. 회전력만 작용시켰는데도 전진하는 것이다.

나사산이 얇고 넓으면서 또 성기면 단단한 나무 속으로 진입하기는 어려울 것이다. 그러나 무른 무우나 더욱 무른 두부 속으로는 잘 진입할 것이다. 땅에 깊은 수직 구멍을 뚫을 때 그림 Ⅳ-19와 같은 Spiral(나선형) 축을 써서 파고들고갈 뿐만 아니라 파낸 흙을 지상으로 배출시키는 작업 광경을 연상해 보면 이해에 도움이 될 것이다.

그림 Ⅳ-19같이 긴 막대기에 연속해서 나사산이 붙어 있는 나사봉과 그림 Ⅳ-20처럼 한 조각의 나사 요소만 붙어 있는 막대기를 전진시키면서 돌리면 그 궤적은 같지만 전진력에는 큰 차이가 생긴다. 즉 전진력은 나사의 면적과 상관이 있는 것이다.

그림 Ⅳ-20과 같은 나사봉이 물 속에서 회전하면 전진하므로 배의 뒤에 붙인다면 나사봉은 배를 추진시키겠지만, 긴 나사봉을 배의 뒤나 앞에다 거치장스럽게 붙일 수는 없는 것이다. 그래서 고안된 것이 오늘날의 프로펠러처럼 4~7개의 날개잎을 같은 원주상에 돌아가며 붙인 것이다.

그림 Ⅳ-18

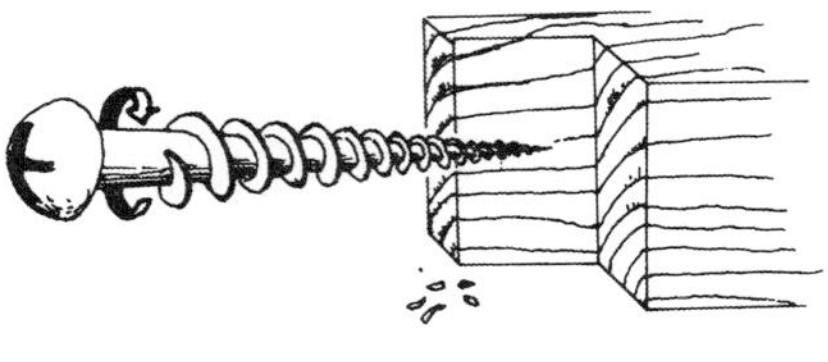

그림 Ⅳ-19

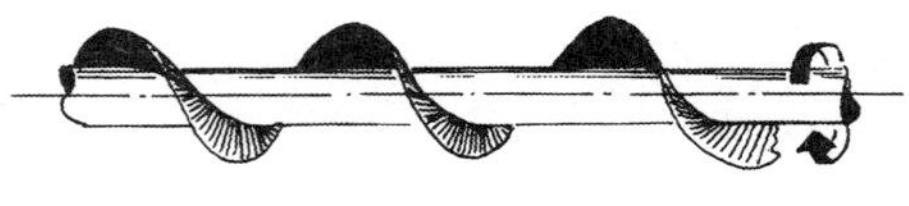

그림 Ⅳ-20

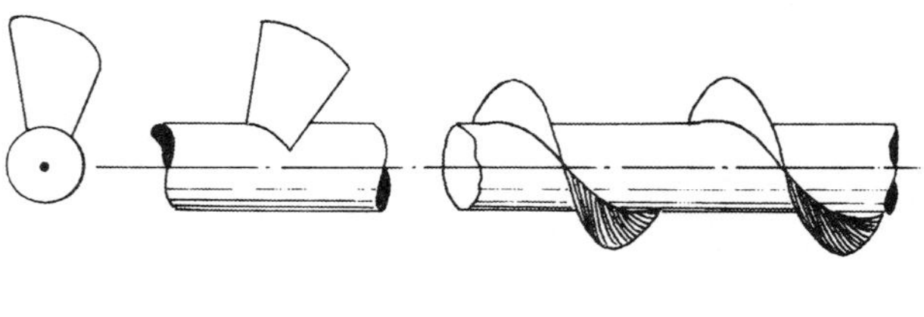

그림 Ⅳ-21

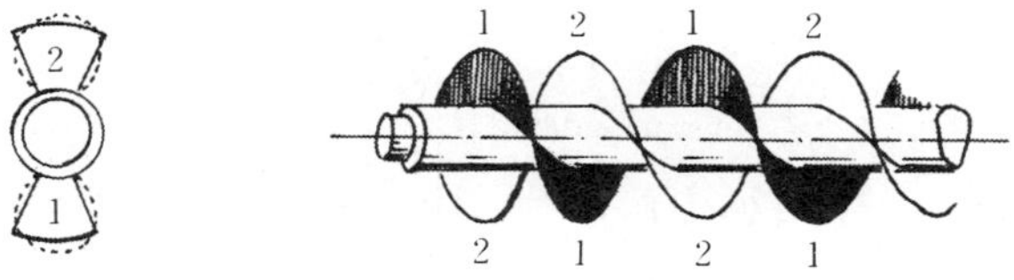

그림 Ⅳ-21은 Blade 2개를 축에 붙여 돌리면서 전진시킬 때 나온 궤적을 그린 것이다. 이와 같이 Blade가 4개이든 7개이든 복합된 궤적이 나오게 되고, 각 Blade의 궤적이 추진력으로 작용하게 되리라는 것을 이해할 수 있다. 뒤에 나올 Cavitation 현상 설명의 참고 그림을 보면 여러 개의 Blade가 회전하는 궤적을 볼 수 있다.

프로펠러의 생김새를 기억하고 개념을 이해하는 데 도움이 되도록 여러 가지 프로펠러 그림을 뒤에 첨부시켰다.

1 Power의 전달 배열과 연합 효율

- **IHP(Indicated Horse Power, 圖示馬力)** : 엔진의 실린더 내에서 생성되는 Power의 이론적 계산값

- **BHP(Brake Horse Power, 制動馬力)** : 엔진의 Shaft로 전달해 주는 Engine Output(出力)

- **SHP(Shaft Horse Power)** : 엔진으로부터 받는 동력에서 베어링 마찰 손실 등을 빼고 순수하게 프로펠러로 전달해 주는 Output

- **PHP(Propeller Horse Power)** : 프로펠러가 발생시키는 Power

- **EHP(Effective Horse Power)** : 실제로 배로 투입되는 추진 마력이므로 수요 측면에서 보면 목표한 선속을 얻기 위하여 필요한 소요 마력이 됨.

엔진은 BHP, RPM, 연료소비 등이 얼마인지를 보고 표준 제품에서 선별해서 쓰므로 엔진 선정 과정에서 이미 엔진 효율은 결정된다.

Shaft에서의 베어링 마찰 손실도 큰 것이 아니므로 가장 중요한 것은 프

그림 Ⅳ-22 Engine, Shaft / Propeller, Alignment

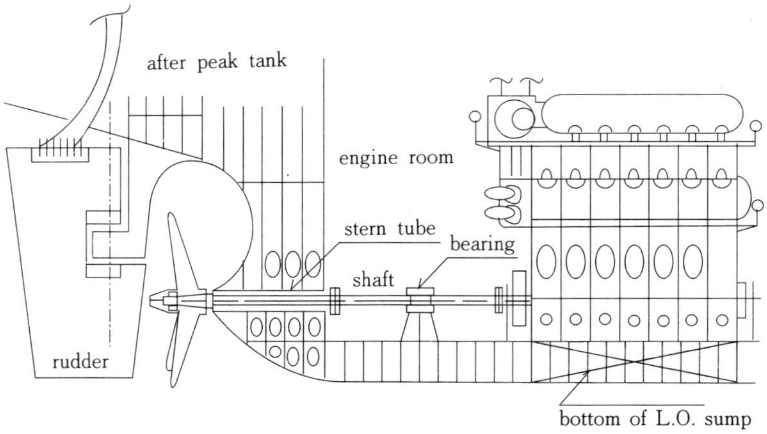

로펠러 효율이다. 잘 설계되고 잘 만들어진 프로펠러를 사용하는 것이 연합 효율을 극대화하는 가장 중요한 관건이다. 물론 소요마력, 즉 EHP를 극소화하는 좋은 선형을 설계하는 것이 더 중요한 선결 조건임을 말할 나위도 없다.

참고로 엔진, Shaft, 프로펠러의 Alignment 개략 그림을 첨부했다(그림 Ⅳ-22 참조).

2 선박의 소요 마력 산정

엔진에서 생산된 마력(BHP)이 축을 거치고(SHP) 프로펠러에 의하여(PHP) 배를 추진시키는 전달 마력(DHP, Delivered Horse Power)으로서 비로소 효과를 내는 유효마력(EHP)으로 쓰이게 된다. 이 유효마력이 선박이 필요로 하는 속력을 내기 위한 소요마력이 되는 것이다.

설계상 도시 마력(IHP)의 42%만이 EHP로 쓰인다고 W. Froude가 계산해 냈다고 한다. 물론 당시에는 오늘날보다 엔진 효율이 좋지 않았을 것이고 프로펠러 효율도 좋지 않았을 테지만 좌우간 IHP와 EHP의 격차는 큰 것이다. 오늘날의 배들로 통계를 잡아보면 0.6, 즉 60% 정도가 될 것이다.

마력의 정의는 단위시간 동안 작용하는 힘의 이동거리로서 미터법 단위로는 75×1 kg×1 m이고, 파운드법 단위로는 550×1 lb×1 foot이다.

단위시간을 수식에 넣으면 거리가 속력으로 바뀌어 마력은 〔힘×속력〕으로 된다. 따라서 배의 소요 마력은 〔추진력×속력〕이 되고 이는 바로 〔저항력×속력〕과 같은 값이다.

EHP는 단위상수×R×V가 되므로 총저항값 R만 안다면 소요마력이 다음과 같이 간단하게 계산이 된다.

$$\text{EHP}=\frac{1}{75}\times R\times V$$

R : kg 단위

V : m/s 단위

$$\text{EHP}=\frac{1}{38}\times R\times V$$

R : kg 단위

V : kn 단위

그러나 전체저항 R은 직접 계산이 안 되므로 마찰저항(R_f)과 조파저항(R_w)을 포함하여 잉여저항(R_r)으로 나누어서 계산하고자 하는 이론전개가 장세월간 이루어져 왔고, 각종 실험자료들이 수집되어 잘 정리되어 있어 이를 응용하고 있다.

선형 특성과 속력 정도에 맞추어서 저항을 계산해 내는 것은 전문적인 분야이므로 본서에서는 생략한다.

IHP(도시마력)가 V^3(선속 kn)×$\triangle^{2/3}$(배수량의 2/3승)과 비례하며 이 상수를 Admirality Coefficient라고 정의한다. 역으로 많은 동급의 유사 실적선들로부터 그 상수를 계산해 놓으면, 이를 이용하여 새롭게 설계하고자 하는 배의 의도하는 속도와 배수량에 맞는 IHP를 계산해 볼 수가 있다. 이 또한 아주 Rough한 추정일 뿐이므로 설계 초기의 참고용으로만 쓰인다.

가장 신빙성 있는 소요마력 추정 방법으로는 모형시험을 하는 것이다. 참고용으로 가장 많이 건조되고 있는 주력 선종들의 크기, 속력, 엔진마력을 비교해 보도록 90년대 실적선 자료를 소개하였다. 보통 장착된 엔진은 실제 소요마력보다 25% 이상 큰 마력을 발생시킨다. 최대마력의 90%로 가동하고 또 그것의 85%만 가지고도 필요한 속도가 나오도록 엔진을 정하기 때문이다.

연료 소모율을 줄이기 위하여 일부러 더 큰 엔진을 선택하여 연속 최대마력(MCR)자체를 줄이는 경우도 있다(Derated시켰다고 함). 이 경우 원래의 설계된 마력 규격은 유효마력보다 50% 이상 큰 것일 수도 있다. 어떤 배의 엔진이 동등급의 다른 배보다 유난히 큰 것같이 느껴질 때는 Derated된 마력이 아닌가 하는 생각을 해볼 필요가 있다.

주력 선종들의 실적선 자료

	DWT	Dimension(LBP×B×D×d)	Speed	EHP
Bulk Carriers	220 000	294.62 m×53 m×24.6 m×18.8 m	14.93 kn	26 740 HP
	186 000	280 m×48 m×24.5 m×18 m	16.00 kn	26 740 HP
	135 000	259 m×43 m×23.8 m×16 m	14.63 kn	19 100 HP
	73 000	217 m×32.25 m×19 m×12.4 m	14.60 kn	16 680 HP
	43 000	177 m×30.5 m×16 m×10.7 m	15.10 kn	11 640 HP
Tankers	301 000	314 m×58 m×31 m×20.9 m	15.0 kn	36 540 HP
	153 000	258 m×46 m×24.4 m×16.2 m	15.9 kn	22 920 HP
	95 000	234 m×42.6 m×19.5 m×13.6 m	14.5 kn	19 100 HP
	66 000	219 m×32.2 m×19.7 m×12.2 m	14.0 kn	15 600 HP
	46 000	174 m×32.2 m×18.6 m×11 m	14.0 kn	11 640 HP
	(Capacity)			
Full Containers	5 500 TEU	263 m×40 m×24.2 m×12 m	25.8 kn	74 520 HP
	3 600 TEU	230.5 m×32.2 m×16.4 m×10 m	23.5 kn	44 080 HP
	2 960 TEU	184 m×32.25 m×18.8 m×10.5 m	21.1 kn	30 560 HP
	2 200 TEU	172.5 m×30.2 m×16.4 m×10 m	21.5 kn	26 740 HP

4. 프로펠러의 성능 요소

나사못이 돌면 나무 속으로 뚫고 들어가는 것처럼 프로펠러도 돌면 물 속을 뚫고 전진하는 것이라고 이미 설명했다. 프로펠러는 배의 뒤에서 이러한 전진력을 선체에 작용시키며, 이 미는 힘이 Thrust(推力) 또는 Propulsion Force(推進力)가 되는 것이다.

한 바퀴 돌 때 앞으로 가는 거리를 Pitch라고 하며 발걸음의 보폭과 같은 것이다. 빨리 걸으려면 보폭도 커야 하지만 발을 더 자주 내디뎌야 되듯이 Pitch를 크게 하고 회전수를 빠르게 하면 배의 속도가 빨라진다.

큰 배를 빠르게 추진하기 위해서는 잎(Blade)의 면적과 Pitch가 큰 프로펠러를 써야 하고 회전수를 빠르게 하여야 한다. 따라서 큰 馬力의 엔진을 놓아야 한다.

○ 효율이 좋은 프로펠러를 만드는 방법

(1) Diameter를 크게 하고 저속으로 돌리면 가장 좋다. 그러나 공선시 낮아진 흘수선 조건에서도 Blade가 충분한 잠김(Immersion)을 가져야 하므로 제약을 받는다. 저속 화물선에서 엔진에 감속기어를 붙여서 분당 60회 정도로 만든 배도 있었다(저속엔진은 보통 분당 80~120회전임).

(2) Blade 두께가 얇으면 좋지만 Thrust에 의하여 휘어지지 말아야 하고 Erosion(마모), Cavitation(공동현상), 또 빙하편이나 나무토막 등 해상 부유물이 유입될 때 생기는 타격으로부터 받는 충격을 고려하여 어느 정도 두껍게 만들어야 한다.

(3) 전개 면적비(Expanded Area Ratio)가 작으면 좋지만 어느 정도 크지 않으면 Cavitation이 우려되므로 최적점을 찾아야 한다. Cavitation이란 작은 기포(Cavity)가 많이 생기는 현상인데 그 속은 진공이다. 이 진공 방울이 원심력에 의하여 Blade면을 따라 이동하다가 끝(Tip) 부분에서 파열되거나 이탈하여 부유하다가 선미구조나 Rudder 구조에 부딪쳐서 파열한다. 파열이란 주변의 물 분자가 일제히 Cavity 속으로 몰입하면서 강한 운동에너지를 발생시키고 이 에너지가 금속의 표면을 심하게 침식시키고 또 진동이나 소음을 유발시킨다.

그림 Ⅳ-23

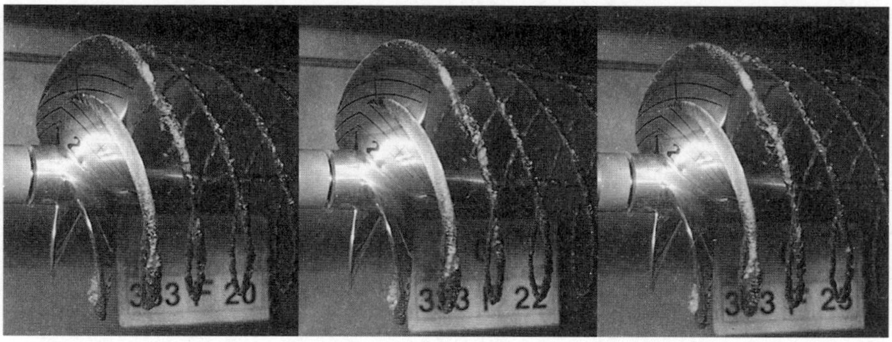

(a) 20 RPS (b) 22 RPS (c) 25 RPS

(4) 프로펠러 날개에 의하여 발생되는 진동수는 선실 House 층수나 엔진 기통수(실린더)의 특성으로부터 오는 진동과 공진의 가능성을 고려하여 신중하게 정하여야 한다.

거대한 선체의 선형을 잘 만들어서 소요 추진 마력을 줄이는 것이나 선체에 비하여 아주 작은 프로펠러를 잘 만들어서 추진효율을 증대시키는 것이나 마찬가지 비중으로 중요하기 때문에 프로펠러를 잘 설계하는 것은 대단히 중요하다.

프로펠러 설계는 소요 Power 이외에도 선체의 앞쪽으로부터 유입되는 Flow 특성과 프로펠러 주변에서 생기는 와류, Blade간의 상호 영향, Cavity의 발생, Slip현상(미끄럼에 의한 헛바퀴) 등 실로 복잡한 물리적 현상과 Main Dimension(외형 크기) 제약, Scantling(부재의 두께 등 寸法)의 제약 및 진동의 우려 등 까다로운 문제들이 많아 모든 것을 최적화시킨 설계를 해야 한다. 많은 시험 결과를 통해서 만들어 놓은 차트나 표준 추천형 단면도 등 자료를 이용하여 좀 편하게 쓸 수 있게 되어 있지만, 모범표준형선 개발시에는 전문 Researcher(硏究員)들이 많은 연구와 실험을 통하여 굉장히 우수한 프로펠러를 만든다.

5. 프로펠러의 효율 향상을 위한 여러 가지 고안

프로펠러 추진성능을 향상시키기 위하여 부가물을 인근에 붙이거나 또는 프로펠러 자체에 변화를 주어 효율을 개선하는 고안이 여러 가지 나와 있어서 설치비와 유지비에 대한 장기적 연료비 절감의 경제성에 의하여 선주들의 취사선택 Choice가 되고 있다. 고안 사례는 다음과 같다.

(1) Nozzle Duct

원통형의 Nozzle Duct로 프로펠러 주변을 감싸서 후류를 묶어 주는 것과 같은 역할을 한다. Kort씨가 최초에 적용했다고 하여 Kort Nozzle이라고 하며, 강력한 Thrust를 내고 수평회전에 의하여 추진방향 변환이 효과적이므로 Tug Boat나 Supply Boat 같은 데 많이 쓰인다.

(2) MIDP

유사한 Duct를 프로펠러 둘레나 앞쪽에 붙여서 정류작용을 시키는 아이디어이다. 이 Duct는 선체에 고정되어 회전하지 않는다. 三井조선소가 고안하여 상품화하여 MIDP라고 명명하였다.

(3) TVF(Tip Voltex Free)

Blade 끝에 직교하는 핀(Fin) 같은 것을 원주 방향을 따라 붙임으로써 고물개 또는 골프 클럽의 퍼터처럼 보이는 프로펠러인데 Tip Voltex(와류〔渦流〕)를 줄여 줌으로써 성능을 향상시킨 것이다.

(4) Reaction Fin

프로펠러 앞의 선체나 뒤의 Rudder에 여러 가지 형태의 핀(Fin)을 붙이는 아이디어이다.

(5) Grim Vane Wheel

무동력의 Idle Wheel(프로펠러처럼 생겼으나 Diameter는 더 큼)을 프로펠러 뒤쪽으로 동일축상에 붙이는 아이디어로서, 낭비되는 에너지를 이용하여 회전하면서 정류작용을 해줌으로써 추진 동력의 Gain이 생긴다.

(6) Asymmetric Stern

프로펠러를 한 방향으로만 돌리기 때문에 배는 선회하게 되는데, 똑바로 가게 하기 위하여 선미 부분의 선체를 좌우 비대칭으로 만들고 프로펠러도 편심되게 붙이는 아이디어이다.

(7) Reaction Bulb

Rudder의 Leading Edge에 프로펠러축과 동일선상에 Bulb를 설치하는 안으로, 유선형의 Bulb도 후류를 정류하여 추진효율을 향상시킨다.

(8) PBCF

프로펠러 Boss Cap에 고정 핀으로 붙이는 아이디어이다.

(9) CPP(可變翼 추진기, Controllable Pitch Propeller)

부가물을 붙이는 것은 아니고 Blade의 Pitch를 바꾸어 주는 장치이다. 프로펠러는 같은 방향으로 돌아도 Pitch 변환에 의하여 추진력을 앞쪽이나 뒤쪽으로 바꿀 수 있다.

전후진을 능률적으로 하기 위하여 TUG Boat에 많이 쓰며, 프로펠러 두 개를 붙일 경우에 한 개는 앞쪽으로 추진, 다른 하나는 뒤쪽으로 추진하면 선회도 이루어진다. Side Thruster도 오른쪽 또는 왼쪽으로 동등한 추진력이 필요하므로 CPP라야 한다.

Ferry선은 Twin CPP와 Bow Thruster(때론 Stern Thruster도 함께 장착)만 가지고 예인선의 도움 없이 능률적으로 부두에 접안한다.

프로펠러 Shaft를 中空軸으로 만들고 Blade의 각도를 돌려 Pitch를 바꾸어 주는 Rod를 관통시키고, Rod의 전후진 운동이 Blade 각도를 움직여 주도록 하는 고안이다. 엔진의 회전력을 전달하면서 Rod를 움직여 주어야 하므로 복잡한 CPP Unit가 필요하다.

(10) CRP(Contra Rotating Propeller)

이중반전(二中反轉) 프로펠러라고 하며, 프로펠러를 2개 연속해서 동일 축심상에 설치하는 아이디어이다.

최초 고안은 어뢰를 똑바로 가게 하기 위해 구상되었다고 한다. 회전방향은 서로 반대로 돌며 뒤쪽 프로펠러는 DIA도 작고 회전수도 좀 적게 한다. 앞의 프로펠러를 밖의 中空軸에 고정하고, 뒷쪽 프로펠러는 中空軸을 관통하는 안쪽축에 붙인다.

주기관 한 대로 동시에 돌려 줄 수 있는 CRP Gear(Planetary Gear 응용)를 써야 하며, 축 안에 있는 축을 베어링으로 지지하고 윤활유를 효율적으로 공급하는 일이 꽤 어려운 일로서 나름대로 여러 가지 특허가 발명되어 있다. 설치비가 많이 들지만 가장 적극적이고 확실한 방법이다. 15% 정도 연료절감 효과가 있는 것으로 알려져 있다.

그림 Ⅳ-24

그림 Ⅳ-25 특수 목적과 특수한 발상에 따라 고안된 프로펠러들

그림 Ⅳ-26 정류작용용 Duct

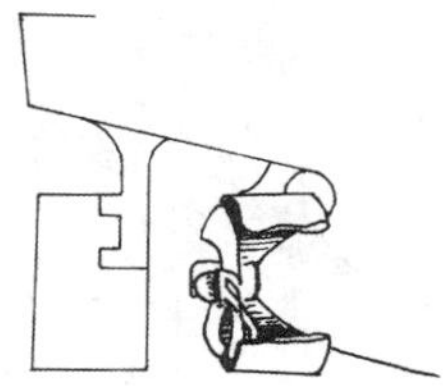

Duct를 프로펠러 앞쪽에 붙였음

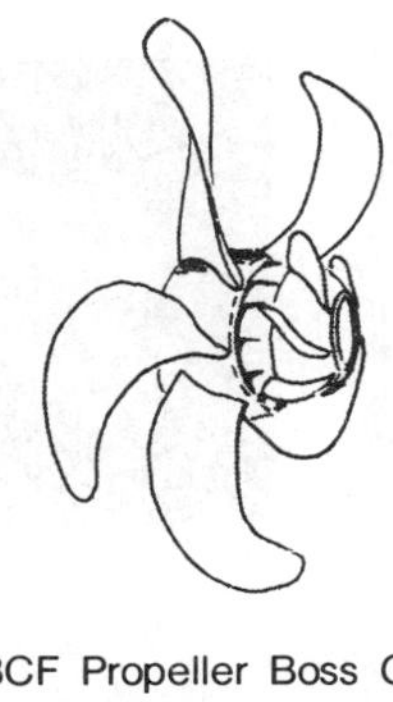

PBCF Propeller Boss Cap Fin
Fin이 돌지 않고 고정된 상태에서 정류작용을 함.

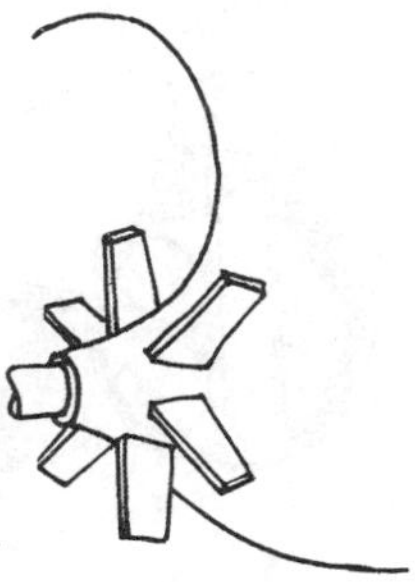

Reaction Fin
그림과 같이 Reacting Fin을 붙인 뒤에 프로펠러를 붙임.

그림 Ⅳ-27

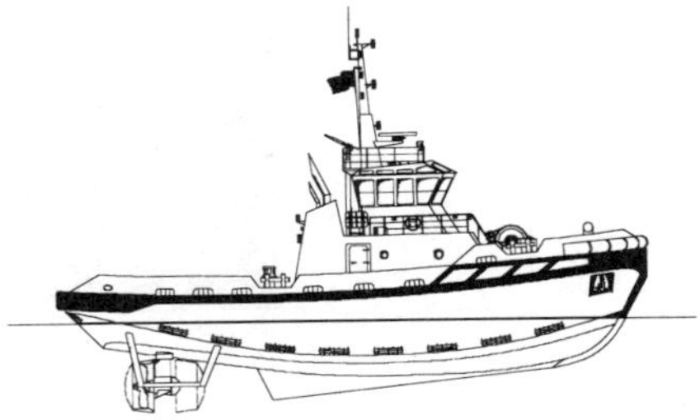

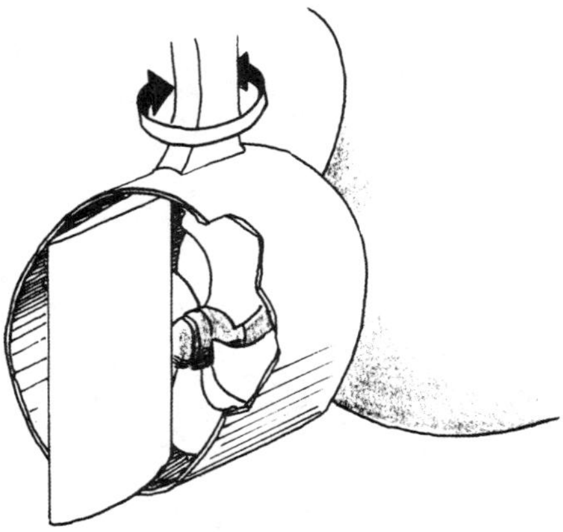

그림에서 Propeller Blade는 C.P.P(가변 피치)이다. Kort Nozzle이라고 불리는 Duct가 수평 회전함으로써 추진 수류의 방향을 바꾼다.
Rudder는 Duct에 고정으로 붙어 있다.
추진력을 강력하게 하기 위해 Twin Propeller로 많이 한다.

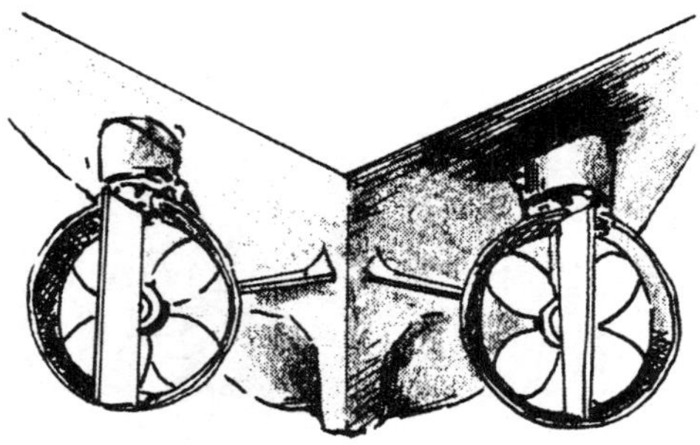

그림 Ⅳ-28 CPP 설명도

CPP 조립 외관

고정익 프로펠러(Fixed Type)의 날개의 밑둥이 있는 몸통은 Boss라고 한다. 가변익 프로펠러(CPP)의 날개는 분해 조립식으로 날개가 꽂히는 몸통을 Housing이라고 하며, 항아리의 둘레 부분에 날개수와 같은 큰 구멍이 뚫려 있는 형상과 같다.

Housing 속에는 날개 변환 장치가 들어 있고 날개가 고정될 구멍에는 둥글납작한 디스크 모양의 Trunnion으로 막는데, Trunnion은 수밀상태를 지키면서도 원주 방향으로 회전이 가능하도록 만들어졌다. 이 디스크의 안쪽에는 솥뚜껑의 손잡이 같은 돌기가 편심되게 붙어 있다. 뒤의 날개는 이 디스크에 고정되므로 편심 회전축 돌기는 결국 프로펠러의 뿌리에 붙어 있는 것과 마찬가지이다. 이 돌기를 잡아 돌려 주기만 하면 날개가 뿌리를 축으로 회전하게 되므로 프로펠러의 Pitch를 바꾸게 되는 것이다.

한편 프로펠러 구동축은 中空軸(Hollow Shaft)으로서 그 속에 밀당기개축(Push-Pull Rod)이 있다. 이 축을 움직여 주면 Housing 속에는 궤도를 이탈하지 않고 축에 직교되는 방향으로 직선운동을 하는 4개(날개가 대개 4개이므로)의 미끄럼 놀이쇠(Sliding Actuator)가 날개(Blade)와 일체가 된 Trunnion이 편심회전축 돌기를 잡아 밀고 당기게 되므로 Blade의 Pitch 변환이 생기는 것이다.

엔진과 프로펠러 사이에는 엔진의 회전력은 그대로 中空外軸(External Hollow Shaft)에 의하여 프로펠러를 돌려 주게 하고, Push-Pull 內軸은 전후진을 시킬 수 있는 CPP 변환장치가 붙게 된다.

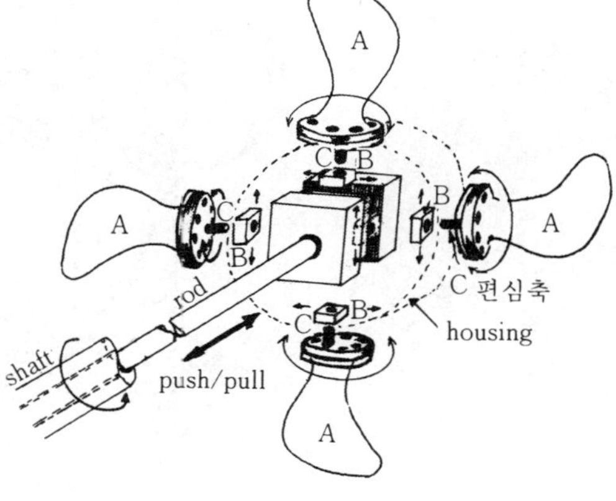

그림 Ⅳ-29

프로펠러와 Duct가 다같이 수평방향으로 돌 수 있도록 구동원동기(대개 유압모터)를 상방에 둔 Thruster를 Azimuth형이라고 하며, 선박의 조종성능이 뛰어나서 Rudder가 필요없다.

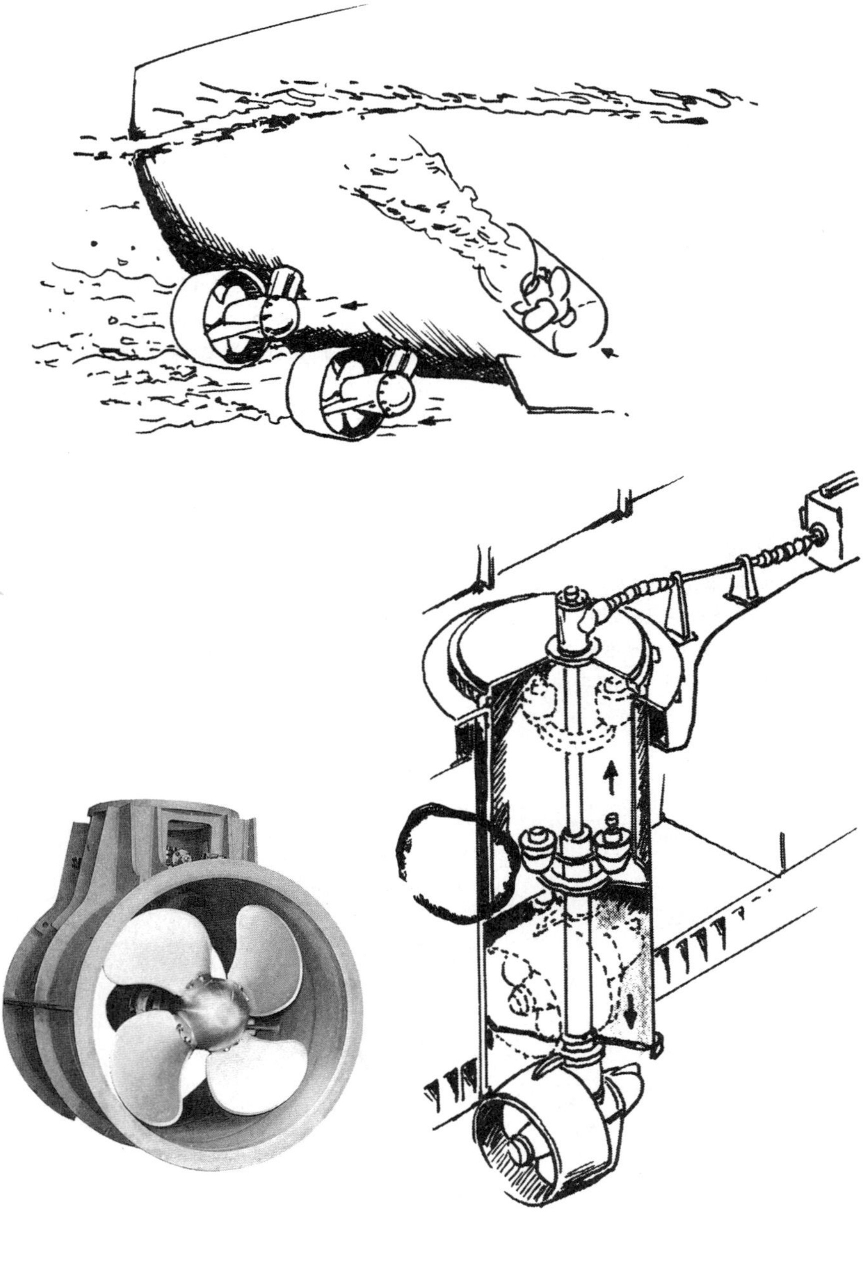

그림 Ⅳ-30 C.R.P.(Contra Rotating Propeller)

단독 프로펠러시에 불가피하게 생기는 회전류를 생성하는데, 소모되는 에너지 'B'를 회수하여 추진에너지 'B_1'으로 활용하기 위하여 역회전하는 프로펠러 1개를 더 붙이는 것임.

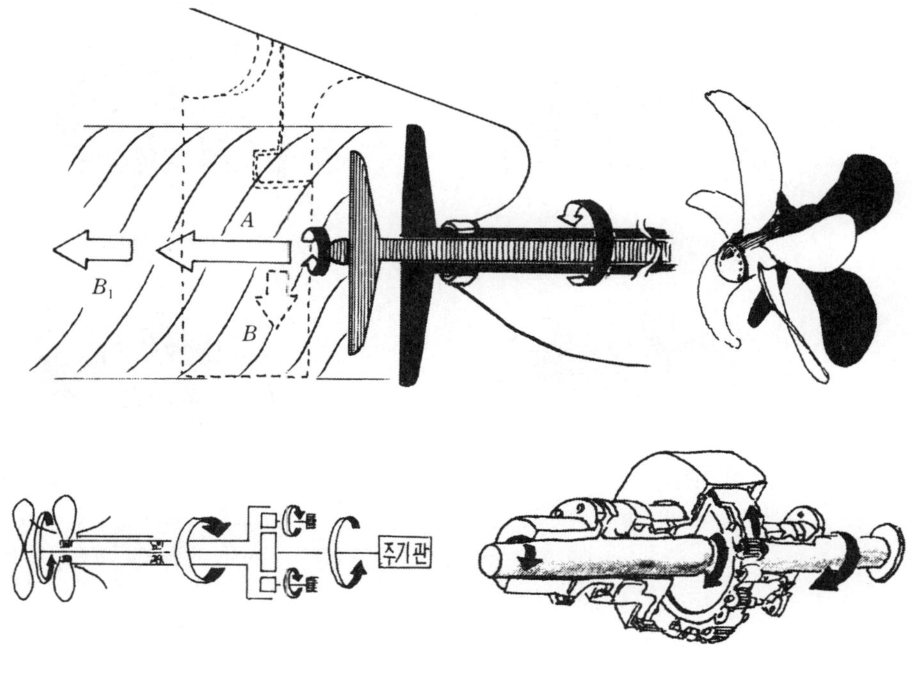

그림 Ⅳ-31 유성기어(遊星 Gear, Epycyclic Gear)

(a) Star형 유성기어 : 유성기어(Planetary Gear)들을 묶은 판을 고정시킴으로써 자전(自轉)만 하게 하고 바깥 테두리 기어(Annulus Ring Gear)가 돌게 만든 것.

(b) Planet형 유성기어 : 유성기어가 Sun Gear 주변을 공전하면서 또 자전도 할 수 있도록 바깥 테두리 기어(Annulus Ring Gear)를 고정시킨 것

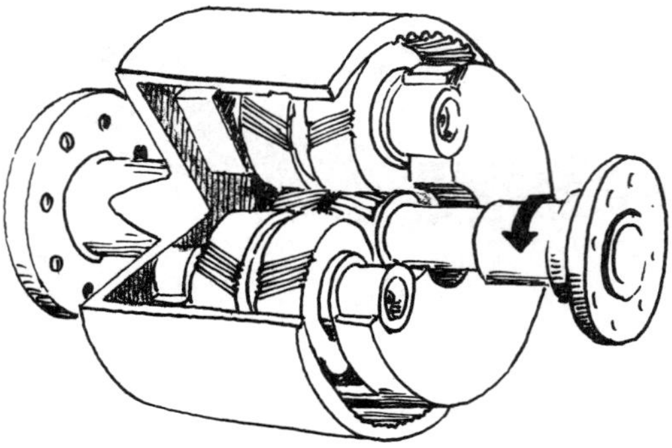

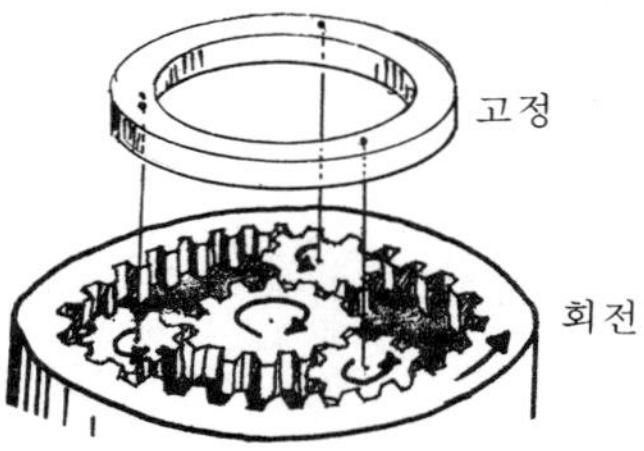

(a) Star형

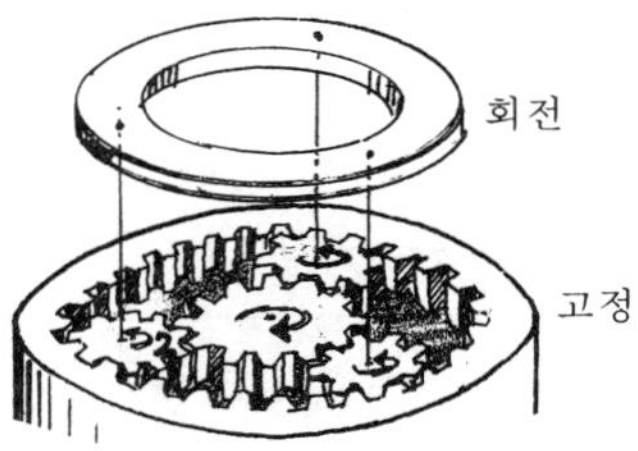

(b) Planet형

(c) 자전형 2단기어 단면

Annulus의 회전

(d) 공전/자전 혼형 2단기어 단면

Planet도 공전하고 Annulus도 회전. 단, Sun Gear가 고정 회전수로 돌더라도 부하에 따라 Planet의 공전수와 Annulus의 회전수는 편안한 Balance로 자동 조절될 것임.

그림 Ⅳ-32 CRP 유성기어 배열 사례

유성 자전형 1단기어식

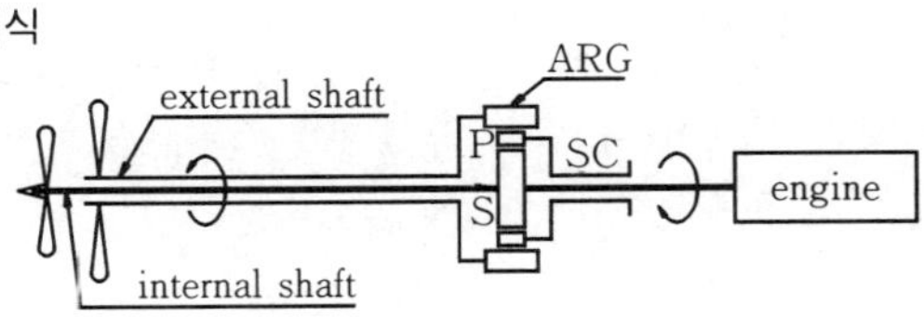

유성 자전형 2단기어식

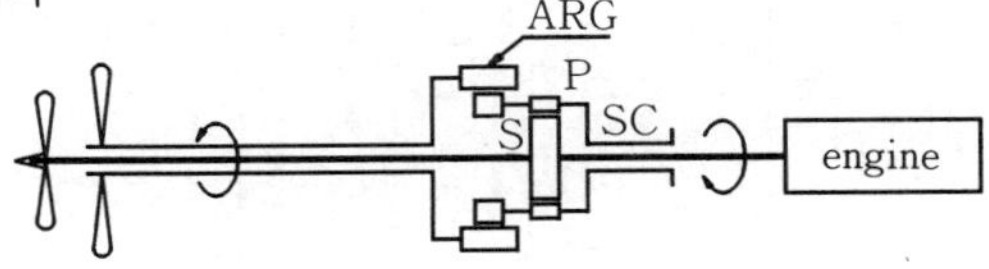

유성 공전형 1단기어식

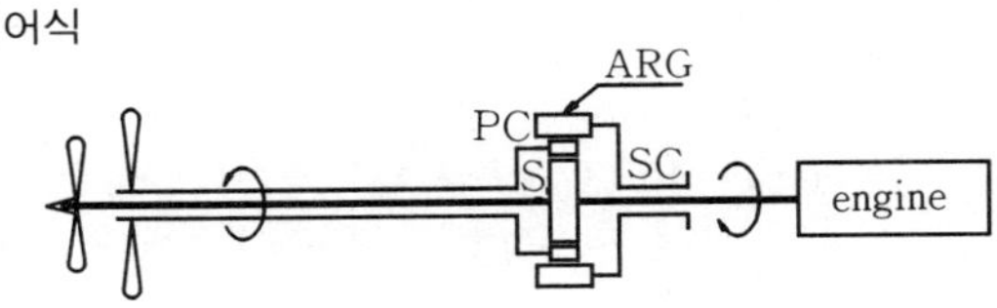

유성 공전·자전 혼형 2단기어식

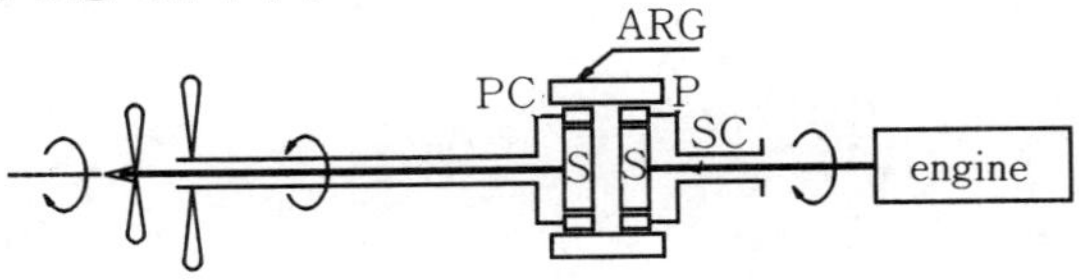

ARG : Annulus Ring Gear
(바깥테두리 내경기어)

P : Planetary Gear
(유성기어)

S : Sun Gear
(붙박이 중앙기어)

PC : Planetary Gear Carrier
(회전용 유성기어 묶음판 : 유성은 자전과 공전을 하고 ARG는 공전이다.)

SC : Star Gear Carrier
(고정용 유성기어 묶음판 : 유성은 자전만 하고 ARG가 회전한다.)
Annulus(바깥 테두리 Ring Gear)
Gear Carrier(유성기어 묶음판)
Gear Carrier를 고정시키면 Annulus가 돌고
Annulus를 고정하면 Gear Carrier가 돈다.

그림 Ⅳ-33 Interposing Gear

보통 기어 방식으로도 엔진 1대로써 내축과 외축을 서로 역회전시킬 수 있지만 엔진을 중앙선에서 옆으로 치우치게 놓거나 아니면 덩치가 커진 기어를 놓을 수 있는 자리가 확보되도록 엔진을 더 선수쪽으로 설치하거나 하는 불편이 따르고 또 기어가 커지므로 비싸질 것임.

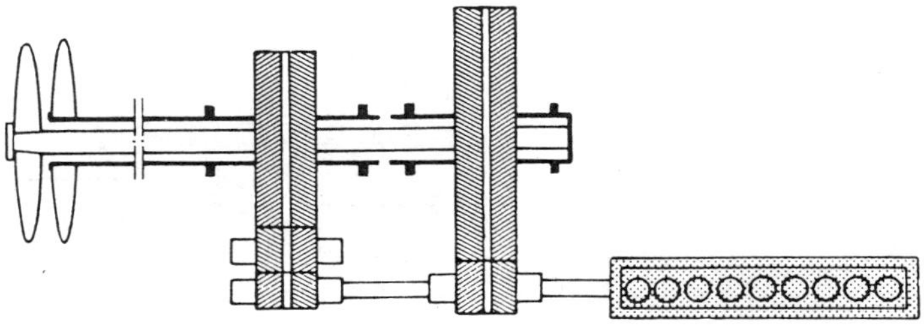

제Ⅴ장

의 장

1. 주기관(主機關, Main Engine)

1 에너지와 원동기

에너지는 인간이 필요로 하는 일을 할 수 있는 잠재능력 일체를 말함이며 그 잠재능력은 다음과 같다.

- 열로 나타나서 일하는 열에너지(Thermal Energy)
- 운동으로 나타나서 일하는 운동에너지(Kinematic Energy)
- 높은 곳에서 낮은 곳으로 내려오면서 일하는 위치에너지(Potential Energy)
- 압축된 부피의 힘으로 일하는 팽창에너지(Expansion Energy)
- 모든 목적에 편리하도록 가공 생성시킨 전기에너지(Electrical Energy)

기타 소리 등 파동, 빛, 화학반응 효과도 각기 에너지의 변화된 형태이다. 에너지는 서로 변환되며 변환할 때에는 반드시 손실이 발생하고 회수된 부분의 비율을 효율이라고 한다. 회수된 부분과 손실을 합친 총량은 어떻게 변환하든지 항상 같기 때문에 **에너지 불변의 법칙**이라고 한다.

- 운동에너지로써 일을 하는 예
  세탁기, 풍차, 항타 Hammer, 절삭공작기계
- 열에너지로써 일을 하는 예
  냉방, 난방, 토스터, 취사레인지, 사우나장

- 위치에너지로써 일을 하는 예
  수력발전, 수리관개, 뗏목이동, 볼링
- 팽창에너지가 일을 하는 예(대개는 연소에너지 일부가 압축에너지)
  피스톤, 타이어, 터빈, 로켓, 총알

모든 에너지는 생긴 대로 쓰는 일도 있지만 전력으로 변환시키면 언제든지 필요한 모양으로 바꾸어 쓰기 좋고 손쉽게 멀리 보내고 널리 나누어 쓰기 편하므로 가장 일반적인 동력(에너지) 형태로서 에너지의 대명사라고 할 만큼 인류 문명에 크게 기여하고 있다.

운동에너지를 발생시키는 기계를 원동기라고 하며 연료를 연소시키면서 동시에 운동에너지로 바꾸는 내연기관과 밖에서 연소시켜서 팽창에너지를 얻어낸 다음 그 압축된 기체로 바람개비의 깃같이 생긴 Blade가 원주 둘레로 많이 붙어 있는 축바퀴를 돌려서 에너지를 얻는 외연기관과 전기를 넣어주면 운동에너지를 내며 회전하는 전기 모터 등이 가장 주된 원동기의 형태이다.

그림 V-1

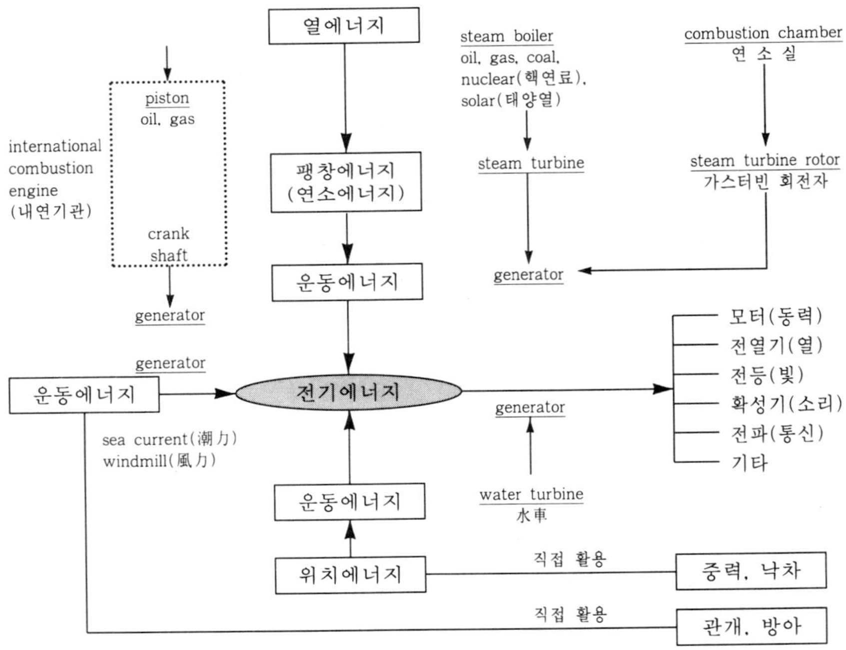

2 에너지의 단위

(1) 질량과 중량

질량(質量, Mass)은 무게를 정의하는 단위이지만 우리가 느끼는 모든 무게는 지구의 만유인력을 받는 중량(重量, Weight), 즉 일정한 가속도를 받는 힘(Force)인 것이다.

질량이 다른 두 물건을 만유인력이 아주 없어진 곳으로 가지고 간다면 거기서는 다같이 중량, 즉 힘으로서의 역할을 못 하므로 무중력 상태가 되는 것이며, 만져 보거나 들어 보아도 아무 차이를 느끼지 못할 것이다.

그러나 아주 작은 만유인력이라도 있다면 천평에 얹어서 비교할 때 무거운 쪽으로 천평이 기울 것이며, 같은 크기일 때는 비중이 큰 물질 쪽으로 천평이 기울 것이다. 두 개를 움직여서 충돌을 시킨다면 질량이 가벼운 쪽이 멀리 물러날 것이다. 무게의 차이를 존재시키는 성질이 분명히 있으며 상대적 개념으로만 존재를 인식할 수 있다.

물론 저울을 읽어본 경험적 지식으로부터 우리는 몸으로 중량을 느끼고 지능으로써 질량으로 읽어 내려는 데 숙달되어 있다. 질량이니 중량이니 복잡하게 만들어서 헷갈리게 하는 것 같지만 물리적인 계산들을 정확히 하려면 구분하여야 할 필요가 있는 것이며 우리 일상 생활에서는 누구나 혼동하며 살고 있다.

(2) 가속도와 뉴턴의 운동법칙

단위시간당 이동하는 거리가 일정한 빠르기를 속도라고 한다. 시간이 지날수록 속도가 일정한 크기로 자꾸 빨라질 때 그 일정한 크기를 가속도라고 한다.

이 가속도의 개념 이해를 위해 쉬운 예를 들겠다. 10층 꼭대기에서 화분을 떨어뜨릴 때 9층에서 판자로 받으면 깨진 정도가 그리 심하지 않겠지만 1층 바닥에서는 같은 판자로 받더라도 아주 심하게 깨진다. 결국 질량이 같은 화분이 바닥에서 훨씬 심하게 깨진다는 뜻은 속도가 많이 빨라졌다는 뜻이다. 우리가 1 m 높이에서 내려 뛸 때는 그다지 충격이 크지 않지만 3 m 높이에서 내려 뛰면 대단히 큰 충격을 받는 것도 같은 이치이다.

높은 곳에서 밑으로 떨어뜨릴 때 모든 존재하는 물체는 처음 1초 동안에

그림 Ⅴ-2

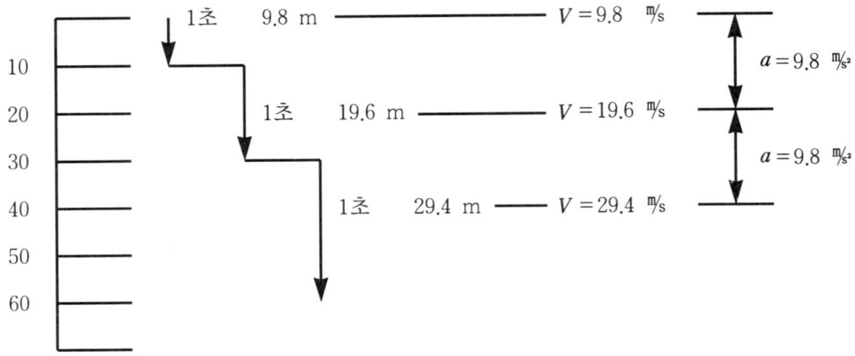

9.8 m 내려간다. 그 다음 1초에는 초속이 9.8+9.8인 19.6 m로 빨라져서 29.4 m 지점에 도달하고, 그 다음 제3초에는 초속이 9.8의 3배인 29.4 m로 되어 이미 내려왔던 지점까지 29.4 m에 다시 29.4 m를 내려가서 58.8 m 지점에 도달된다.

그림 Ⅴ-2와 같이 일정한 증가세로 속도가 빨라지는 그 증가세를 가속도라고 하고, 지구상의 모든 물체는 똑같이 9.8 m/s^2의 중력 가속도를 지구의 중심을 향하여 받고 있다. 중력가속도 9.8 m/s^2를 g(또는 G)로 표시하며 질량 m의 물체는 $m \times g$만한 크기의 힘을 발생시킨다.

(3) 에너지의 양과 공률(Power)

에너지의 양이란 시간에 관계없이 이루어진 일의 양이며, 시간당 이루어진 일, 즉 일의 능률을 공률이라고 한다. 힘이 센 편이 시간당 일을 많이 하기 때문에 Power 또는 馬力(Horse Power)으로 표시한다.

- 위치에너지가 이루어 내는 일 : mgh(정의)

  m : 질량

  g : 중력가속도

  h : 기준면으로부터 질량 m이 있는 곳까지의 높이

- 운동에너지가 이루어 내는 일 : $1/2\, m v^2$(정의)

  v : 질량 m이 움직이는 속도

- 팽창에너지가 이루어 내는 일 :

$$pV=\frac{F}{a}\times V$$

$$=g\cdot cm/s^2\times\frac{1}{cm^2}\times cm^3$$

$$=g\cdot cm^2/s^2$$ (차원해석 표시는 $ML^2\ T^{-2}$)

F : 힘($g\cdot cm/s^2$)

P : 폐쇄용기 내에 형성된 압력(단위면적당 힘)

V : 폐쇄용기의 부피(cm^3)

a : 단위면적(cm^2)

- 열에너지가 이루어 내는 일 : Calorie(cal로 표시)

  1cal : 물 1g 을 4℃ 에서 1℃ 올리는 데 필요한 열량으로 정의함.

- 차원해석(次元解析)

  여러 가지 단위로 복잡하게 형성된 복합단위는 기본이 되는 질량 M, 길이 L, 시간 T의 단위로 통일하여 표시해 보는 행위를 차원해석이라고 하고, 결과적으로 차원해석이 같은 복합 단위는 동일한 물성을 갖는 것으로 판명한다.

위에서 다른 종류의 에너지가 이루어내더라도 일은 궁극적으로 같은 특성이다. 일의 단위는 어느 경우라도 $g\cdot cm^2/s^2$ 로 되거나, 또는 다른 단위일지라도 결국 질량×길이^2/시간^{2}으로 된다. 일의 단위를 차원해석으로 표기해 보면 $[ML^2\ T^{-2}]$로 된다. 일 말고 다른 공업 단위도 필요할 때는 같은 방식으로 차원해석을 하여 복잡한 것을 단순화시켜서 쓴다.

(4) 단위 정의와 환산

① 1마력(馬力, Horse Power) : 약자 1 HP

영국에서 먼저 사용하기 시작하였으며, 550 lb · ft(pound×feet)로 정의한다. 즉, 다음의 경우 모두 1 HP의 힘을 필요로 한다.

- 550 lb를 1초에 1 ft 옮긴다.
- 1 lb를 1초에 550 ft 옮긴다.
- 50 lb를 1초에 11 ft 옮긴다.

미터법으로 환산하면 다음과 같다.

1 lb=453 g이고 1 ft=30.48 cm이므로, 위의 1 HP를 환산해 보면 550×0.453 kg×0.3048 m=75.941 kg·m로 되어, 결국 75 kg·m로 정의한 1 PS란 1 HP에 비슷한 크기가 되도록 만들었음을 알 수 있다. 실제로는 많은 엔지니어가 PS와 HP를 혼돈해서 쓰고 있으며 실제 큰 문제가 없다. 그러나 상대방과의 상업적 약속이행을 규명하는 일에는 명확히 규정해야 한다.

② kW의 정의와 마력 단위로 인한 혼선을 피하기 위한 정리

1 kW=1000 W(Watt)
1 W=1 J/s (정의)
1J=10 000 000 erg (정의) J는 '줄'로 읽음.
1 erg=dyn·cm (정의) erg는 '에르그',
dyn은 '다인'으로 읽음.
$1g_f cm/s^2$=980 dyn (정의) f는 중량 개념 표시
$1g_m cm/s^2$=1 dyn (정의) m는 질량 개념 표시
$1g_f$=1 g중=980 dyn=980 g(m)

dyn 단위를 g중 단위로 바꾸려면 重力加速度 g(980 cm/s^2)로 나누어 주어야 한다.

1 J=10 000 000 dyn·cm

중력가속도 g로 나누면 10 204.2 g·cm

1 W=1 J/s
1 kW=1000 J/s
=10 204 200 g·cm

로 되며 kg과 m로 환산하기 위해 100 000으로 나누면 102.04 kg·m 가 된다.

1 HP=75.941 kg·m(÷102.04)
=0.744 kW

소수점 이하 처리 과정에서 여러 가지로 답이 나오지만 세계 공통적으로 0.746 kW로 통일키로 협의되어 있다.

1 PS(미터마력)=75 kg · m(÷102.04)
=0.735 kW

③ **열의 일당량**

1 cal(칼로리)=4.185 J(Jule)
1 cal/s=4.185 W(J/s가 Watt이므로)
1 HP=746 W이므로
=746÷4.185
≒178 cal

※ 1 cal(미터법 열량단위) : 물 1 g을 4℃에서 1℃ 올리는 데 필요한 열량
※ 1 BTU(영국 열량단위) : 물 1 lb를 57.5℉에서 1℉ 올리는 데 필요한 열량

1 BTU는 252 cal에 상당하며, 또 778.2 ft · lb_f(환산값, 첨자 f는 Force이며, 질량이 아니고 중량개념이라는 뜻)가 된다.

3 내연기관과 증기원동기

최초의 증기기관은 단일 피스톤으로 이루어진 증기 왕복동기관이었다. 열에너지를 운동에너지로 바꾸는 피스톤과 크랭크 메커니즘의 발견이었던 것이다. 그 뒤 내연기관이 선박에 쓰여질 때까지 꽤 능률적인 왕복동 엔진들이 고안되어 쓰였다.

화력발전소의 발달과 증설로 인하여 스팀 터빈 기술도 발전하였으나 내연기관에 비하여 열효율이 월등히 떨어지기 때문에 선박에서는 다음과 같이 불가피한 경우에만 한정적으로 쓰였다.

(1) 초기 VLCC에서는 화물류 탱크의 일부를 밸러스트 탱크로 겸용하였으므로 화물류를 퍼낸 빈 자리에 화재 예방용으로 보일러 연소 가스를 처리하여 Inert Gas(不活性 기체, 산소 함유율 5% 이내)를 만들어서 충전하여야만 했다. 또 탱크 온수 세정(洗淨, Cleaning)을 하여야 하므로 증기 소모가 컸다.

또 디젤엔진에는 점도(粘度, Viscosity)가 크고 값이 싼 연료유를 쓸 수 없으므로 경제적인 이유로 큰 보일러를 놓고 주추진 구동도 터빈으로 하고

화물류 펌프도 증기 터빈으로 돌렸다. 그후 저질유를 사용하는 엔진이 개발되고 해양 오염방지를 위하여 전용 Ballast Tank를 의무화하게 되니 이젠 디젤엔진으로 추진하는 것이 일반화되었다.

(2) LNG 가스선에서 불가피하게 증발(Boil Off)되는 화물 가스를 주추진 기관의 에너지로 쓰기 위하여 LNG Burning Boiler와 터빈을 쓴다. 증발된 LNG가스를 재액화(Reliquefaction)할 수도 있으나 비경제적이다. 장래에는 디젤도 쓰고 또 때에 따라서는 LNG 가스도 쓸 수 있는 이중 연료 엔진(Duel Fuel)도 개발되어 사용이 가능할 것으로 본다. 현재 연구와 개발작업이 진행되고 있다.

4 단 위

단위에는 영・미의 foot-pound법과 국제표준인 미터법, 그리고 동양 고래의 척관법, 또는 최근의 국제표준인 SI 단위 등 여러 가지가 있어서 복잡하다. 조선공학에서 가장 많이 쓰이는 단위들 중 혼돈 가능성이 있는 것들을 추려서 정리 소개한다.

(1) 길이, 속도, 면적, 부피, 배율, 각도

1 inch=2.54 cm

1 feet=12 inch=30.48 cm

1 yard=3 feet=91.44 cm

1 fathom=6 feet

1 mile=1609 m=5280 feet

1 nautical mile(해상 mile)=1852 m=6080 feet

1자(尺)=30.303 cm=10치(寸)

1간=6자

1장=10자

1 kn=1852 m/h=0.5148 m/s

1 m/s=1.9438 kn(1/0.5148)=2.2369 mile/h=3.2808 ft/sec

1 rad=57.297도(반지름과 원호의 길이가 같아지는 부채꼴의 꼭지각)

1 rad/s=9.549 rpm

1 rpm=360도/60 min=6도/min

1 gallon(U.S)=3.785 ℓ

1 gallon(英)=4.546 ℓ (약 1.2 U.S gallon)=8 pints=4 quarts

1 barrel=35 英gallon=42 美gallon=0.159 m^3

1 bushel=32 quarts(8 英gallon)=64 pints=1.2445 ft^3

1 bushel(英)=0.036 m^3

1 bushel(美)=0.035 m^3

석(石)=180 ℓ

말 =18 ℓ

되 =1.8 ℓ

홉 =0.18 ℓ

작 =0.018 ℓ

1 BM=1″×12″×12″=144 $inch^3$=0.00236 m^3

※ BM : Board Measure 또는 BF(Board Foot)로도 표기하는 나무 부피 단위

1才=1치×1치×12자=3338 cm^3=0.00334 m^3=1.41 BM

1 CPM(Cubic Feet Per Minute)=1.7 m^3/h

1 GPM(Gallon Per Minute)=0.227 m^3/h

1 a(아르)=100 m^2

1 ha(헥타르)=10 a

1 km^2=100 ha

1 acre(에이커)=4046.86 m^2=43535 ft^2

1평=6자×6자=30.303 cm×30.303 cm×36=3.3058 m^2

mega 100만배(10^6)

giga 10억배(10^9)

micro 100만분의 1(10^{-6})

nano 10억분의 1(10^{-9})

1 micron micro meter(1/10^6 m, 1/1000 mm)

(2) 무게, 힘, 압력

1 lb=453.6 g=16 oz

1 t=1000 kg(metric ton)

1 t=2240 lb(long ton)=1016 kg

2000 lb(short ton) = 907.2 kg

1관 = 3.75 kg = 100냥 = 1000돈 = 6근 4냥(1근 = 16냥 = 600 g)

1냥 = 0.0375 kg = 10돈

1돈 = 0.00375 kg = 3.75 g

g = 980 cm/s^2 = 980 Gal(1 Gal = 1 cm/s^2)

= 32.17 ft/s^2(980.665 ÷ 30.48)

다음부터 중량단위 우측에 붙이는 f는 단순질량(mass)이 아니고 중량인 힘을 나타내기 위해 force의 f를 따서 붙인 것이다. 지구상에 존재하는 모든 무게는 전부 중력 가속도를 받는 중량이며, 질량이란 그 무게들의 상대적인 크기 차이를 규명해 주는 척도에 지나지 않는다.

1 gf = 1 g × 980 cm/s^2(정확하게는 980.664)

(1 g중) = 980 g · cm/s^2 = 980 dyn

1 dyn = 1 g · cm/s^2 = 1/980 gf

1 lbf = 32.17 lb · ft/s^2 = 32.17 Poundal

1 Poundal = 0.03108 lbf = 14.08 gf(약 14.1)

= 13826 dyn(14.1 × 980.665)

1 Slug = 32.17 lb = 14.59 kg(32.17 × 0.4536)

1 g/cm^3(물의 비중) = 62.427 lb/ft^3

$$\frac{30.48\ \text{cm} \times 30.48\ \text{cm} \times 30.48\ \text{cm} \times 1\ \text{g/cm}^3}{453.6\ \text{g}} = 62.427(\text{lb/ft}^3)$$

1 N = 100 000 dyn(N은 Newton임)

1 Kip = 1000 × 453.6 gf × 980.665 dyn/gf

= 4448.3 × 100 000 dyn = 4448.3 N

1 bar = 1 000 000 dyn/cm^2 = 14.5 PSI

= 1.019 kg/cm^2(1 ÷ 0.98) = 0.987 atm(기압)

1 kg/cm^2 = 14.22 lb/in^2(PSI) = 0.98 bar

1 atm(기압) = 수은주 76cm

= 1033 cm 물기둥(76 × 수은비중 13.6 = 1033)

= 1.033 kg/cm^2 = 1.013 bar(1.033 × 0.98) = 14.7 lb/in^2

1 Pa = 1 N/m^2 = 1/100 000 bar(1 bar = 100 000 Pa) (Pa는 Pascal임)

1 atm=101 325 Pa

1 kg/cm^2=98 066 Pa

1 bar=100 000 Pa

1 PSI(lb/in^2)=6 895 Pa

1 m_{WC}=1 $m_{수주(Water\ Column)}$

=0.1 kg/cm^2············유체용기의 저압 단위로 사용

1 mm_{Aq}=1/1000 m_{WC}·········송풍 닥트와 Fan압력 단위로 씀

(3) 일, 에너지, 마력

1 erg=dyn · cm

1 J=10 000 000 erg

1 W=J/s

1 cal=4.1855 J

1 BTU=252 cal(1 lb를 1℉ 올리는 열량 453.6×5÷9=252)

=778.26 ft · lbf

1 kW=550 ft · lbf(영 · 미 마력)

=0.746 kW

1 PS=75 kgf · m(미터법 마력, 속칭 프랑스 마력)

=0.735 kW

1 HP · h=2545 BTU

1 kW · h=860 kcal

1 lbf · ft=0.138 kgf · m

=0.293 W · h

1 cal=0.4268 kgf · m(4.1855÷9.8067)

1 kgf · m=9.8 J(정확히는 9.8067 cal)

물의 융해열, 응고열=80 cal/g(정확히는 79.68 cal)

=144 BTU/lb

물의 액화열, 기화열=540 cal/g

=970 BTU/lb

1냉동톤(미터법) : 물 1 t(1000 kg)을 하루에 얼리는 열량

$$\frac{1000\ kg \times 79.68\ cal}{24} = 3320\ kcal/h$$

$=3.861$ kW(860 kcal=1 kW·h이므로 3320÷860=3.861)

$=5.2488$ PS

$=5.1770$ HP

1美냉동톤 : 물 2000 lb를 하루에 얼리는 열량

$$\frac{144\ \text{BTU}\times 2000}{24\times 60}=200\ \text{BTU/min}$$

$=3024$ kcal/h

$=3516.85$ W

$=4.7154$ HP

(4) 온도, 기체상수, 전기량

섭씨 절대온도 °K=℃+273

화씨 절대온도 °R=℉+460

°R=1.8 °K

기체상수 R=1.987 cal/(g mol)(°K)

=1.987 BTU/(lb mol)(°R)

=1545 ft·lb/(lb mol)(°R)

1 C=1 A·s(C는 Coulomb, A는 암페어)

3600 C=1 A·h

1 Faraday=96500 C

(5) GT와 Stowage Factor(SF)

1 GT　　100 ft^3

$100\times 0.0283\ m^3=2.83\ m^3$

1 m^3　　$1\div 0.0283\ m^3=35.3\ ft^3$

즉, 물(비중 1.0) 1 t이 35.3 ft^3이고, 해수(비중 1.025) 1 t이 34.42 ft^3이다.

SF=Cargo 1 t(2240 lb)이 갖는 Volume(ft^3)

따라서 비중 1.0인 화물의 SF는 35.9가 된다.

$$35.3\ ft^3\times\frac{1016\ \text{kg}(2240\ \text{lb})}{1000\ \text{kg}}=35.3\times 1.016=35.9$$

쌀의 SF는 46~50으로 가벼운 화물이고, 철광석의 SF는 12~15로 무거운 화물이다. 어떤 화물이든 비중을 알면 〔35.9÷비중〕의 계산으로 SF가 계산된다.

5 내연기관의 원리

그림 Ⅴ-3에서 디젤엔진의 경우에는 실린더의 윗부분이 연소실로서 연료와 압축된 공기를 넣고 피스톤으로 압축하면 점화되면서 폭발한다. 그 폭발력에 의하여 피스톤이 크랭크에 회전력을 유발시키고 크랭크는 회전 관성력에 의하여 올라가면서 또 새로 들어온 연료와 공기를 압축하여 또 다시 폭발을 유발한다. 가솔린 엔진의 경우에는 휘발유와 공기를 섞은 혼합가스를 실린더에 넣고 압축시킨 다음 전기식 점화기(Igniter)로 착화시켜서 폭발시킨다. 선박에서는 가솔린 엔진은 거의 쓰지 않는다. 피스톤이 상하운동을 반복하는 데 따라 연료와 공기가 들어가고 연소된 가스가 밖으로 나가는 여러 개의 피스톤들의 동작은 서로 리듬이 잘 맞도록 고안하지 않으면 안 된다.

그림 Ⅴ-3

Piston의 직선 왕복운동을 Crank축의 회전운동으로 바꾸어 준다.

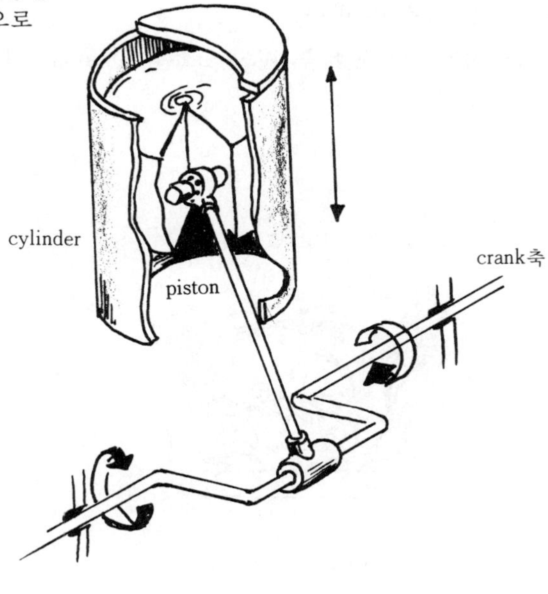

6 보일러의 원리

(1) 증 기

물은 1기압에서 100℃로 가열하면 끓는다. 물은 1기압보다 높은 압력하에서는 100℃보다 높아야 끓는다.

압력솥에서 음식이 잘 무르는 것은 압력 때문에 잘 익는 것이 아니고 압력이 올라가면 끓는 온도가 올라가기 때문에 잘 익는 것이다. 보일러는 물을 밀폐용기에 넣고 자꾸 온도를 높여서 내부의 높은 증기압을 얻어내는 것이 목적이다.

그림 V-4(A)는 보통 냄비이다. 물이 끓으면 가벼운 뚜껑이 들리고 김이 바로 새어 나가므로 내부 압력도 1기압이고 온도는 100℃°이상 올라가지 않는다.

그림 V-4(B)는 압력솥 그림이다. 뚜껑이 세게 잠겨 있기 때문에 잘 벗겨지지 않는다. 내부 압력이 자꾸 올라가면 위험할 수 있으므로 일정 압력 이상 못 올라가게 하기 위하여 안전 밸브가 있다. 냄비의 속은 1기압 이상이며 온도는 100℃ 이상이다. 이 그림들에서 나오는 김은 증기가 아니고 물의 분자이다. 수증기 또는 Wet Steam이라고도 한다. 진짜 증기는 그냥 증기라고 하거나, Dry Steam 또는 Live Steam(일을 할 수 있는 살아있는 증기라는 별명)이라고 한다.

증기는 다시 포화증기(Saturated Steam), 과열증기(Super Heated Steam)

그림 V-4

(a) 보통솥 : 100℃ 이상 안 올라간다. (b) 압력솥 : 100℃ 이상 올라간다.

로 구분된다. 증기의 온도, 압력, 비체적(比體積, Specific Volume), 비엔댈피(比Enthalpy) 등을 쉽게 찾아 쓸 수 있도록 만들어 놓은 증기표(Steam Table)와 Chart가 각종 계산에 널리 쓰인다.

일을 하는 데 팽창 에너지를 발휘하는 것은 체적이므로 1g의 증기가 갖는 부피가 얼마인가 하는 물성이 비체적이며, 열에너지를 발휘하는 것은 열량이므로 1g의 증기가 몇 칼로리를 내는가 하는 물성을 엔댈피라고 부른다. 증기표에는 포화증기표와 과열증기표가 구별되어 작성되었으며 과열증기의 비체적과 엔댈피값이 더 크다.

(2) 전열 면적

그림 V-5(A)는 6면이 편편한 엷은 금속판으로 만든 밀폐된 직육면체이고, 그림 (B)는 같은 부피를 갖는 관(管, Tube) 조립품이다. 양쪽의 4각기둥형 직육면체 사이에 많은 튜브를 연결해 놓은 것이다.

오른쪽 관 조립품이 훨씬 큰 표면적을 갖고 있으며, 더 작은 관을 더 많은 개수로 한다면 더 큰 표면적을 가질 것이다. 이 표면적이 바로 열을 전달하는 전열면적이며, 전열면적이 큰 만큼 더 많은 증기를 생산한다는 것은 필지의 사실이다. 결국 보일러는 전열면적을 많이 가지도록 만든 관 조립품일 따름이다.

그림 V-6은 보일러의 가장 일반적인 형태의 중요한 곳만 요약해서 보인 그림이다. 아래쪽의 물 탱크(Water Drum)와 위쪽의 Steam Drum은 튜브판(증발 Bank Unit)으로 연결되어 있으며, 왼쪽의 넓은 연소실은 Membrane으로 불리는 튜브 조립판으로 이루어져 있다.

그림 V-5 튜브 Coil
같은 부피라면 큰 표면적, 즉 더 큰 전열 면적이 얻어진다.
모든 열교환기의 기본형이다.

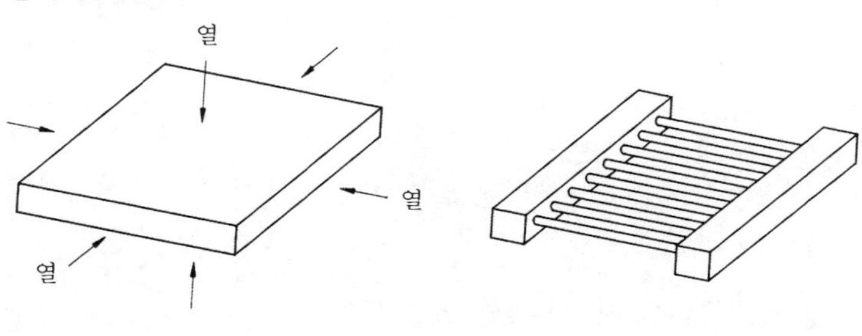

그림 V-6 보일러의 개략 설명 약도

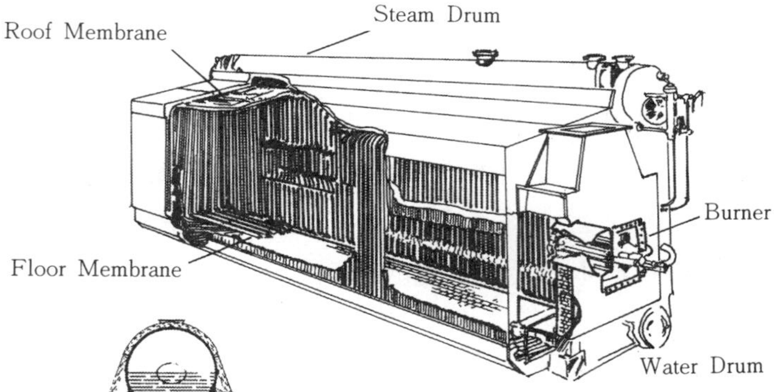

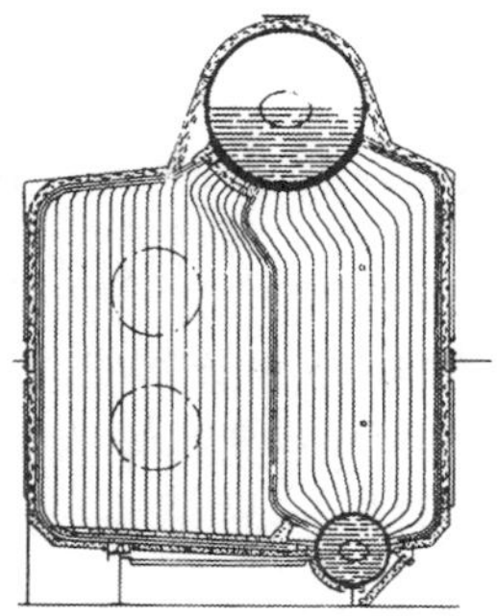

단면도

그림 V-7 선박용 보일러

기름이나 가스 또는 석탄이 연소되면 화염과 고열의 연소기체가 노(Furnace, 연소실)에서 증발 Bank로 유도된다. 화염과 연소가스가 지나가는 경로의 Guide 벽체와 외곽은 낱개의 튜브와 좁은 폭의 연결판을 번갈아 가며 이어 붙여 만든 Membrane이다.

보일러의 최외곽은 불연단열재로 감싸서 열효율을 높이고 안전을 도모한다. Water Drum의 물이 고열을 받은 모든 튜브에서 증발하여 Boiler Drum으로 가며, Steam Drum의 낮은 부위에 고인 응축수는 Down Comer라고 하는 Drain관을 통하여 다시 Water Drum으로 보내진다.

Steam을 빼서 동력기계를 가동시키거나 가열원으로 쓴 다음에는 다시 복수기(Condenser)를 통과시켜 물로 만든 다음에 보일러에 보충수로 복귀시킨다. 효율증대를 위하여 여러 가지 튜브 배열방식과 순환방식이 개발되어 여러 가지 형태의 보일러가 고안된다.

석탄 보일러에는 여러 가지 입도(粒度, Grain Size)의 석탄을 때는 각기 다른 연료 Feeding방식 및 연소장치들이 고안되어 있고 경유나 Bunker C용 버너 그리고 LPG나 도시가스를 쓰는 가스버너 등도 잘 개발되어 있다.

Steam 생산을 보아 가며 자동적으로 버너의 연소상태를 조절하는 우수한 ACC(Automatic Combustion Control)가 쓰이고 있으며, 연소용 공기를 공급하는 Forced Draft Fan과 보일러에 물을 주입하는 급수(給水, Feed Water) 펌프의 각종 고급 기술도 잘 개발되어 있다.

Tanker 등 대개 상선에는 작은 보조용 소형 보일러가 한두 개씩 쓰이는 정도이지만, 아직도 이 세상 전력의 대부분은 보일러와 터빈에 의하여 만들어지므로 보일러는 대단히 큰 산업분야이다. 광의의 의미로는 핵분열 열을 이용하는 원자로도 하나의 특수한 형태의 보일러이다.

보일러 용량은 스팀 압력과 시간당 생산되는 스팀의 중량으로 표시한다. 대부분의 Steam Consumer(증기를 소요로 하는 기계들)는 증기소요량이 나와 있으므로 그것들을 전부 합친 것보다 좀더 큰 보일러를 놓으면 된다.

7 터빈(Turbine)

터빈축에 꿰어진 원판 모양(Disc)의 바퀴 원주 주변에 바람개비 날개와 같은 깃(Blade)이 꽉 차게 꽂혀 있고 그 둘레는 케이싱(Casing)으로 싸여 있으며 케이싱의 원주 둘레에는 증기를 쏘아 주는 노즐들이 붙어 있다.

그림 V-8 터빈 Rotor의 Blade Wheel

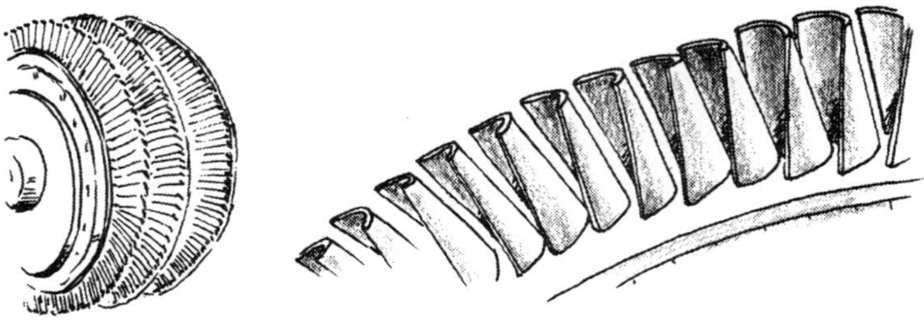

blade의 생김새

그림 V-9 Impulse Turbine과 Reaction Turbine

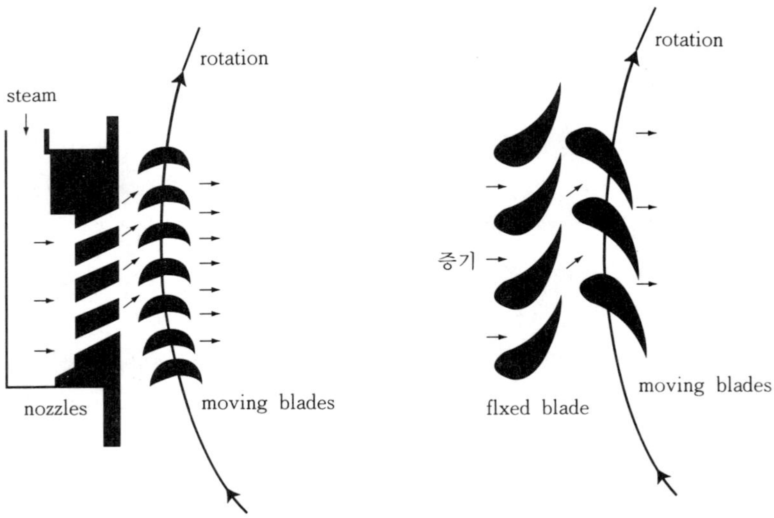

(a) Impulse Turbine (b) Reaction Turbine

그림 V-8은 원판 바퀴 여러 개가 축에 꿰어진 Rotor(회전자)이다. 바퀴의 수를 Stage라고 하고 Stage가 1개일 때 단식, 여러 개일 때 복식이라고 하며, Steam이 Blade를 때리는 방식에 따라 충동식(Impulse)과 반동식(Reaction)으로 구별한다.

그림 V-9는 위에서 내려다본 Blade와 Nozzle의 한 부분이며 Steam이 Blade를 돌려주고 지나가는 원리를 설명한 그림이다. Fixed Blade는 케이싱에 붙어 있어 움직이지 않고 지나가는 Steam의 방향만 Turbine Blade에 좋은 각도로 때리도록 Guide Vane 역할을 해준다.

그림 V-10

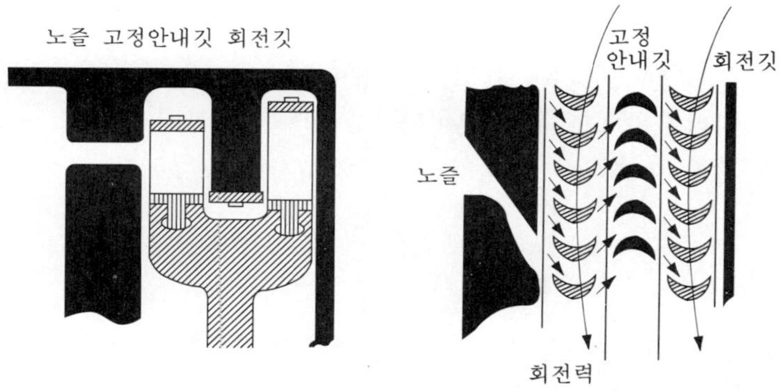

(a) 입면도 (b) 평면도

그림 Ⅴ-10은 케이싱에 붙어 있는 고정익의 역할을 이해하기 쉽도록 그린 그림이다. 터빈의 목적과 용도 및 용량에 맞추어서 특화하고 효율을 향상하기 위해 여러 가지 타입이 개발되어 왔다.

충동식과 반동식이 있음은 이미 언급한 바와 같고, 또 각기 단식 복식이 있으며 충동식 터빈에는 속도식(Curtis식)과 압력식(Rateau 라토우식)이 있다. 또한 충동-반동 혼식(Modified Parsons식)도 있으며, 큰 터빈에서는 한 번 쓴 스팀을 최후까지 쓰기 위해 High Pressure Side Turbine과 Low Pressure Side Turbine을 따로 놓는다.

그림 Ⅴ-11에 터빈 투시도를 예도로 첨부하였다.

그림 V-11

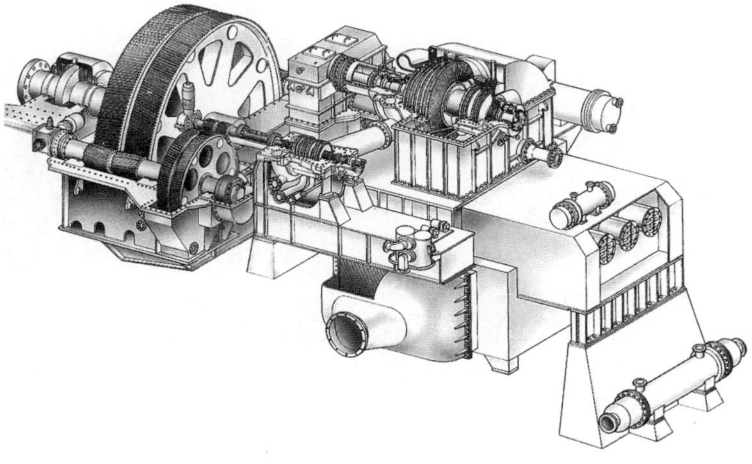

(1) Gas Turbine

Steam 대신 고급 연료를 압축 공기와 함께 연소시켜 부풀려진 Volume을 에너지원으로 쓰는 것이다. 생산되는 마력에 비하여 작고 가벼운 것이 장점이며 항공기에 주로 쓰고 선박에서는 초고속정 등에 쓰인다.

그림 V-12

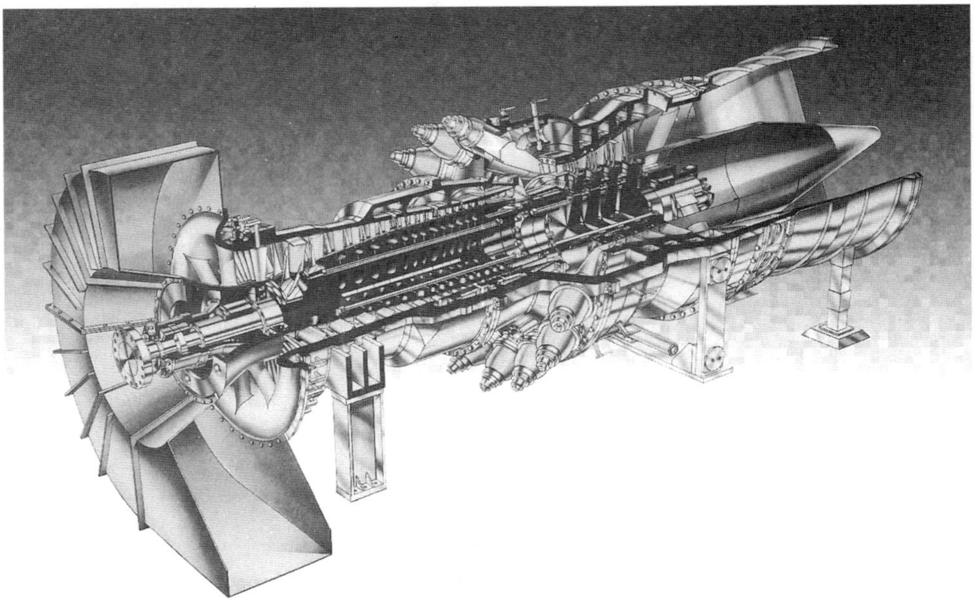

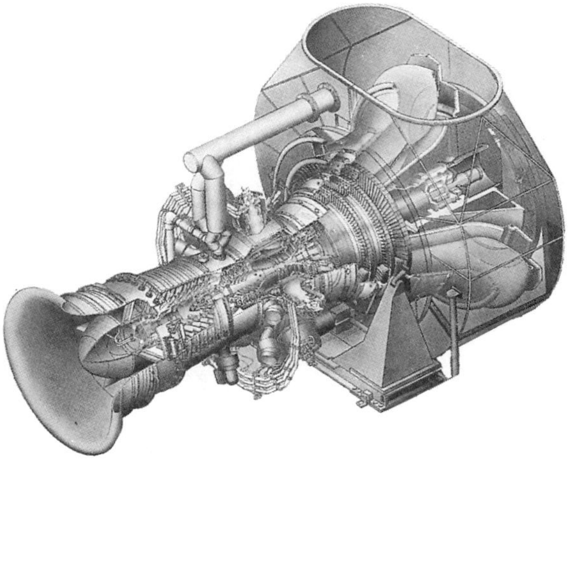

그림 V-13

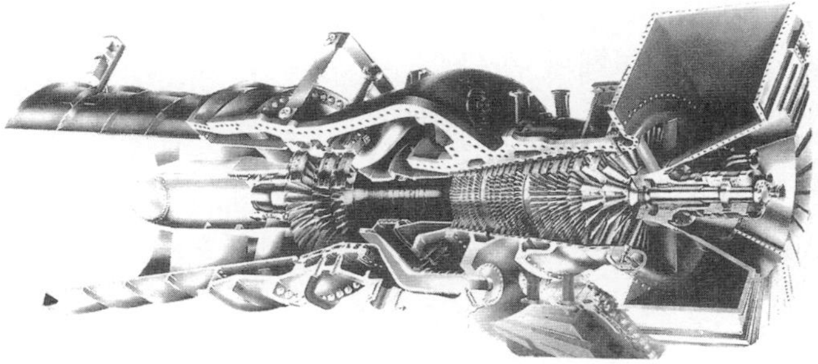

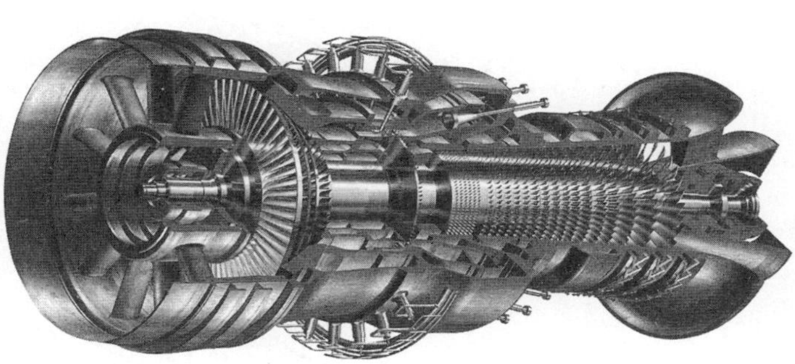

그림 V-14

(2) Reduction Gear

터빈은 분당 10,000회전 정도의 고속이므로 반드시 대단위 감속 기어(Reduction Gear)를 써야 하며, 큰 용량의 동력 전달이 이루어져야 하므로 크고 견고해야 한다.

그림 V-15 기어 Box 개방도

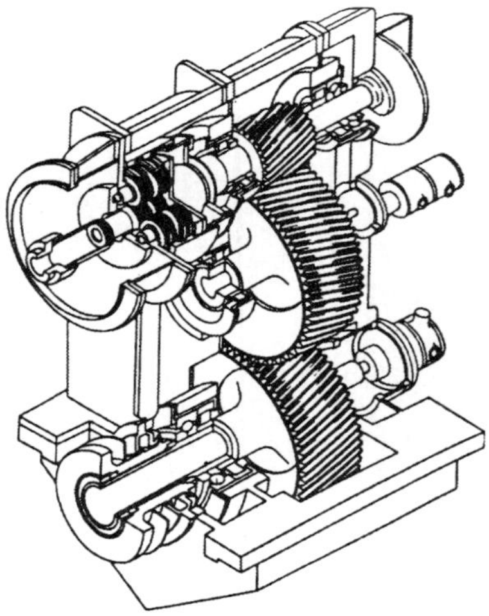

2. 디젤엔진(Diesel Engine)

1 작동 메커니즘(Mechanism)

최초의 시동은 압축 공기를 써서 피스톤을 작동시킴으로써 크랭크 축을 선회시키며, 실린더들이 순차적으로 연소 폭발을 시작하면 균일한 회전을 하도록 무게의 안배가 이루어진 Crank Arm과 Shaft 끝단에 있는 무거운 Flywheel(慣性輪)에 의하여 엔진은 안정된 회전을 유지한다.

실린더 내의 폭발력뿐만 아니라 피스톤이 크랭크를 회전시키는 것은 굉장한 충격력이므로 Piston Cylinder, Crank Shaft, Cylinder Block, Crank Case 등은 충분한 강도를 갖는 대단히 중후한 구조라야 한다.

그림 V-16 Main Layout and Power Generation Mechanism

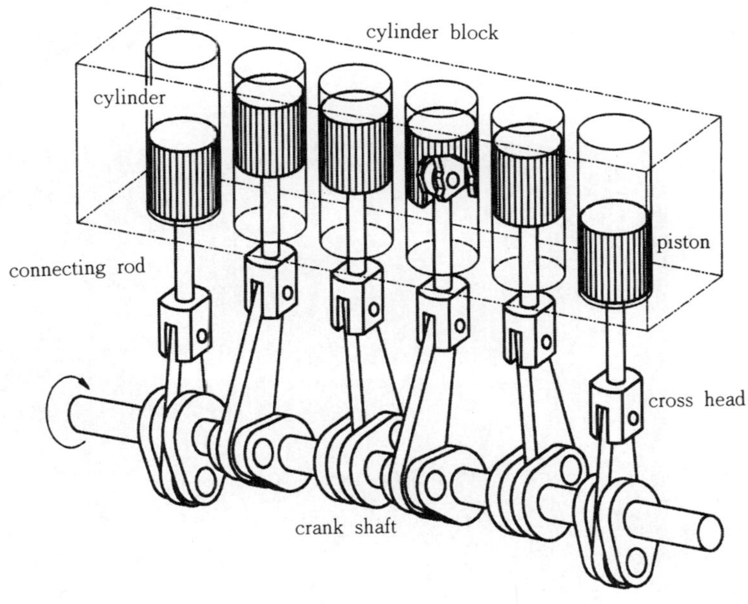

그림 V-17 초대형 엔진

사람들과 비교하여 사이즈가 짐작된다.
생김새로 보아 12기통(피스톤이 12개)임을
알 수 있다.

그림 V-18 완성된 엔진 모습

그림 V-19 엔진 개방도 Sketch 일례

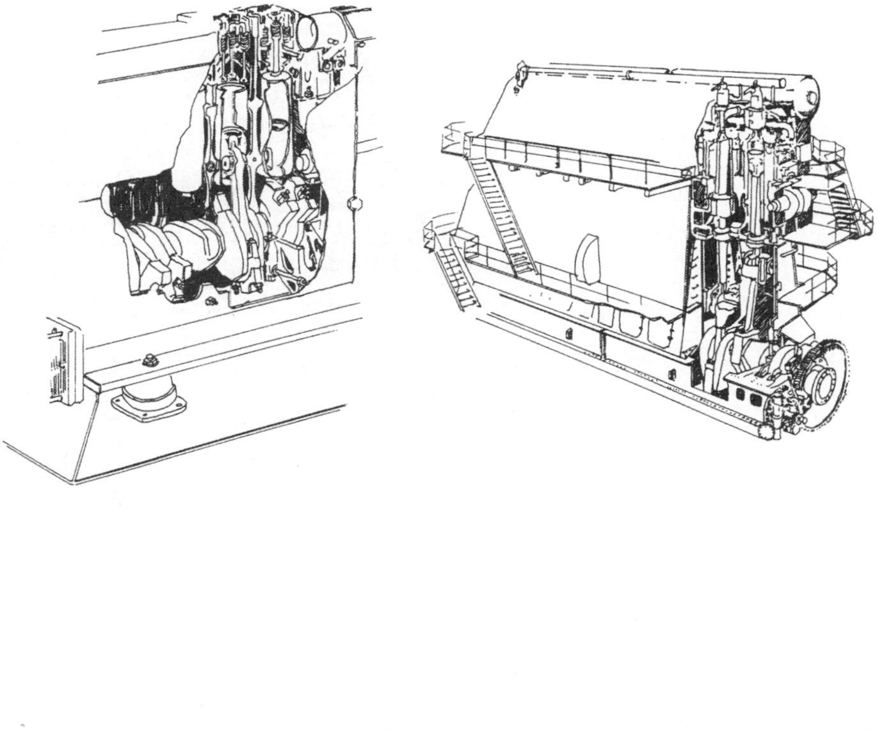

그림 V-20 엔진 내부 개방도

Crank Shaft, Connecting Rod, Piston/Cylinder 등에 대한 생김새가 실감나는 그림이다.

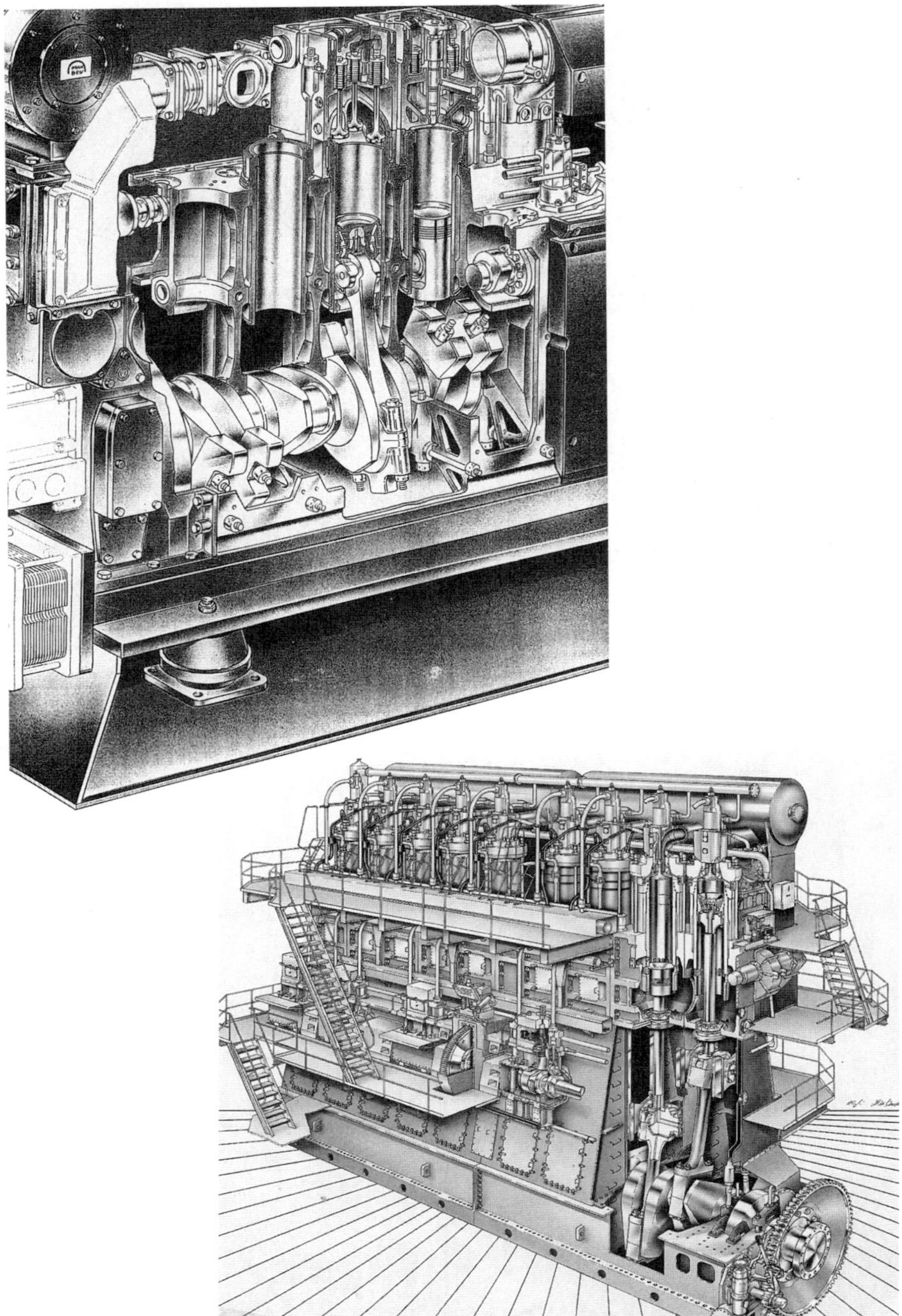

그림 Ⅴ-21 엔진 Cylinder Case

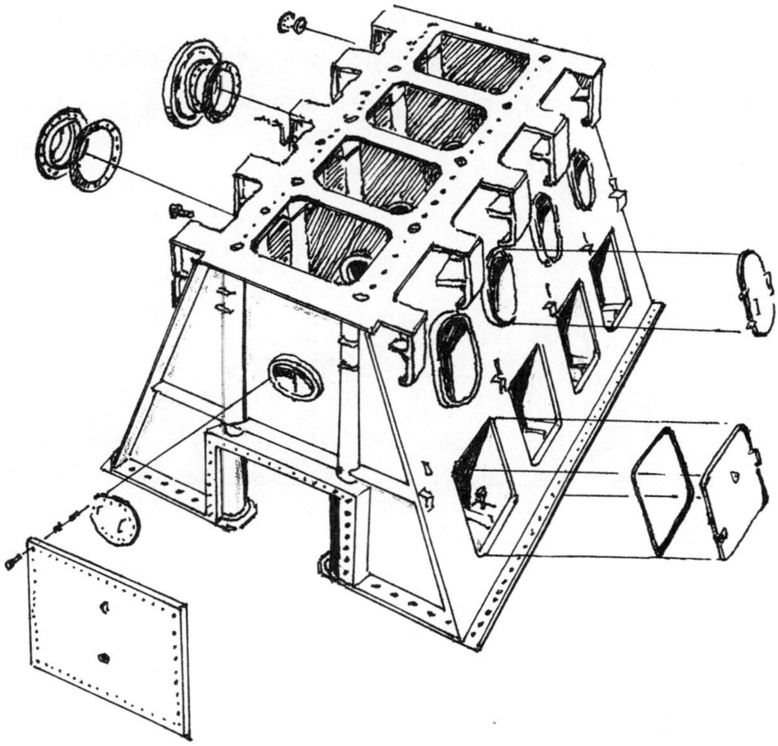

그림 Ⅴ-22 엔진 Bed Block

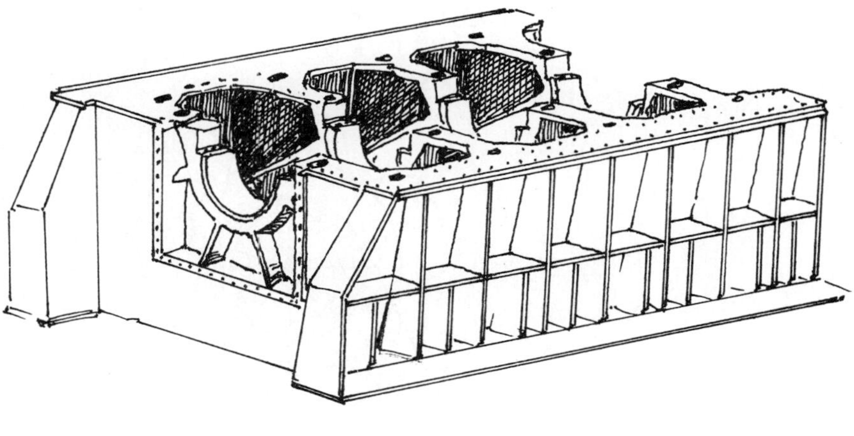

2 크랭크 축

소형은 불에 달궈서 크랭크 가공 특수 장비로 구부려서 만들고, 큰 것은 ㄷ자형 고리 모양의 Arm에 Journal을 열박음(Shrinkage Fit) 조립한다. 모양에 익숙하도록 그림들을 첨부하였다(그림 V-23, 24 참조).

그림 V-23 Crank Shaft

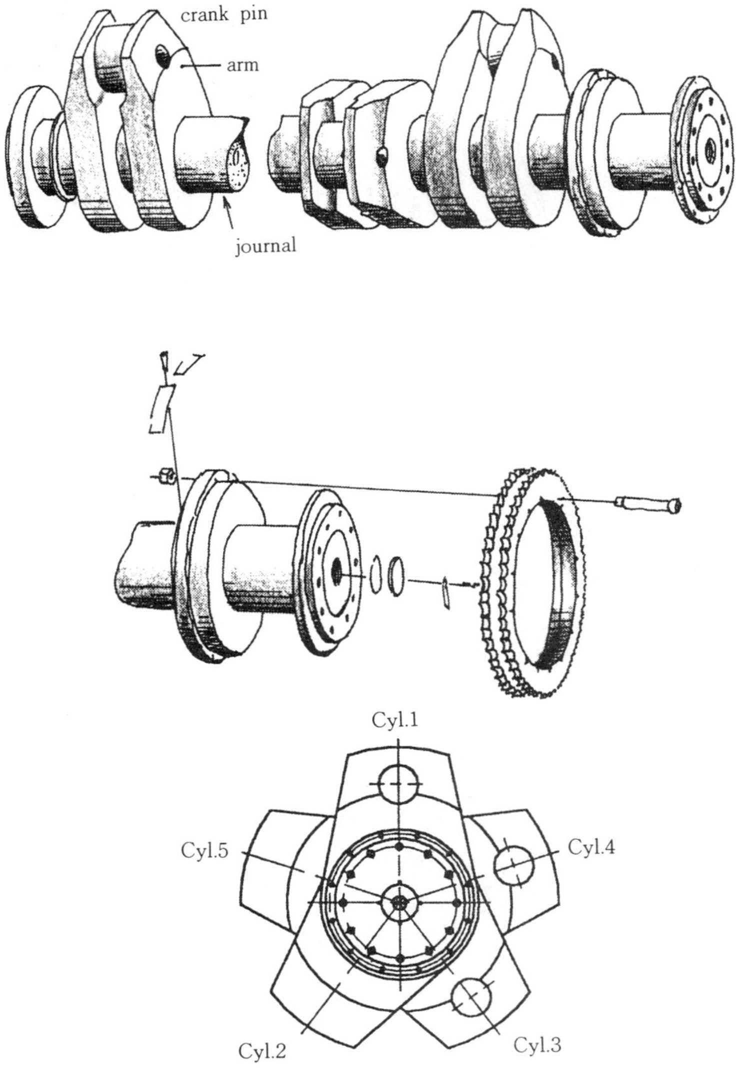

그림 Ⅴ-24 Crank Shaft 운송 광경

3 급배기와 연소 순서

2행정기관과 4행정기관의 급배기 원리는 그림 V-25와 같고, 각각의 연소 순서는 그림 V-26에 도시하였다.

그림 V-25 급배기 원리

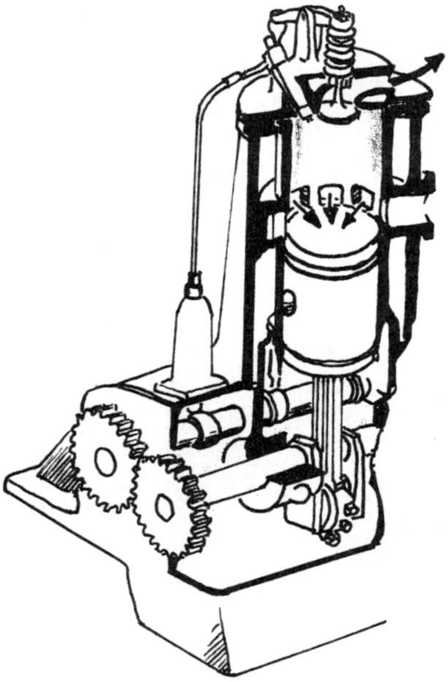

(a) 2행정기관 급배기 원리
Cylinder 중허리로 급기가 위로 소기가 된다.

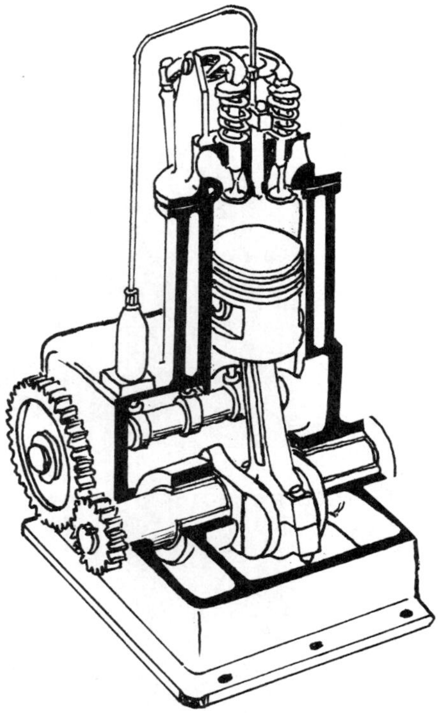

(b) 4행정기관 급배기 원리
Cylinder 맨 위에 급기와 배기용의 Valve가 있다.

그림 V-26 행정기관의 연소 순서

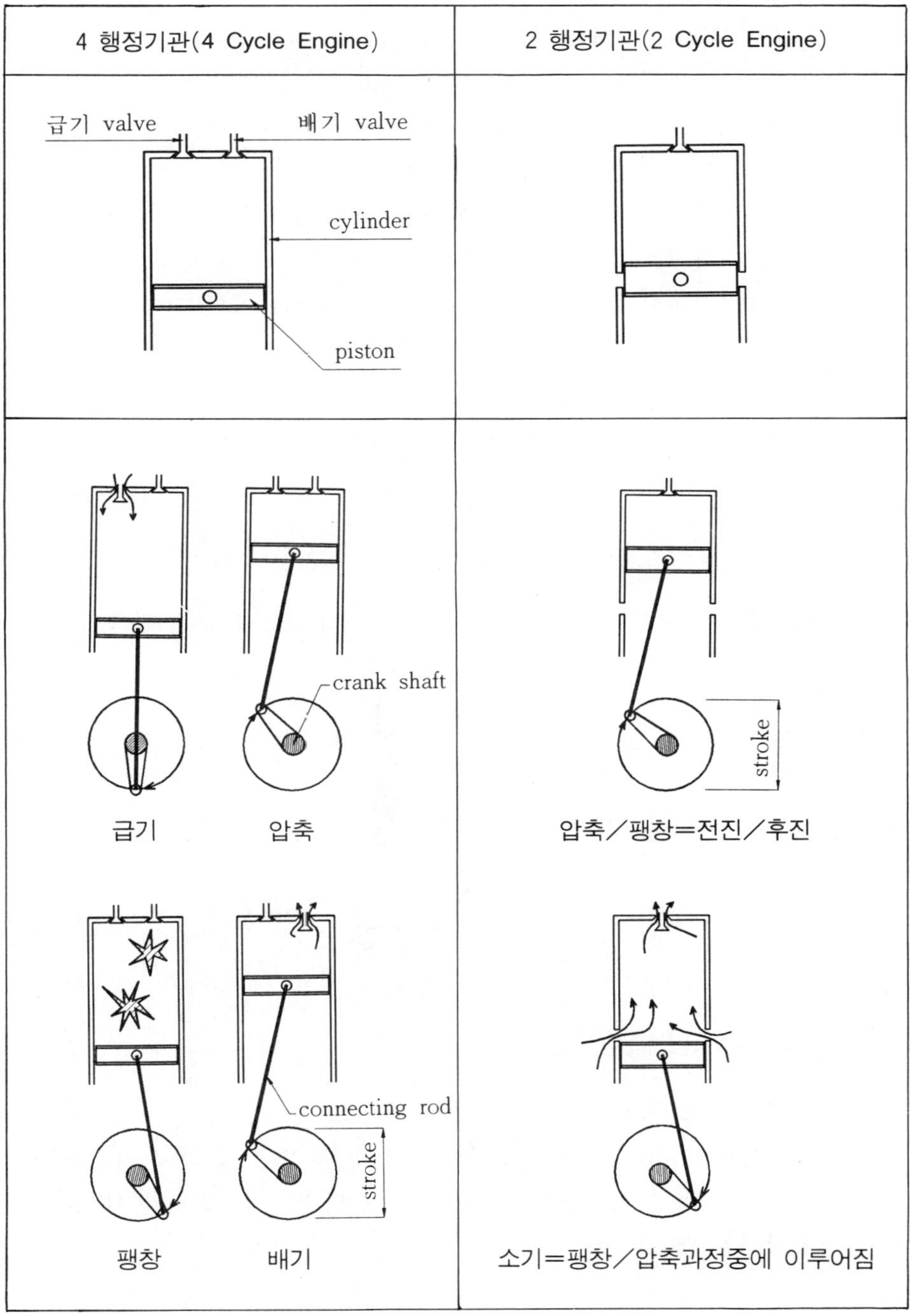

4 엔진의 액세서리

(1) 연료분사 펌프와 급배기 변

연료분사 펌프(Fuel Injection Pump)와 급배기 변(Suoply and Exhaust Valve)은 피스톤의 폭발, 즉 Crank Shaft의 회전과 타이밍이 맞아야 하므로 동기화 동작(同機化 動作)을 유발하는 Cam을 활용한다.

그림 V-27에서 보면 연엽형의 Cam이 회전하면서 편심점 *A*가 Push Rod를 밀면서 지나가면 Push Rod는 변위, 즉 반경과 중심으로부터 편심점 이격거리의 차이 *S*만큼 위로 올라간다. Cam은 이와 같이 회전운동으로부터 직선 운동으로 바꾸어 주는 메커니즘이다.

이 직선 운동으로 흡배기 변과 연료분사 펌프 작동의 동기화를 이루면, 축의 회전수 변화가 있더라도 변화에 상응하여 흡배기 변과 연료분사 펌프가 작동한다.

그림 V-27

Cam과 Push Rod가 접촉되는 곳은 마찰이 거의 없는 Roller식이지만
이해가 쉽도록 송곳처럼 표시했다.

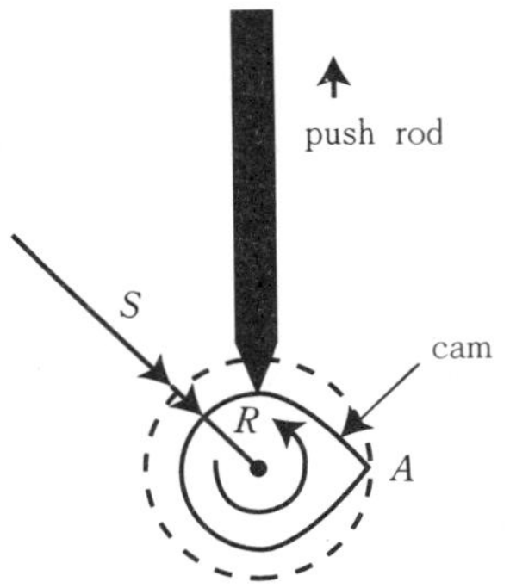

(2) 시동공기 변

시동공기 변(Starting Air Valve)은 시동 핸들 조작에 따라 항상 동일 압력을 유지하고 있는 압축공기 탱크로부터 압축공기가 실린더로 주입되도록 조작되는 밸브이다. 시동공기 변도 흡배기 변처럼 Cam에 의하여 작동된다(그림 V-28 참조).

그림 Ⅴ-28 Cam 작동 원리 설명 약도

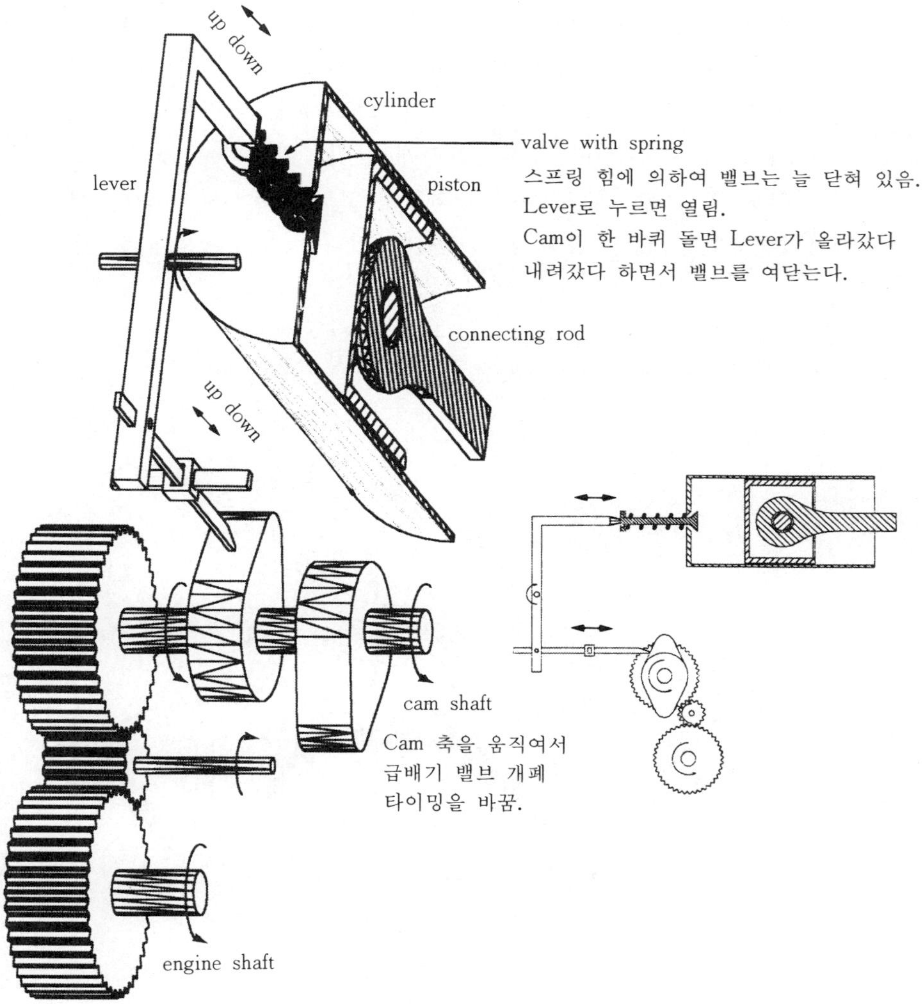

(3) 조속기(Speed Governor)

그림 V-29에서 엔진 회전축과 Governor 본체가 연결되어 있다. 엔진이 지정한 속도보다 빨리 돌면 원심력에 의하여 Flyball이 멀리 이탈해 나감에 따라 Flyball 격자는 Actuator를 밀어 올려서 연료밸브를 좀 오무려 주어(Throttle) 속도가 떨어지게 한다. 반대로 엔진 속도가 지정한 속도보다 떨어지게 되면 스프링 힘에 의하여 Actuator는 내려오게 되어 연료 밸브가 좀 더 크게 열려서 속도가 올라가게 한다. 이렇게 자동적으로 지정한 속도를 크게 벗어나지 않고 운전이 되도록 고안한 Speed Governor를 쓰며 각기 다른 고안의 많은 종류가 개발되어 있다.

그림 V-29 조속기(操速器, Governor)의 개념도

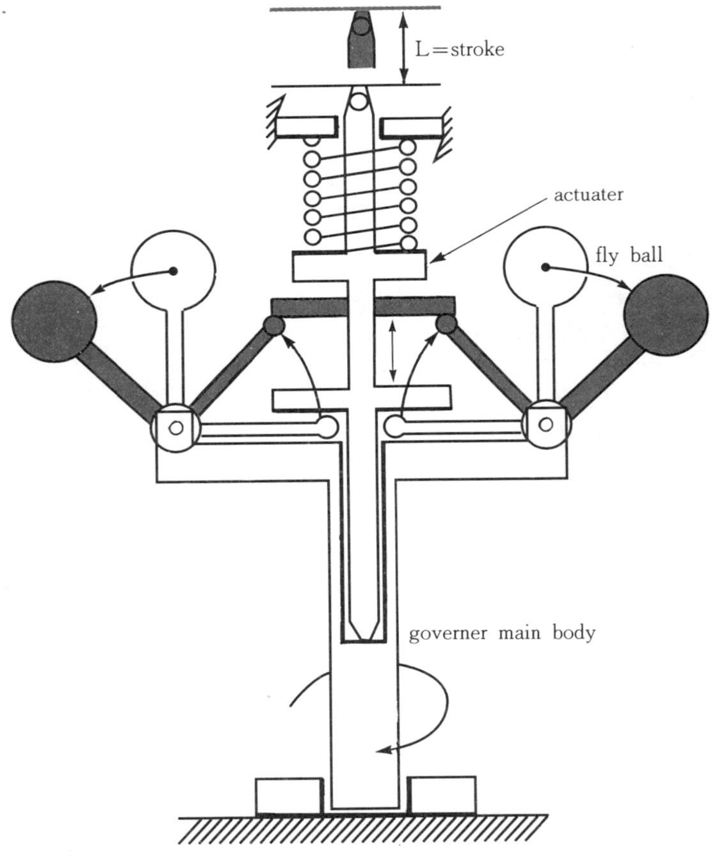

(4) 과급기(過給機, Turbo Charger)

실린더에 공기를 많이 넣을수록 엔진 효율이 크게 증가하므로 엔진폐기(Exhaust Gas)의 용적과 압력으로부터 얻어지는 운동 에너지를 재활용해서 가스터빈을 돌리고 터빈으로 Fan을 돌려서 실린더 급기를 많이 넣어 준다. 이 Turbine Driving Fan을 과급기라고 한다(그림 V-30 참조).

그림 V-30 과급기(過給機, Turbo Charger)

배기가스가 터빈을 돌리고, 터빈이 Fan을 돌리고, 압축된 공기가 급기로 공급되면 과급기가 없는 것보다 급기 압력이 올라감으로 해서 더 많은 마력이 발생된다.

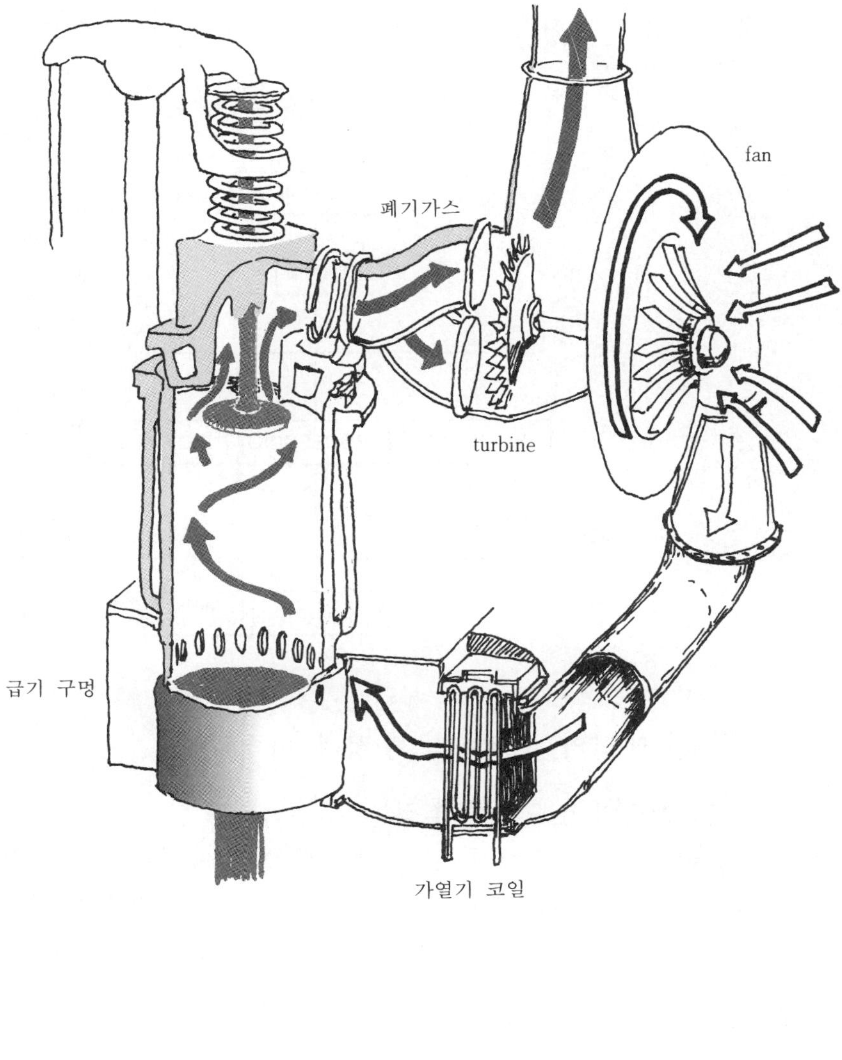

(5) Control Unit

엔진이 안전하게 운행하기 위한 운행 컨디션, 즉 연소상태, 회전수, 마력, 각종 온도, 윤활유 압력, 냉각수 압력 및 온도, 연료조건, 소모량 등 현상을 자동 감지하고 또 운전상 필요한 지시사항, 즉 증속·감속·정지 기타 일반 Maintenance Activity에 수반되는 각종 조처를 하고자 할 때, 해도 괜찮은지 선결 조처 사항이 무엇인지 따져 보아야 할 중요한 사항들이 많다. 이와 같이 안전하게 능률적으로 운전할 수 있도록 고안된 표준 제어장치(Standard Control System)가 필요하다.

그림 V-31은 하나의 Sensing Point로서 파급되는 조처들을 Diagram화해 보았다. Sensing Point가 500개나 1000개나 또는 2000개라고 하면 굉장히 복잡해지지만 거대한 엔진과 액세서리 및 부속 지원장치까지 안전하게 고장나지 않고 긴 시간을 운전하기 위해서는 복잡한 자동감지 및 제어장치가 필요한 것이다.

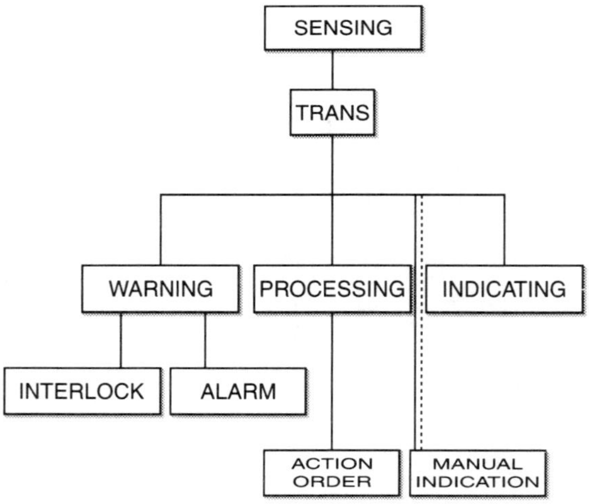

5 엔진의 소요마력 추정과 마력 계산

(1) 엔진의 소요마력 추정

정확한 추정을 위해서 선형 모델 테스트와 복잡한 해석 과정을 수행해야 하지만 대략의 값을 약식으로 추정하는 방법들이 있으며, 그 중 가장 간단한 일례는 다음과 같다.

$$HP=\frac{V^3\times\triangle^{2/3}}{C}$$

V : speed in knot

$\triangle$: displacement in ton

C : admirality coefficient

※ 여기서 C는 여러 개의 유사실적선에서 추출하여 새로 설계하고자 하는 배에 적용해야 한다. 아주 Rough한 측정이므로 참고적으로 한번 해보는 계산이며, 진정한 소요마력은 모형시험을 통해서 계측해야 한다.

(2) 도시출력(圖示出力, Indicated Horse Power, IHP) 계산

2행정기관 $$IHP=\frac{P\times L\times A\times N}{4500}$$

4행정기관 $$IHP=\frac{P\times L\times A\times N}{9000}$$

P : 실린더내 평균 유효압력(Mean Effective Pressure, kg/cm^2)

L : 실린더내 피스톤 행정거리(Piston Stroke, m)

A : Piston Head 면적(cm^2)

N : 분당 회전수(RPM)

위의 공식은 자세히 살펴보면 $\frac{P\times V\times n}{75}$으로부터 온 것을 알 수 있다. 선박에서는 분당 회전수를 주로 쓰므로 60으로 나누어 준 것이고 실린더 Volume의 단면적 A와 Stroke 길이 L의 곱이 된 것이다.

다시 정리하면 2행정기관에서는 폭발수와 회전수가 같기 때문에

$$IHP=\frac{P\times V\times n}{75}$$

$$=\frac{PLAN}{75\times60}=\frac{PLAN}{4500}$$

이 되고, 4행정기관은 2회전해야 1회 폭발이 이루어지기 때문에 $\frac{PLAN}{9000}$ 이 되는 것이다.

참고로 터빈의 마력도 Steam 동력으로부터 이론적 원초적으로 구할 수도

있겠지만, 축의 Torque(회전우력)를 재서 축마력으로 환산하면 현실적이고 쉽다.

$$\text{SHP(Shaft HP)} = \frac{2\pi NQ}{4500}$$

N : RPM
Q : Torque(kg · m)

디젤엔진의 용량을 최고로 올리기 위하여는 P와 L과 N을 키우면 되는 것이지만, RPM을 올리는 것이 프로펠러 효율을 나쁘게 하므로 P와 L만이 관건이 된다.

기실 과거 20년간 지속적으로 실린더 압력과 Stroke를 올리는 엔진 개발이 지속되었는데, 그 과정에서 구조 강성이 못 견디었거나 냉각 능력이 감당하기 어려운 고열 부분이 생겨서 취약해지는 사례가 있었지만 그런대로 성능좋은 디젤엔진들이 개발되어 왔다.

6 디젤기관의 장단점

(1) 증기기관과의 비교

① 열효율이 크므로 연료비가 덜 든다.
② 작업원이 많이 필요치 않으므로 선원 인건비가 덜 든다.
③ 기관실 중량이 가벼워 짐을 더 실을 수 있다.
④ 물 소요가 적다.
⑤ 시동이 빠르므로 운영이 편리하다.
⑥ 배기가스가 깨끗하여 청정한 외양 유지에 도움이 된다.

위의 ①②③항은 선박 경쟁력으로서 가장 중요한 항목이다. 진동가능성 이외에 별로 내세울 만한 열등한 항목이 없기 때문에 박용기관으로서의 디젤엔진이 탁월한 장점들을 가지고 있는 것이다.

(2) 가솔린엔진과의 비교

① 값이 싼 연료를 쓰므로 운항비가 적게 든다.
② 실린더 압력이 높아 열효율이 좋으므로 연료비가 덜 든다.
③ 화재 위험이 적다.

④ 엔진이 무겁고 크다.
⑤ 엔진 값이 비싸다.
⑥ 진동 소음이 크다.

이와 같이 비교해 볼 때 승용차에 대하여는 자동차 구입가격과 안락한 승차감 때문에 가솔린엔진의 선호가 절대적이다. 박용기관으로서는 디젤엔진의 경제성이 절대적이어서 화물선에서 가솔린엔진을 쓰는 일은 거의 없다.

7 저속 2행정 디젤기관과 중속 4행정 디젤기관의 비교

여러 가지 설계 특성상의 차이가 있지만 적어도 연료 경제면에서는 양방이 경쟁적이다. 마력당 연료 소비량에서나 값이 싼 저질 조악 연료 사용능력 범위 등에 대해서는 난형난제라고 할 만큼 경쟁적으로 기술 개발을 해오고 있다.

가장 두드러진 차이점으로 저속기관은 4~7기통, 중속기관은 12~18기통이며, 회전수는 저속 100~130 RPM, 중속 400~550 RPM이다. 크기 및 중량을 비교해 보면, 저속기관이 훨씬 크고 무게도 2배 정도 더 무겁다. 중속기관의 회전수는 저속에 비해 약 4배 빠르다. 실린더의 연소폭발은 2회전에 한번 발생하므로 Power 생산 횟수가 저속 엔진의 2배가 된다. 따라서 기계가 작아지고 가벼워진 것이다.

이상의 두드러진 특성 차이로부터 다음과 같은 장단점이 비교된다.

구 분	장 점	단 점
2행정기관	• 마모나 고장이 적어 유지보수비가 적게 들고 수명이 길다.	• 비싸다. • 진동 우려가 크다.
4행정기관	• 싸다(추진기에 맞도록 취부하는 감속기를 포함하더라도). • 작다. • 가볍다.	• 기통이 많아서 구성 부속품이 많다. 그래서 Spare도 많아야 한다. • 4배가 빠르게 움직이므로 마모가 많고 고장 빈도가 잦다. 운항차질 빈도 가능성이 높고 더 많은 선원의 일품을 필요로 한다.

이상에서와 같이 4행정 중속기관도 순수한 경제적 센스만 가지고 볼 때는 만만치 않은 강점을 가지고 있지만, 바다라고 하는 대자연의 모든 가능성에 대하여는 고장이 적고 수명이 긴 신뢰성을 선호하는 것이 선주 사회의 보수적인 성향인 것이다. 실제로 중형선급 이상의 큰 배에서는 거의 전부가 저속 2행정기관을 취택하고 있는 것이 현실이다.

3. 엔진과 기관실의 지원 설비(Auxiliaries)

엔진이 돌기 위해서는 다음의 요건들과 관련 기기(機器)들 및 시스템의 지원이 필요하다.

(1) 연료유(Fuel Oil)
(2) 윤활유(Lubricating Oil)
(3) 냉각수(Cooling Water)
(4) 시동용 압축공기(Starting Air)
(5) 연소용 공기(Ventilation)
(6) 전력(Electric Power Generator)
(7) Steam
(8) Bilge Discharges
(9) Lighting
(10) Fire Protection
(11) Air Conditioner
(12) Control Station(제어, 동력, 통신)
(13) etc.

1 연료유(Fuel Oil)

대형 저장 탱크(대개 12,000~20,000 해리 항행 가능 용량)와 분리 유조(Settling Tank), Service Tank, 이송 펌프, 원심 분리 방식의 청정기(清淨機, Purifier), 탱크 내의 Steam Heating Coil, Oil Filter, Oil Heater 등으로 구성되어 있다.

깨끗하고 적당한 정도의 Viscosity를 갖는 온도 조건으로 된 연료를 엔진의 실린더로 공급하여야 하는 것이다. Purifier 대수와 크기는 엔진 크기에 따라 달라진다.

대개 F.O용 2개, L.O용 2개로 한다. 초대형 D.O(Diesel Oil) 발전기를 쓸 경우는 D.O용을 따로 둔다.

60 K BC	2200 ℓ /h×2대(F.O)
	1400 ℓ /h×2대(L.O)
150 K BC	2900 ℓ /h×2대(F.O)
	2200 ℓ /h×2대(L.O)
4400 TEU	6900 ℓ /h×2대(F.O)
컨테이너선	4800 ℓ /h×2대(L.O)
VLCC	4700 ℓ /h×2대(F.O)
	4000 ℓ /h×2대(L.O)

물론 위의 Combination은 일례이며, Configuration(편성윤곽) 구성을 달리할 수 있다.

2 윤활유(Lublicating Oil)

윤활유는 윤활 목적과 냉각 목적 양쪽으로 쓰인다. 저장 탱크와 펌프, 청정기(L.O Purifier), Cooler, Filter 등으로 구성한다.

실린더와 피스톤의 높은 연소열을 식히면서 실린더 벽과 피스톤의 윤활을 위하여 쓰여진 기름은 L.O. Sump라고 하는 엔진 바닥 넓이 전체에 해당하는 대단히 큰 탱크에 고였다가 다시 쓰이기를 반복한다.

그 외의 여러 중후한 활주 부분에 필요한 윤활 시스템들이 마련되어야 하며, 윤활유 펌프는 비좁은 틈새까지도 높은 압력으로 밀어 넣기 위하여 강력한 Positive Displacement Type Pump, 즉 Screw Type 또는 Gear Pump Type을 써왔으나 최근에는 낮은 위치에 펌프의 임펠러 블레이드(Impeller Blade)를 두는 Deep Well형의 정교한 원심펌프가 개발되어 널리 쓰이고 있다.

그림 V-31

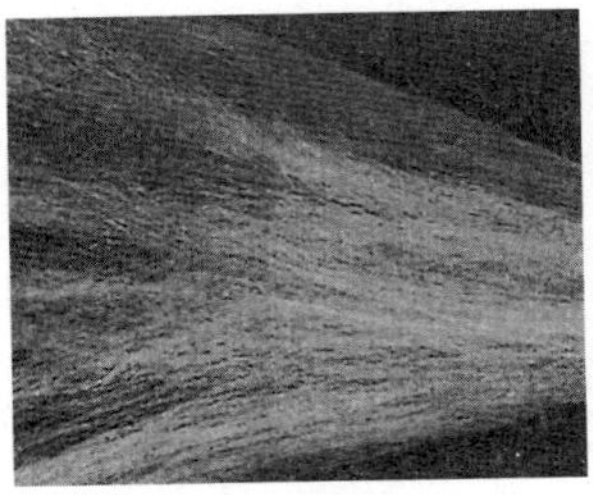

(a) 머리카락처럼 가느다란 中空 R.O. 섬유소

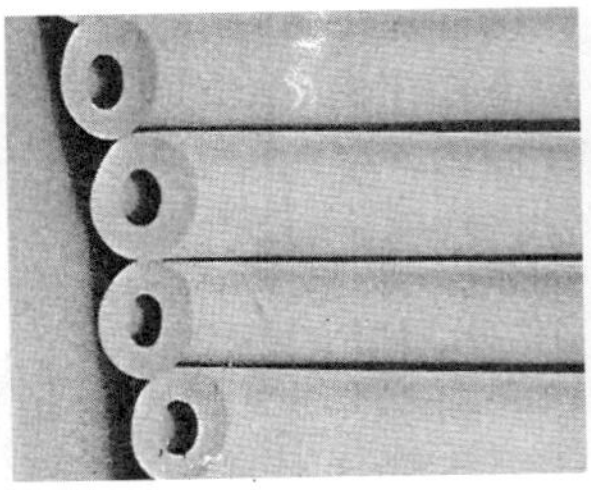

(b) 섬유소를 확대한 개념 형상도

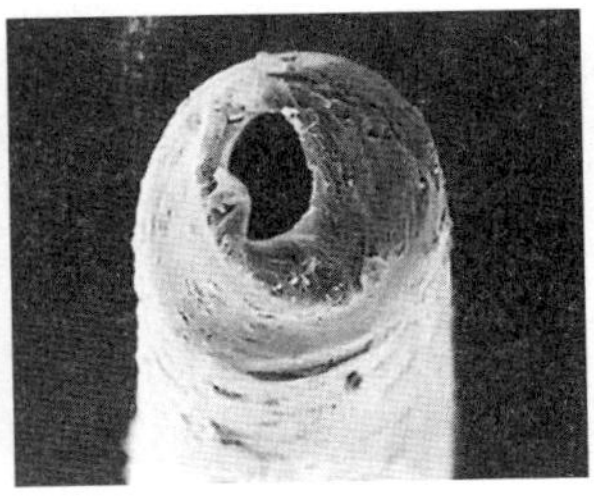

(c) 실제 현미경 확대 촬영 사진

3 냉각수

海水와 淸水(Fresh Water)가 각각 분리되어 쓰이며, 청수 탱크, Cooler, 펌프, 造水機(Distiller 또는 Evaporator 또는 Fresh Water Generator라고 하며 海水를 증유시켜 淸水化하는 열 교환기) 등으로 구성된다. 보통은 수백 톤씩 육상 청수를 공급받아서 큰 Storage Tank에 가지고 다니나, 부족하게 될 경우를 대비하여 증류수 제조 설비를 구비한다. Vacuum Pump나 Ejector로 진공에 가까운 낮은 기압 분위기를 만들고 엔진 냉각으로 자연히 생긴 온수나 보일러로 생산한 증기로 해수를 데우면 50~60℃ 정도에서 쉽게 끓어서 증발하므로 이를 모아서 증류수를 만든다.

음용수(飮用水)는 일반 냉각수와 달리 위생 처리 절차를 따라 분리하여 취급한다. 그림 V-32는 전형적인 Distiller를 설명한 그림이다. Ejector란 옛날에 병 속에 든 파리약을 분무시킬 때 쓰던 불개대롱의 원리와 같은 것

그림 V-32 Distiller(造水機)

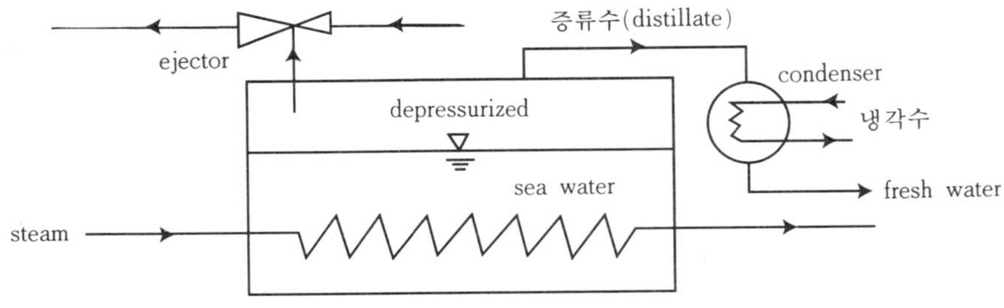

그림 V-33 Imaginary Illustration of an R.O. Element

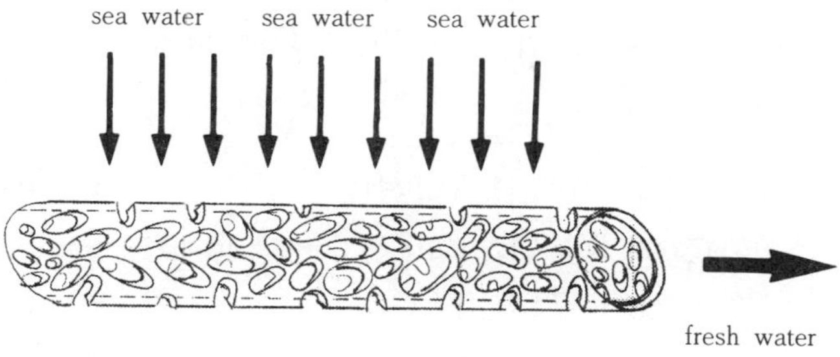

으로 강한 기체로 불면 용기 속에 든 것을 빨아내서 진공화시키는 역할을 하는 기구이다. 하루 25～30톤 정도 생산할 수 있는 크기로 한다. 최근에는 역삼투압식(Reverse Osmosis) 담수화 조수기도 쓰인다.

그림 V-33은 R.O Element Tube를 확대해서 그린 상상도이다. 해수를 수직 방향으로 통과시킬 경우 물분자 이외의 어떠한 고형물 분자도 다 걸러서 순수한 청수만 튜브를 따라 흘러나가게 됨을 보여 주는 것이다. 이 튜브는 실제로는 머리카락 정도의 굵기이며 벽면의 무수한 구멍은 인간의 육안에는 전혀 보이지 않는 미세한 구멍들이다. 이러한 튜브를 수만개씩 묶어서 만든 여과 Unit를 장착해서 만든 조수기를 R.O Type Fresh Water Generator라고 한다. 규모를 더 크게 해서 담수화 Plant를 건설하기도 하고 보다 작은 규모로 해서 가정용 정수기에도 쓰인다.

4 시동용 압축공기

공기 압축기로 30 kg/cm^2 정도의 압축공기를 만들어서 탱크 속에 저장하며, 필요한 탱크 압력이 충분히 도달되면 Compressor는 자동 정지되고 압력이 떨어지면 자동 Start되도록 하여 언제라도 엔진 시동을 거는 데 아무 문제가 없도록 한다. 탱크의 용량은 6번 정도 엔진을 시동할 수 있는 크기로 하고 Compressor 크기는 저장 탱크를 일정한 시간 내에 채울 수 있는 크기로 한다.

발전기 엔진 시동용 공기조(空氣槽, Air Tank)는 별도로 있어야 하며, 일반 Pneumatic Tool과 (윈치, 그라인더, 에어 실린더 등) 청소 등 잡용으로 7~9 kg/cm^2 정도의 공기 탱크도 있어야 한다. 고압의 Starting Air를 감압시켜서 쓰며 낮은 압력의 Compressor를 따로 두기도 한다.

Compressor 크기는 주기관 크기에 따라 정해지며, 선종별 크기는 대개 다음과 같다.

60,000 DWT급 Bulk선	120~150 m^3	FAD 2대
150,000 DWT급 Bulk선	210~250 m^3	FAD 2대
300,000 DWT급 VLCC	350~450 m^3	FAD 2대
4000~5000 TEU 컨테이너선	350~400 m^3	FAD 4대

※ FAD는 대기압 상태로 팽창할 때의 부피이며, Free Air Delivery의 머릿글자를 따서 만든 약자이다. 위는 일반 일례일 뿐 대수와 크기를 바꿀 수 있다.

5 연소용 공기

기관실의 환기 및 대류를 통한 고열 공기의 자연 순환을 촉진시키기 위해서도 강제 환기장치는 필요하지만, 디젤엔진들의 연소를 위하여 필요로 하는 공기를 충분히 공급하여야 한다.

구석구석 균일하게 환기시키기 위해서는 합리적으로 Duct(通風筒)를 배치해야 하며 화재시의 긴급 차단수단이 준비되어 있어야 하고, 대형 Fan은 소음이 큰 기계이면서 거주 구역 가까이 놓을 수밖에 없는 형편이므로 소음방제 또는 적절한 소음 차단 방안을 염두에 두어야 한다.

6 전력(Electric Power Generation)

(1) 전력 수요 예측표(Electric Load Analysis)

전력 수요 예측은 Sea Going Condition(航行), Port in and Out Maneuvering Condition(入出港操船), Cargo Unloading Condition(荷役)으로 구분해서 검토한다.

보통 배들은 Port in and Out Condition에서 가장 많은 전력 Load가 걸린다. 특히 Side Thruster와 같이 600~2000 kW의 대용량 consumer가 장착된 배는 더욱 그렇다.

그러나 냉동 컨테이너를 많이 적재한 컨테이너船이나 항행중 많은 Hold

Fan을 자주 돌려 주는 Car-Carrier 같은 배는 항행 컨디션에서도 실질적인 전력 소요가 상당히 크다.

크레인을 장착한 Bulk船은 하역 작업을 할 때 크레인 전력부하가 발전기 용량 결정의 관건이 된다.

이와 같이 선종별로 또 Operation Mode별로 전력 소요가 다르므로 전력 소요량 예측을 위하여 Electric Load Analysis란 분석표를 만들어서 발전기 용량 결정의 근거로 삼는다.

(2) Load Factor와 Diversity Factor

Load Factor는 전력을 사용하는 어느 특정 기계의 설치 용량과 각 Operation Mode별 실제 부하와의 비율이다.

항만 입출항시에 Steering Gear는 많이 쓰이지만 직진 항행이 주인 대양 항해시에는 조금씩만 쓰인다.

Compressor는 엔진 시동 후 재충전을 위해서 풀가동하여야겠지만, 일단 필요량 재충전이 끝난 다음에는 미세 소모량 Cover를 위해서 잠시씩 가동하는 것 말고는 거의 작동이 없게 된다. 외부 조명등이라면 낮과 밤 사이의 Load 차이가 크게 난다.

각 기기의 설치용량은 보통 최대 부하를 Cover하도록 계산하거나 지정된 규칙에 따라 정하지만 Operation Mode별로 실제로 Load가 얼마이냐를 정확히 알아낸다는 것은 대단히 어렵다.

그러나 반복적으로 선박을 설계해 보고 사용자의 Report를 수집해 봄으로써 Operation Mode별로 각 전력기계의 적용 Load Factor는 얼마로 하면 좋은지 경험 상수로써 데이터화되므로 발전기 용량을 정하는 데 사용하는 것이다.

Diversity Factor는 24시간 중 실제 가동 시간 총계가 얼마나 될 것인가를 백분율로 나타낸 것이다.

이제 Operation Mode별로 각 기기의 Load Factor와 Diversity Factor를 적용시키고, 또 적절한 여유(10～20%)를 감안해서 총 발전용량을 정하면 된다.

그러나 Load Factor나 Diversity Factor 책정은 주관적인 견해차가 있을 뿐만 아니라 낙관적으로 생각해서 발전기 용량을 너무 작게 잡았을 경우에는 상당히 큰 낭패를 볼 수 있으므로 신중을 기할 필요가 있다. 또 모터들의

Starting시에는 높은 Starting Current가 필요되므로 불가피한 대용량 기기의 동시 Starting도 감안해서 발전기 용량을 설정해야 한다.

(3) 발전기 대수

정상 운항시 총소요를 충당할 수 있는 발전량을 100이라고 하면 100짜리 3대를 두는 것이 가장 바람직하다. Stand by Unit의 Immediate 자동 임무 교체뿐만 아니라 관리유지비를 절감하기 때문이다.

○ 정상 운항 : 100%×1대 가동
  이때는 Stand by가 200% Reserve, 즉 여유 예비 동력 2대 대기
○ 최고 부하 운항 모드 : 100%×2대 가동
  이때는 Stand by가 가동되고 있는 용량의 50%, 즉 Reserve 여유 예비 동력 1대 대기

이렇게 같은 것을 3대로 하면 부품 상호 호환성 및 Spare Minimize, 또 운전 및 영수선 숙달 등 장점이 생긴다. 단, 대량의 냉동 컨테이너 운반선에서와 같이 대용량 발전기를 놓을 때와 같은 경우 300%의 시설용량은 경제성뿐만 아니라 설치 장소 문제도 있으므로 합당한 Combination을 찾아야 한다.

선종별로 보통의 발전기 대수 및 조합형태를 보면 다음과 같다.

	Number	Capacity
60k Panamax Bulk	3 sets	500~700 kW/set
Cape Size Bulker	3 sets	600~800 kW/set
Aframax Tanker	3 sets	800~1000 kW/set
VLCC	3 sets	1000~1300 kW/set
Containers(5000 TEU급)	2 sets	2000 kW
	2 sets	1500 kW

7 Steam(Auxiliary Boiler and Exhaust Gas Boiler)

증기는 F.O Heating과 Warming Up, 경적(Steam Whistle), 조수기용, 船室 Heating용, 해수 취수구의 조개류 및 해조류 등 해양생물 서식 방제용, 때로는 Winch와 같은 Steam Deck Machinery 등(예전에는 Tanker선에

서 많이 썼는데 현재에는 대개 전동 유압식으로 바뀌었음) 다양한 목적으로 쓰인다. Oil Burning Boiler의 크기는 시간당 2~7톤 정도 용량이며, 압력은 6 kg/cm² 정도로 한다.

Exhaust Gas Boiler는 엔진의 폐기 가스가 가지고 나가는 폐열을 재활용 회수해서 증기를 만든다. 연료 경제란 말을 써서 Exhaust Gas Economizer, 또는 그냥 Economizer라고 한다. 예전 연료의 대표격인 석탄을 절약한다 하여 절탄기라는 말로도 번역한다.

엔진 크기에 따라 보일러의 크기가 결정되는데 보일러의 전열 면적을 많이 만들어 넣으면 Steam 생산은 더 되지만, 무리하게 크게 만들면 초기 투자가 너무 커지는 문제가 있으므로 적절한 크기로 해야 한다.

대개는 1~2 t/h 정도 크기로 한다. 엔진 폐기의 그을음(Soot)이 장시간에 걸쳐서 보일러 튜브에 침착했다가 화재가 유발되는 경우가 있는데, 이 경우 수리나 철거해 내기까지는 굴뚝이 없어 엔진을 못 쓰게 되므로 항상 주의깊게 청결히 하고 유지 관리를 잘 해야 한다. Air나 Steam을 이용한 Soot Blower를 사용한다.

8 Bilge

Bilge는 새어 들어온 물과 엎질러진 물이 고여 있는 것을 총칭하는 말이다. 배에서는 새어 들어오는 물이 가장 심각한 것이다. 자꾸 새어 들어온다면 배가 가라앉거나 또는 기관실의 제어 운용이 불가능해지기 때문이다. 따라서 Bilge를 퍼내는 관의 굵기와 펌프의 크기는 법으로 정한다.

기관실의 Bilge는 많은 양의 기름을 함유하고 있어 물만 따로 분리해서 배출하고 남은 찌꺼기(Siudge)는 모아서 배에 소각로(Incinerator)를 두어 태우거나 항만의 전문처리업체에 인계하여야 한다.

9 화재(Fire)

기관실은 기름을 취급하는 기계와 배관이 많고 또 윤활유가 새어 흐르는 곳도 많으므로 화재가 발생하면 쉽게 번지고 끄기가 어려워진다. 적용되는 강력한 소화설비로는 살수장치(撒水, Splinkler), 포말소화장치(泡沫, Foam), CO_2 소화장치, Halon 소화장치 등이 쓰인다.

살수장치는 많은 수의 분사 노즐에서 일제히 Water Spray를 유발시키는 방식이지만, 기름이 많은 곳에서는 기름이 물의 표면에 떠서 불이 옮겨 붙으므로 잘못하면 불을 널리 파급시키기만 하는 역작용이 우려되기도 한다.

Foam System은 150～200 mm 정도의 두꺼운 거품층으로 구획 내의 모든 평면적을 덮어 씌워서 불을 끄는 방식이다. 油性 화재 진화에 효력이 좋지만 한 번 사용 후에 거창한 세척작업을 해야 한다는 부담이 있으며, 특히 전기 단자 같은 곳까지 침투해서 오동작(誤動作) 우려가 있으므로 기피하는 경향이 있다.

Co_2는 고압 Bottle 수십개씩 Common Discharge Manifold에 연결되어 있어 분사핸들 한 번 작동으로 모든 Bottle의 Co_2가스가 Manifold를 타고 미리부터 분산 설치된 노즐 지관을 따라 공급된다. 불도 잘 꺼지고 사용 후 세척 문제도 없지만 사용 전에 모든 사람이 비켜 줘야 한다. 어느 구석에라도 미처 피신하지 못한 사람이 있으면 산소 결핍으로 사망한다. 실제로 희생된 예들이 있었으므로 기피하는 사람이 많다.

고압 시스템은 작고 중후한 Bottle을 많이 설치하게 되므로 중량이 무겁고 값도 비싸다. 이에 대한 대안으로서 한 개의 큰 탱크에 저장하는 저압 시스템도 쓰이는데, 낮은 온도 유지를 위해 냉동기를 돌려야 하는 번거로움이 있다.

Halon이란 브롬(Bromine) 화합물로서 일정량을 배출해 놓으면 소화 매체의 지속적인 분열 생성을 거듭해서 공간을 점유하면서 진화 효과를 낸다. 특히 인간들을 질식시키지 않으므로 호평을 받는 신 소화 시스템이었는데, 대기권 상부의 오존층을 파괴하는 특성 때문에 사용이 규제받는 비운을 맞았다.

결국 모든 면에서 완벽한 소화장치는 없는 가운데 최소한의 필요를 충족시키는 Combination을 만들어서 채용해야 하는 것이다.

4. 조타장치(操舵裝置, Steering System)

배의 방향을 선회시키는 시스템은 키(舵, Rudder)와 조타기(操舵機, Steering Gear)로 구성된다.

1 Rudder

Rudder의 꼬리가 우측으로 향하면 배도 우측으로 돈다. 선미로 흐르는 물이 Rudder 쪽으로 작용하는 힘들 중에는 분명히 Rudder를 배의 우측에서 좌측으로 미는 힘도 있다는 것을 느낄 수가 있다. 그 힘에 의하여 선미가 좌로 밀리기 때문에 선수가 우측으로 돌게 되는 것이다. 여기서 조타 능력은 Rudder 면적에 비례한다. 즉, Rudder가 커야 선회가 잘 이루어지는 것이다. 또 Rudder의 구조와 타축(舵軸, Rudder Stock)은 충분히 튼튼해야 걸려 오는 큰 힘을 감당할 수 있다.

Rudder 면적의 크기는 선체의 측면에서 보는 침수 면적의 1.2%~2.0% 정도 범위 내에서 정하며, 고속선은 작은 값으로 저속선은 큰 값이 되어야 한다.

상식적으로 생각해서 배가 아주 느리다면 Rudder가 역할을 잘 할 수 없게 되기 때문에 아주 커야만 조금이나마 효과를 낼 수 있으리라는 것은 쉽게 짐작할 수 있다. 속도가 느리고 Rudder가 충분히 크지 못하여 바람이나 조류에 밀려서 가고자 하는 방향으로 가지 못하는 것을 표류(漂流, Drift)라고 하며, 표류는 좌초나 충돌을 유발하는 위험한 상황의 시작인 것이다.

Rudder가 받는 총 면압의 크기는 주변유속(결국선속)과 Rudder 면적의 함수이다. 다음의 약산 공식이 널리 쓰인다.

면압 $P(\text{ton}) = 1/49\, AV^2 \sin\theta$

P : ton

A : 타 면적 m^2

V : 속도 knot

그림 V-34 타각(Rudder Angle)과 선수의 선회 방향

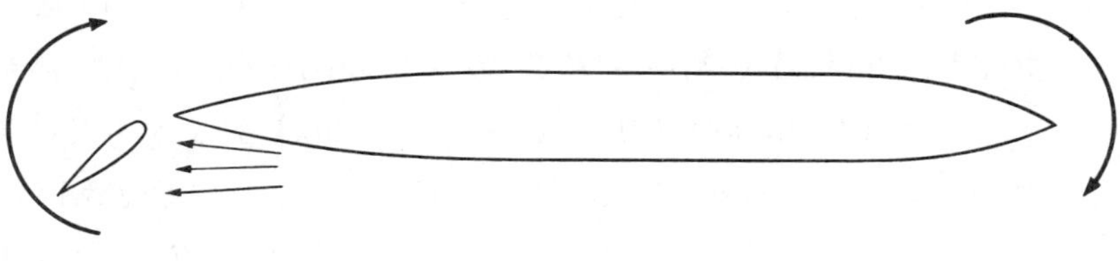

Rudder Stock은 타의 면압에 의하여 Bending과 Torque를 한꺼번에 받지만 Pintle과 중간 베어링 등에 의하여 Bending 부담은 줄어들므로 Torque만이 중요 관건이 된다.

Rudder를 돌려 주는 조타기의 연결을 떼어서 Rudder가 마음대로 움직일 수 있게 해 준다면 Rudder는 선체 중심선 방향과 일직선이 되도록 똑바로 놓이게 될 것이다. 즉, Torque=0 상태이다. 그런데 타각(舵角)을 유지한다는 뜻은 Rudder Stock가 Rudder면으로부터 원래 중립 위치로 돌아가고자 하는 선회력을 받고 있는 것이다.

배가 크고 빠를수록 타면압이 커지고 또 Torque도 커진다. Rudder Stock의 굵기를 정할 때는 필요 Torque에 잘 견디도록 충분히 크게 하여야 한다.

2 Steering Gear

Rudder의 중량은 Carrier라고 하는 받침대가 지지해 주고 있으며, 그 위에 Rudder Stock을 돌려 주는 Arm을 설치하는데 이를 Tiller라고 한다.

Tiller에 유압 Jack과 같은 유압 Cylinder/Ram을 연결시켜 놓고 유압펌프로부터 작동유를 보내서 Rudder Stock이 돌게 한다. 배의 선회를 위한 타각 변환 지시를 하면 유압 펌프로 탱크에서 기름을 퍼서 항상 같은 방향으로 송출해도 Solenoid Valve가 기름을 그림 V-35의 실선 방향으로 넣어 주고 점선 방향에서 빠지게 했다가, 또 반대로 점선 방향으로 넣어 주고 실선 방향으로 빠지게 하는 흐름방향 전환 조작을 해준다.

Rudder는 좌우로 약 35°씩 돌게 장치하며, 28초 동안에 한 번 돌릴 수 있는 용량의 Steering Gear를 설치한다.

3 Stern Casting과 Rudder Casting

Propeller Shaft와 프로펠러를 지지하기 위하여 Propeller Boss 부분과 Rudder Pintle의 돌쩌귀 역할을 하는 Rudder Horn은 선미부분 구조에 붙으므로 Stern Casting이라고 하고, Rudder Stock을 고정시키는 부분과 Pintle의 Rudder측 돌쩌귀 역할을 하는 곳에는 강력한 주강(鑄鋼, Cast Steel) 덩어리를 넣어서 조립하는데 이를 Rudder Casting(舵頭材)이라고 한다.

Casting은 주조도 잘 이루어져야 하고 용접도 잘 이루어져야 하며 Boring 등 기계 가공도 정밀하게 이루어지도록 주의를 집중시켜야만 한다.

그림 V-35 Rudder and Steering Gear

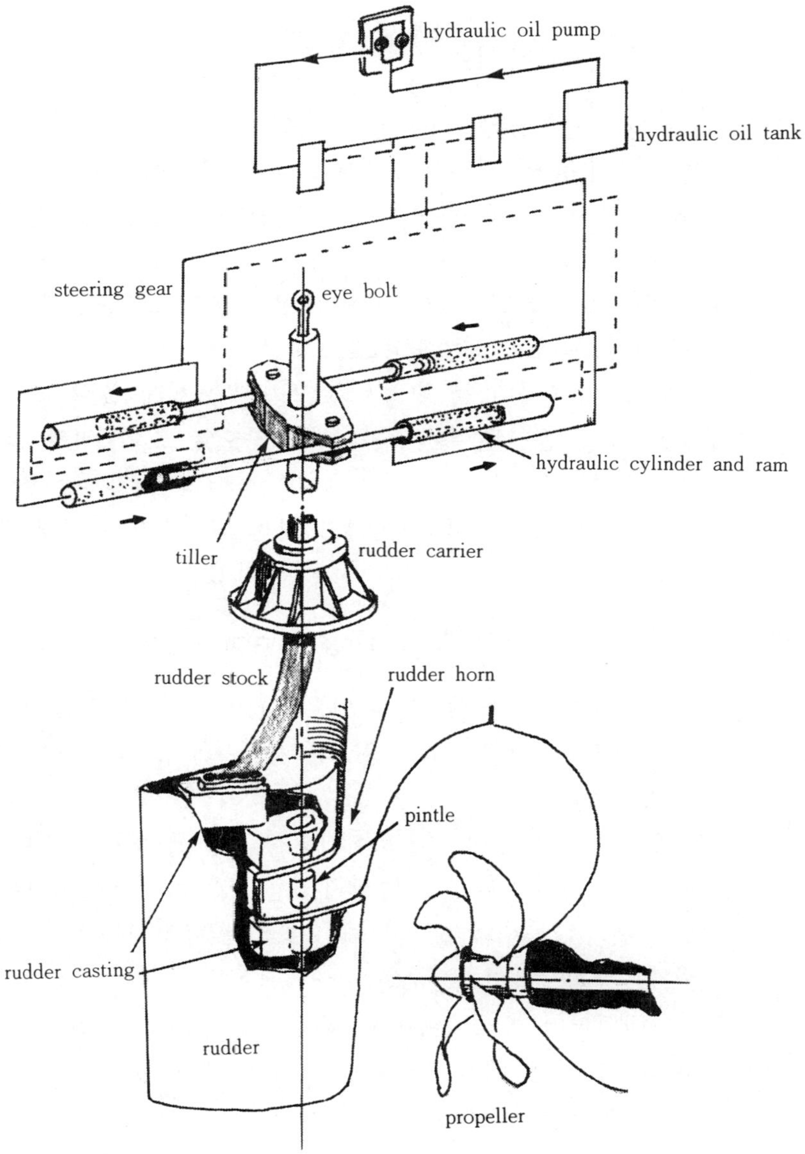

5. 계선계류장치(繫船繫留裝置, Mooring System)

1 계선장치

선박을 안벽(岸壁, Quay)에 나란히 접안(接岸, Alongside)시키고 로프 줄로 묶어 놓은 것을 계선이라고 한다. 계선하는 데는 육상의 땅윗줄 말뚝(Bitt)과 선상의 배윗줄 말뚝(Bollard)에 로프의 양단을 고정시킨다.

외판을 통과하는 데는 줄걸침고리(Mooring Pipe, Chock, Closed Fair Leader)를 설치하여 로프의 손상을 예방하고, 줄감개틀(권취기〔捲取機〕, Winch) 드럼으로 연결되는 로프에는 줄걸돌바퀴(Roller Fair Leader, 줄을 걸어 돌리는 바퀴)를 붙여서 로프가 부드럽게 움직이도록 한다.

실린더형 롤러를 우물정자(井) 모양으로 교차시키고 그 가운데 구멍으로 로프가 통과하도록 하는 Universal Fair Leader와 유사한 개념의 Universal Chock도 있으나 덩치가 커지고 비싸므로 그렇게 널리 쓰이지는 않는다.

2 계류장치(Anchoring Arrangement)

닻은 물밑 땅바닥이나 바위에 걸리기 좋게 만든 일종의 무거운 걸이쇠(Hook)이며, 닻줄은 무거운 쇠사슬(Steel Chain, 묘색〔錨索〕, 또는 묘쇄〔錨鎖〕)이다.

닻은 어느 경우에라도 걸이쇠의 꽂이끝(Fluke)이 땅이나 바위에 다부지게 걸리도록 아래쪽으로 향하게 되어 있으며, 또 돌쩌귀통(Anchor Crown)의 구조는 종류에 따라 다르지만 당김자루(Anchor Stock)와의 최대 각도가 35° 또는 42°로 고정되도록 되어 있다.

닻내림터(묘박지〔錨泊地〕, 투묘지〔投錨地〕)는 바위가 많은 곳이나 단단하게 굳은 진흙 바닥이 끌걸림힘(파지력〔把持力〕, Tackling)이 커서 좋고, 잔자갈이나 모래 바닥은 좋지 않다.

무엇보다도 수심이 낮은 곳이라야 한다. 닻사슬은 큰 배의 경우 좌우 두 줄의 합이 500 m~750 m이며 닻사슬의 상당부분이 물밑 땅바닥에 놓여져서

그림 Ⅴ-36 Mooring Fittings

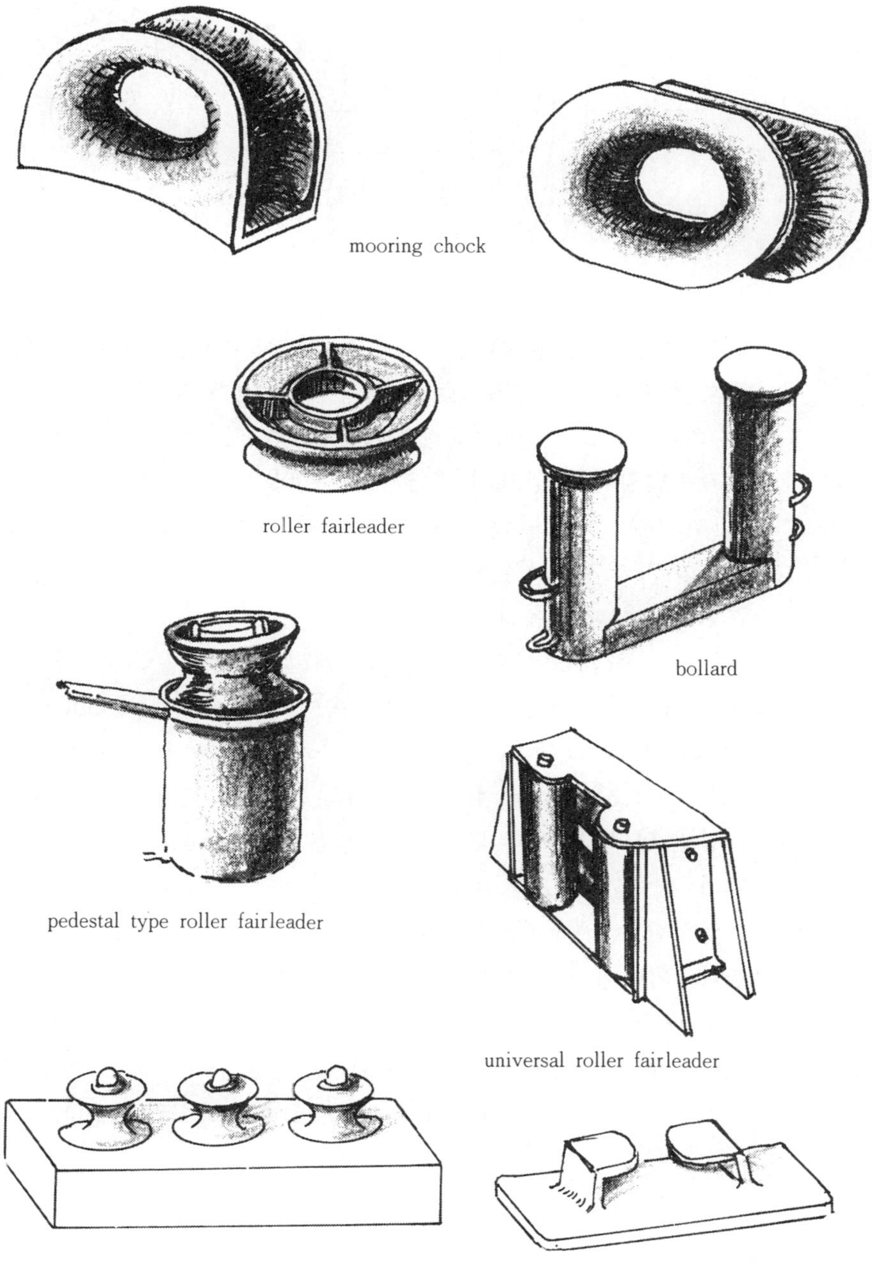

그림 Ⅴ-37 Sprocket(사슬당김바퀴)

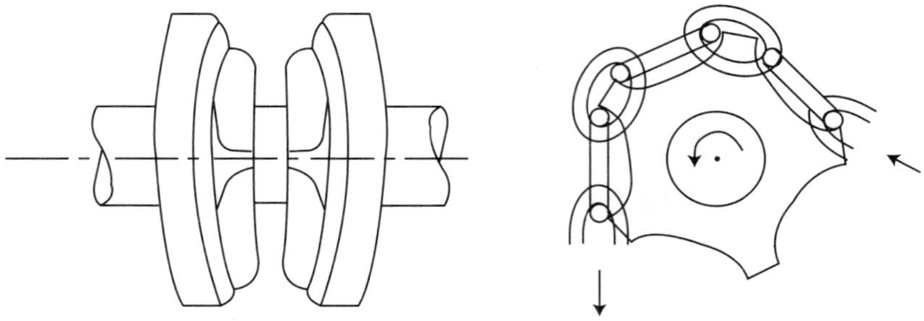

끌릴 수 있는 얕은 바다에서 닻을 내려야 한다. 닻사슬과 땅바닥의 끌림마찰도 상당히 큰 끌걸림힘이기 때문이다. 수심은 깊어도 500 m 사슬 길이에는 최대 200 m, 750 m 줄에는 최대 300 m 정도로 생각하면 될 것이다.

닻사슬감개틀(양묘기〔揚錨機〕, Windlass)은 보통 배묶이 줄감개틀(권취기〔捲取機〕, Mooring Winch)과 달리 사슬당김바퀴(Sprocket 또는 Gypsy Wheel)가 있다. 사슬의 고리 마디마디를 편안하게 감고 돌아가도록 고리앉힘자국을 내놓은 바퀴이다.

당겨진 사슬은 사슬갈무리광(묘쇄고〔錨鎖庫〕, Chain Storage Locker)에 재어 놓는다. 사슬당김바퀴 바깥쪽에 눌러세우개(Chain Compressor 또는 Chain Stopper)가 있고, 갑판 위나 외판에 사슬이 쓸리는 곳은 나팔입술쓸림쇠(Bell Mouth)를 붙여서 선체와 사슬을 보호토록 한다.

갑판 위와 외판 사이는 사슬미끄럼관(Hose Pipe)을 붙이고, 닻은 외판에 당겨 붙여서 파도를 계속 맞아도 흔들리지 않게 해야 한다.

닻사슬감개틀(Windlass)은 최소 분당 9 m 정도의 속도로 감을 수 있어야 한다. 이때의 하중은 닻과 사슬이며, 가동원동기(대개 유압펌프)와 발전기 용량 배정은 분속 9 m의 속도는 아니더라도 양쪽 닻을 동시에 당겨 올릴 수 있도록 하여야 한다. 줄감개틀이나 닻사슬 감개틀의 소요 마력 계산은 줄의 당김힘(張力, Tension Force)과 줄의 속도의 곱이 된다.

예 제

분속 9m, 장력 30톤의 사슬감개틀의 원동기 마력은 얼마나 소요되는가?
기계 효율이 1일 때

$$\frac{9\ \text{m}/60\text{秒}\times30\times1000\ \text{kg}}{75\ \text{kg}\times1\ \text{m}}=\frac{9\times30000}{75\times60}$$

$$=\frac{270\times1000}{4.5\times1000}=60\ \text{PS}$$

기계효율이 0.65라면 60 PS÷0.65≒92 PS가 된다.

3 의장수(艤裝數, Equipment Number)

선체가 바람과 조류에 밀리지 않고 견딜 수 있도록 안벽에 매는 배묶이줄(Mooring Rope)의 굵기나 줄수를 정하고 바다에서 쓰는 닻(錨, Anchor)의 용량을 정하기 위하여 자연의 영향력을 직접 계산한다는 것은 어려운 일이다. 그래서 의장수라고 하는 대표값을 쉽게 구할 수 있도록 약산식을 정하여 놓고 계산된 의장수에 의하여 배묶이줄, 배끌줄(Towing Rope), 닻 및 닻사슬(Anchor Chain)의 크기와 수량을 일람표에서 찾아서 쓴다.

의장수 $E=\triangle^{2/3}+2Bh+0.1A$

- $\triangle$: 배수량
- B : 선폭(船幅, Beam)
- h : 흘수선 상방에 있는 주선체(Main Hull)와 선루(船樓 Super Structure)의 높이. 단, 선루 등 구조물은 넓이가 선폭의 25% 이상인 것만 산입
- A : 흘수선 상방의 주선체와 h를 계상할 때 대상이 됐던 선루 등 구조물의 배 옆으로부터 보이는 투영 면적

그림 V-38 Sprocket(Gypsy Wheel이라고 함)의 쓰임새
여러 각도로 관측한 Sprocket(일명 Gypsy Wheel)

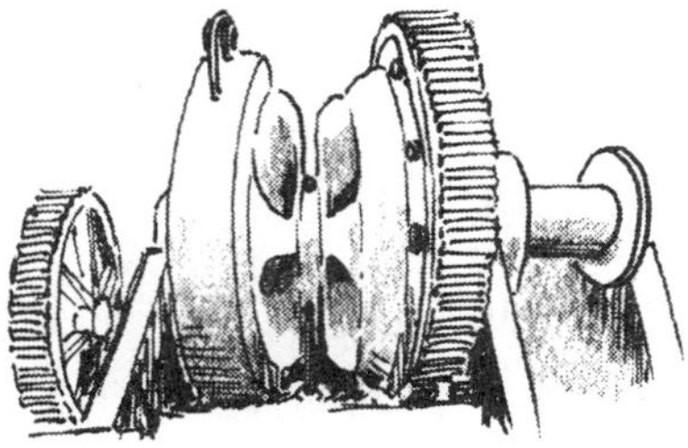

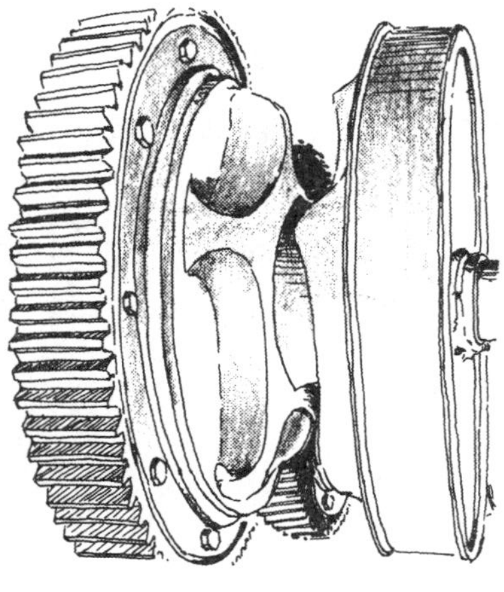

그림 V-39 Anchoring Arrangement

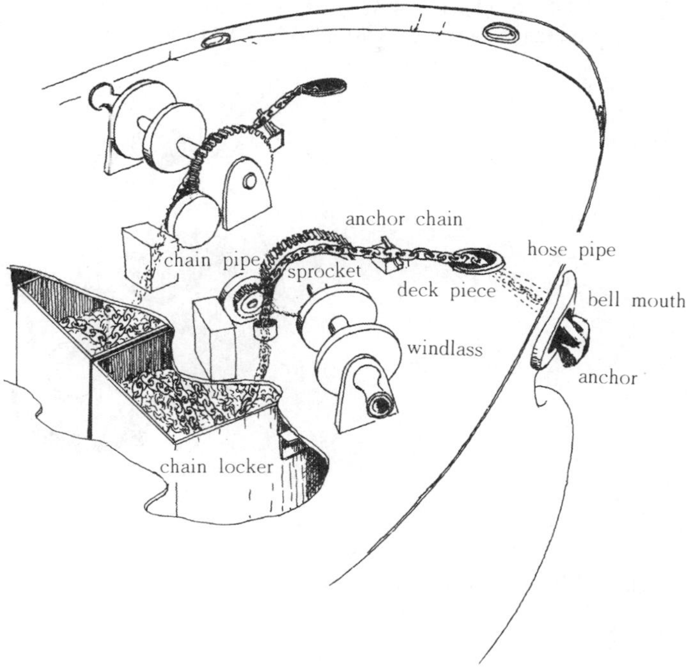

그림 V-40

Anchor Chain은 해저 지표면에 충분한 길이가 끌리도록 해야 Anchor의 파지력이 발휘된다.

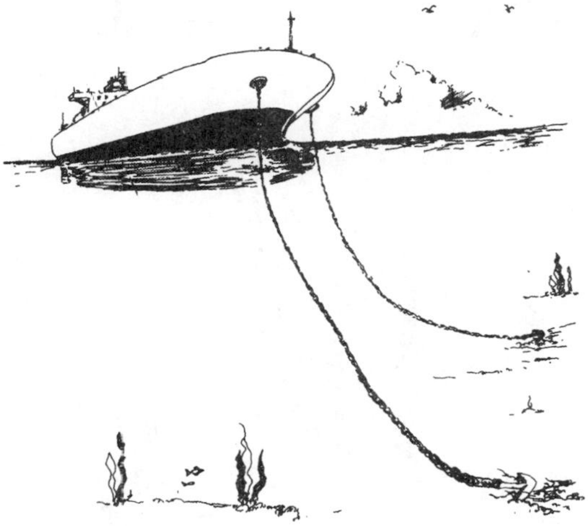

그림 Ⅴ-41 Joining Shackle(일명 Kenter Shackle)의 일례

chain 한 마디(1 shot)는 약 25 m 정도 길이이며, 그 마디간의 이음은 Joining Shackle에 의하여 이루어진다.

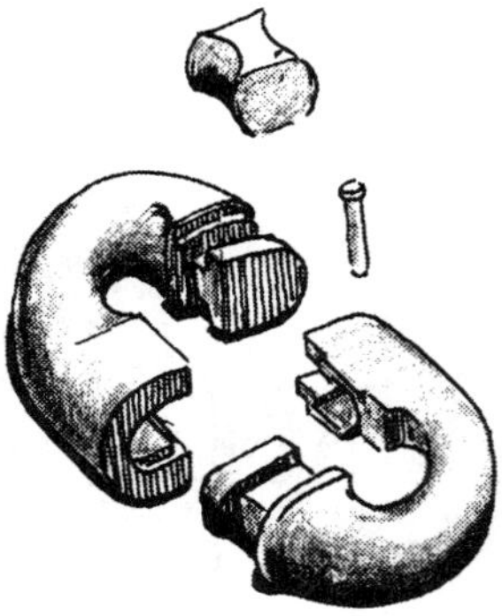

그림 Ⅴ-42 각종 Anchor의 모습

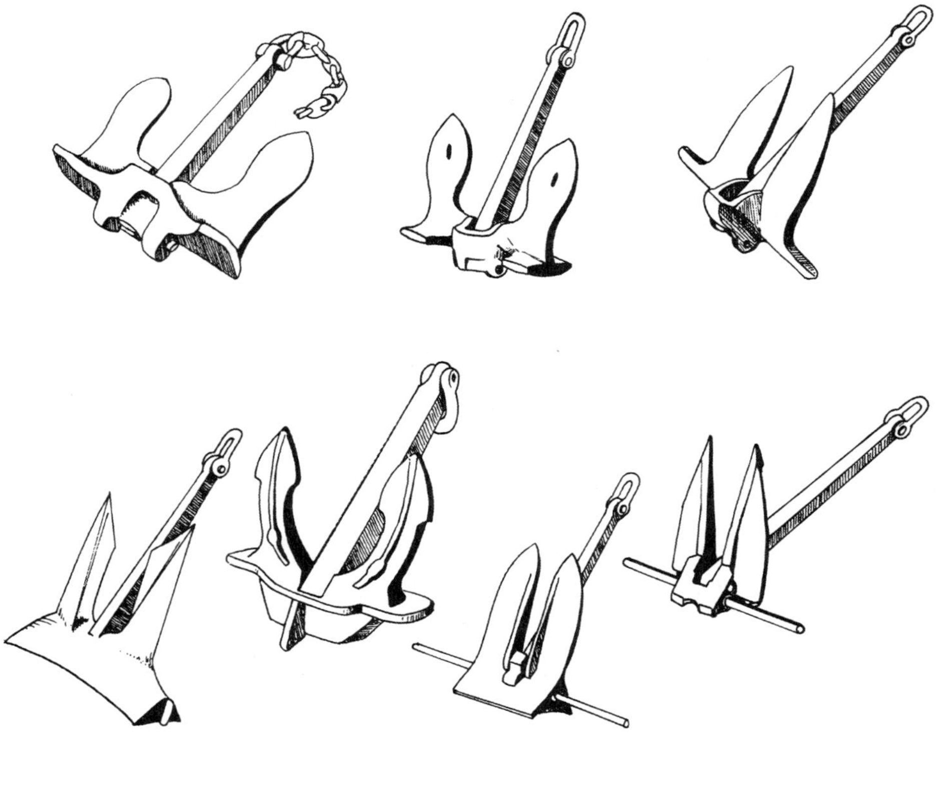

그림 Ⅴ-43 Fluke의 Tackle 원리

Anchor Chain이 P의 힘으로 당기면 Fluke가 θ의 각으로써 해저 땅에 꽂히게 되는데, Anchor Crown과 Stock가 서로 닿아서 강력한 Reaction Force T를 발생시킴으로써 Fluke 각도 θ는 강력히 견지된다(30도 부근). Stock를 수평으로 당기면 Fluke는 강력히 Tackle하여 절대 빠지지 않으며 Anchor 철거시에는 배가 다가와서 Stock를 수직으로 처들어야 한다.

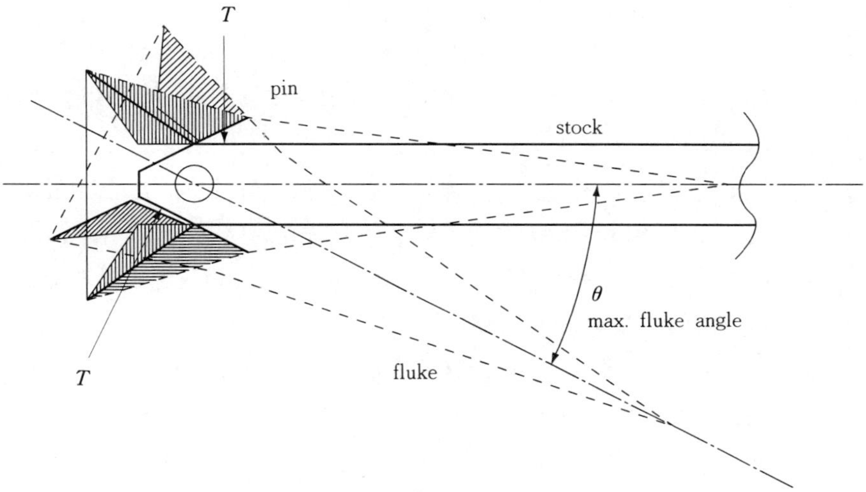

(a) Crown

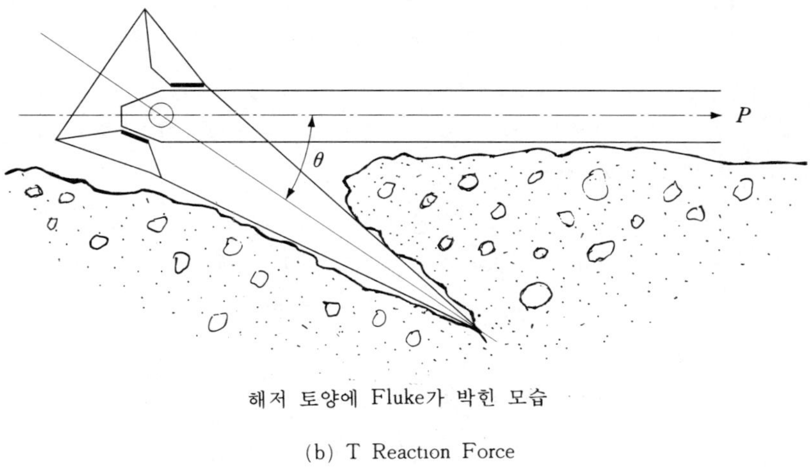

해저 토양에 Fluke가 박힌 모습

(b) T Reaction Force

6. 하역장치(荷役裝置, Cargo Handling System)

1 일 반

하역장치는 짐신내리기(Cargo Loading and Unloading)와 짐갈무리(Cargo Stowage)를 어우러서 일컬음이다.

화물의 큰 분류는 건화물(乾貨物, Dry Cargo)과 액체화물(液體貨物, Liquid Cargo), 그리고 컨테이너와 RO-RO(Roll On Roll Off의 약자)로 나뉘어진다.

건화물은 다시 광탄선(鑛炭, 원광석과 석탄)과 잡화선(雜貨船, 일명 多目的船, Multi Purpose Ship)으로 나누고, 액체화물선은 원유선(Crude Oil Carrier), 정제유선(精製油船, Product Carrier, 일명 PC선), 화학제품선(Chemical Carrier), 액화가스선(Liquefied Gas Carrier)으로 분류된다.

광탄선은 배가 크고(작아도 60,000톤급 이상) 짐칸갑판열개(貨物倉 倉口蓋, Cargo Hold Hatch Cover)의 크기가 상대적으로 작으므로 부두의 짐신내림 기중기를 주로 쓴다.

다목적선은 짐칸갑판열개가 크고 자체 짐신내림 기중기를 장비하고 있는 것이 보통이며, 짐칸에 2중 갑판과 갑판열개를 설비하는 게 보통이다. 다목적선은 컨테이너도 주종 화물로 삼고 있어 대형 갑판열개와 대형 짐신내림 기중기를 장비하는 복잡한 형상을 하게 되므로 설계나 건조도 대단히 까다롭다.

액체화물선은 육상의 호스로부터 짐을 받아 싣고 퍼낼 때는 배의 Cargo Oil Pump(짐기름푸개)를 쓴다.

화학제품선은 짐의 종류가 수백 가지에 이르고 독성, 강한 철강 부식성, 폭발성, 고온화물, 저온화물 등 복잡한 위험성에 대비한 특수 재질 선정과 가열이나 냉각, 보온, 화재 예방 및 폭발 예방 등 부수 설비가 복잡하게 준비되어야 한다.

액체 가스선은 극저온에 견디는 알루미늄이나 高니켈 함유 합금강 등 특수 재질의 탱크 구조와 치밀한 보온 및 화재·폭발의 예방, 그리고 진화용 설비를 준비해야 한다.

아래에 Hatch Cover(짐칸갑판열개), 크레인(짐싣내림 기중기), 그리고 Pumping(짐기름퍼냄)에 대하여 약간의 설명을 한다.

2 Hatch Cover

Hatch Cover는 편하게 짐을 싣고 내리기 좋게 충분히 커야 하며, 특히 컨테이너선이나 다목적선은 갑판이 거의 남지 않을 정도로 크게 해야 하는데, 그러기 위해서는 선체 강도 유지를 위해서 특단의 보강 조처가 필요하며 Hatch Cover 자체의 제작 정도를 지키기 위한 노력도 많이 필요하다.

컨테이너선의 Hatch Cover는 완전 분리형인 Pontoon Type이어서 작동 시스템이 없지만 그 외의 건화물선은 모두 여닫이 장치가 있다. 광탄선 같은 대형 살물선(Bulk선)은 갑판 면적에 비하여 Hatch Cover가 작기 때문에 좌우 2장으로 해서 옆으로 밀어내는 형식(Side Sliding)을 주로 쓰지만, 다목적선은 배의 전후 방향으로 4장 또는 6장으로 만들어서 앞부분과 뒷부분으로 나누어 병풍처럼 접어서 세운다. 장수가 적으면 작동장치는 간단해지지만 세운 키가 커서 크레인 작동에 장애가 되므로 잘 검토해야 한다.

옆으로 여닫는 작동은 Rack & Pinion 방식을 쓰고, 앞뒤로 접어 올리는 것은 여러 가지 고안들이 있으나 알기 쉽게 2단계 동작으로 접는 전형적인 형식을 그림 V-44에 표현했다.

1차로 유압 실린더 1을 작동해서 Panel A와 B를 접어 올리고, 2차로 유압 실린더 2를 작동해서 걸개막대(Knife Arm)로 하여금 Panel C를 접어 올리도록 한다.

컨테이너선의 Hatch Cover는 항구의 부두나 안벽 기중기를 써야 하므로 좌, 우, 중 3장의 Panel로 하며, 장당 자중을 약 30톤 정도로 해야 한다. 최근 광폭 컨테이너선(Over Panamax선, Panama 통과 선폭 32.24m보다 넓게 만든 배)이 나옴에 따라 Hatch Cover가 커지고 또 컨테이너 무게(자중+화중)도 무거워져 가는 추세이므로 Cover의 강도도 강해지고 무거워진다.

이에 따라, 각 항구의 컨테이너용 크레인의 용량도 커져 가고 있는 추세이다. 그러므로 지정된 항해 루트의 장기 취역이 확정된 배인 경우에는 Cover 중량의 제약 없이 40톤 정도로 무겁게도 한다.

3 크레인(起重機, Crane)

기중기는 긴 경사 Boom이 있는 Jib Crane, 공장 양쪽 벽체에 레일을 깔고 건너지름 Girder를 앉혀서 형성시킨 Overhead Crane, Cargo Boom과 Balance Weight Boom이 일직선으로 수평을 이루고 있는 Tower Crane 등이 있으며, 그 중 지상 레일을 따라 움직이게 만든 것을 Gantry Crane이라고 한다. 따라서 레일 주행식 크레인들은 Overhead Gantry(그중 몹시 큰 것을 Goliath라고 호칭), Jib Gantry, Tower Gantry 등으로 구분된다. 외줄 수평 Girder를 따라 움직이는 Trolley에 Cargo Winch(짐줄감개)를 장치한 것을 Hoist Crane이라고 하고 대개 소용량으로 국한된다. 레일이 없이 타이어나 Crawler Track을 써서 임의로 다닐 수 있게 만든 크레인을 Mobile Crane이라고 한다.

동작에는 주행, Boom 앙각 조정(Level Luffing), Boom 선회(Swing), Cargo Hook(짐걸이 고리) 올내리기가 있고, 크레인같이 생겼으면서도 Boom 앙각 조정이 안 되는 것은 Davit라고 한다.

선박에는 일부 다목적선이 Horizontal Folding Boom을 갖는 Overhead Gantry Crane을 쓰는 경우 외에는 대개 고정식 Jib Crane을 많이 쓰며, 기관실에는 Overhead Crane을 둔다.

식량 반입과 엔진 부품 반출입용으로 소형의 Provision Crane을 두며(엔진의 가장 무거운 부품인 Cylinder Liner나 Cylinder Head를 들 수 있는 용량으로 함), 유조선에서는 Cargo Hose Unit을 취급할 수 있는 Hose Handling Crane을 둔다.

Crane Boom의 Out Reach(팔자람 거리)는 배 외판으로부터 안벽의 육상쪽으로 한참 자라 가야만 짐을 싣내리게 되고, 이 Out Reach가 크레인 값에 영향이 크므로 최적치로 잘 잡아야 한다.

크레인의 Swing Motion은 윗몸통과 아랫몸통(Pedestal) 사이가 돌게 만드는데, 아랫몸통 테두리에 Rack Gear를 둘러친 Ring Gear를 설치하고 윗몸통에 Pinion Gear를 장전해서 Ring Gear와 Pinion을 맞물려 돌아가게 만든다. 동력 전달용 전선이 해바라기 목처럼 비틀려 끊어지면 안 되므로 연결단자가 맞닿아서 돌아가는 Slip Ring(돌쩌귀접지)이라고 하는 동력 전달 장치를 쓴다.

Level Luffing과 Swing이 빠르면 위험하고 대개는 크게 빨라야 할 이유가 없지만 Cargo Hook Motion만은 빨라야 한다. Hook은 여러 개의 움직도르래 뭉치에 달려 있어서 Winch의 Winding 속도가 대단히 빨라야 한다.

Hook용 움직도르래 뭉치의 도르래 유닛이 4개라면 줄수는 8줄이 되므로 40톤 Hook이라면 한 줄의 장력은 5톤으로 작아지는 대신에 Hook 속도를 분당 5 m로 하려면 Winch의 줄감는 속도는 분속 40 m이어야 한다.

크레인은 높은 부위에 설치되는 무게가 큰 기계이므로 배의 복원성과 재화 중량에 함께 영향을 크게 주기 때문에 설계 초기부터 정확한 중량 정보를 수집해서 사용하여야 하며, 발전기 용량 설정에도 가장 중요한 인자이므로 정확한 소요마력 정보 수집 활용에도 신중을 기해야 한다.

그림 V-44 Folding Type Hatch Cover

cylinder 1을 뻗으면 panel 1과 2가 겹쳐지면서 일어선다.
panel 3은 panel 2에 끌려서 cylinder 1 쪽으로 당겨져 온다.
그 다음은 cylinder 2를 당기면 knife가 hinge를 중심으로 선회하면서 gripper를 당겨서 panel 2에 밀착시킨다.

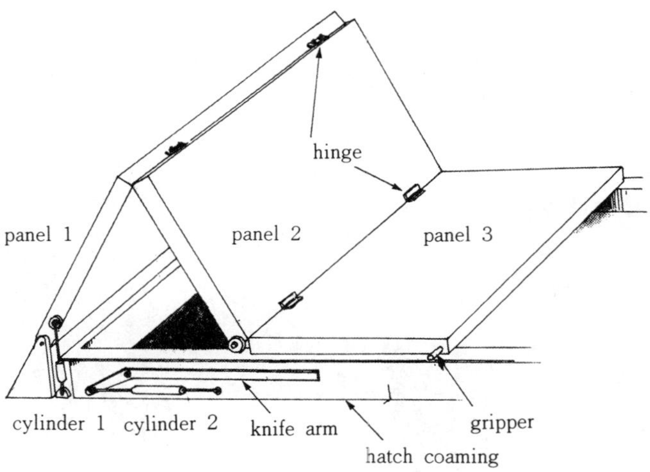

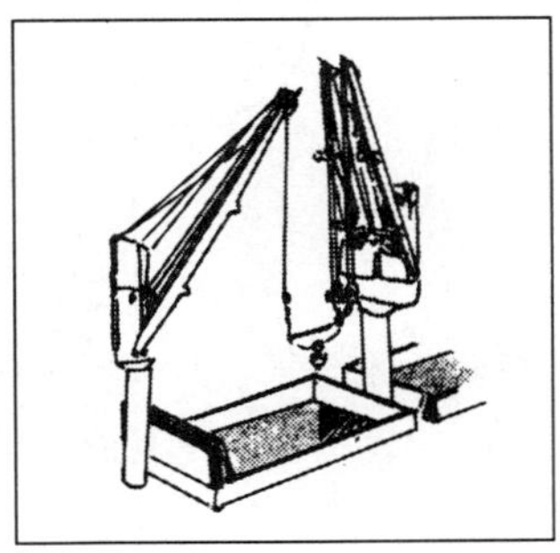

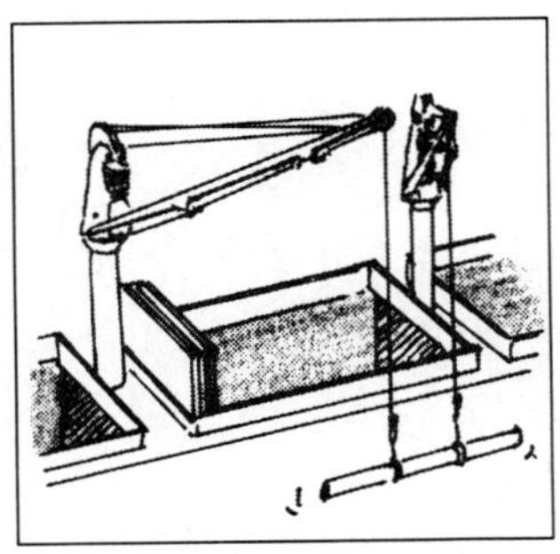

그림 Ⅴ-45 Side Rolling Hatch Cover

유압모터로 구동하는 pinion은 선체쪽에 붙이고 rack gear는 hatch cover에 있으므로 치차이빨을 물려서 pinion을 구동시키면 hatch cover는 움직인다.
hatch cover에 달린 구름 바퀴는 rail의 함몰된 부분에 침하함으로써 hatch cover의 tightness를 유지케 하고 열 때는 유압 jack으로 함몰된 바퀴를 들어올려 rail에 얹어놓는다.

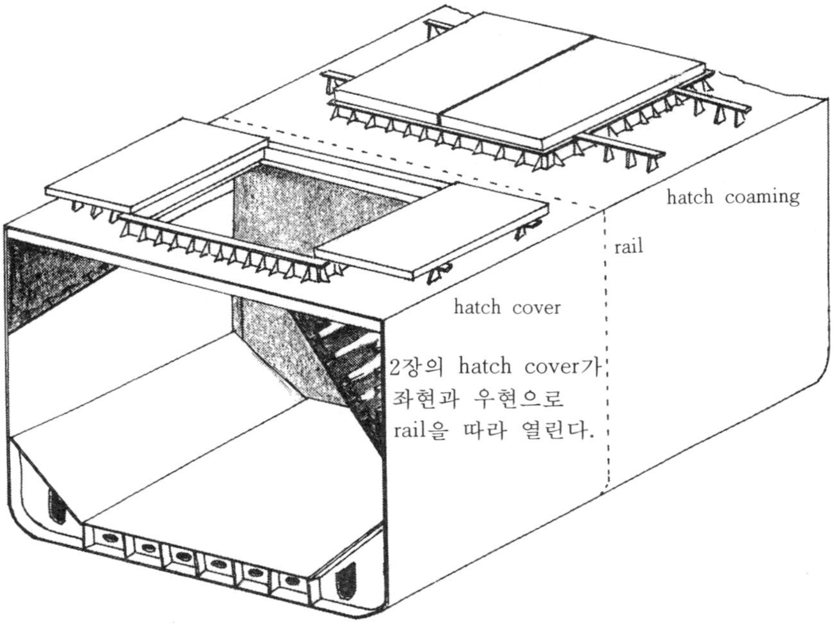

그림 Ⅴ-46 구동 Rack-Pinion과 Rail-Roller

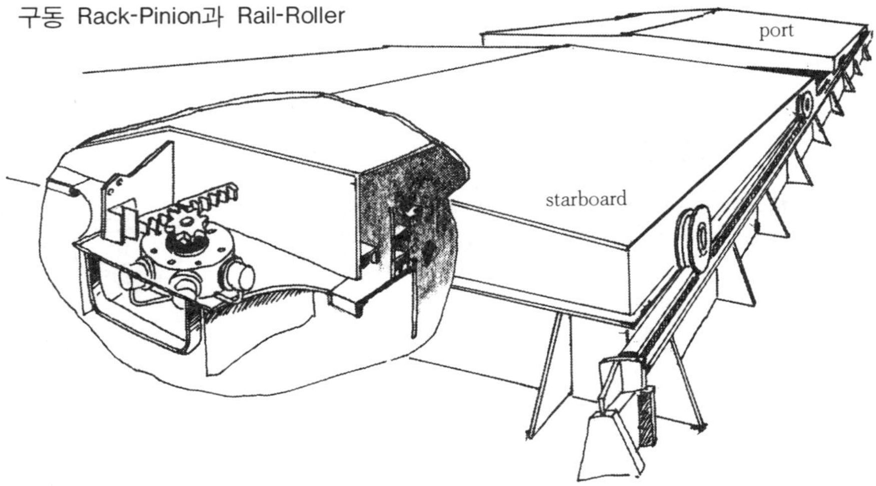

그림 V-47 각종 Crane

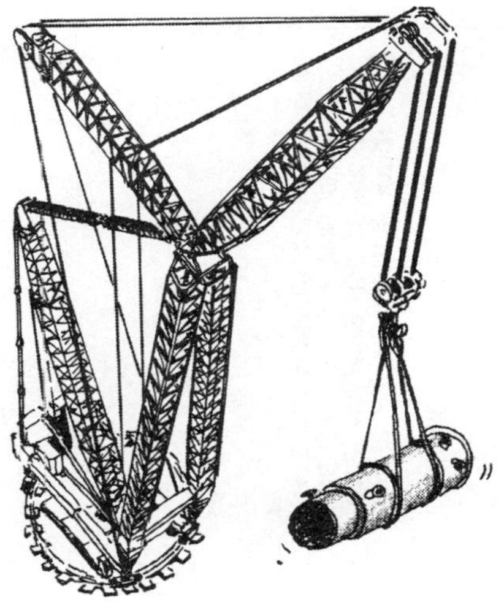

(a) Mobile Ringer Crane(바닥의 선회 Rail은 가반조립식임)

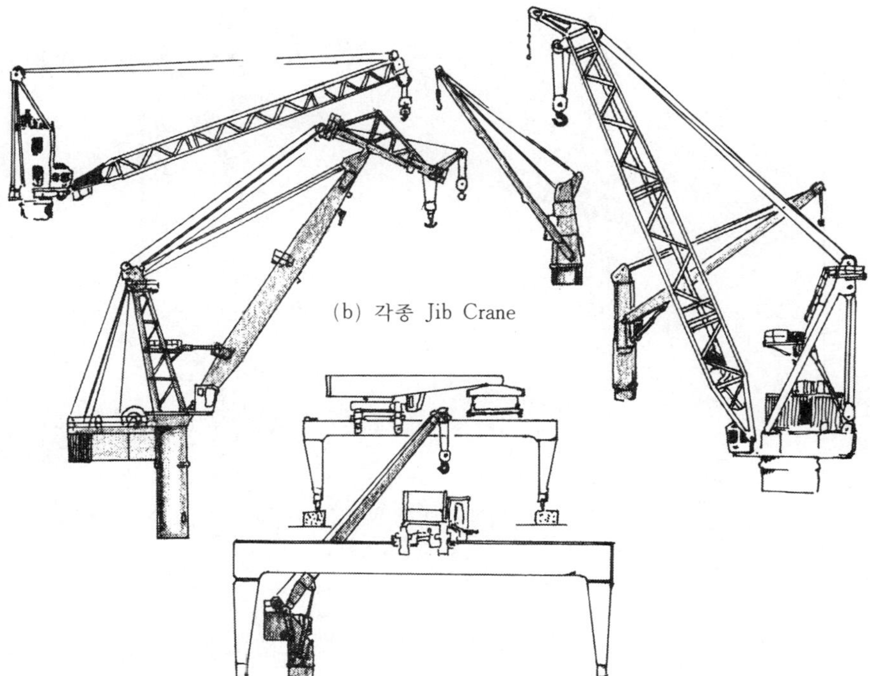

(b) 각종 Jib Crane

(c) Gantry Crane

그림 Ⅴ-48 Jib Crane 40 ton

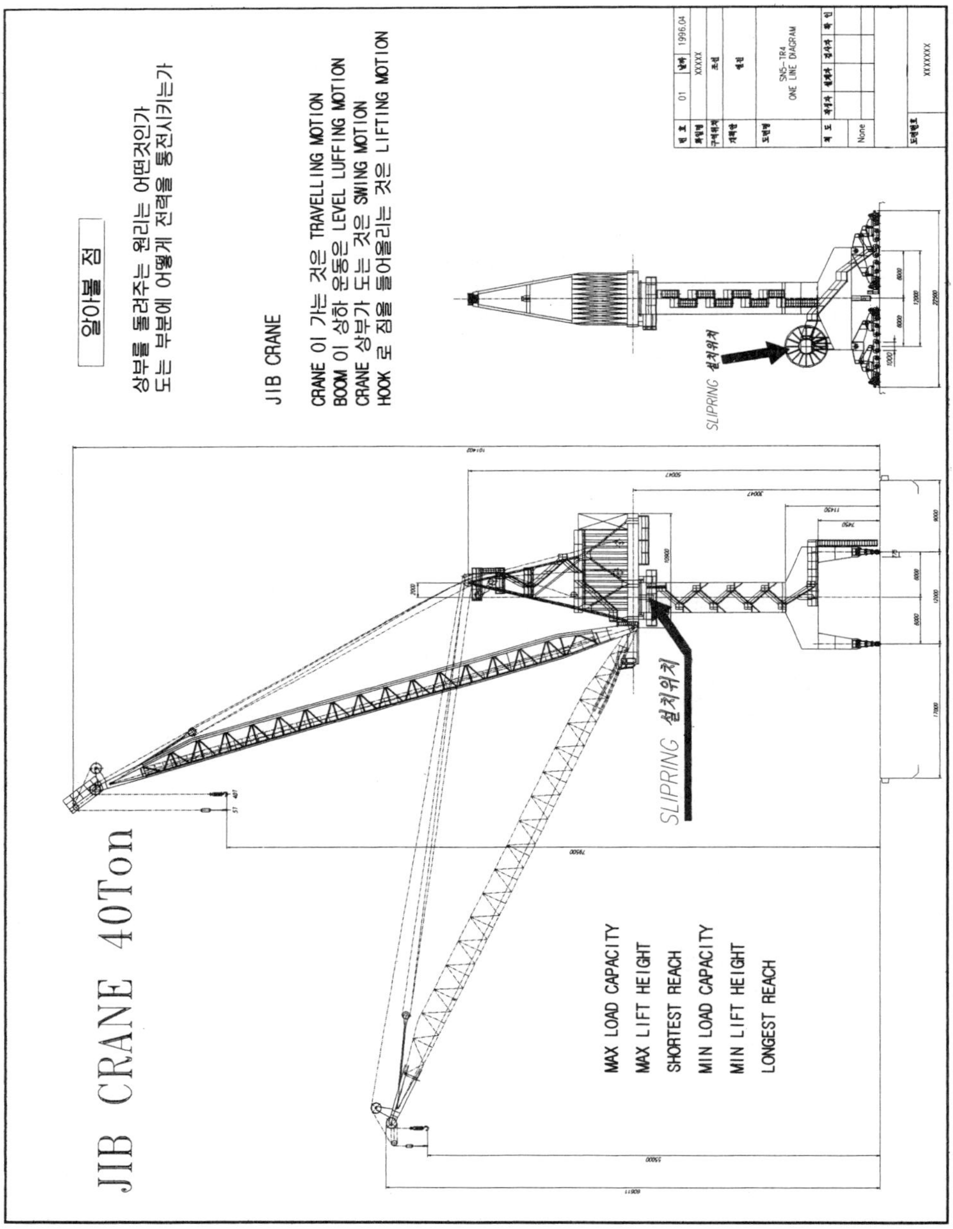

화살표한 곳에는 회전 접지(Slip Ring)가 쓰여진다.

그림 V-49 Ring Gear와 Slip Ring

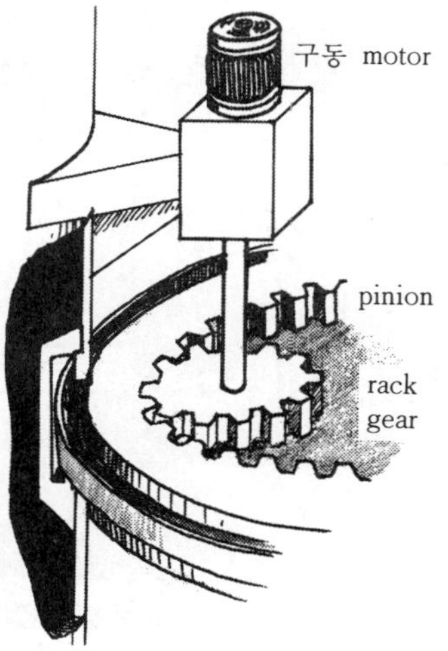

(a) Ring Gear

밑의 pedestal oll ring rack gear를 붙이고 윗부분의 crane 본체에 pinion gear를 맞물리도록 붙여서 pinion을 돌리면 윗부분의 crane이 선회하게 되는 것이다.
상부와 하부 pedestal 사이는 rail과 wheel 또는 roller bearing으로 잘 돌아가게 되어 있다.

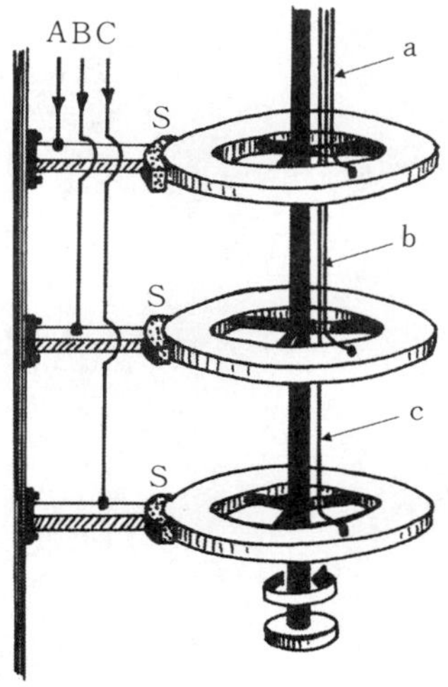

(b) Slip Ring

서로 선회하는 두 부분에 항용 접지를 통전 방식이다. 검게 칠한 곳은 부도체이며 회전 접지 부분 S에서 도선 A, B, C와 도선 a, b, c가 통전되는 것이다.

4 Pumping

유체(Liquid)를 이송시키는 데는 펌프(동력푸개)가 광범위하게 쓰인다. 펌프는 기능 원리상 원심펌프(遠心, Centrifugal Pump)와 부피 밀어내기식 펌프(Positive Displacement Pump)로 구분된다.

원심펌프란 문자 그대로 원심력을 이용하는 펌프로서 대용량을 퍼내는 데는 가장 경제적인 펌프이며 비교적 중저압 Service에 적절하다. 빨래 건조용 탈수기의 용기가 원심력에 의해서 옷의 물이 빠져 나가도록 하는 원리와 같은 것이다. 단, 원심펌프는 통이 도는 것이 아니고 통(Casing) 속에 소용돌개(Volute형 Impeller)를 넣어서 물을 빠르게 돌려 원심력을 발생시킨다.

Positive Displacement Pump에는 Piston Pump, Plunger Pump(Piston Pump의 일종), Gear Pump, Screw Pump 등이 있으며, 고압을 얻어내는 데 좋으나 대용량을 만드는 데는 불편하다. 선박의 화물류 펌프로는 Centrifugal Pump가 가장 일반적이며, Viscosity(粘度)나 비중에 따라 Positive

그림 V-50 원심펌프와 기어펌프

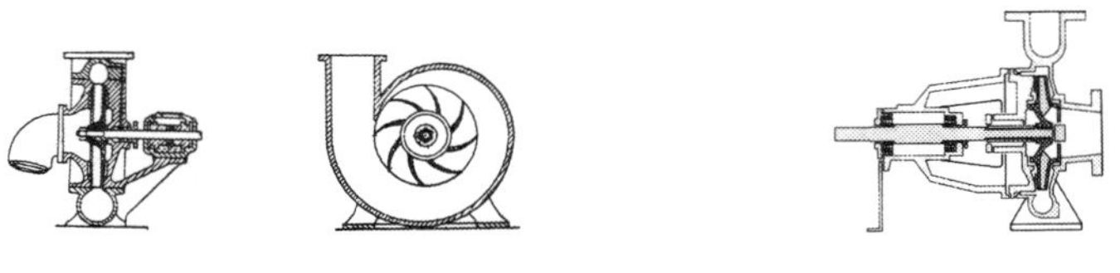

(a) 원심 펌프(Centrifugal Pump)

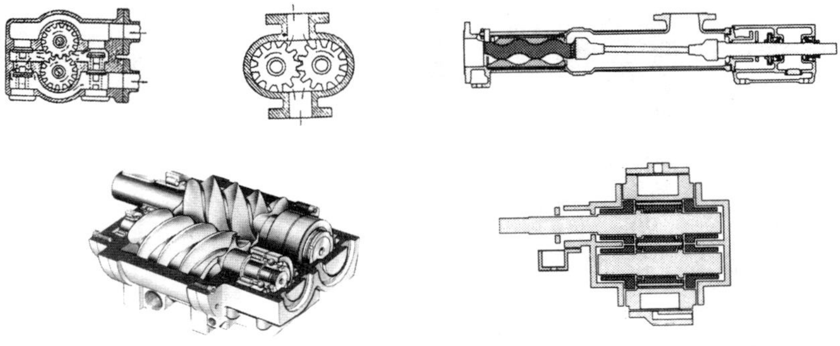

(b) 기어 펌프(Gear Pump)

Displacement Pump를 쓰기도 한다.

3～4대의 대용량 펌프들을 펌프실에 모아 놓고 모든 배관을 도관(導管)해서 중앙 펌프실 시스템을 형성하는 방식이 있고, 각 화물류 탱크별로 독립 펌프를 분산 배치하는 경우가 있다.

화물 종류가 20～30가지로 많고 탱크가 잘게 구별되어 있을 때는 독립 펌프 시스템(Individual Pump Type)으로 할 수밖에 없고, 펌프가 화물 유체 속에 잠긴 상태로 기능하는 방식(Submersible Pump Type)에서는 기계의 품질과 신뢰도가 높아야 되므로 고장시에 인접 탱크로 유출시켜서 퍼낼 수 있도록 Bulkhead Valve를 설치하거나 또는 성능 좋은 이동식 잠수 펌프(Portable Submersible Pump)를 갖추어야 한다.

펌프가 기능을 한다는 것은 퍼서(吸入, Suction) 딴 곳으로 보낸다는(吐出, Discharge) 뜻인데, 토출 압력은 높게 설계할 수도 있고 또 펌프를 중복적으로 설치해서 가압(加壓, Pressurize)할 수도 있다. 그러나 퍼올리는 원리는 진공을 만들어 줌으로써 대기압, 즉 1기압과 차이가 나도록 하여 유체가 따라 올라오도록 만드는 것이므로 아무리 성능이 좋은 기계를 고안한다고 해도 10 m 하방의 물을 퍼올릴 수 있는 방법은 없다.

한 쪽이 열린 대롱(Tube)을 수은이 담긴 그릇에 꽂아 놓고 그 대롱 속의 공기를 빨아내서(吸出, Evacuate, Eject) 진공을 만들어 주면, 대기압에 눌려 있는 그릇의 수은 표면이 낮아지면서 대롱의 굵기에 관계없이 수은은 76 cm 빨려 올라간다. 중학교 물리시간에 배우는 지식이다. 그래서 대기압, 즉 1기압의 구체적인 값을 수은주 76 cm로 표기했다. 같은 실험을 수은 대신 물로 하게 되면 약 10 m나 빨려 올라간다.

76 cm×13.6(수은비중)≒10.336 m

10.336 m의 수주(水柱)가 또한 1기압의 다른 방식의 정의이며, 그 단위를 WC(Water Column)로 표시한다.

효율 1.0인 펌프로 완전한 진공을 만들고 유체 마찰이 전혀 없는 파이프를 통해서 퍼낸다면 10.336 m 하방의 물도 퍼낼 수 있는 것이다. 그러나 효율 1.0인 기계도 없고 마찰이 없는 파이프도 없으므로 10.336 m 하방의 물을 퍼올린다는 것은 불가능한 것이다. 아주 깊은 곳의 유체를 퍼올리려면 펌프를 낮은 곳으로 이동해서 설치해야 한다. 배의 낮은 위치에서는 Pump Room 폭이 급격히 좁아지기 때문에 또는 선체 구조상 장애가 있거나 주변 배관을 포함한 펌프가 차지하는 자리 등 제반 사항을 참작하여 가급적 낮은 위치에 설치하려 해도 Suction Pipe Center Height가 배바닥으로부터 1.5~4 m 높은 위치에 설치하게 된다.

펌프의 일반적인 한계 효율이 있고 파이프의 안쪽 벽에 대한 마찰, 구부러진 부위(Bending 부위), 갈라져 나가는 부위(Branching 부위), 관의 굵기가 축소된 부위(Reducer나 Orifice가 있는 부위), 밸브가 있는 부위 등에서 생기는 특수 마찰 손실, 소용돌이 손실 등으로 인해서 펌프의 Suction 능력이 감소되므로 가능하면 낮은 위치에 설치해야 한다. 비합리적으로 높게 설치하면 유량이 현저하게 줄거나 전혀 퍼지지 않는 경우도 있게 된다.

펌프의 총양정(總揚程, Total Delivery Head)은 흡입양정(퍼올림높이)+토출양정(내뱉음높이)으로 정의하여 설계 기준으로 삼는다.

총양정 150 m_{WC}(즉, 약 15 kg/cm^2)인 펌프로 가정할 때 2 m 하방의 물을 푸면 별다른 마찰 손실 등이 없다고 가정할 때 약 148 m의 토출양정이 발생되고, 3 m 하방의 물을 푸면 약 147 m의 토출양정이 발생된다고 볼 수 있다. 그러나 8 m 하방의 물을 풀 경우에는 유량이 크게 줄어서 산술적 계산인 142 m 토출양정은 달성되지 않을 것이다.

Pumping 효율을 좋게 하기 위해서는 성능과 효율이 좋은 펌프를 쓰고 충분히 큰 Bore의 파이프를 곧고 바르게 설치하며, 흡입양정을 적게 하고 마찰 손실을 최소로 하는 배관 배치를 해야 하는 것이다.

펌프 원동기의 소요 마력 계산은 용적과 압력의 함수 또는 유량과 이동 거리의 함수이다.

$$HP=f(P \cdot V) \text{ 또는 } f(Q \cdot L)$$

예 제

4000 m³/h 용량과 150 mwc 총양정을 갖는 물 펌프의 소요 마력은 얼마인가?

$$HP=\frac{4000\times1000\ kg\times1/3600\times150\ m}{75\ kg\cdot m}$$

$$=\frac{166\ 667}{75}$$

$$\fallingdotseq 2222$$

효율이 0.65라면 원동기 마력은 2222÷0.65=3419(PS)가 된다.

그림 V-51 Cargo Oil & Water Ballast System

(a) Unloading : pump room의 pump로 탱크 속의 기름을 퍼서 갑판 중앙 부위에 있는 manifold를 통하여 육상 저유탱크로 보낸다.
(b) Loading : 육상의 loading pump로서 갑판 중앙 부위에 있는 manifold에서 pump를 거치지 않고 바로 탱크 속의 파이프을 통하여 각 탱크로 채워 싣는다.

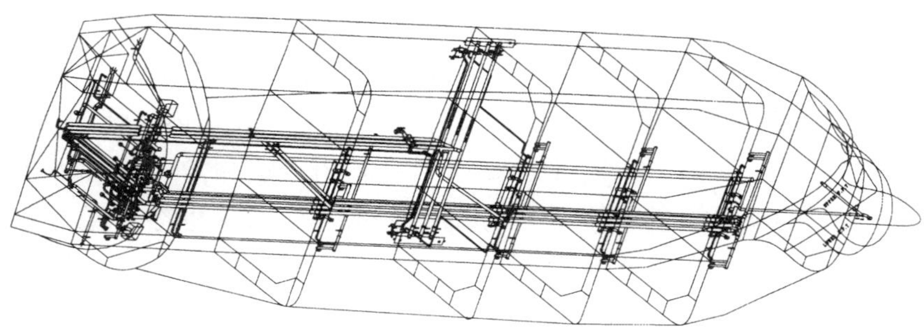

5 구명보트와 현외 승강장치

화재나 침수 전복 중에 있는 선박에서는 Davit에 매달려 있는 구명보트에 선원이 가득 타고 그 중 한 사람이 Davit를 조종하여 자신이 타고 있는 보트를 안전하게 바닷물에 진수시키도록 되어 있다.

평상시의 기계 점검과 탈출 훈련이 잘 이루어졌다고 하더라도 위기 상황에서는 모든 것이 생각대로 착착 진행되어지지 않는 것이 인간지사이다. 그

그림 V-52 구명보트

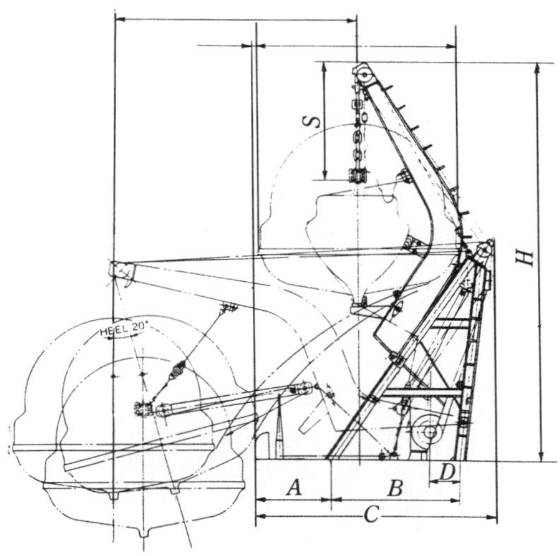

래서 최근 고안된 것은 자신이 매달려 있는 상황에서 줄을 처음부터 끝까지 조작하는 것보다는 단 한 번 조작으로 스키를 타고 활강하는 것처럼 보트가 날아서 떨어지도록 고안된 Free Fall Type이 개발되어 쓰이고 있다. 진수된 배가 풍랑에 휩쓸려 다시 전복되거나 또는 부유하는 기름층의 파도에 맞아서 전복되기 전에라도 질식하거나 시력을 잃게 될 우려가 있다. 그래서 예전에는 보통 지붕이 없는 보트였으나 현재는 완전히 방수 덮개로 싸여진 캡슐 같은 모습으로 변모되었다.

보트는 자항력을 가지며 어느 정도의 연료, 물, 식량, 구급의약품 등이 있고, 구명 신호탄과 같은 구조 요청 수단과 물고기를 잡을 수 있는 장구까지 구비한다.

6 현외 사다리(Accommodation Ladder)

현외 사다리는 승조선원, 부두 작업원, 화주회사 직원, 항만 관료, 각종 검사원, 납품회사 직원 등 많은 사람들이 오르내리는 수단으로 쓰인다. 사다리를 내려서 설치하고 접어 올려서 안전하게 보관하는 것까지도 동력을

그림 V-53 현외사다리

이용해서 반자동으로 하게 되어 있다.

사다리 길이는 경흘수선 가까이까지 닿을 수 있도록 길어야 하며, 사람이 왕복할 수 있는 폭을 가지고 있어야 한다. 사람이 두 줄로 가득 들어차 있을 때에도 안전한 강도를 발휘하는 튼튼한 구조를 가져야 한다.

흘수에 따라 사다리 경사가 달라지더라도 발놓임이 편안하도록 디딤바닥(Step Plate)은 타원의 호와 같이 둥근 표면으로 되어 있다. 크레인으로 짐 싣내리기를 하는 건화물선 종류에서는 사다리를 선미의 선실 부근에 놓고 유조선같이 배의 가운데 부분에 놓아도 지장이 없는 배에서는 외판이 평평해서 사다리가 잘 안정되는 배의 중앙부에 놓는다.

7. 통풍 Duct와 전기 Cable

1 통풍 Duct

Duct는 단면적이 크고 얇은 판의 연약한 구조로 만들므로 자리를 잘 잡아야 하고 잘 붙잡아 매어야 한다. 주기관실에는 주기관과 보일러 및 발전기 엔진이 필요로 하는 연소용 공기를 공급해 주어야 하므로 송풍 Fan이 커야 하고 따라서 Duct도 커진다.

유조선의 기름푸개실(Cargo Oil Pump Room)과 RO-RO선의 짐칸(Cargo Hold)도 휘발성 탄화수소의 집적을 줄이기 위하여 송풍기와 Duct를 크게 한다. 시간당 환기횟수(Air Change Rate)를 25회 정도씩 한다. 사람이 쾌적하게 사는 데는 환기횟수가 5회 정도이고, 보통 기계실은 10회로 하는 것에 비하면 굉장히 강력한 통풍 용량이다. 원유와 휘발유로부터 증발된 탄화수소계의 휘발성 가스가 많이 집적될 수 있는 곳이기 때문이다.

탄화수소 가스류는 대개 무거우므로 밑에 가라앉기 때문에 통풍통 배치는 밑바닥을 골고루 훑고 지나가는 순환경로가 형성되도록 하여야 한다. 취사장은 김과 음식 냄새가 나고 불을 쓰는 곳이므로 시간당 60회 정도의 환기가 이루어지도록 한다. 취사장의 용적(Volume)이 그다지 크지 않기 때문에 Fan이 그렇게 커지지는 않는다.

Duct가 관통해 지나가는 곳은 구획간 상호 격리 분할을 무너뜨리는 결과가 되므로 경로 선정을 할 때 그러한 간섭이 생기지 않도록 해야 한다. 또 Duct가 지나가야 할 만한 곳은 반드시 배관과 전기 케이블이 지나가야 할 자리가 되는 것이 통례이므로 기관실, 펌프실, 선실과 같이 복잡한 곳을 설계함에 있어서는 Duct와 파이프와 케이블을 어디로 어떻게 배치할 것인지 먼저 감안해야 하는 것이다.

Duct가 크면 소음이 유발되고 특히 풍속이 빠르면 정전기가 발생되므로 하전을 해소시켜 주어야 한다.

선실은 최종 마감된 방 높이가 최소 2.2 m 정도는 돼야 하는데 구조 갑판간 높이를 2.7 m 정도로 하면 0.5 m의 높이에 Stiffener가 있어야 하고, 그 밑에 Duct와 파이프와 케이블이 3단 또는 4단으로 교차되어 나가야 한다. Duct 크기를 줄이기 위하여는 자연히 고속 Duct를 써야 한다.

Air Conditioner Duct 같은 것은 보온까지 되어야 하므로 두께가 얇으면서도 보온 효율이 좋고 보온 두께가 균일하게 잘 만들어진 표준 공장 제품을 쓴다. 안과 밖이 얇은 강판을 피복되고 그 사이를 방열재로 충전시킨 Duct를 양산 체제로 만들기 위하여 원형 단면을 갖는 Spiral Duct가 고안되었다. 이에 따라 이음 연결, Branch, Reducer, Damper, 관통, 지지, 단말기기 이음쇠에 이르기까지 모든 Fitting류까지 Spiral Duct 제작 공장에서 만든 표준품을 쓰고 있다.

그림 V-54 Spiral Round Duct

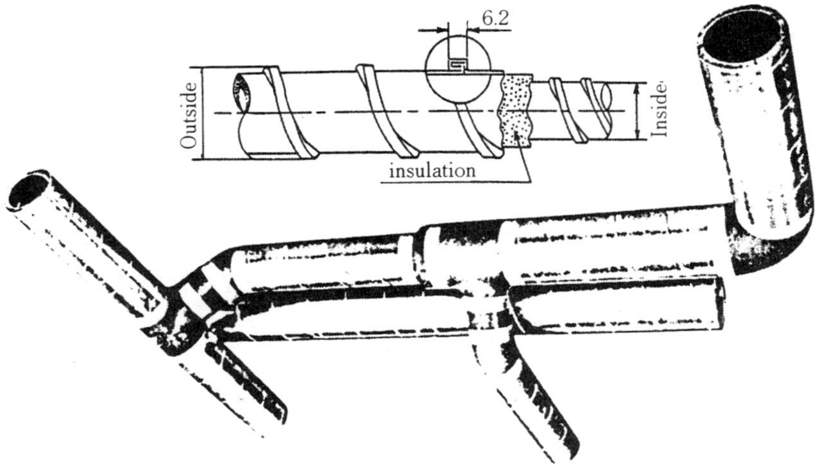

○ 송풍기의 마력 계산

예 제

유조선(VLCC) 펌프실의 용량이 3500 m^3이다. 2개의 송풍 Fan으로 환기 횟수를 시간당 25회전시키려고 한다. 배기 환기는 출입용 수직 트렁크(trunk)를 통하여 이루어진다. Duct 크기와 Fan 마력을 계산한다.

- 소요풍량 : $3500 \times 25 \div 60 = 1460\ m^3/min$
  Fan 1대가 분당 730 m^3를 담당해야 한다. 초속 6~15 m 정도의 저속 Duct를 쓰면 m 당 마찰 손실수두는 0.2~0.5 mm Aq 정도인 점을 감안하여 문제를 푼다. 참고로 초속 20~25 m의 고속 Duct의 m 당 마찰 손실수두는 1.5~2.0 mm Aq이다.

- Duct 단면적
  초속 10 m로 하면 분속은 600 m이므로

  $$730\ m^3 \div 600\ m \fallingdotseq 1.2\ m^2$$

- Fan 소요압력
  Duct 길이를 50 m라고 하면 직선 Duct의 압력 손실수두 $50 \times 0.5 = 25$ mm Aq와 Bend, Branch, Reducer, Ventilator 등에서 발생하는 손실수두를 전부 감안할 때 여유까지 포함해서 125 mm Aq 정도로 책정해야 한다.

- 마력 계산 : 마력은 압력과 부피의 곱의 함수($P \times V$)이다.

$$\text{소요마력} = \frac{125 \div 10000(kg/cm^2) \times 730(m^3) \div 60}{75(kg \cdot m) \times \text{효율}}$$

$$= \frac{125 \div 10000(kg/cm^2) \times 730 \times 100^2(cm) \div 60}{75(kg) \times \text{효율}}$$

$$= \frac{125 \times 730}{75 \times 60 \times \text{효율}}(PS)$$

효율을 0.5로 보면 40.6 PS가 된다.

- Fan의 모터용량은 30 kW이다.

Note : 실제 설계 계산에서 Duct의 손실수두는 유체 방정식과 실적 Data를 응용하여 직접 계산하며, 본 예제는 원리만을 보여 주기 위해서 개략적으로 다룬 것이다.

2 전기 케이블 배치

전기 케이블은 가급적 중간이음을 피하고 있다. 예전같이 배를 짓고 나중에 케이블을 설치하는 것이 아니고 Block 선행 의장을 하다 보니까 설치된 케이블의 용접 불똥과 물리적 긁힘에 의한 손상이나 오손이 생기지 않도록 하여야 하고, 또 단말 연결 부위까지 닿을 수 있도록 긴 끝단 부위를 둘둘 말아서 Block에 매어 달고 있어야 하므로 여러 가지 작업의 세심을 요한다.

케이블 설치의 설계적 배려는 거듭 반복하지만 Duct와 배관과의 상충관계를 고려하여 사전에 배정된 장소를 써야 하고, 통신용이나 Sygnal용 등 약전 계통의 케이블이 영향받지 않도록 동력선과 일정거리를 격리시켜서 배선하도록 신중을 기해야 한다. 또 Fire Tight 구역을 지날 때의 Fire Stop 처리(충전용 Filler Compound를 메워 막거나 불연 내화 도료를 바르는 등 방화처리)를 철저히 하여야 한다.

척당 케이블량은 대형선인 경우 150,000 m 정도, LNG선같이 복잡한 배는 수십만 m나 되는 엄청난 양이다.

그림 V-55 기관실 Deck들의 천장과 벽체를 채운 전선 Cable

행선이 같은 cable끼리 찾아서 cable tray(전선 받침판)를 설치하고 그 위에 놓은 다음 단단히 묶어 준다. 또 타격이나 기타 상하게 될 수 있는 원인들로부터 피할 수 있도록 안전한 장소에 배치하고 위험한 곳은 보호막이 판을 설치해 준다. cable은 시작점부터 끝까지 이음 매듭이 없는 것이 가장 좋으므로 확실한 설치 경로와 필요 길이를 설계단계에서부터 계획하여야만 한다. 기계실 설계 기본 계획의 주요 결정 요소이기도 하다.

8. 냉동고(Refrigeration Chamber)

선박의 식품을 장기간 안전하고 신선하게 보관하기 위해서 50~80 m³ 크기의 냉동 및 냉장고를 설비한다. 기체를 압축했다가 대기압으로 자연 방출하면 팽창하면서 주변의 온도를 흡수하므로 주변이 차가워진다.

이 원리를 이용해서 만든 기계가 냉동기이고, 냉동기는 제빙기, 냉장고, Air Conditioner, Car Cooler 등 얼리는 데와 시원하게 하는 데에 광범위하게 쓰인다. 선박의 냉동고에는 Air Chiller가 있어 내부 공기와 냉장육 등 식품을 냉각시키고 차가운 온도를 유지시킨다.

그림 Ⅴ-56은 차가워진 냉매가 Chamber 안의 Chiller Unit Coil을 돌아나가면서 Chamber 속의 열을 빼앗아 가지고 돌아 나가는 그림이다. 더 많은 양의 열교환을 위해서 Fan으로 바람을 일으켜 코일 주변에 공기순환을 촉진한다.

다음과 같은 순서로 냉각시킨다.

① Chamber 내의 공기
② Chamber 내의 모든 고형물질
③ Chamber 내의 식품
④ Chamber 내의 모터, 전등, 베어링 등 발열 물질을 압도하여 열을 식힌다.

그림 Ⅴ-56 냉동고

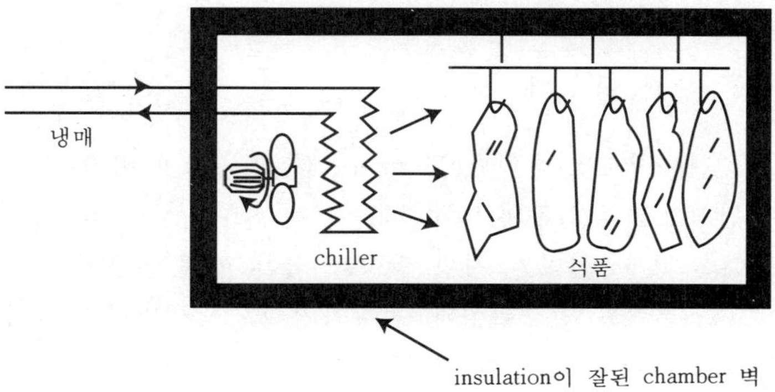

그 다음은 외부의 더운 온도와 열교환이 잘 안 되도록 방열 보온(Heat Insulation)을 잘해 주고 손실되는 만큼 냉기를 계속 지급해 주는 것이다.

냉동기 크기를 설정할 때는 위에서 열거한 대로 해야 할 일을 다하고도 여유를 갖도록 정하므로 계속 가동하면 실내 온도가 너무 떨어지게 된다. 이때는 자동으로 기계가 가동을 중지했다가 온도가 올라가게 되면 또 다시 자동적으로 가동하도록 한다. 가정의 냉장고도 이 점에서는 같게 되어 있다. 대개는 하루의 운전시간이 16~18시간 되도록 하는 것이 보통이다.

온도가 높은 곳에서 온도가 낮은 곳으로 벽을 통과하여 흐르는 전달 열량은 온도차, 시간, 두께와 재료의 열관류율의 곱이며, 내부의 물질끼리 같은 온도가 될 때까지 열을 주고받는 열량은 질량과 비열과 온도차의 곱이다. 이러한 계산을 자료에 의하여 항목별로 꼼꼼히 해서 전부 더해 주면 필요한 시간당의 총 칼로리량이 나온다.

$$860\ \text{cal/h} = 1\ \text{W}$$

이므로 이 단위환산 정수와 기계효율을 감안하여 냉동기 마력을 결정한다.

냉동톤이라는 단위가 쓰이기도 하는데, 이는 하루에 2000 lb(1 short ton)의 물을 얼리거나 얼음을 녹일 때 필요한 열로서 200 BTU/min에 해당된다. 미터단위로는 840 cal/s에 상당하다(1-4-(3) 일, 에너지, 마력 참조).

* 1 BTU는 1 lb의 물을 57.5 ℉에서 1 ℉ 상승시키는 데 필요한 열량으로서 778.26 lb×ft에 상당하고 252 cal와 같다.

9. 항해 통신 설비

1 일 반

전통적으로 나침의(Magnetic Compass)와 원시적인 속도계를 가지고 망원경으로 위험물과 지형 지물을 관측하여 항행 해도를 그려 가면서 안전항로를 찾고 선박의 지향 방향을 잡아 항행 목표지를 향해 나갔었다.

오늘날은 인공위성과 전자기기 및 컴퓨터의 발달로 Total Navigation System(全自動 항법 설비)이 가능해졌고, GPS(전방위 선위 측정 시스템,

지구상 어느 곳에서나 쉽고 정확하게 선박의 자체 위치 파악), GMDSS (Global Maritime Distress and Safety System, 전세계 해상 조난 및 안전체계)가 운영되고 있으며, 텔레비전 시청은 물론 자동전화와 Fax를 마음대로 쓰게 되어 해상 항행 생활이 육지 문명 속에 살고 있는 것과 차이가 없게 되었다.

이하 몇 가지 기본적인 항해 기기들의 종류와 원리를 설명한다.

2 RADAR(Radio Detection and Ranging)

마그네트론 진공관에서 Micro Wave 波를 발생시켜 발사 후 반사파를 수신하여 거리 분해 능력과 방위 분해 능력으로 분석해서 영상으로 나타낸다.

S-Band	파장	10 cm	원거리 감식에 적합
X-Band	파장	3 cm	근거리 상세감식에 적합

○ ARPA(Automation RADAR Plotting Aid)

선박 등 이동표적을 추적하는 기능으로서 충돌 등 해난 예방에 쓰인다 (ARPA는 SOLAS의 강제규정임).

- Relative Motion : 배는 가만히 있고 주위가 이동하도록 만든 영상 화상
- True Motion : 주위는 가만히 있고 배가 이동하도록 만든 영상화상. 움직이는 상대 표적과의 관계를 분석하는 데 도움.

3 선박의 자체위치 파악장치(Position Fixing Equipment)

(1) LORAN(Long Range Navigation)

2개의 무선국에서 같은 시간에 발사하는 전파(초속 30만km)를 수신해서 도착 시간차와 방위각을 이용해서 자체 위치를 판단하는 시스템이다. 1942

그림 V-57

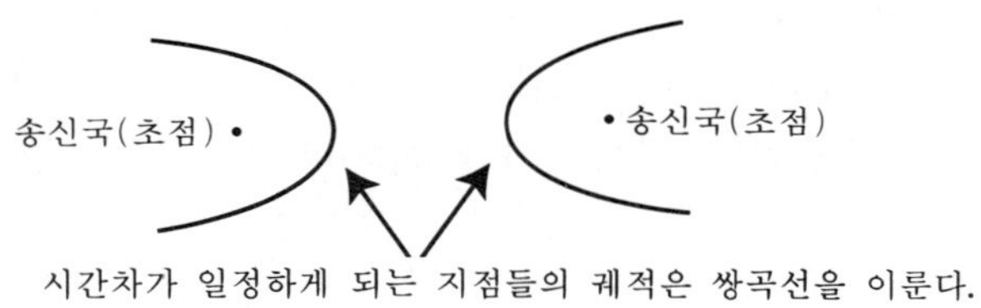

년부터 미국 USCG(해상보안청, U.S. Coast Guard)가 쓰기 시작했다.

(2) DECCA

2차대전중 영국 DECCA사가 개발한 방식으로서, 두 개의 주·종 전파 발사국에서 발사한 전파를 수신해서 위상의 차이를 읽어 이를 거리로 환산하면 결국 LORAN과 같은 위치 파악의 근거가 마련되는 것이다. 정밀도 면에서 LORAN보다 좋으나 근거리에서만 사용되는 단점이 있어 전파국을 주요 항해 해역 여러 곳에 설치하여야 한다.

두 전파국에서 주파수가 같은 전파를 발사하면 수신에 혼선이 생기므로 주파수가 다른 전파를 발사하고 수신기가 이를 받아 주파수가 같은 전파로 변조해서 위상 차이를 읽도록 한 것이 DECCA의 Idea이다.

위상이란 쉽게 얘기하면 길이를 아는 파장이 발사 지점에서 수신 지점까지 몇 개로 구성되었는가를 의미한다. 파장이 3000 m인 전파가 3.3개 되는 거리라면 9900 m 거리가 되는 것이다.

(3) Omega

미해군 개발의 초장파를 사용하는 장거리 항법 시스템으로 지구 전체를 8개의 전파 발사국으로 Cover한다. 각국이 독립된 동기화 전파를 발사하고 2개 이상의 전파국 신호를 수신하여 위상차를 측정하여 위치선을 정하고 그 교점을 이용하여 위치를 측정하는 방식을 쓴다.

(4) NNSS(Navy Navigation Satellite System)

1967년 사용을 시작한 위성 항법으로서 600 해리 상공의 위성이 90분 주기로 발사하는 신호를 받아서 자체 위치를 알아내는 방법이다. 이 90분 동안에 배도 이동하고 방향도 바뀌게 되므로 90분 전의 위치에서 어디로 얼마나 배가 이동했나를 알고 계산해서 보정해 주어야 한다.

(5) GPS(Global Positioning System)

1988년부터 실용화되었다. 850 km 상공에 24개의 위성과 지구상에는 Monitor국, 제어국, 송신국 등 지상국이 운용되며 선박은 언제 어디서라도 4개의 위성으로부터 신호를 받을 수 있고 수신기는 위도, 경도, 고도와 속도를 제공하며 정확도가 뛰어나다(편차는 약 30 m 정도).

(6) 선위 측정의 미래

위치를 아는 지점에서 출발하여 방향과 속력을 대입해서 해도를 그려 나가고, 중간중간에 나타나는 기지 표적물로써 해도의 정당성을 검증하던 것이 재래식 항법이었다.

전파 발사국을 응용하는 전파국 시스템으로 변천했다가 이제 다시 인공위성을 응용하는 발전된 방법이 개발되어 현재에는 여러 가지 혼용으로 난립해서 쓰이고 있다. 앞으로는 인공위성의 응용항법이 일반화 보편화되면서 차츰 한 가지로 통합돼 나갈 것으로 예측된다.

(7) 무선 방향 탐지기

방향과 위치 측정 장치로서 직교 루프 안테나가 쓰이고 있다. 측정법의 종류는 다음과 같다.

① 육상 전파국(Radio Beacon Station)이 무지향성 전파를 발사하고 배에 있는 방향 측정기로 방위를 측정하는 방법.
② 육상 방위 측정국(Radio Gonio Station)에서 선박의 무지향성 전파를 받아 방위를 측정한 후 선박에 알려 줌.
③ 육상국에서 지향성 전파를 발사함으로써 선박에 방위 측정기가 없어도 수신만 하면 방위를 알 수 있게 하는 측정 방식(Directional Radio Beacon 전파국 형식과 시간대에 따라 전파 방위를 바꾸는 Rotating Rodio Beacon 전파국 형식이 있음).

4 Speed Log(속도계)

옛날에 통나무(Log)를 선수에서 던지고 선미까지 떠내려가는 시간을 재어서 배의 속도를 알아내던 데서 유래하여 Log가 속도계란 단어로 쓰이게 되었다. Log의 방식은 여러 가지가 쓰이지만 무엇이든 각기 다른 여러 속도 단계에서 채취하는 계측값을 이용하여 계측값과 선속의 일반 상관관계를 성립시켜서 연산과정을 거치지만 Log의 계기는 바로 결과로 도출된 속도를 읽도록 고안되어 있다. 본선 시운전 과정에서 실측과정(Calibration)을 거친 후 속도계로 사용하게 된다.

① Pressure Log : 작은 파이프의 끝을 선박 진행 방향으로 향하게 한 후 수압 차이를 읽어 속도를 파악한다.

② Impeller Log : 배 밑에 취수관을 두어 배의 진행 방향을 향하게 한 후 유입되는 물로 Impeller(회전자)를 돌려서 회전수를 보고 속도를 파악한다.

③ Electro Log : 도체인 물이 전자석을 지나가면 기진력이 생기는 이치(Faraday가 발견한 법칙)를 이용하여, 속도에 비례하여 나타나는 전기 저항값으로 속도를 파악한다.

④ Doppler Log : 전진 방향으로 향해 물 밑으로 초음파를 발사해서 되돌아오는 반사파와 주파수 차이를 읽어 거리차를 알고 또 선박 이동 거리를 알게 되므로 속도가 파악된다. 반사파는 수심이 낮을 때는 땅에서 반사되고 수심이 깊을 때는 플랑크톤 등의 밀도에 따라 어딘가에서는 반사되어 온다.

그림 V-58 이상적인 조타실(操舵室, Wheel House) 배치도

engine, telegraph radar, 속도지시계, 측심계, 방위계, 위성통신장치, 조타 wheel, 타각지시계, 전화, 확성기, interphone 등 모든 항행과 통신의 주요 장비를 compact하게 배치시킨 예이다.

그림 V-59 통신망 활용 약도

선박으로부터 대위성 대육상 통신기지 대 타선박과의 직접 또는 경유 수단으로서 필요한 정보 수집이다. 송달 또는 긴급 구조 요청을 할 수 있는 것이다. 이 배가 현재 어디에 있는가와 현재의 정확한 속도와 진행 방향이 어떻게 되는가를 정확히 파악하는 것이 항행의 가장 중요한 정보이며 위성 통신을 통하여 정확도가 크게 향상되었다.

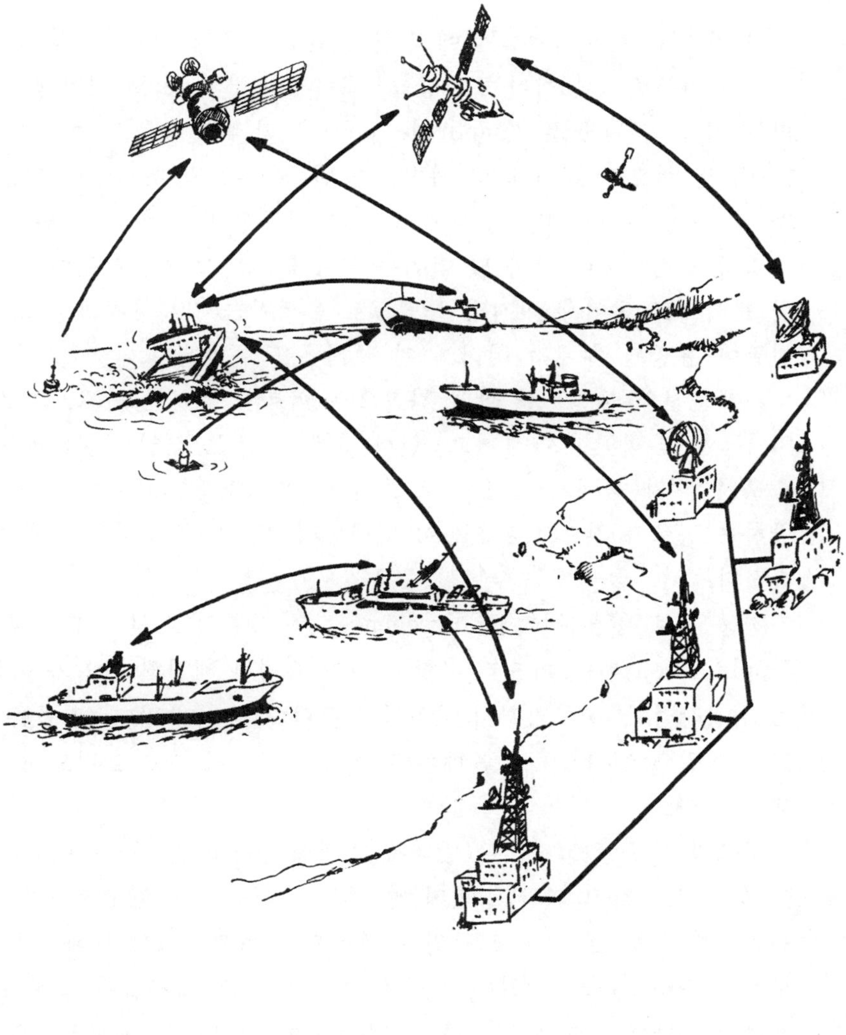

10. 진동과 소음

1 진 동

한 번 또는 반복되는 외력에 의하여 일정한 움직임의 크기와 움직임의 빠르기로 반복해서 움직이는 현상을 진동(振動, Vibration)이라 하고, 움직임의 크기를 진폭(振幅, Amplitude), 움직임의 빠르기를 진동수(Frequency, 1초에 몇 번으로 표시)라고 하며, 한 번 진동에 몇 초 걸리는가를 주기(周期, Period)라고 한다. 정의에 의하여 진동수와 주기는 역수이다.

소리의 발생이나 전파 및 청취는 진동에 의하여 가능하듯이 진동은 유익한 분야에도 많이 쓰이지만 동력으로 움직이는 기계장치에 의도하지 않은 진동이 유발될 때에는 여러 가지 부작용을 유발한다.

기계운전의 불안정한 상태 지속으로 피로와 과다한 마모, 그로 인한 발열, 균열 및 파단까지 생기고, 설사 기계적으로는 견딜 만하더라도 운전원, 승조원, 여객 등에게 견딜 수 없는 두통, 메스꺼움, 어지러움 등 고통을 수반하는 경우가 있으므로 진동이 발생하지 않도록 충분한 검토와 배려가 필요하다.

진동은 보통 공진(共振, Resonance) 등 복합적 요인과 합성 증폭(增幅, Amplification)된 것이므로 정확한 원인 규명과 해결책 찾기가 어렵고 대개는 수정작업이 너무 커져서 처리하기 곤란한 경우가 많다. 진동은 발생근거인 기진원으로부터 구조를 매체로 하여 전파되어 가므로 반드시 구조가 전제로 된다.

구조가 아주 견고하거나 반대로 굉장히 유연하면 기진력이 있어도 진동이 생기지도 않고 파급도 되지 않는다. 그러나 지나치게 견고하게 하거나 유연하게 하는 것 양쪽 모두가 경제적으로 비현실적이기 때문에 현실적인 구조를 짜고 있을 수 있는 진동을 예측해 보고 대처하여야 한다.

특히, 선박에서는 넓지 않은 선미 부분에 엔진, 축, 프로펠러의 강력한 3대 기진원이 밀집되어 있고 엉겨붙어 있으면서 아주 복잡한 양상의 진동을 만들어 낸다.

반면에 기관실 구조의 생김새는 밑이 좁고 위가 넓으면서 갑판들이 엔진을 운용하기 좋도록 크게 뚫려 있어서 숙명적으로 아주 취약한 구조가 될 수밖에 없다. 설상가상으로 그 위에 쪼뼛하게 생긴 6~7층 건물이 불안하게 얹혀 있다. 그러므로 선박이라고 하면 얼마간의 진동은 반드시 존재하게 마련이다. 선원이 거주하는 곳의 심한 진동은 건강을 해치기 때문에 각국 정부와 UN의 국제표준기구(ISO)도 허용수준에 대한 규칙과 기준을 제정하여 실시하고 있다.

(1) 대표적인 기본적 진동형태와 진동의 속도

그림 Ⅴ-60에 스프링들을 여러 모양으로 놓고 여러 가지의 외력을 가한 후에 진동하는 모습들을 나타내 보였다. 탄성을 갖는 모든 고형체는 충분히 큰 힘을 가하면 정도의 차이는 있지만 스프링처럼 응답(Response)하기 때문에 이해하기 쉽도록 스프링의 예를 도입한 것이다. 여기서 진동이 얼마나 격렬한가를 판단하는 데는 진폭과 진동수의 곱의 함수로 표시된 속도를 기준으로 삼을 수 있다.

그림 Ⅴ-60 Mode of Vibratory Motion

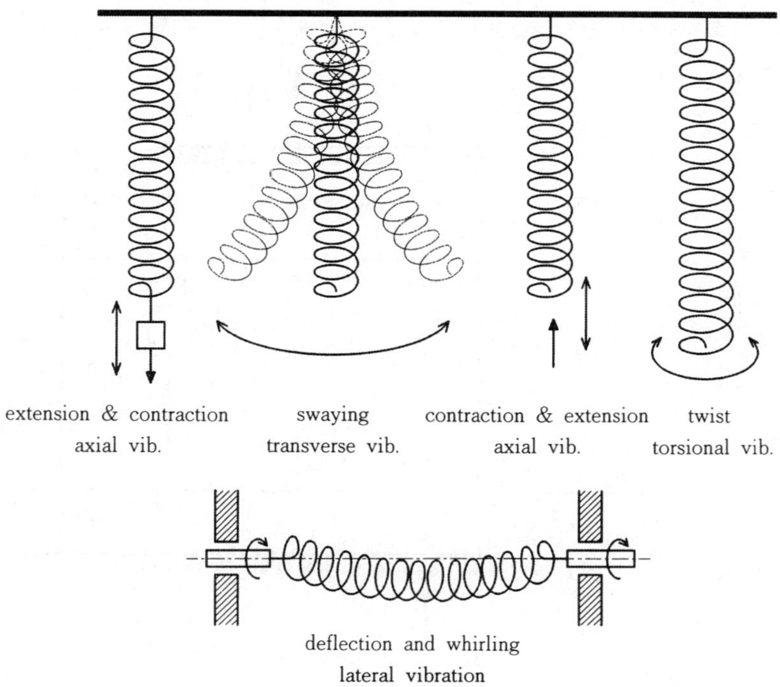

일정 시간 동안 진자가 움직인 총거리는 진동수×진폭으로 표시될 수 있는 것이다. 총시간에 움직인 총거리이므로 속도가 되는 것이다. 이 속도가 빠르면 견디기 어려운 수준이고 늦으면 견딜 만하다는 판정기준이 된다. 배의 선실에서는 4 mm/s는 아주 쾌적한 수준, 7 mm/s는 괜찮은 수준, 9 mm/s는 견딜 수 있는 수준, 그 이상은 견디기 어려운 수준으로 이해한다.

(2) 엔진의 진동

엔진은 피스톤이 움직임에 따라 여러 가지 진동을 하지만 아래위로 쿵작쿵작 움직이는 가장 격심한 진동이므로 이를 원천적으로 줄이기 위해 모멘트 보상장치(Moment Compensator)라는 무게 중심이 편심된 바퀴들을 붙이고 Crank Shaft와 Belt로 연결해서 작동시킨다.

그림 V-61 Vertical and Horizontal Vibration

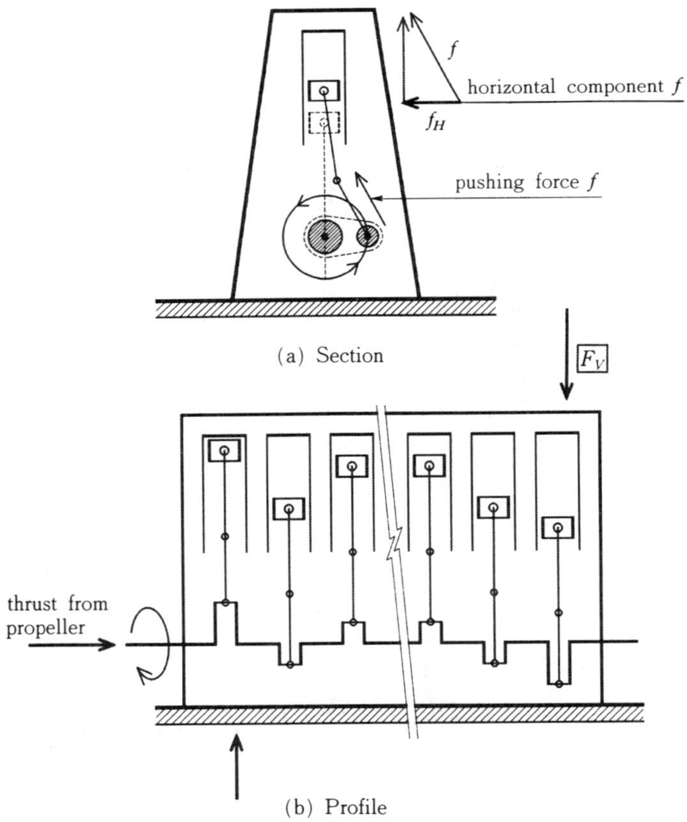

그림 V-62 Main Engine Induced Vibration

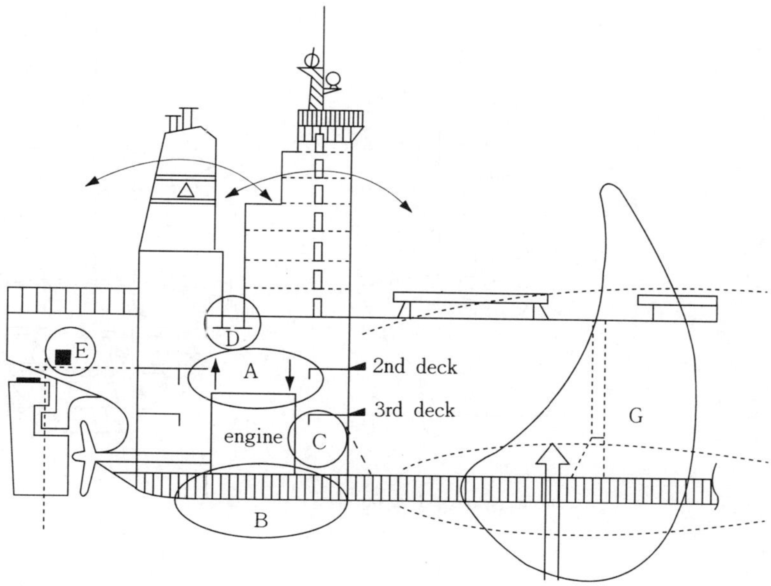

A : 상하 진동
B : 충분히 튼튼히 해야 할 곳
C : Moment Compensator
D : 중량 집중점이므로 잘 보강해야 할 곳이다. 종방향으로 움직이는 천정 기중기의 Clear Height를 확보해 주다 보면 주지지용 Trans Member 크기가 제한받게 되므로 배치 최적화가 시도되어야 한다.
E : Electric Balancer
F : 엔진의 횡진동을 막아 주는 Top Bracing(그림 V-63)
G : 파랑 및 엔진의 상하진동 등 외력에 의하여 Hull Main Girder(주선체)가 상하진동을 하는 모습

이 보상장치가 생성하는 반대 진동력이 엔진의 상하진동을 감쇄시키는 것이다. 상하진동에 대한 내성을 갖도록 기관실 바닥구조가 튼튼해야 하고 Accommodation House도 견고한 하부구조 위에 잘 지지되도록 해야 한다.

그럼에도 불구하고 상하진동이 클 경우 Electric Balancer라는 진동 감쇄 기계를 선미 부분에 놓아 대개는 문제를 해결한다.

엔진은 또 피스톤이 올라가거나 내려올 때 운동 속성상 실린더의 측면을 좌우측으로 밀게 되므로, 엔진이 좌우로 Bending하거나 나란히 밀리거나

그림 V-63 Top Sway Bracing

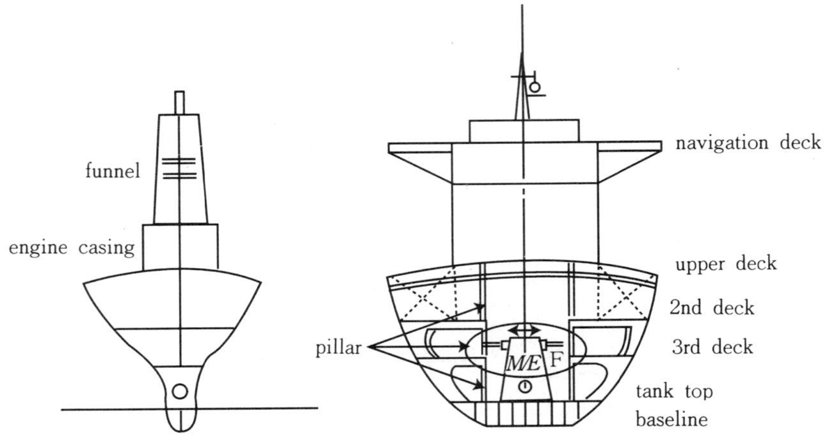

(a) engine room AFT bulkhead (b) section foreward end of main engine

수직축 중심으로 선회하는 모습으로 흔들린다.

이것은 Top Sway Bracing이라는 어느 정도 신축성이 있는 체결 Fitting을 직접 엔진과 선체 사이에 설치하여 엔진을 고박시킴으로써 해소시킨다(그림 V-63 참조). 완전 고박을 할 경우 Bracing이 파단되거나 엔진의 고박용 Eye가 깨어지거나 선체가 변형될 수 있으므로 일종의 마찰 접수(Friction Tensioner)를 체결하여 조정해 가면서 쓴다. 이것도 실제적으로는 빠지거나 깨어지는 등 부작용이 생긴다. 유압 완충식으로 고안된 고가품도 쓰인다.

Crank Shaft는 프로펠러로부터 오는 불평형 추진축력을 받으면 자체의 신축적인 생김새 때문에 심한 Axial Vibration이 유발된다. 이를 해결하기 위하여는 Crank축의 선수쪽 끝단에 유압식 완충기(Axial Vibration Damper 또는 Detuner)를 붙이는 것이 가장 효과가 좋다고 보고되고 있다.

그림 V-63에는 수평력에 의하여 생길 수 있는 진동의 모습들을 그려 보았는데, 엔진이 키가 크고 길이가 짧은 편이며 하부 구조가 견고하고 튼튼하게 선체에 붙어 있으므로 자유단(Free End)을 형성하고 있는 윗부분의 네 귀만 좌우로 흔들리지 못하도록 묶어 주면 상당히 효율적으로 모든 종류의 수평력에 의한 움직임들을 한꺼번에 크게 줄일 수 있다.

그림 V-64 Vibrations by Horizontal Forces

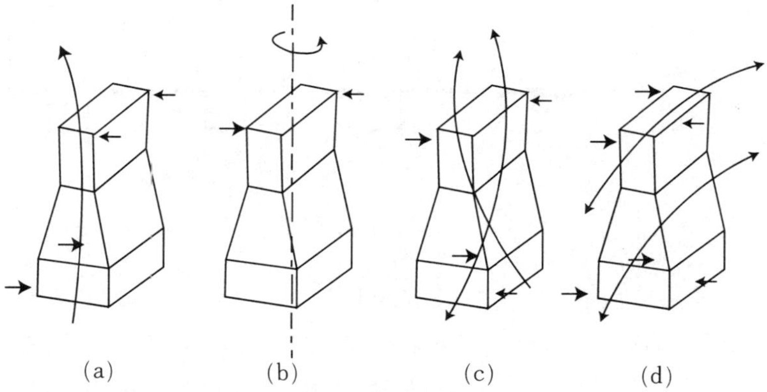

그림 V-65 Top Sway Bracing

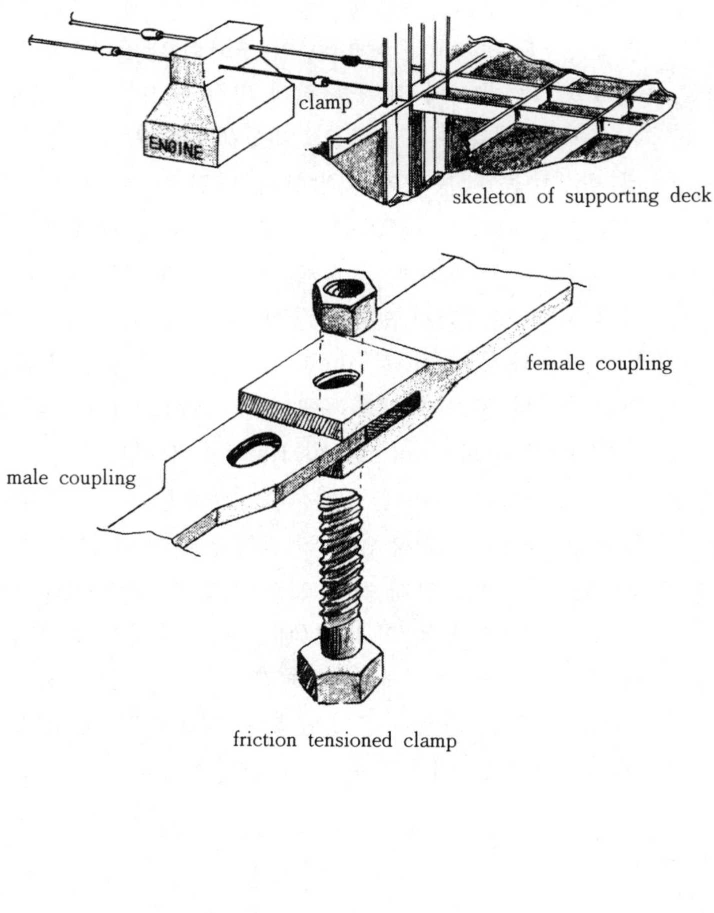

그림 V-66 Idealized Shape of Crank Shaft

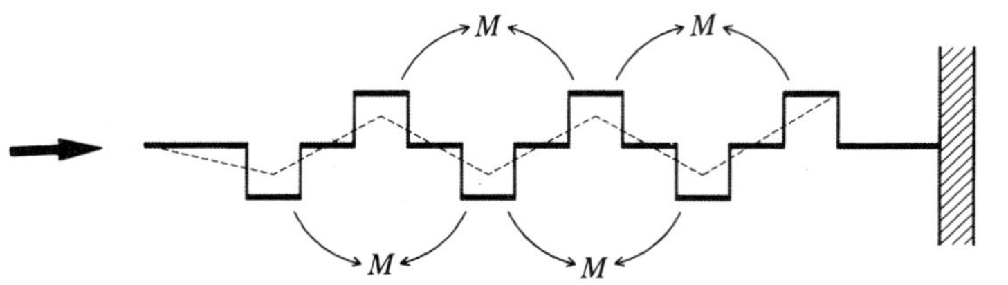

그림 V-66은 각 Crank가 순차적으로 Top Dead Point(上限點)와 Bottom Dead Point(下限點)에 와 있는 것으로 표시해서 축력에 대하여 얼마나 취약한 구조 형태를 가졌는가를 잘 나타내도록 하였다. 지그재그 모양의 점선은 크랭크축이 스프링처럼 변화된 가상선을 보여 주고 있다.

(3) Shaft의 진동

Shaft의 진동은 처짐에 따라 발생되는 횡진동(Lateral Vibration)과 비틀림 진동(Torsional Vibration)이 주관심 대상이다. 그림 V-59의 스프링으로 예시한 그림에서와 같이 처짐에 의한 횡진동은 로프를 양 끝에서 잡고 돌리는 줄넘기와 같은 모습이고, 비틀림 진동은 스프링을 비틀었다 손을 놓았을 때 발생하는 정방향과 역방향의 회전진동이다.

직경이 400 mm∼800 mm 정도의 통쇠축(中實軸, Solid Shaft)이 휘거나 비틀린다는 것이 이해가 잘 안 되지만 자중도 상당히 무거우므로 지지점 사이에 휨이 발생되고 엔진의 Torque도 굉장히 커서 비틀림이 생긴다. Axial Vibration과 Torsional Vibration 두 가지 진동이 맞물려서 심한 진동을 유발하는 RPM 부분이 생기는데 이를 Barred Range라고 한다.

NCR(Normal Continueous Rating, 정격부하 운전) 출력을 내는 RPM대와 입출항시 저속운행 RPM대는 중요한 운전 부위이므로 이런 RPM대에 Barred Range가 오지 않도록 엔진 선정과 축설계 과정에서 검토를 해야 한다. 축의 굵기를 크게 하는 것도 방법이겠으나, Barred Range를 아주 NCR보다 큰 운전권역 밖의 RPM대로 이전시키기 위하여는 축의 Diameter를 이상할 정도로 키워야 하고 경제적으로도 부담이 크므로, 전기적으로 Barred Range에서는 운전이 안 되도록 자동적인 건너뜀 회피운전(Jump Over Mode) 장치를 마련하는 것이 합리적이다.

예를 들어 Barred Range가 60 RPM이라고 하자. 어떤 때는 55 RPM에서부터 RPM을 증대시킬 때 56, 57, 58 … 62, 63과 같이 59, 60, 61 RPM이 없도록 건너뛰게 하는 것이다. 다시 말해서 58 RPM에서 갑자기 62 RPM으로 증속되는 것이다. 무슨 이유에선가 진동이 발생되는 승용차에서 90 km/h 때 진동이 있다가 100 km/h가 되면 진동이 없어지고 조용히 안정되는 것과 같은 예를 경험했을 것이다. 90 km/h로 몰지 않는다고 해서 크게 불편할 것은 없으니까 그냥 차를 바꾸지 않고 쓰는 사람들이 많은 것이다.

(4) 프로펠러의 진동

그림 Ⅴ-67에서와 같이 프로펠러는 온갖 진동을 전부 유발시키지만 견고한 자체 구조와 선미 구조의 강력한 Tackle에 의하여 대부분은 자체 흡수로 소진되고, Axial Vibration과 Torsional Vibration은 추진축 및 엔진과 함께 연합진동을 형성하는 데 가세하지만 정상적으로 잘 설계된 프로펠러라면 큰 문제의 요인은 아니다.

그림 Ⅴ-67 Water Flow Around Propeller

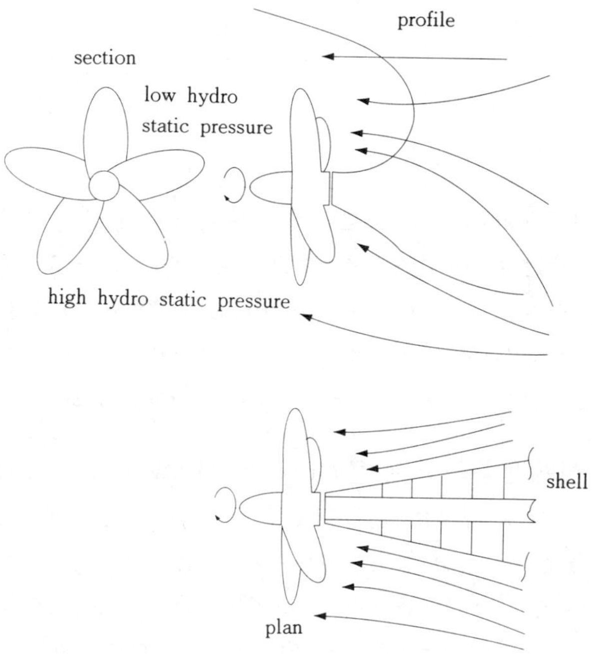

그림 Ⅴ-68 Propeller Origination Vibratory Forces and Moments

수심 차이에 의한 정수압 차이와 균일하지 않은 수류 속에서 프로펠러의 각 blade가 선회하면 엔진으로부터 torque(회전력)를 받아서 thrust(추진력)를 전달하는 주된 일을 하는 과정에서 축방향(axial 또는 longitudinal), 횡방향(horizontal 또는 lateral) 및 연직 방향(vertical)의 각 좌표축 방향의 기진력과 각 좌표축을 중심으로 회전 방향의 기진력이 생긴다. 이런 모든 힘 중에서 chank shaft가 flexible한 구조를 가지고 있기 때문에 축방향의 기지력 F_A에 대한 대책이 가장 중요한 관건이다.

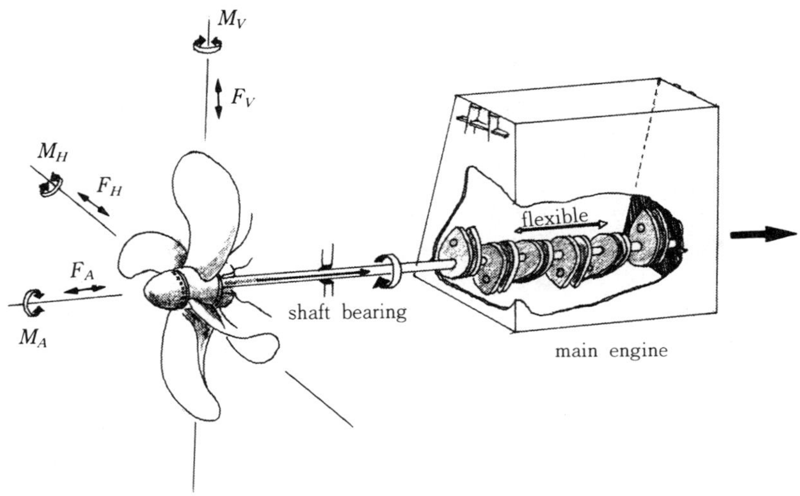

단지 Cavitation만이 프로펠러가 단독으로 진동을 유발할 수 있는 주요 요인으로 남는다. 아이러니컬하게도 프로펠러의 효율 증대를 강조하는 쪽으로 설계방향을 잡으면 심한 Cavitation의 발생 가능성이 높아진다.

Cavitation은 프로펠러와 선체 부분의 침식과 소음문제를 심각하게 유발시키지만 진동 그 자체는 대개 선미 부분에 국한되는 국부진동이다.

(5) 전체진동과 국부진동(Total Vibration and Local Vibration)

문자 그대로 전체가 흔들리는 것이 전체 진동이고 부분만 흔들리는 것이 국부진동이다. 기상이 나쁠 때 비행기가 전체적으로 후들후들 흔들리는 것은 전체진동이다. 낡은 버스가 노반이 좋지 않은 도로를 빠르게 달릴 때 수많은 국부진동이 한꺼번에 집단으로 발생한다. 엔진은 엔진대로, 문짝은

문짝대로, 의자는 의자대로, 손잡이는 손잡이대로 멋대로 흔들리는 것이다.

선박에서도 Hull Girder Vibration(主船體振動)이나 선미 부위 전체의 진동 같은 것은 전체진동이라고 보겠으며, 갑판 및 Bulkhead 등 판진동, 기계와 Seating Unit의 진동 등은 국부진동이다. 국부진동은 원인이 단순하고 처방이 간단한 경우가 많으나 전체진동은 원인 규명도 쉽지 않을뿐더러 처방도 어렵다.

국부진동이 전체 구조의 결정적 파손을 가져오는 예는 적지만 작은 파단이 성장하여 큰 문제를 만들기 때문에 심한 국부진동은 구조보강 등에 의하여 제거해야 하고, 전체진동은 취약 부분이나 구조강성의 연속(Continueity of Structural Strength)이 잘 안 된 곳을 파단시킬 수 있으므로 면밀하게 대처해야 한다.

선체는 가까이에서 보면 육중하고 견고해 보이지만 막대한 힘의 Wave Load, Pitch/Roll 운동에 의한 수압 Load나 중량쏠림 Load, Slamming(배 선수의 바닥이 수면 위까지 올라왔다가 내려가면서 물을 때리는 운동현상) 등 자연력에 대해서는 한낱 연약한 대형용기에 불과하다고 이해하고 필요한 강성을 갖는 설계, 큰 진동이 없는 설계, 결함이 없는 자재를 써서 완벽한 Workmanship으로 잘 만들어야 한다.

선미 부위의 전체진동 중에서도 가장 흔하고 견디기 어려운 것은 선실구조의 전후 방향 진동이다.

그림 V-69는 선체의 고유진동을 이해하기 쉽도록 과장해서 표현한 것이다.(Node는 절이라고도 하는데 진동 휨의 방향이 바뀌는 변곡점, 즉 산과 골 모양 사이의 중앙점을 잡아 절 또는 Node라고 한다.) 이 고유진동수는 흘수선 깊이별로, Node수별로 달라지며 구조 도면을 가지고 계산해 내는 데는 많은 노력이 든다. 늘상 많은 배를 설계하고 짓는 조선소에서는 충분한 실적자료와 Feeling이 있으므로 특수한 경우가 아니고는 고유진동수 계산을 생략한다.

이상은 정확하게 앞뒤로 진동하는 예를 든 것이고, 그 외의 어떠한 기진력에 의해서 선체 구조는 생김새 특성상 또 그다지 견고하지 못한 구조 특성상 얼마간은 앞뒤로 흔들리게 된다. 육감으로는 잘 느끼지 못하더라도 기계적 계측으로써 진동의 생김새를 알 수 있다.

그림 Ⅴ-69 Hull Girder Vibration

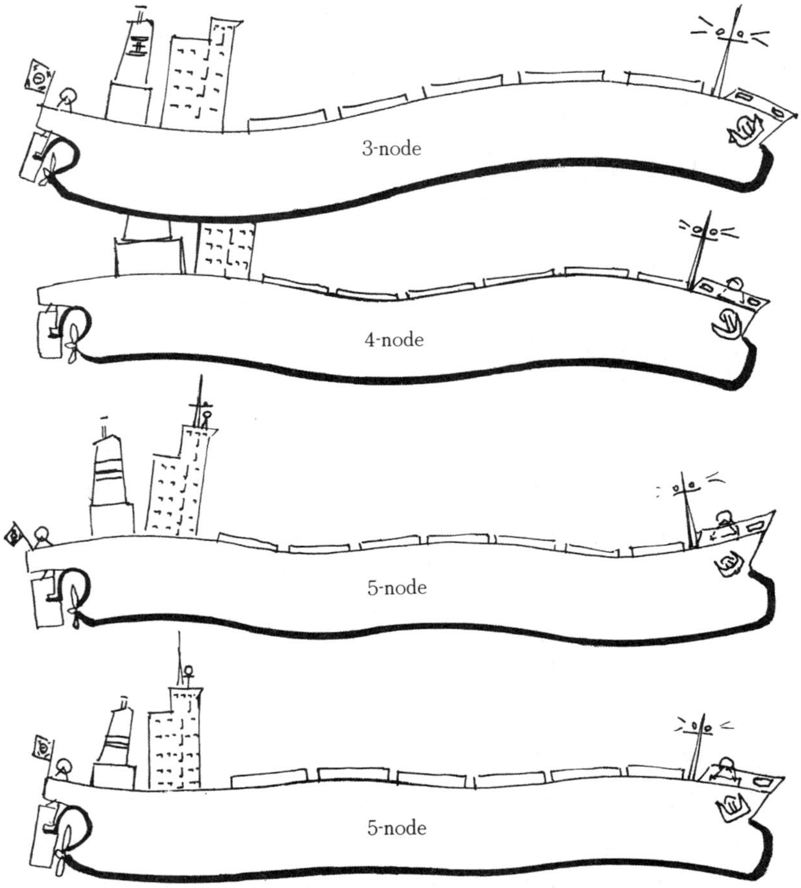

2 방진대책

(1) 받침구조가 튼튼해야 한다.

엔진이 얹혀지는 기관실 Double Bottom 구조가 강해야 한다. Double Bottom Height가 충분히 높고 Frame Space가 충분히 가까워야 하며 Bottom Plate와 Tank Top Plate가 두꺼워야 한다. 엔진 바닥의 외곽선 테두리의 받침부분을 Box Girder로 형성시켜야 한다.

그림 V-70 Engine support structure L.O. Sump in Double Bottom Tank in E/R

4각형의 우물 모습으로 4변은 전부 폐쇄된 box구조로 둘려쳐져 있으며 가운데 우물은 중간 높이의 2중바닥 구조로 되어 있다.

우물은 엔진의 piston에 보내는 윤활유 순환 저유 탱크로 쓰이므로 주변의 연료유 탱크나 해수 탱크와 완전 밀폐를 시키기 위하여 2중구조로 하였으며, 혹시 구조가 균열이 생겨서 기름이 새는 곳이 있는지 아무때나 들어가서 검사를 할 수가 있다.

4변에 연해서 강력한 기관실 바닥 구조가 형성되어 있으며 support 구조의 상면이 기관실 바닥 구조와 같은 높이를 갖게 함으로써 대단히 강력한 지지력을 갖게 하는 것이다.

support의 외부 바닥은 배의 선저 외판 바닥에 이어져 있다.

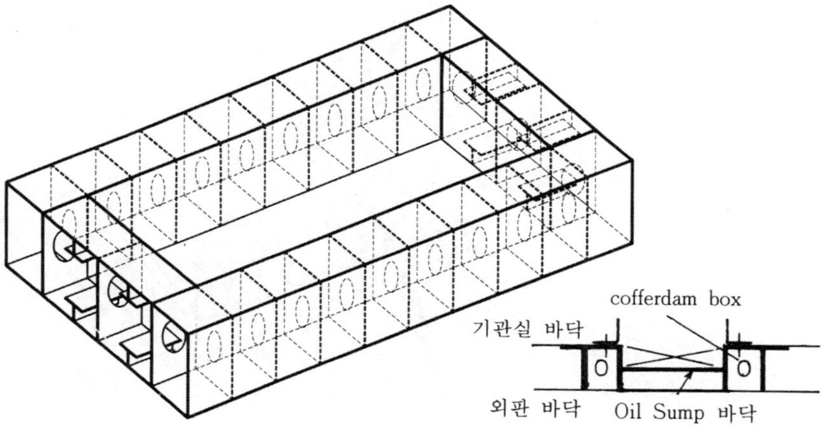

Egg Box형의 튼튼한 엔진룸 Grillage 구조 속에 또 다시 목욕물통과 같이 생긴 2중 받침구조를 형성시키는 것이다. 그림 V-70의 가운데 목욕통처럼 형성된 곳이 Lubricating Oil Sump Tank이고, 둘레의 Cofferdam이라고 하는 中立 Zone이 좁은 골목처럼 형성되어서 강력한 엔진의 Seat구조를 형성할 뿐만 아니라 Crack이나 누유(Leakage) 등에 대한 검사를 가능하게 했다. 이 Box 구조에서 전후 좌우로 강력한 Bouble Bottom Grillage 구조가 접속 형성되는 것이다.

(2) 선실 House를 잘 짜고 잘 받쳐야 한다.

House는 얇은 박판구조이므로 골재(骨材, Skeleton Member)와 판재(Panel, Plank, Plate)의 Arrangement와 Alignment(配置와 整列)를 잘 맞추어 만들어야 하고, 그것을 받아 줄 하부 선체 구조, 즉 기관실 구조와 잘 맞

그림 V-91 Supporting Structure of Accommodation House

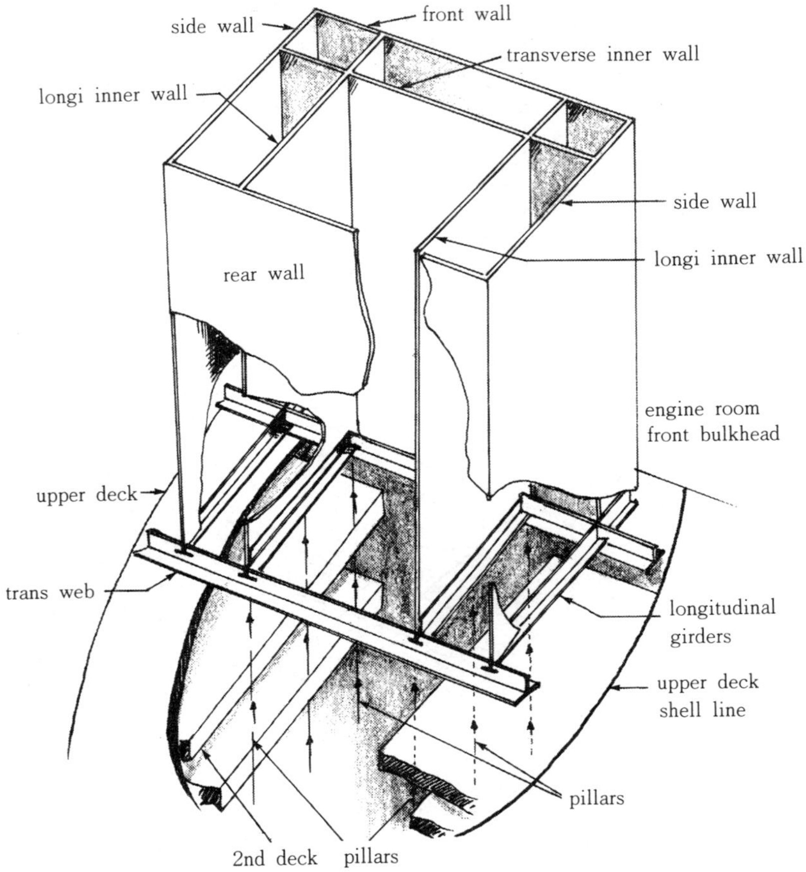

아 떨어져야 한다. House 앞쪽 벽은 기관실 앞쪽 벽이 잘 받쳐 주지만 뒤쪽 벽을 받아 줄 벽이 없어 횡방향으로 건너지르는 강력한 Beam을 설치하여야 한다(그림 V-71 참조).

그리고 선실의 외측 측면벽이 하부구조에 의하여 튼튼하게 받쳐 줄 만한 구조가 없으므로 Longi Member를 키워서 종 Deck Girder를 만들어 준다. 또한 기왕에 Engine Room의 內部 Deck End를 받쳐 주는 Pillar들이 형성하는 선상에 선실 내부 Wall을 더 넣어서 Pillare들이 하중을 잡아 주게 만든다. 이 방법은 어느 규칙에 있는 것은 아니지만 필자가 고안해서 수십년간 수백척에 활용하여 진동에 관한 한 대과가 없었다.

(3) 주기관 선정을 잘해야 한다.

Unbalance Moment가 큰 엔진이나 신개발품 엔진 등은 피하고 안전하게 생각되는 엔진을 택하여야 한다.

(4) 종합적인 예측을 해야 한다.

조심해야 할 사항은 다음과 같다.

① 작은 배가 큰 엔진을 장착하였을 때에도 주의를 요하고, 또 House는 House대로 상대적으로 크므로 무조건 부담이 간다.
② 길게 생긴 배가 비상(주선체 고유 진동이 크므로)
③ 고속 16 kn 이상 비상(엔진이 크므로)
④ 좁게 생기고 높은 선실이 비상(안정성이 떨어지므로)
⑤ 4 실린더 등 특수 엔진이 비상(불평형력이 크므로)
⑥ Vertical Vibration의 Moment Compensator와 Horizontal Vibration의 Sway Bracing을 확인하고, 그 다음에 Torsional Vibration과 Axial Vibration을 계산해 보고 값이 크면 Damper를 붙여야 한다.

보통 60,000톤 이상 대형선에서는 ①~⑤까지의 비상상황은 있을 수 없으므로 Torsional과 Axial만 체크해서 우려가 되면 Damper를 붙이면 된다. 소중형 컨테이너선 등 모든 종류의 작은 선형에서는 초미의 관심사로 진동을 검토하여야 한다.

(5) Global Analysis

선미 부분의 모든 기진원의 진동발생과 전체 합성 및 파급과정을 컴퓨터를 이용한 유한요소법(FEM, Finite Element Method)에 의하여 해석하는데 시간과 노력이 크게 들고, 또 전문가 Researcher들이 동원 가담하여야 한다. 그렇더라도 많은 가정과 통계 계수 등의 정확도 문제가 있고 또 FEM기법 차이도 있으므로 이 해석만 해보면 모든 것을 확실히 알 수 있다고 보기는 어렵다. 좌우간 하나의 Reference로서 가끔 쓰이고 있으며 향후 지속적으로 발전시킬 분야이다.

(6) 자료의 집적

실적선의 계측 자료와 운선 중 대두되는 문제들을 성실하게 재어서 분석하고 유용한 자료를 집적해 나가야 한다.

3 소 음

소음은 구조에 문제를 주는 일은 없지만 작업자를 피로하게 하거나 고막을 손상시키며, 특히 편안한 수면에 장애를 주면 휴식이 안 되므로 발생과 파급을 줄여야 한다.

(1) 주요 소음원

① 기계류

- 주기관
- 발전기용 디젤엔진
- Compressor
- Boiler Feed Water Pump
- 대용량의 Axial Flow Fan
- 유압펌프

② 구 조

- 선실의 양 모서리에서 동화 속의 귀신 울음소리 같은 괴음을 낼 때가 있다.
- 선체의 구조운동으로 인하여 배가 깨지는 것 같은 소리가 날 때가 있다.
- Rudder가 큰 각도로 돌 때마다 큰 굉음이 날 수가 있다.
- 프로펠러의 Singing이라고 하는 Hydrodamic Originated Sound가 날 때가 있다.
- Propeller Cavitation에 의하여 수많은 쇠공으로 때리는 것 같은 소리가 요란하게 날 때가 있다.
- Anchor가 고정이 잘 안 되어 달망달망 선체를 때리는 소리가 날 때가 있다.
- 진동에 의해 House 구조가 찌걱거리고 가구가 흔들리는 소리가 난다.

(2) 발생을 줄이고 또 파급을 줄이는 방안들

- 설계나 시공이 잘못되어 소리가 나는 것은 원인을 찾아 제거한다.

- Resilient Mounting으로써 발생과 파급을 줄인다.
- 다공질의 흡음재로 소리를 빨아들인다.
- Housing으로 싸매서 소리가 묶이도록 한다.
- 벽체에 방음 Insulation을 시공함으로써 파급을 차단한다.
- 조용해야 될 방은 시끄러울 수밖에 없는 방 곁에 두지 않는다.

각 정부 준칙이 있고 국제 해사기구 권고기준들이 있는데, 대개는 다음 Range이다.

기계실	115 dB(데시벨)* 이하
기계 조작실	80 dB 이하
공실, 사무실	70 dB 이하
침실	65 dB 이하

* 115 dB 지역은 작업자에게 귀마개를 하도록 강력히 권고한다.

제 VI 장
선박설계

1. 일 반

주문주인 선주로부터의 선종 지정, 톤수, 속력, 등록 국적 등 주요 요건 지정이 일차적인 설계 착수의 포인트가 된다. 이 요건만 가지고도 조선소는 가장 경쟁력 있는 설계성능과 우수한 표준사양(Standard Specification)의 제시 및 경쟁력 있는 선가를 Offer하게 되는 것이다.

선주가 특별히 연료 경제성의 향상이나 양하역 능률의 향상, 수명연장을 위한 내구성능 향상 또는 승조원수를 최적화하기 위한 자동화의 증대 등에 대한 추가적 투자 옵션 항목들을 요청해 올 때도 있는데 협의에 의하여 적용이 결정된다. 일반적으로는 옵션 항목들은 많은 비용이 들므로 적용이 그다지 흔하지 않은 편이다. 이런 옵션 항목들은 높은 수준의 기술능력을 필요로 하므로 Offer 제시도 할 수 없는 기술 열위의 조선소는 늘상 건조자 선발대상에서 제외된다. 크고 유능한 조선소는 실제로 채택되건 안 되건 관계없이 훌륭한 Offer를 낼 수 있도록 깊은 Study와 Engineering을 할 수 있는 능력을 보유하고 있어야 한다.

선주가 선종을 지정한다는 것은 화물 종류와 톤수 규모를 동시에 지정하는 셈이 되고, 이는 또 앞에서 소개한 바와 같이 모델화된 우수 모범 선형들 중의 한 가지를 지정하게 되는 경우가 되어 많은 설계특성까지 동반 지정이 이루어지게 된다. 다시 말해서 설계적 고려를 해볼 것도 없이 정해질 사항이 다 정해지고 만다는 뜻이 된다. 추가적으로 가장 근본적이고 핵심적인 개선 향상요인을 더 찾는다면 다음과 같은 세 가지뿐이다.

첫째, 자체 중량이 가벼울 것(물론 필요한 강도와 내구성은 지켜진다는 범위 내에서)

둘째, 저항이 작은 미려한 선형일 것

셋째, 효율이 좋은 프로펠러를 쓸 것

이 세 가지로써 짐을 많이 싣고 기름은 덜 쓰며 빠르게 다닐 수 있는 가장 우수한 배가 되는 것이다. 그러나 유사 이래 내로라는 전문가들이 최선을 다해서 이룩해 온 현재의 수준을 뛰어넘어 더 우수한 것을 이루어낸다는 것이 지난한 일이고 보면, 대부분의 경우 많은 수의 배들이 비슷비슷한 수준으로 양산되고 있음을 쉽게 짐작할 수 있다. 따라서 현실적으로는 위의 세 가지 성능향상 요인 중의 어느 한 부분을 개선시키는 시도를 펴는 것이 보통 신설계 개발이 된다.

가벼운 자중은 구조역학적 해법으로 찾아야 하고, 잘 나가는 선형은 유체역학적 해법으로 찾아야 하며, 효율좋은 프로펠러는 유체역학적 해법과 우수한 기계설계 지식을 동원해서 만들어야 한다. 얼핏 보기에는 각기 독립된 요소같이 느껴지지만 세 요소가 서로 연계되어 있고 동시에 향상이 이루어지지 않으면 결과적 개선이 이루어지지 않는 밀착된 관계를 가지고 있다.

자중이 가벼워야만 목표로 하는 짐의 적재 능력을 지키면서 가장 날씬한 선형을 만들 수 있는 터전이 되고, 날씬해야만 잘 나가는 몸매를 뽑아 볼 수 있는 것이다. 효율좋은 선체와 상관해서만 좋은 프로펠러가 만들어지는 것이지, 단독으로 좋은 프로펠러를 만들 수는 없다.

따라서 세 가지 요소는 엄격히 따지면 하나의 요소인 것이다. 이 요소들을 경쟁적으로 만들기 위하여 학술적 기술과 긴 세월의 전문적 경험과 수많은 사람의 지혜가 긴 세월 동안 총동원되어야 한다. 예술혼적 감각도 지녀야 한다.

튼튼하게 생긴 구조가 튼튼하고, 잘 나가게 생긴 선형이 잘 나간다. 견고하고 삽상하게 생긴 프로펠러라야만 한다. 구조의 흔들림(진동)까지도 눈에 보여야 하고, 물차는 소리, 기계 돌아가는 소리까지도 귀에 들려야 한다. 오감을 다 동원할 줄 아는 장인이 되어야 한다.

1 m^3도 안 되는 좁은 공간마다 내 몸은 하나의 작은 로봇이 되어 찾아다니며 사방을 샅샅이 살필 수 있어야 한다. 아무리 큰 VLCC라도 내 손바닥에 얹어놓고 기울여도 보고 우그려도 보며 흔들어도 볼 수 있어야 한다. 장인

은 걸어다니면서도 멋진 배의 꿈을 꾸어야 하고, 잠을 자면서도 좋은 배를 지어야 한다.

충돌과 좌초의 악몽, 파단과 침몰의 소용돌이 속에서 몸서리치고 울부짖다가 진땀에 젖어 깨어나는 아침을 수없이 맞아야 한다. 고동을 울리며 아스라히 멀어져 가는 출항선을 안 보일 때까지 바라보며 눈물을 삼키는 것은 그런 정렬과 고뇌와 희열을 가졌었기 때문이다.

1 주요 화물의 이동과 운송선 및 선종에 따른 강화 포인트

(1) 원 유

사우디, 쿠웨이트 등 중동 산유국에서 유럽, 극동, 미주로 운송되며, VLCC가 주요 운송선이나 비교적 근거리인 유럽 등에는 Swezmax나 Aframax까지도 동원된다.

(2) 철광석·석탄

호주와 브라질, 남아연방 등에서 구미와 극동에 공급되며, 장기 투입되는 초대형 전용선과 Cape Size선들이 주요 운송선이다.

(3) 곡 물

북미, 남미, 호주 등에서 유럽과 아시아로 공급되며 Panamax Bulker와 Handy Size Bulker가 주요 운송선이다.

(4) 정제유

예전에는 공업국에서 인근 수요지에 나르는 2~3만톤급 정유선들이 쓰였으나, 산유국이 정제하여 원거리를 수송함으로써 Aframax와 Panamax급까지 동원되고 있다.

(5) 컨테이너

잡화의 컨테이너화는 중진국들의 공업화와 대량소비, 항만 하역 설비와 물류 터미널 확충, 철도·고속도로를 통한 내륙 운송 연계, 장기적인 석유가의 안정 등으로 신속히 촉진되어 왔고, 컨테이너선의 대형화와 고속화가 촉진되어 5000 TEU(20 ft 길이의 컨테이너 상자, Twenty Equivalent Unit의 머릿글자를 따서 TEU라 함) 적재에 25 kn 이상의 선속을 과시하는 大洋

의 급행열차가 된 셈이다. 극동에서 미국 서해안까지 불과 7~9일에 횡단하는 시대가 되었다.

태평양 항로와 대서양 항로가 주요 항로였으나, 극동-유럽간의 무역증진과 Asean의 산업화로 인도양 노선도 활성화되어 Around the World Service를 하는 해운회사들이 늘어나고 있다.

옛날에는 컨테이너선은 파나마 운하를 반드시 통과한다는 전제로 만들어졌었으나 Around the World Route로 되고 배도 대형화되면서 넓은 선폭의 배(Over Panamax Beam)들도 많이 지어져서 운항되고 있다.

컨테이너는 RO-RO선(Roll on Roll off선, 자동차나 트레일러가 운전해서 선상에 올라가고 내려오는 설비가 되어 있는 배)에 의하여 운송되기도 하는데, RO-RO선은 가까이 있는 여러 항구, 특히 하역설비가 제대로 마련되어 있지 않은 항구들을 능률적으로 입출항하고 접안하는 특장점을 가지고 있다.

가까운 지역 내에 항만이 많고 물자 운송 수요가 많은 유럽에서는 많이 쓰이고 있으나, 대양의 대형운송에는 운송 Cost가 높아 Merit가 없다.

이상의 화물이 해상 운송 수요의 주요 부분을 점유하고 있으며, 그 외의 액화가스선, 냉동선, 자동차 운반선 등 몇몇 최적 특화된 전용선들이 소량의 특수화물 운송을 분담하고 있다.

2 선박 성능의 강화 포인트

VLCC 같으면 많은 양의 수송능력, 컨테이너 같으면 빠른 속력, PC선 같으면 깨끗이 잘 도장된 Cargo Tank, RO-RO선 같으면 용량과 적하 양하 시간 등 비교우위가 꼭 지켜져야 하는 포인트들이 있게 마련이다.

그런 비교우위를 지키는 데는 엔지니어링 능력이 빼어나야 함은 물론 Cost 투자도 커야 하는 것이다. 어느 경우에도 연료비와 인건비가 적게 드는 것이 가장 중요한 비교우위의 요체이며, Tanker나 Gas Carrier라면 화재 안전이 굉장히 중요한 포인트가 되는 것이다.

아래와 같이 몇몇 주력 선종의 강화 포인트에 ○표를 해 보았다. 이 표가 결국 일반적으로 배를 설계할 때 어떤 목표를 세워야 하는가를 잘 시사해 준다.

선종별 강화 Point 조건표

Factor	Means	Container	RO-RO	VLCC	Swez	Cape	Afra	Panamax	Handy
DWT	Bigger Size								
	Lighter Weight	○	○						
	Bigger CB			○	○	○	○	○	○
Cargo Space	Volume			○	○	○	○	○	
	Area	○	○						
Speed	Higher Max. Speed	○	○						
F.O.C	Less Resistance	○	○	○	○	○	○	○	○
	Good Propulsion EFF	○	○	○	○	○	○	○	○
	Good Engine	○	○	○	○	○	○	○	○
	Low Grade Fuel	○	○	○	○	○	○	○	○
	Recycle/Recovery	○	○	○	○	○	○	○	○
Cargo Loading & Unloading	Max Discharge Capacity			○					
	Efficiency		○						○
	Automation								
	Lashing Efficiency	○	○						
	Cleaning			○	○		○		
	Cargo Caring		○						
	Fire Safety			○	○		○		
Less Maintain	Painting								
	Cleaning								
	Check	○	○						
Less Work (Less Crew)	Reliable Machine	○	○	○	○	○	○	○	○
	Automation	○	○	○					

2. 설계 시작 단계에서의 주요 체크 포인트

(1) 화물을 따라간다

톤수와 화물만 지정해도 대개는 선형이 결정될 정도로 경향이 일반화되어 있다.

① 주요 항행 Route와 운항 속력(Main Trade Route and Speed)

② 주 기항 항만의 제약 조건(Port Condition)

(가) 수심(Water Depth)

(나) 안벽 높이(Quay Height)
(다) 배 길이 제한(Ship Length Limit)
(라) 하역 기중기의 Boom 자람 길이와 선폭(Crane Reach and Ship Breadth)
(마) 기름, 물, 식량, 부속 보급(Oil, Water, Food Stuff, Inventory)
(바) 입출항 규제 법률(Port Regulation)

③ 화물 특유의 Unloading 및 Care(보존설비)의 자체 보유 필요성 여부

(2) 선적국(Flag 또는 Registry) 법률을 따라간다

UN 산하기구인 IMO(국제 해사기구)의 법률들을 각 해양 국가가 자국법으로 수용해서 적용하며, 그외 전통적인 해양대국(영, 미, 일 등)의 법에 맞추어서 건조해 달라는 주문도 있다. Liberia와 Panama 등 편의 국적선으로 하는 선주가 많으며 선급이 감리를 대행하므로 행정이 능률적이다.

① 해사 안전법

선박의 안전한 선체 구조, 복원력, 조선성능(Maneuverability), 화재 예방 및 소방, 해난사고 및 구명 설비 규정

② 노동법

선원의 근로조건 및 편의시설 기준

③ 보건 위생법

선원의 건강을 도모하기 위한 작업 환경과 음식물 위생

④ 해상 환경 오염 방지법

⑤ 통신 관계 법률

(3) 설계상의 선택변수와 경제적 실리

주촌법(Main Dimension)의 제한범위 내에서 필요한 톤수와 속력을 얻어내기 위하여 길이와 C_B(비척계수)를 바꾸어 가면서 최적화된 선형을 모색한다.

① 같은 C_B에서 배 길이가 길어지면 다음 영향이 나온다.

(가) 속력 성능 : 속력 손실이 적은 편임
(나) 재화 중량 증가 : 발 빠르게 변화
(다) 화물창 용적 증가 : 발 빠르게 변화
(라) 원가상승 요인 : 발 빠르게 변화

② 비척계수가 커지면 다음 영향이 나온다.

(가) 속력 성능 : 크게 저하

(나) 적재 능력 : 발 빠르게 증가

(다) 화물창 용적 : 발 빠르게 증가

(라) 원가상승 요인 : 큰 변화 없음

③ 기관실 길이 : 길면 Hold Volume이 축소된다. 가급적 짧아야 한다.

④ 화물창 개수 : 많으면 원가는 상승하고 사용은 편해진다.

⑤ 선실 총면적과 내장 공사 수준 : 직접 Earning Factor는 아니지만 쾌적한 생활기반 조성상 중요하다.

⑥ 프로펠러 RPM : 느린 쪽이 효율이 좋다(물론 Diameter는 커짐).

⑦ Hatch Opening의 크기(Tanker는 해당 없음) : 큰 편이 좋으나 원가상승이 많음.

⑧ 도료의 등급 : 장기적인 Maintenance 비용과 비교해 보아야 한다. 일반적으로 좋은 도료를 잘 바르는 편이 득이 된다.

⑨ 화물 종류의 다양화(Cargo Flexibility) : 비용증가가 큰 데 비하여 전용선과의 경쟁은 취약하다.

⑩ 화물 Unloading 속도 : 항만의 묘박이나 접안 시간을 단축시키는 것이 운항 항차수를 늘이는 결과가 되므로 가급적 빠른게 좋다.

⑪ 내부식(Anti-Corrosion) 재질의 자재 기용 : 중요한 소량 부분을 잘 선별해서 쓰면 투자된 것보다 큰 이득이 생긴다.

⑫ Standby용의 기계 대수 증설 : 고장으로 정선되는 시간을 줄이고 선박 수명을 연장시킨다.

⑬ Spare 보유 수량 증가

⑭ 기타 운항 편의 사항

3. 설계 연습

[1] 기본 계획

(1) 선종 지정

Panamax급, Bulk Carrier, 15 kn, 선원 26명 승선, Liberia 선적

(2) 주요 성능 특성 지수(Ship's Main Particular)

다음의 수치들은 현존하는 실제 선박의 수치가 아니고 예를 들기 위해 적절히 책정한 값이다.

- 길이(L.B.P)* 215 m
- 너비(Beam 또는 Breadth)* 32.24 m
- 높이 또는 깊이(Depth)* 18.8 m
- 흘수(Draft)* 12.5 m
- **비척계수**** 0.82
- 배수량(ton)*** 72 825(215×32.24×12.5×0.82×1.025)
- **자중(LWT)**** 11 000 t(그중 강재중량 9000 t)
- 재화중량(DWT)*** 61 825
- Hold Volume(m^3)** 79 000
- Hold수* 7개
- Ballast Tank 용적(m^3)** 32 000(1 Cargo Hold 포함)
- **엔진마력(NCR)**** 12 000 HP×94 RPM
- 연료 소묘량*** 34 t/day
- 선원 수용 능력* 26명(실승선인원 19명)

* : 방침에 의한 책정
** : 추정하여 목표로 삼음
*** : 계산으로 도출
굵은 글씨체로 표시된 곳은 좋은 배의 관건을 이루는 Factor이다.
자중이 가벼워야 C_B를 낮출 수 있고 C_B가 작아야 엔진 마력을 줄일 수 있다.

선박 설계는 항상 기존선들의 성능을 파악하고 그보다 나은 우수선을 겨냥하여 간다. 공개된 기존선 자료들은 잡지나 통계에서 흔히 볼 수 있는데 C_B와 Light Weight는 기재가 삭제되어 있다. 얼마나 가볍게 만들었는가 하는 것과 얼마나 날씬하게 만들었느냐 내지는 어떤 형상의 선형으로 만들었는지 가늠이 가는 특성치들이기 때문이다.

여러 가지 성능 특성치를 잡아 놓으면 이것들은 꼭 그물눈같이 상호관계가 엮어져 있어서 어떤 실올을 잡아당겨도 전체가 형상 변화를 일으킨다. 전체가 합당한 그물눈 모양을 갖추도록 여러 실올들을 계속 이리저리 잡아

그림 Ⅵ-1 특성치 그물

날줄이든 씨줄이든 어떤 올을 잡아당겨도 전체가 일그러질 것이다. 다시 여러 올들을 이리저리 당겨서 편안하게 만들었을 때가 balance가 잡힌 상태이다. 특성치들이 독립적으로 존재하는게 아니고 서로 밀접한 관계를 가지고 있음을 보여준다.

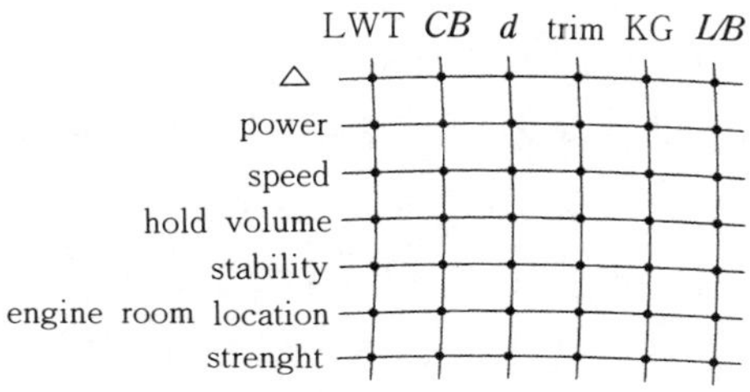

그림 Ⅵ-2 Design spiral

한 바퀴 돌 때까지 필요한 특성값을 잘못 맞추면 두 바퀴째 돌고, 또 잘못 맞추면 세 바퀴째 돌고 하는 식으로 시행착오식 반복 작업을 상징적으로 표시한다.

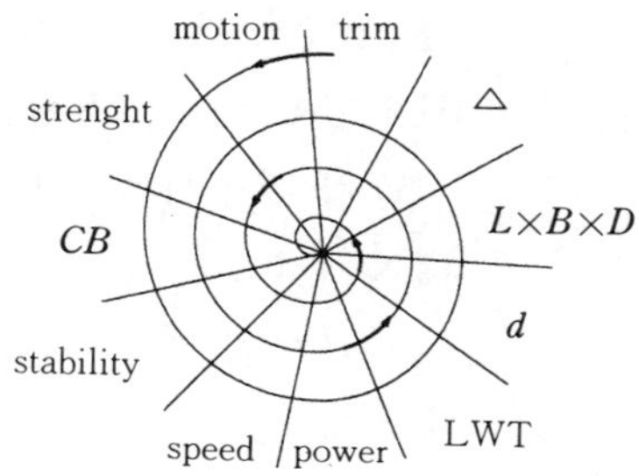

당겨서 맞추어 놓아야 하며, 매 경우마다, LBP, d, C_B, △, LWT, Speed, Trim, Stability…… 등 많은 계산을 또 다시 반복해서 Recourse(원 위치로 복귀하여 재시도)해야 되는 것이다.

이래서 설계과정을 달팽이 무늬 모양의 나선형식 수렴과정이라 하여 Design Spiral이라고 하는 용어까지도 생겼다. 남의 것보다 낫게 설계하는 것은 남보다 가벼운 자중으로 배를 지어야 하고 남보다 좋은 선도(線圖, Lines)와 프로펠러를 설계해야 되는 세 가지의 핵심적인 키포인트로 귀결됨은 이미 앞에서 기술한 바와 같다.

Note : 자중의 확인

구조도 Key Plan을 설계하여 선급협회의 승인을 득한 도면상의 투입 강재 물량이 목표했던 값에 적중했을 때 배 전체의 LWT에 대해 확신을 가질 수 있다.

Note : 속도 성능의 확인

Lines를 확정하고 모형선을 만들어서 저항시험과 자항시험을 통하여 속도 성능에 대한 확신을 갖는다.

2 기관실의 설계

기관실 Bulkhead의 위치 확정은 기관실의 주보기 배치와 주요 대형 배관 배치의 확신이 있어야 가능하므로 기관실 배치의 전문가가 검증을 해야 한다.

엔진이 놓이는 기관실 바닥은 길게 생긴 이등변삼각형 형상으로서 엔진을 놓았을 때 엔진 앞부분에는 냉각수 배관 등 의장 공사의 필수공간이 확보되어야 하고, 뒷부분은 선폭이 급격히 좁아지므로 엔진 뒷부분의 두 귀모서리가 편안하게 놓여질 수 있는지 확신을 가진 연후에 기관실 길이를 확정해야 한다.

기관실 길이를 여유있게 잡는다는 것은 Hold부분 길이가 짧아지고 Hold 용적이 줄어드는 결과가 되어 다른 배들보다 화물운송 성능이 떨어지고 열등한 배를 만드는 셈이 된다.

그림 Ⅵ-3 Engine Room Lower Platform

A의 곳은 배폭이 좁은데다 큰 frame이 있어서 통로와 배관로를 얻어내기가 어려운 곳이며, B의 곳은 냉각펌프 및 수관 ballast관, bilge관 등으로 몹시 협소한 곳이다. 기관실은 A와 B의 최소 충족조건을 만족하는 최소 길이로 확정하여야 한다.

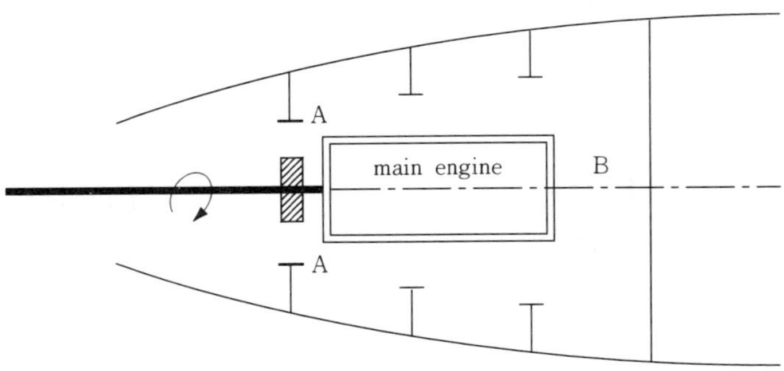

그림 Ⅵ-4 기관실 개방 겨냥도

가운데는 밑에서부터 위까지 개방되어 있고 그 자리에 엔진이 있으며 변두리에는 2개층의 mezzanine deck(中層 deck)가 있어 보기들이 놓이게 된다.

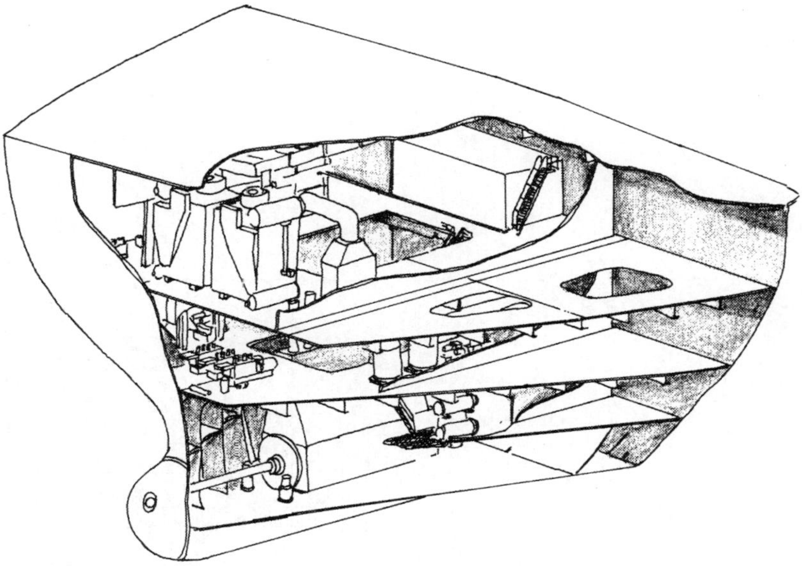

■ 기관실 배치 계획 순서

(1) 엔진 설치 위치 확정 :
   축계 확정
   cooling water/ballast cross-over 확인
(2) 대형 기계장치 위치 확정 :
   발전 plant 확정
   boiler 확정
   air compressor 확정
(3) 제어실 위치 확정 :
   switch board room 확정
   통로 및 사다리 위치 확정
   cable tray 확정
(4) pipe/ventilation duct 확정 :
   대경관 확정
   대형 duct 확정

그림 Ⅵ-5 Tank Top Level Plan

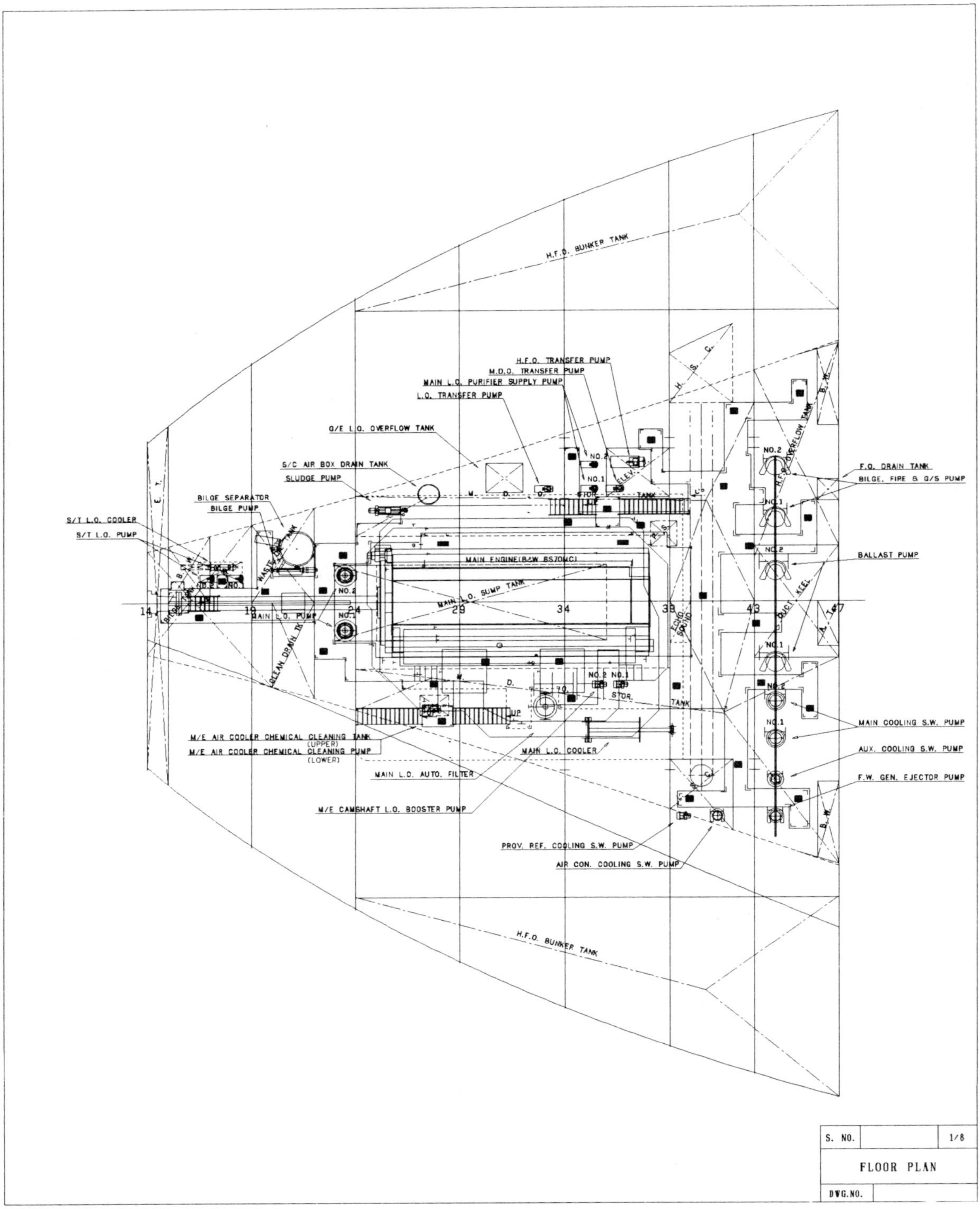

그림 Ⅵ-6 3rd Deck Level Plan

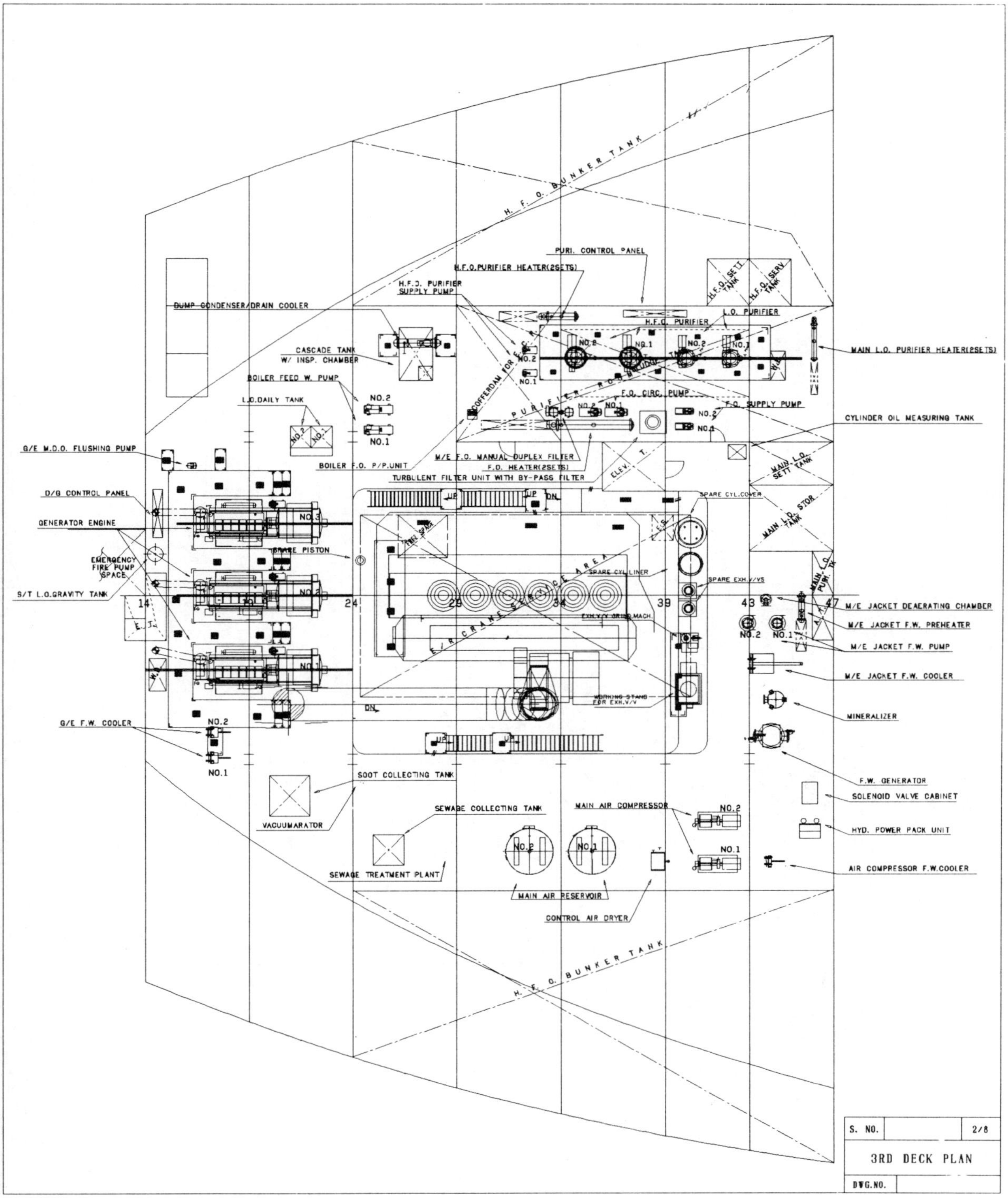

그림 Ⅵ-7 Elevation

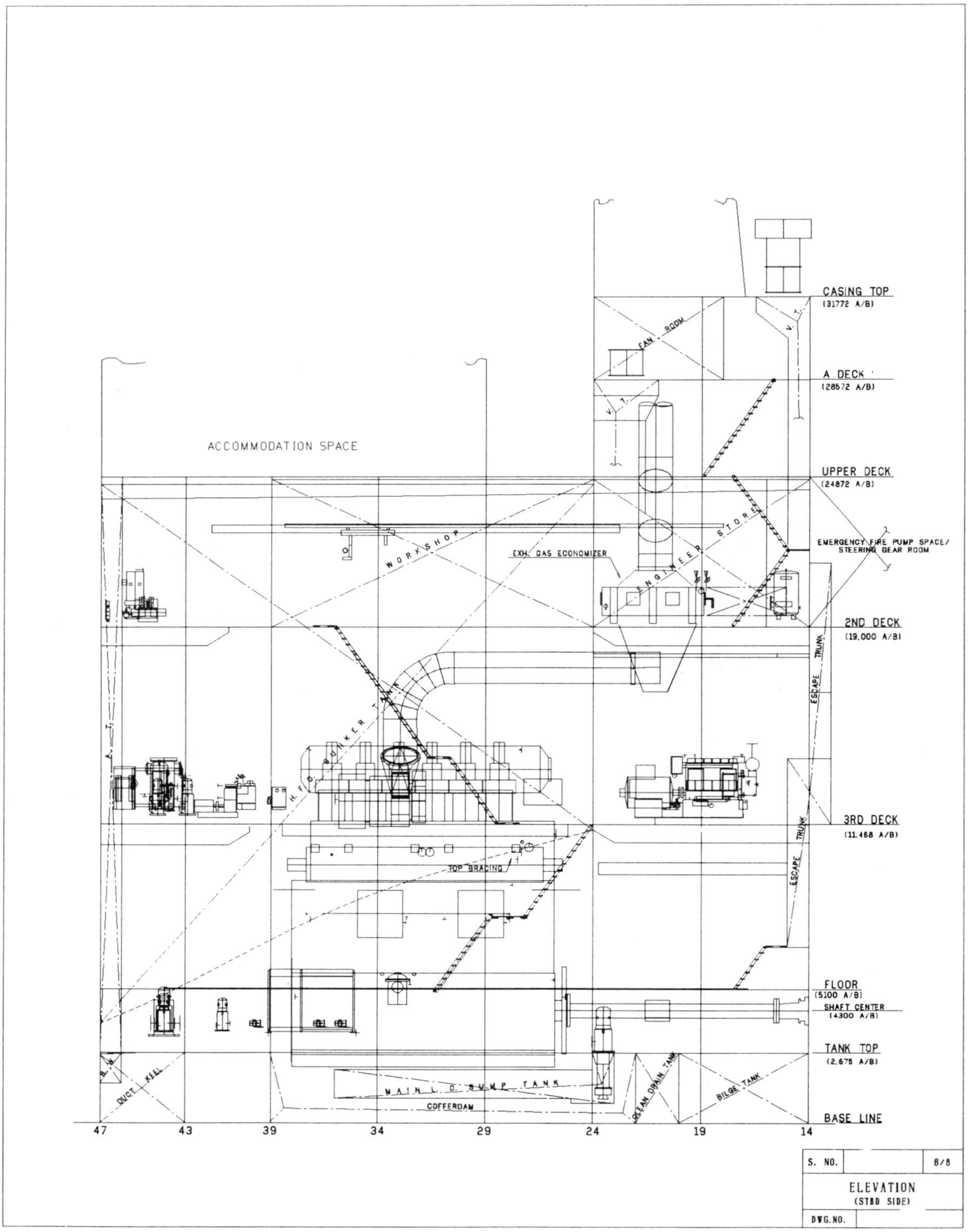

그림 Ⅵ-8 Section(AFT End)

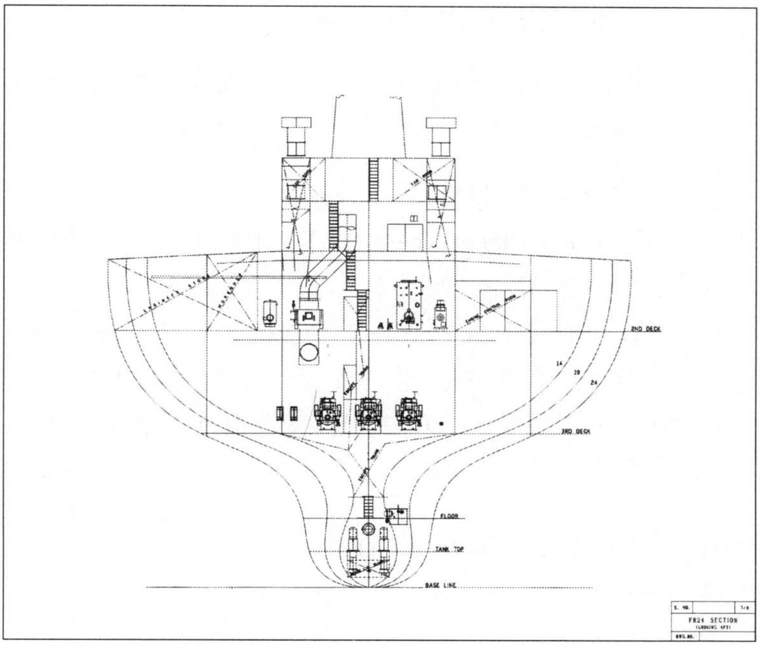

그림 Ⅵ-9 Section(Foreward End)

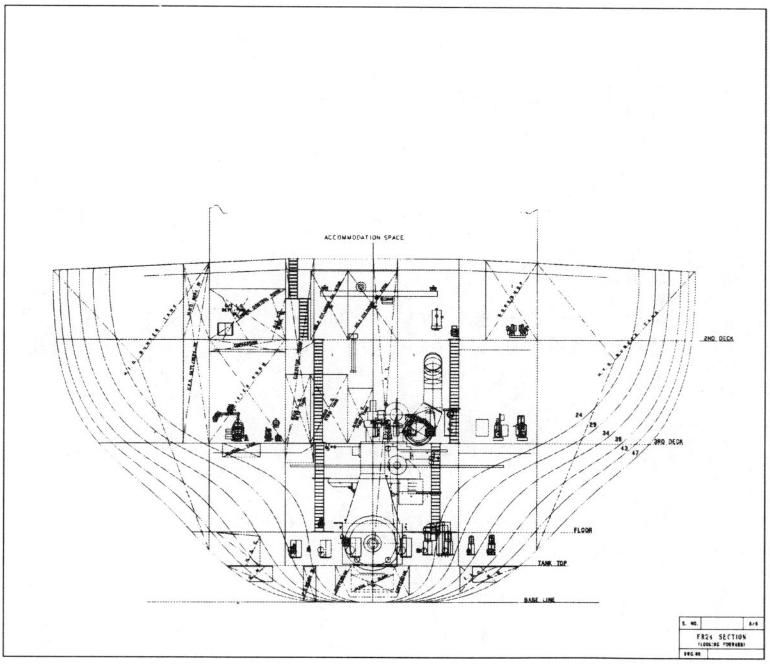

3 선수 · 선미의 설계

선수 · 선미 선형의 최종 설계는 Lines 전문가가 설계해야 하지만 일반적인 상식 사항을 소개하자면 다음과 같다.

(1) 선수의 형상

① Water Plane Line들의 인입각(Entrance Angle)이 작아야 저항이 줄어든다(그림 Ⅵ-10 참조).

② 인입선이 밖으로 볼록한 것이 오목한 것보다 좋다. 오목형이 인입각이 작아져서 잘 나갈 것 같은 생각이 들지만 오히려 도돔형이 저항이 작다. C_B가 작은 배에는 Bulb 때문에 오목하게 생긴 선형으로 구성되는 경우도 있다(그림 Ⅵ-11 참조).

그림 Ⅵ-10 선수의 인입각(Entrance Angle)

작은 인입각을 가져야 저항이 줄어든다.

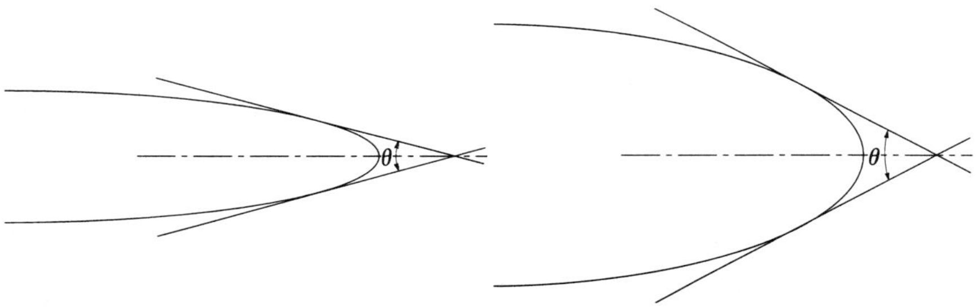

(a) 인입각이 작은 경우 (b) 인입각이 큰 경우

그림 Ⅵ-11 도돔형과 오목형

그림 (b)와 같은 형이 entrance angle이 작아져서 잘 나갈 것 같은 생각이 들기도 하지만 도돔형이 저항이 작다. *CB*가 작은 배에는 bulb 때문에 오목하게 생긴 선형 형태로 구성되는 경우도 있다.

(a) 도돔형(convex) (b) 오목형(concave)

그림 Ⅵ-12 어깨의 형상

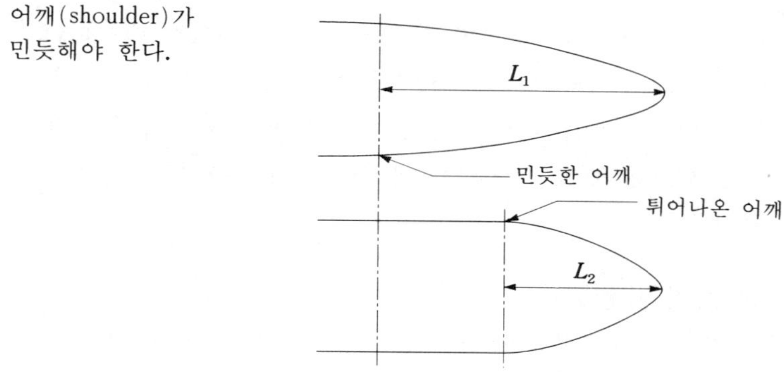

③ 어깨(Shoulder)가 없어야 한다. 중앙 평행부위(Parallel Middle Body)가 시작되는 점이 선수로부터 얼마나 더 뒤쪽으로 설정되는가에 따라 어깨의 형상은 달라진다. 그림 Ⅵ-12에서 L_1이 L_2 보다 많이 크므로 민듯한 어깨가 가능하게 된 것이다.

④ Bulb는 대개 다음과 같이 한다(그림 Ⅵ-13 참조).

(가) 고속선 : 아래쪽에 두고 앞으로 멀리 내고 크게 한다.

(나) 저속선 : 위쪽에 두고 가까이 두며 적게 한다.

그림 Ⅵ-13 고속선과 저속선의 bulb형

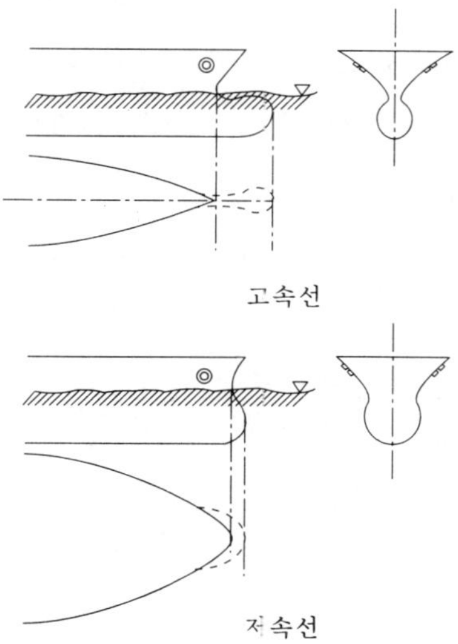

⑤ Collsion Bulkhead(선수측 충돌대비 격벽) : 선수 끝(정확히는 FPP 점과 Bulb의 맨 앞쪽 끝과의 중간점)에서 뒤쪽으로 배 길이의 약 8% 이내로 하되 최소 10 m는 되는 지점에 설치한다. 이 횡 Bulkhead가 화물부의 앞쪽 끝 격벽으로서 선수가 충돌 등에 의하여 파손되더라도 화물부까지는 침수가 안 되도록 보호막을 삼는 목적이다. Bulkhead의 앞쪽은 Ballast Tank로 쓴다.

(2) 선미의 형상

고속선이나 저속선이나 배는 모두 길고 예리하게 빠져야 한다. 어떤 물고기라도 대개 뒤가 길고 예리하게 빠졌으며 특히 상어, 메기, 연어같이 빠른 고기들은 더욱 그렇다.

프로펠러 주변을 Aperture라고 하는데 추진성능과 구조강성상 적절한 형상이어야 하며, Surface Force, Bearing Force, Cavitation 등에 의하여 유발되는 선체 진동 및 프로펠러, 축계, Rudder의 Maintenance까지도 고려하여 정하여야 한다.

프로펠러의 직경 *D*는 추진마력과 공선 운항시의 낮은 흘수에 맞추어 잡을 수밖에 없으며 최고로 큰 것들이 9 m 부근이다. 그림 Ⅵ-14에서 보여 주는 Aperture의 Side Profile은 Propeller Blade의 부분들과의 간격으로 표시되어 있다.

예전에는 Rudder 맨 밑에 돌쩌귀를 두어, 선체 밑바닥의 용골판과 연결된 Shoe Piece라고 하는 받침팔 위의 돌쩌귀 홈에서 돌게 하였었다. 그렇게 하는게 Rudder판 구조 중량을 줄이는 데 기여하지만 추진 성능상 장애 요인이 되므로 지금은 거의 Shoe Piece가 없는 선미, 즉 Open Type로 하고 자연히 Rudder는 Hanging Type이 되었다.

Aperture와 프로펠러의 간격 단위(단위 : *D*의 백분율)

	MESKL 표준	대형선의 통계 기준	각 선급 천거사항
a	9∼17%	15∼18%	각기 공식으로 나타내는데 대개 큰 값을 추장함.
b	18∼26%	25∼30%	
b	15∼23%	–	
c	11∼21%	25∼30%	
d	3∼ 6%	5∼12%	
e	1∼ 3%	–	

그림 Ⅵ-14 Shape of Propeller Apperture

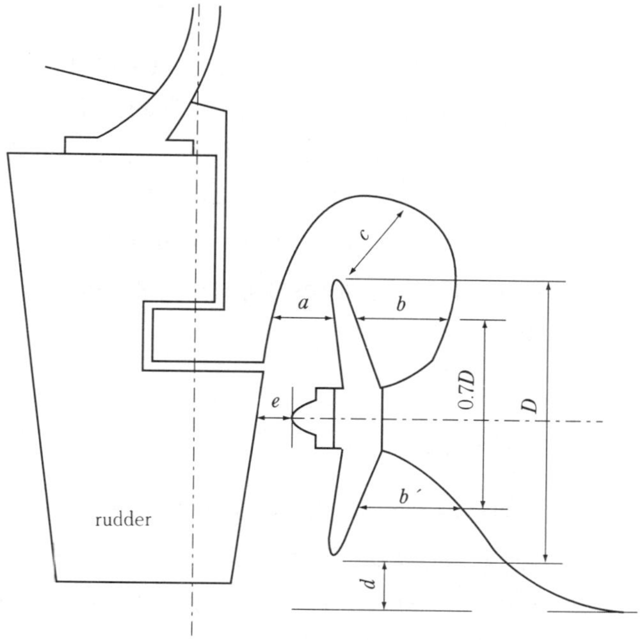

4 Engine Casing과 연돌

Engine Casing에는 대체로 보일러의 상부, 소각기(Incinerator), 창고, 비상발전기, 기관실 Fan용 Duct, Tanker의 Inert Gas Scrubber/Fan, Swimming Pool 같은 것을 놓는다. 일상적인 기관실의 상부로 연속된 구간이다. 그 위에 연돌을 놓는데 연돌 속의 내장물은 내연기관의 폐기관류밖에 없어 속이 거의 비어 있다. 큰 연돌을 붙이고 그 바깥면에 운선회사의 Mark를 크게 붙이는게 마지막 남은 구시대의 낭만이랄지 뚝멋이랄지 할 수 있다.

5 기 타

윈드라스와 Anchor는 의장수(바람받는 총면적 함수값)에 의하여 정해진다. Handy Size Bulk선 및 그 이하급 소형선의 Deck Crane은 특수 Heavy Lift선이 아니면 대개 25톤 용량의 JIB Crane을 둔다. 갑판에 긴 원목을 실을 경우를 대비해서 25톤이 된 것이다.

Wide Open Hatch선의 Travelling Gantry Crane은 40′컨테이너와 Hot Coil, Pulp, Packaged Lumber나 신문지 Roll 등을 Handling하기 위하여 30~40톤 용량으로 한다.

Life Boat는 승조원 전원을 태울 수 있는 용량으로 만들어서 좌우에 한 척씩 둔다. 배가 어느 쪽으로 기울더라도 하선할 수 있게 하기 위함이다. 조난시 구명정이 Davit를 써서 줄을 타고 내려간다는 게 현실적으로 문제가 있다고 보고 활강형(Free Fall Type)으로 만들어서 선미쪽 중앙에 배치하는 경우가 늘고 있다.

배에 오르내리는 사다리를 Accommodation Ladder라고 하는데, 경흘수 상태에서도 부두의 안벽이나 작은 연락선에서 오르고 내릴 수 있도록 충분히 길어야 되며 알루미늄을 써서 만든다. 올리고 내리는 전용 Davit가 있어서 쉽게 내리고 또 접어 올려서 안전하게 격납시키는 것까지 할 수 있게 고안되어 있다.

조타실 위에 Radar Mast를 두고 선수부에 Fore Mast라는 항해 등을 붙이는 Mast를 세운다. 중앙 부위의 화물창이나 유조선의 Cargo Oil Manifold

부근에 하역작업용 조명등을 붙인다.

외관으로 쉽게 보이는 형상물들을 이제 대개 다 설명하였다. 기관실 보기 중 발전기, 보일러, Compressor 등 동력원은 엔진 가동과 기타 잡용으로 쓸 수 있는 양까지 감안해서 용량과 기계 대수를 정하고, 기타 보기류들은 Engine Maker가 추천하는 용량으로 한다.

양대 엔진 設計 개발사인 B&W사와 Sulzer사의 20,000마력급 엔진에 대하여 추천하는 보기 용량을 참고하기 바란다.

RE : M/E 관련 보기 용량 비교(B&W : Sulzer)

(R1/L1 Point 기준 및 ABB T/C 기준임)

No.	보 기 명	B&W 5S70MC-C (21 100 BHP×91 RPM)	Sulzer 7RT58T-B (20 230 BHP×105 RPM)	비 고
1	F.O. Circ. P/P	6.9 m^3/h×10 bar	6.7 m^3/h×7 bar	
2	F.O. Supply P/P	3.9 m^3/h×4 bar	3.7 m^3/h×5 bar	
3	Jacket Cool. W. P/P	135 m^3/h×3 bar	142 m^3/h×3 bar	
4	S.W. Cool. P/P	485 m^3/h×2.5 bar	427 m^3/h×2.2 bar	
5	Main L.O P/P	320 m^3/h×4.3 bar	195 m^3/h×6 bar	
	Crosshead L.O. P/P	–	35 m^3/h×6 bar	
6	SCAV. Air CLR Heat Dissipation	6 030 kW	4 920 kW	
7	L.O. CLR Heat Dissipation	1 100 kW	1 159 kW	
8	Jacket W. CLR Heat Dissipation	2 340 kW	2 407 kW	
9	Air Reservoir	2×7.5 m^3	2×7.5 m^3	
10	Air Compressor	2×225 m^3/h	2×85 m^3/h	
11	F.O. Purifier	4 220 ℓ/h	3 265 ℓ/h	
12	L.O. Purifier	2 110 ℓ/h	2 023 ℓ/h	
13	Flowmeter	1 523 ℓ/h	1 535 ℓ/h	
14	Viscotherm	6.9 m^3/h	6.7 m^3/h	
15	F.O. Filter	6.9 m^3/h	6.7 m^3/h	

그림 Ⅵ-15 수직 격납 방식

본 방식은 한 사람의 운전으로 자동 작동되는 간단한 구조로서 다빗트와 상부 플랫폼 사이를 연결하는 축에 의해 격납되기 때문에 사다리 본체에는 비틀림을력이 발생하지 않는다.

본 구조는 길이 5 m에서 14 m인 사다리에 가장 적합하다. 윈치작동은 전기 또는 압축공기를 사용한다.

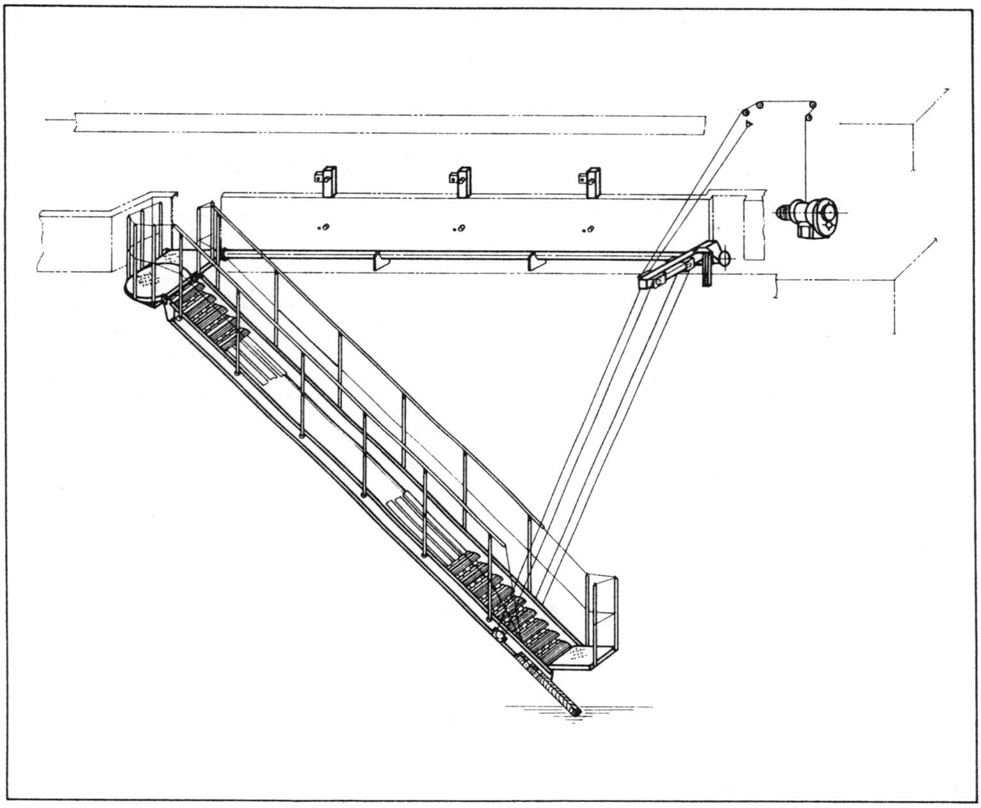

그림 Ⅵ-16 Roller Track Way Gravity Davit

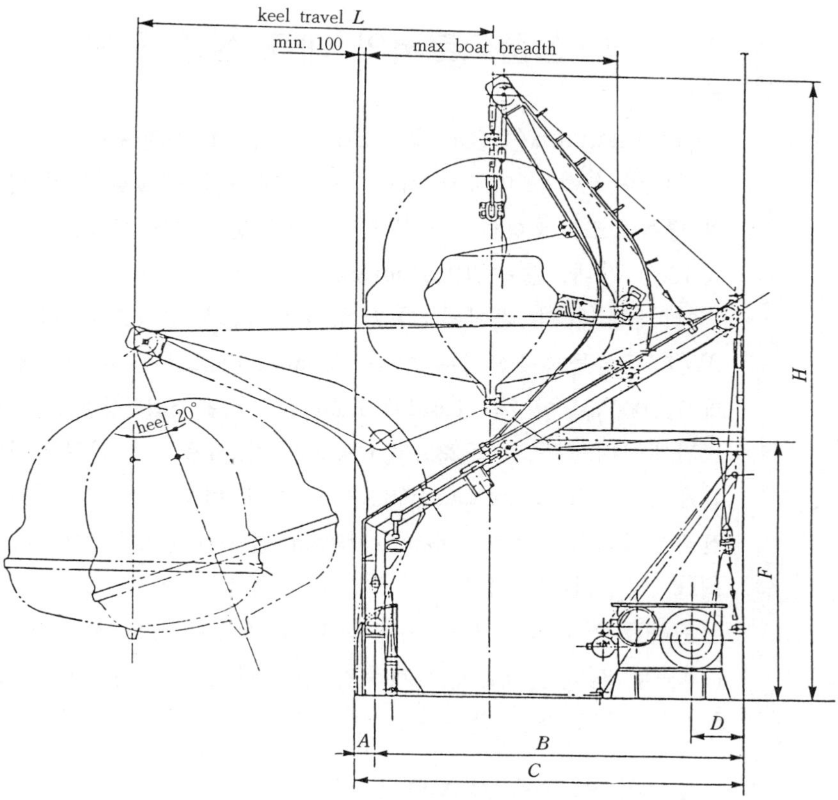

구명정(Life Boat)의 Typical Data

Type	Max. Load (kg)	Max. Boat Breadth (mm)	Wire Rope Dia. (mm)	Dimension(mm)							Winch Type	Motor (kW)	
				A	B	C	D	F	H	L		Life	Life & Rescue
DTA-28	5200	2400	16	200	3300	3500	450	2300	6250	3500	WL-50	7.5	19
DTA-34	6100												
DTA-43	7200	2800	18	200	3500	3700	450	2400	6750	3900	WL-50	11	22
DTA-50	8500	3000	18	200	3700	3900	450	2500	7020	4350	WL-60	11	25

Note : Available with air driven motor.

4. 상품으로서의 대표 선종 구분

(1) Panamax선(60k Dry Bulk, 32.3 m 제한폭)

파나마 운하는 미국과 캐나다의 곡물을 극동으로 실어 나르는 주요 항로의 병목으로, 통행하는 선박의 크기를 전장 274.32 m(900′) 이내, 폭 32.30 m(106′) 이내, 흘수 12.04 m(39.5′) 이내로 제한한다.

이 제한 규격 내에서 가장 합당한 최대 선형으로 탄생한 것이 60,000 DWT급 살물화물선이며 이를 Panamax라고 부른다. 이 부류의 배들은 대개 75,000 m^3 이상의 Hold Volume을 갖는 것을 상식으로 한다.

컨테이너선은 전장 289.5 m(950′)까지 허용되며 대부분의 원양 컨테이너선은 전부 Panamax Beam(32.3 m)인 데 비하여, 통과 폭보다 넓게 만드는 컨테이너선을 Over Panamax Beam 컨테이너선이라고 부르며 대개 4,000 TEU 이상의 대형선들이다.

운하를 건너지 못하고 지구를 돌아 미국의 동해안과 서해안을 Service하는 운항 형태를 마치 시계추가 흔들리는 모습과 같다 하여 Pendulum Service라고 하는 말까지도 생겨났다.

(2) Aframax선(80000톤급 원유선)

Average Freight Rate Assessement의 머릿글자인 AFRA에 다시 Max를 붙여서 만든 합성조어이다. 1954년 런던의 유조선 운행자 협의체에서 1만톤급 이상의 유조선의 운임을 가중 평균치로 뽑아 만든 운임지수를 Average Freight Rate Assessment라고 불렀다. 그중 수요도 많고 제일 큰 배 등급이었던 45,000~79,999 DWT급을 LR 1급(Large Range급)이라고 명명하고 Aframax라고 부르게 되었다(79,999톤과 80,000톤은 세금요율 기준차이가 발생되는 분계점으로 간주됨). 그 뒤 90,000톤급도 관용적으로 그렇게 불렀고, 특히 미국 동해 북부, 카리브 연안항, 아프리카 동서해안의 수심이 낮은 항만에 취역하는 Aframax배는 79,999톤이라고 해도 배는 40′(12.19 m)의 낮은 흘수 기준에서의 톤수이므로 다른 배들처럼 깊은 흘수까지 짐을 실으면 110,000톤까지도 적재가 되는 큰 배들인 것이다.

이렇게 되다 보니까 진정한 의미의 Aframax라는 이름에 혼돈이 와서 이젠 10만톤 상하의 중대형 탱커는 모두 Aframax인 줄 잘못 알고 있는 사람이 많다.

(3) Cape Size선(140 k 이상 광탄선)

남아연방 케이프타운 Richards Bay의 석탄 화물수출이 연간 약 3500만톤이므로 석탄 운송선의 주요 기항지이다.

반면에 항만 사정이 좋지 않아 입항 선박 크기가 엄격히 지켜져야 한다. 길이 314 m 이내, 선폭이 47.2 m 이내, 흘수 17.5 m 이내로서 최대 Dead Weight는 200,000톤이다. 세상의 모든 배가 꼭 이곳에 가는 것은 아니지만 가려면 갈 수도 있게 하는 게 취역기회를 늘리는 것이므로 대형 석탄 운반선은 Port Limit에 맞추어 설계하게 되며, 이런 크기 부류의 배들을 Cape Size라고 한다.

(4) Suezmax선(140 k 상하 원유선)

스웨즈 운하를 지장 없이 통과하는 최대 선박 크기이며 선박의 길이가 L_{PP}로 335.28 m 이내, 선폭 64 m 이내이다.

흘수는 규제에 관계없이 선폭이 넓은 배는 수심이 낮은 곳을 통과할 수 없게 되므로 통과할 수 있는 작은 흘수를 만들어서 통과할 수밖에 없다. 즉 조금만 싣고 통과하는 수밖에 없다는 뜻이다. 따라서 실제로는 VLCC도 낮은 흘수로 통과가 가능한 것이다.

가장 경제적인 선형의 최대 활용 규제상한이 폭 48.16 m×흘수 17.07 m이다. 이 조건 범주 내의 합당한 배를 만들어 보면 대개 140,000톤 상하급이 되는 하나의 주종 화물선 유형을 이룬다.

Cargo 규모로서는 대개 Hold Volume 100만배럴(159,000 m^3) 이상을 확보하는 것을 상식으로 한다.

(5) Handy Size Bulker

운하나 주요 항만의 규제에 맞추어 최대형선으로 만든 것은 전부 Max라고 하는 접미어가 붙여진 데 대하여 제한없이 두루두루 손쉽게 쓸 수 있는 배라고 하여 붙여진 이름이다.

광물, 곡물, 고철, 목재, 기타 잡화 등 모든 잡용도에 널리 쓰이는 배이며 대개 35,000 DWT～50,000 DWT급까지의 살물화물선이다.

작동이 용이한 Hatch Cover와 Deck Crane을 장비하고 있는 게 보통이며, 필요에 따라 목재 등 Deck Cagro를 실을 수 있는 강력한 갑판 구조와 중량물을 실을 수 있는 강화된 Hold Bottom구조를 갖추기도 한다.

또 Container Fitting을 Hold Bottom과 Deck 및 Hatch Cover에 붙이기도 하는데 큰 Merit는 없는 것 같다. 하천 운항이 가능토록 Bow Thruster가 장비되기도 한다. 이런 부류의 배들 중 제일 크다 하여 50,000톤급을 Handy Max라고 부르는 사람들도 있지만 Max의 정의가 모호하다.

(6) Seaway Max(23m 선폭 제한 소형 Bulk)

Seaway란 북미 5대호의 Erie호에서 Ontario호를 거쳐서 북대서양 출구인 Quebec City까지의 Saint Lawrence 하천을 일컬음이며, 이곳이 5대호 연안의 광물과 곡물 주요 송출수로인 것이다.

길이 730′(222.5 m), 폭 76′(23.16 m), 흘수 26′(7.925 m)의 제한 규격을 최대로 살리면 길고 좁고 얕은 형태가 되어서 배값이 비싸진다. 과거에는 이런 규모의 배들이 국제항로에서 주요 선대를 형성했으나 Panamax와 Handy선에 밀려서 국지전용선으로 그 세력이 축소되었다.

(7) MPC(30 k 이하 다목적 잡화선)

Multi Purpose Cargo의 약자로 다목적 잡화를 싣는 건화물선이라는 뜻이다. 크기는 7000～20,000 DWT급의 2중 갑판선으로 여러 대의 강력한 크레인과 초중량 Cargo Heavy Derrick을 장비하는 경우들이 많다.

모든 Cargo에 대하여, 모든 Port에 대하여 다목적으로 쓰인다는 취지이나 RO-RO선과 컨테이너선과 원목 운반선과 초중량 운송 전용의 Heavy Lift선 등 전용선과 Handy선에 밀려서 그 수요가 국지적으로 쇄락하였다.

(8) VLCC(초대형 원유선)

VLCC는 선적항 규제는 별로 없으나 수입항의 항만에 따라 사이즈가 몇 가지로 나뉜다. 일본에 많은 220 k(k는 1000톤의 의미), 그 다음 범용적인 250 k급, 또 조금 더 커진 280 k급, 최근 320 k까지로 분류되어 만들어지고 있다. Cargo Size는 대개 200만 배럴(318,000 m^3) 이상을 지키는 것이 일반적 이해이다. 한때 Half Million톤 급들이 지어졌었으나 모두 퇴역 해체되었다.

(9) PC(정유 제품선)

정유 제품선으로 정유소 생산량과 수요처에 따라 어떤 사이즈든지 다 소용이 되겠으나 Bulk선들의 관용적 호칭 규격등급을 흉내내어 Handy PC, Panamax PC, Aframax PC 등으로 분류 호칭한다. 과거에는 PC선의 크기가 작았으나 산유국의 정유소 건립과 정제유 수출에 따라 큰 배들도 쓰여지고 있다.

(10) 컨테이너선(초대형화, 고속화)

컨테이너선은 1100 TEU 급에서 커지기 시작하여 1500, 1800, 2200, 2600, …, 4400, 5000, 6000 TEU까지로도 초대형화되었다. 1, 2차 오일파동 때의 18 kn대 속도가 쓰였지만, 현재는 25 kn 이상의 초특급 속력으로 태평양 횡단 7일시대를 열었다.

Over Panamax선의 광폭화가 초대형화를 가능케 하였으며 Feeder선 소요의 증폭이 예견되기도 했었으나 고속도로와 철도의 육운연계로 동반성장하지 못하였다.

5. 소규모 설계의 변경

다음의 예들은 대개의 영향을 추정해 보기 위해 쓰는 방법들이고 정상적인 계산방법이 아니다. 정확한 계산은 원천적인 설계변경을 해서 정상적인 계산을 해야 한다. 약산에 의한 추정은 많은 경험과 자료를 가진 소위 프로 설계사들이 할 수 있는 것이다.

◎ 길이를 2.5 m 늘이면 어떤 변화가 생기나 보자.

$\triangle$ 증가 : $(217.5-215)\times 32.24\times 12.5\times 0.82\times 1.025\fallingdotseq 847(\text{ton})$

또 알고 있는 $\triangle$를 이용해서 계산해도

$$72\,825\times\frac{2.5}{215}=847(\text{ton})$$

☞ 이 계산에서 C_B는 0.82보다 미세한 양이겠지만 커진다. 왜냐하면 가장 단면적이 큰 중앙 부위에서 길이가 2.5 m 늘어나게 되어 짧은 배이었을 때보다 2.5 m 더 긴 배에서 비척 정도가 더 커지게 되는 것이다.

자중 증가 : 총강재가 9,000톤이므로

$$9000\times\frac{2.5}{215}\fallingdotseq 105(\text{ton})$$

Hold용적 증가 : Hold 길이를 175 m(25 m×7개)로 가정

$$79\,000\ \text{m}^3\times\frac{2.5}{175}\fallingdotseq 1130\ \text{m}^3$$

DWT 증가 : △증가−자중증가

847 ton−105 ton=742 ton

여유를 두어서 730 ton

속력감소 영향 : 무시할 정도

◎ C_B를 0.82에서 0.825로 늘이고 △의 변화를 보자.

$$72\,825\times\frac{0.825}{0.82}=73\,270 \qquad \therefore 445\ \text{ton 증가}$$

자중 증가 : 거의 무시

DWT 증가 : 약 425톤(자중 증가를 20톤 정도로 간주해서)

Hold 용적 증가 : 선수부와 선미부가 아주 조금 뭉툭해지는 정도이므로 Hold Volume 증가량 적음.

속력 감소 또는 마력 추가 소요 : 영향이 큼

◎ 깊이(Depth)를 1 m 키우고 그 영향을 보자.

자중 증가 : $11\,000\ \text{ton}\times\frac{1}{18.8}$ $\qquad\therefore$ 500 ton 증가

흘수선 변화 : $12.5\ \text{m}\times\frac{500}{72\,825}\fallingdotseq 0.086\ \text{m}$

이 계산에서 다시 500 ton÷8.6 cm 하면 1 cm 침하에서 58톤의 부력(Buoyancy)이 추가 발생하는 것으로 되는데, 이 양을 TPC(Tons Per 1cm Immersion)라고 한다.

TPC는 흘수선이 어느 위치에 있을 것인가에 따라 다르며 보통 Panamax Bulk선의 만재흘수선 부근의 TPC는 70톤 정도이다.

8.6 cm로 계산됐던 것은 배를 바가지 밑바닥같이 낮은 데로 갈수록 수선

면 면적이 줄어드는 것을 감안하지 않고 아래로부터 위까지 그대로 유선형 평면단면을 갖는 기둥으로 간주하고 계산했기 때문에 발생된 오류이므로 더 작은 값이 나왔어야 맞는 것이다.

TPC가 70톤 정도이므로 자중이 500톤 증가하게 되면 500 ton÷70 ton/cm =7.14 cm만큼 더 잠길 것이다. 같은 양의 짐을 실을 때는 12.5 m의 흘수가 12.5714 m가 될 것이다.

◎ 흘수를 0.5 m 키우고 변화를 보자.

△ 증가 : 70 ton/cm×0.5×100 cm=3500 ton

C_B 증가 : 증가가 확실하나 큰 증가는 아님.

종강력 증가 : 구조 보강 소요를 면밀히 검토해야 한다. 분명히 종강력 소요가 커진다. 구조 보강을 하는 데 발생한 강재 증가가 300톤이 더 든다면 DWT 증대는 3200톤(3500−300)이 된다.

속력 감소 : 저항 면적이 커지고 △가 커지므로 당연히 속력 감소가 따른다.

◎ 속도의 변화를 위한 마력 변경의 추정

익숙한 설계사는 경험과 약산 방식으로 추정을 시도를 하지만 배수량의 크기와 속력수준(25 kn Range인지 14 kn Range인지)에 따라 크게 다르므로 선불리 하기가 어려운 사항이라는 것만 지적하고 추정예는 생략한다.

참 고

속력과 엔진 마력의 표시에는 늘상 쓰는 다음 같은 표시들이 있는데, 명확한 정의를 알고 있어야 한다.

(1) 속력 "15% Sea Margin을 가지고 12 000마력에서 15 kn"라고 규정하였을 때는 실투입 마력이 12 000/1.15 해서 10 435 HP이라야 된다는 뜻이다. 이것의 명확한 이해는 역으로 생각하면 쉽다. 즉 10 435+10 435×0.15=12 000로서 바람과 파도가 없고 배 외판이 깨끗한 새 배의 상태에서 10 435마력이 투입되면 15 kn가 나오게 되고, 배바닥에 조개가 붙고 녹이 슬었으며 바람과 파도가 있음에도 불구하고 15 kn가 나올 수 있도록 10 435마력의 15% 만한 마력을 더하여 12 000마력을 장만해 놓는다는 뜻이다. Net 소요마력을

추정한 다음, 기계적으로 15%만큼 더 큰 마력을 발생시키는 엔진을 놓는다는 얘기이다.

이 정의를 잘못 이해하면 12 000의 15%에 해당하는 1800 HP를 여유로 남겨두고 10 200마력으로 15 kn를 내야 하는 것으로 착각할 수 있다. 또 실제 바다에서 언제라도 12 000마력으로 15 kn가 나와야 하는 것으로 오해할 수도 있다. 실제 바다에는 조류가 있을 수도 있으며 강력한 태풍이나 큰 파도가 있을 수도 있기 때문에 언제라도 15 kn가 나오게 할 수는 없는 일이며, 단지 15%만큼 더 큰 엔진을 장만하는 것 이외에 아무런 다른 뜻이 없다는 것을 명확히 이해해야 한다.

(2) MCR 마력은 Maximum Continueous Rating의 머릿글자로 최대 출력을 뜻한다. 그러나 Continueous란 말과 다르게 실제로는 최고 도달 마력과 비슷한 내용이다. MCR로 계속 돌리면 과열 및 높은 진동과 소음 등으로 무리가 생기므로 아무도 MCR로 운전하지 않는다. 그래서 나온 말이 NCR(Normal Continueous Rating) 또는 CSO(Continueous Service Output)로서, 이는 대개 MCR의 90%로 설정한다. 다시 말해서 100을 낼 수 있는 엔진을 가지고 90만 내도록 한다는 뜻이다. 보수적이고 안전도를 더욱 좋아하는 선주회사들은 85%로도 한다.

(3) Derating 또는 Derated Horse Power란 용어를 쓰는데 MCR 자체를 일부러 낮추는 것이다. 이는 안전이나 기계 수명 때문이기도 하겠지만 더욱 중요한 것은 연료 소모율을 줄이기 위해서 그렇게들 한다. MCR이 13 334인 엔진으로 12 000 HP(90% 상당)을 발생시키는 것보다 MCR이 16 000 HP 또는 그 이상 더 큰 엔진을 가지고 인위적으로 조작을 하여 최고 13 334 HP만 발생시키는 엔진으로 바꾸어 놓고 다시 12 000마력으로 운전을 하면 마력당 연료 소모량이 떨어진다. 즉, 시간당 마력당 124 g이 122 g 정도로 되는 것이다.

제Ⅶ장

생산기술

1. 생　　산

1 진수(進水, Launching)

(1) 일　반

선박의 진수는 인간으로 말하면 탄생(Birth)에 해당하는 사건(Event)이다. 배를 짓는 선대나 건선거(乾船渠, Dry Dock)를 Builing Berth라고도 하며 예전엔 중형급선까지 경사선대(Inclined Launch Way 또는 Launching Slope, Inclined Berth)에서 많이 지었는데 근간에는 Dry Dock가 더 많이 쓰인다. 경사면보다 Dock 바닥 평면에서 배를 짓는 것이 능률적이고 진수도 간단하기 때문이다.

(2) 선대 진수

배 밑에 4각 단면을 갖는 통나무 활주대(滑走臺, Sliding Way)를 두 줄로 넣고 배에는 Poppet이라는 단단한 나무 구조물을 여러 개 만들어 배의 바닥부분에 받치고 그 Poppet들의 밑에는 활주대 위에서 미끄러져 내려갈 4각 단면의 통나무 받침을 고정시킨다. Poppet과 이 받침대는 마치 스케이트처럼 되는 것이다.

활주대에는 잘 미끄러지도록 Fat(굳은 기름)를 두껍게 바르고 고정걸개(Trigger)를 풀어서 배가 미끄러져 내려가도록 한다. 진수하고 나면 배와 Poppet를 분리해야 하고 Poppet을 지지해 주던 Bracket들도 잘라내어야 한다.

그림 Ⅶ-1

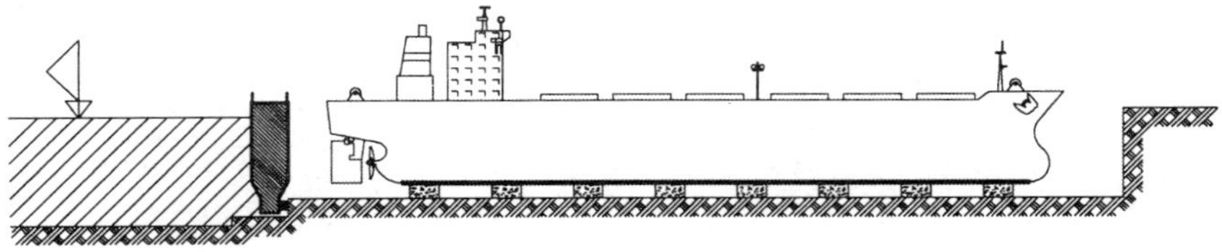

(a) dock gate를 닫는 상태
gate 속에 물이 차 있고 gate가 바닷물의 강한 압력을 받아 강력하게 닫혀져 있다.

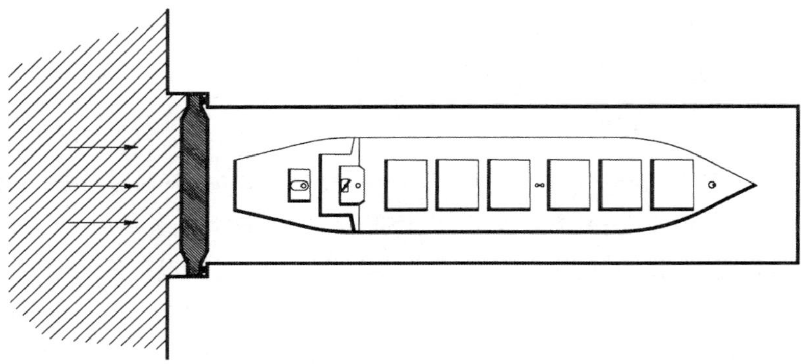

(b) dock gate를 연 상태
먼저 dock에 물을 가득 채운다. 그러면 배는 떠오른다. 그 다음에 gate 속의 물을 퍼서 gate를 띄워서 다른 곳으로 옮기면 배를 끌어낼 수 있다. 그 다음 배를 지을 때는 역순으로 dock gate에 물을 넣어 가라앉힌 다음 dock의 물을 pump로 퍼내면 다시 마른바닥이 되므로 배를 지을 수 있다.

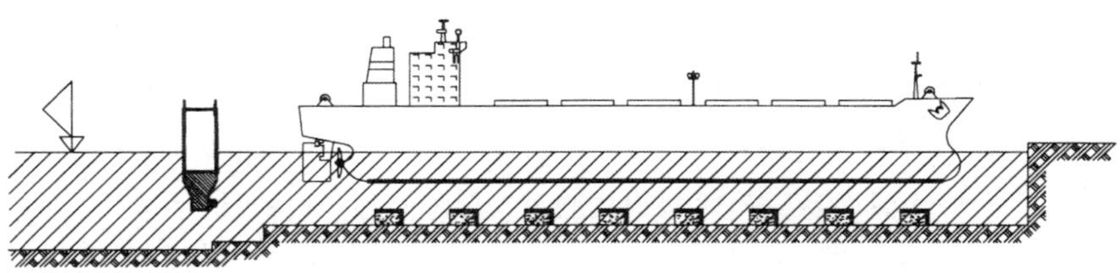

(c) Launching

이와 같이 선대 진수란 진수 준비작업과 진수후 작업량이 많다. 또 배가 진수하는 관성력으로 앞으로 많이 전진하기 때문에 앞이 열린 넓은 빈 바다가 없으면 배를 빨리 정지시키기 위하여 큰 Chain 줄을 전진하는 배에서 물로 던져 넣기도 하고 Tug Boat로 배의 끝을 빨리 나꿔채서 배를 옆으로 돌리는 일을 하기도 한다. 때로는 Poppet이 떨어져 나와서 떠다니다가 달려나오는 배의 프로펠러와 부딪치기도 한다. 여하튼 엄청난 중량의 선박이 물속으로 뛰어드는 사건인 것이다.

(3) Dock 진수(Floatation)

배가 거의 완공되어 진수시킬 때가 되면 Dock Gate(水門)를 그대로 닫아둔 채로 Dock의 밸브를 열어 물을 집어넣는데 빈 배이므로 낮은 흘수선 상태에서 배가 뜬다. 배가 바람 등의 힘으로 이리저리 움직이지 못하게 로프줄로 육상 Bitt에 대충 잡아 매고 Dock 내의 수위가 바다의 수위와 완전히 똑같이 될 때까지 계속 물을 넣는다.

Dock Gate도 선박 비슷하게 생긴 일종의 탱크 구조를 하고 있기 때문에 닫을 때 가라앉히느라고 집어넣었던 물을 펌프로 퍼내면 Dock Gate는 쉽게 떠오른다. 떠오른 Dock Gate와 배를 차례차례로 끌어내면 진수는 끝난 것이다. 다음 배를 짓기 위해서 빈 Dock에 Gate를 가져다 물을 넣어 가라앉히면 Dock는 막아지고 Dock Pump로 Dock 내의 물을 다 퍼내면 또 다시 Dry Dock가 되어 다음 건조가 가능하게 되는 것이다.

(4) 부분 진수(Partial Launch)와 Semi Tandem 건조

배는 기관실이 있는 선미 부분이 구조의 형태도 복잡하고 기계류 등 의장공사가 많아 인공수도 많이 들고 공기도 길게 걸린다. 전체 공수와 전체 공기 중에 이 부분의 점유가 크다.

일반적으로 추가 작업인원을 많이 투입하면 모든 공사의 공기가 단축되지만 이 부분에 소요되는 절대 공기는 쉽게 단축되지 않는다. 이런 특성 때문에 Dock의 회전율, 즉 진수를 가장 많이 시키는 합리적인 방법으로 Dock 내에서 완전한 한 척의 배와 배의 뒤토막 부분을 동시에 만드는 방법을 고안했는데 이를 Semi Tandem 건조라고 한다. 완전한 배 두 척을 일렬로 짓는 것을 Tandem이라는 어휘로 표시할 수 있는데 한 척과 반 척이라고 해서 Semi Tandem이라고 이름짓게 된 것이다.

그림 Ⅶ-2 Semi Tandem Construction in Dock

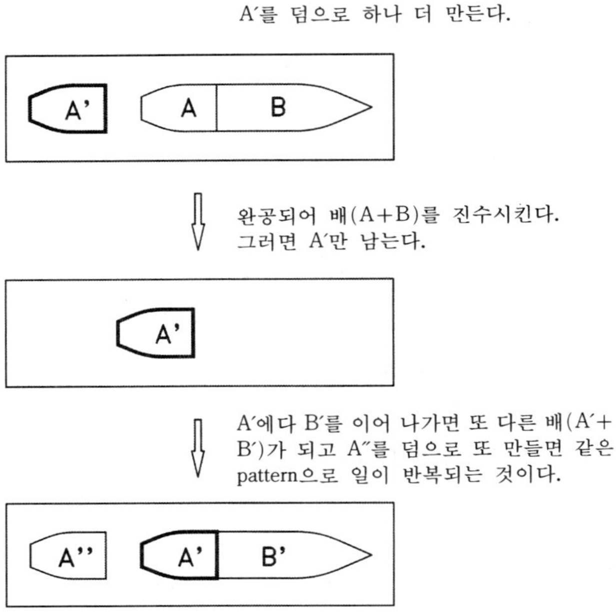

〔주〕 A′블럭을 일부러 옮기는 일이 없도록 실제로는 선수미방향을 바꾸어 가면서 만든다.

다 된 배를 진수시켜 끌어낼 때 뒤토막의 배는 띄웠다가 다시 가라앉혀야 되기 때문에 일부분만 진수시켰다고 해서 부분 진수란 말을 쓴다. 이때 배의 뒤토막 부분이 Trim 없이 똑바로 뜨도록 중량 조절을 잘하는 것은 꽤 세심한 계산을 요한다. 떠오를 때 앞쪽이나 뒤쪽이 먼저 번쩍 떠오르면 늦게 떠오르는 끝의 밑바닥 지지 부분이 무리하게 큰 힘을 받게 되므로 상할 우려가 있기 때문이다.

다시 앉힌 뒤토막의 앞 선체 부분을 완성하는 동안 새로운 뒤토막을 시작하게 되면 완성선을 진수시킬 때는 뒤토막 하나를 또 다시 띄웠다가 되앉혀서 완성선을 만들어 나가는 식으로 같은 Semi Tandem Pattern(형식)의 건조가 지속되는 것이다.

조선소에는 여러 가지 기술 직종이 일을 하는데 각 직종이 골고루 적절히 할 일거리를 유지시킨다는 것은 대단히 중요하고 또 어려운 일이다. 한 개의 Dock로 한 척을 짓고 나서 다음 배를 또 시작한다고 하면 심각한 사태가 생긴다는 것을 쉽게 이해할 수 있다. 선체 공사가 한창일 때 전공이 해야 할

그림 Ⅶ-3 Semi Tandem 공법을 통한 손실 절감 설명 약도

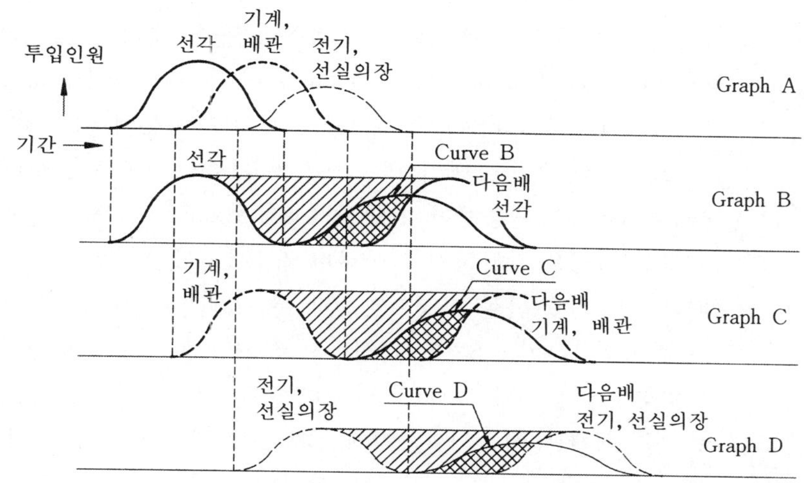

Graph A : 선각이 어느 정도 진행되어야 기계 설치와 배관이 시작할 수 있고, 그 다음에나 또 전기 공사와 선실 의장 공사가 시작될 수 있으며, 각 공사별로 투입 인원은 시작과 끝부분에서 적게 들고 중간 부분이 제일 많이 든다. 여기서 문제는 선각하는 사람이 다음 선각의 할 일이 생길 때까지 할 일이 적절치 못하다는 것이며, 기계/배관이나 전기/선실 의장도 마찬가지로 일이 있다가 없어졌다가 하는 일감의 불연속이다.

Graph B : 다음 배의 선각 일감이 생기기 전에 선미 부분만 먼저 착수하므로 해서 빗금 부분의 공백 손실 중 망 부분만큼을 경감시켰음을 보여주고 있다.

Graph C : 기계/배관 부분에서도 대기 손실 인공수를 줄여 준 모습을 보여주고 있다.

Graph D : 전기/선실의장 부분에서의 대기 손실 인공수를 줄여 준 모습을 보여주고 있다.

결　론 : Graph B, C, D에서 손실을 줄인 절감량의 합계는 상당히 크며 Dock 1개에서 이런 이점이 나오니까 dock를 2개 운영하면서 착공 시점을 엇갈리게 놓으면 손실인 공수를 거의 없앨 수 있을 것이라는 효과를 짐작할 수 있다.

일거리가 마땅치 못하고, 선실 내장공사가 한창일 때 선체를 용접하던 수많은 용접공들은 충분한 일거리가 없게 되는 것이다. 이렇게 되면 결국 인당 건조량이 크게 줄어들고, 즉 척당 소요 공수가 너무 많이 들어서 경쟁력을 잃게 된다.

Semi Tandem 건조 방식을 취하면 이러한 직종별 작업량 급변 상태가 어느 정도는 골고루 분포되는 효과를 만들어 준다. 이를 작업량 균형 배분(Work Load Balance 또는 Balance of Work Load Sharing)이라고 한다.

Dock가 커서 작은 배를 두 줄로 짓기도 하는데 이는 병렬건조라고 하며 건조량 증대에는 보탬이 되지만 Load Balance에는 도움이 안 된다. Dock를 여러 개로 운용하면 자연히 Load Balance가 좋아진다.

그림 Ⅶ-3은 간단하게 이상화한 작업 Load 곡선이다. 선각, 기계 설치 및 배관, 전기 및 선실 내장으로 공사를 크게 3등분했을 때 보통 Graph A처럼 각 분야별 Load는 3차원 곡선식으로 처음에 적게 투입하다가 Peak때 많이 투입하고 종말기에 Load가 감소하는 경향으로 된다. 선각의 종말기에 기계 설치와 배관은 시작되며, 기계 설치와 배관 종말기에 본격적인 전기공사와 선실 내장공사를 하는 것이 일상적인 전통적 방식이다.

여기서 문제는 선각공사가 끝나고 다음 배의 선각공사를 시작할 때까지 생기는 공백처리 문제이다.

Semi Tandem식 건조를 하면 Graph B, C, D의 다음 배 공사 Load가 Curve B, C, D처럼 왼쪽으로 이전하면서 Peak Load가 줄어져서 인력운영의 합리화가 도모되는 것이다. 즉, 빗금 표시된 대기시간이 망 표시된 대기시간만큼 줄어들고 Graph의 최고 인력 투입 Peak가 낮아지는 것이다.

이 예는 알기 쉽게 1개의 Dock만 가지고 배를 짓는 예를 들다 보니 Semi Tandem 건조 방식의 이점이 지나치게 강조되었다.

실제로는 조선소들이 여러 개의 Dock를 운용하므로 꼭 Semi Tandem을 안 하더라도 합리적인 Load균형을 어느 정도는 시켜 나간다.

그러나 선종이 한 종류로 집중되어 어느 특별 직종의 작업 수요가 심하게 편중되거나 단납기 선이 많아지거나 문제선이 생겨서 후속선들의 늦어진 공기를 만회키 위한 비상대책을 필요로 할 때 등 어려움이 있을 때 Semi Tandem 건조 방식의 이점을 살려서 활용할 가치가 있는 것이다.

2 선행의장(先行艤裝, Advanced Outfitting)과 Block PE(Preerection)

원래 의장이란 선체 이외의 모든 기계 기구장치나 배관, 전기공사, 선실 내장공사 등 일체를 지칭하는 말로서 전통적인 선박 건조는 먼저 선체를 만들고 그 다음에 의장공사를 하였다. 이에 반하여 배가 Block 상태로 있을 때부터 의장품을 갖다 붙인다거나 혹은 단품으로 가져다 붙이던 것을 모듬 덩어리(Module Unit)로 미리 조립했다가 가져다 붙임으로써 공기 단축, 공수절감, 품질향상을 이룩하게 되는데 이를 선행의장이라고 한다.

Dock에서 Block을 하나하나 쌓아 올려 배를 만드는 것을 탑재(搭載, Erection)라고 하며, 공장에서 나온 Block을 Dock 옆에서 더 큰 Block으로 묶는 것을 미리 하는 Erection이라고 해서 Preerection이란 어휘가 생겼다.

공장 내의 기중기 용량, 조립장 면적, 조립장 사용기간, Block 운송 차량 능력, 도로폭 등 공장 내에서부터 초대형 Block을 만들어 나오는 데는 제약사항들이 있으나, Dock에서 쓰는 대용량 크레인을 써서 큰 Block으로 만들면 선상 탑재가 줄어질 뿐 아니라 선행의장을 할 수 있는 범위가 늘어나므로 될 수 있는 한 Block PE를 추장하여 나가는 것이다.

그림 Ⅶ-4 기관실의 선행 의장

기관실 부분의 선행 의장이 된 모습을 그림으로 그려 보았다.
선체를 탑재해 나가는 과정에서 이미 많은 기계와 배관이 이루어졌음을 보여 준다.

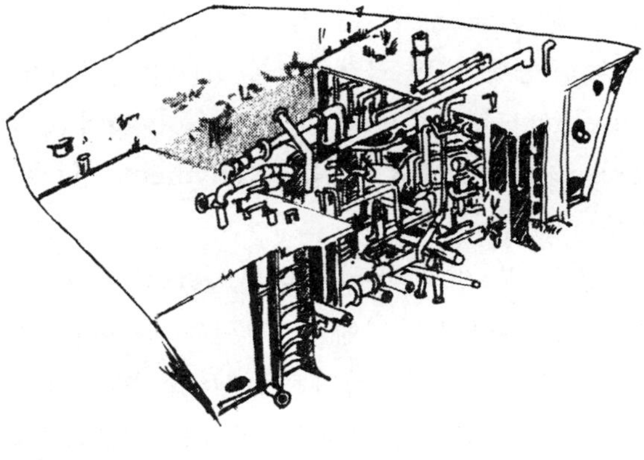

그림 Ⅶ-5 신 생산개념은 잘려진 생선 토막을 이어붙이는 개념이다.

잘려진 생선을 다시 이어 붙이면 쉽게 완전한 생선이 된다. 간단해 보이더라도 생선 토막 하나를 만들려면 많은 일을 해야만 되는 것을 짐작할 것이다.

3 Shipyard Layou(조선소의 공장 배치)

(1) 일 반

조선소는 공장, Block PE 조립장, Dock, 의장안벽 등 생산시설과 창고와 강재 야적장, 기타 사무실과 갱의실 · 식당 · 화장실 등 지원시설 및 생활부수시설, 그리고 각종 교육 · 문화 · 후생 부속시설로 구성된다.

시설 배치의 중요한 인자는 초대형 임해 공장 부지가 되어야 하는 절대조건과 경제적인 이유 때문에 건립 전의 자연적 지형 생김새를 가장 잘 이용하는 형태로 낙착될 수밖에 없지만, 가장 중시하는 포인트는 같은 면적일지라도 최대한 편의가 도모되도록 면적 활용도의 극대화와 물류의 효율화를 꼽는다.

(2) 중량물 이동 중추 설비

중량물의 이동은 대형 크레인, 특히 Goliath Crane(일반적인 이름으로 한다면 Travelling Gantry Crane이지만 Goliath이란 별명을 더 널리 쓰고 있음)과 Transporter(제대로 부른다면 Hydraulic Jack Up Block Transporter)가 중추를 이룬다.

대형의 강재 Block의 이동 경로가 Goliath Crane 밑에서 움직여지도록 설정된다면 가장 이상적일 것이다. 그런데 Goliath Crane의 서비스 폭을 넓히면 크레인 가격이 많이 올라가므로 Dock 폭과 약간의 인접 조립장을 커버하도록 할 수밖에 없으며 그 외의 곳들은 Transporter를 쓰는 수밖에 없다.

그림 Ⅶ-6 대형 조선조 배치도 구상 일례

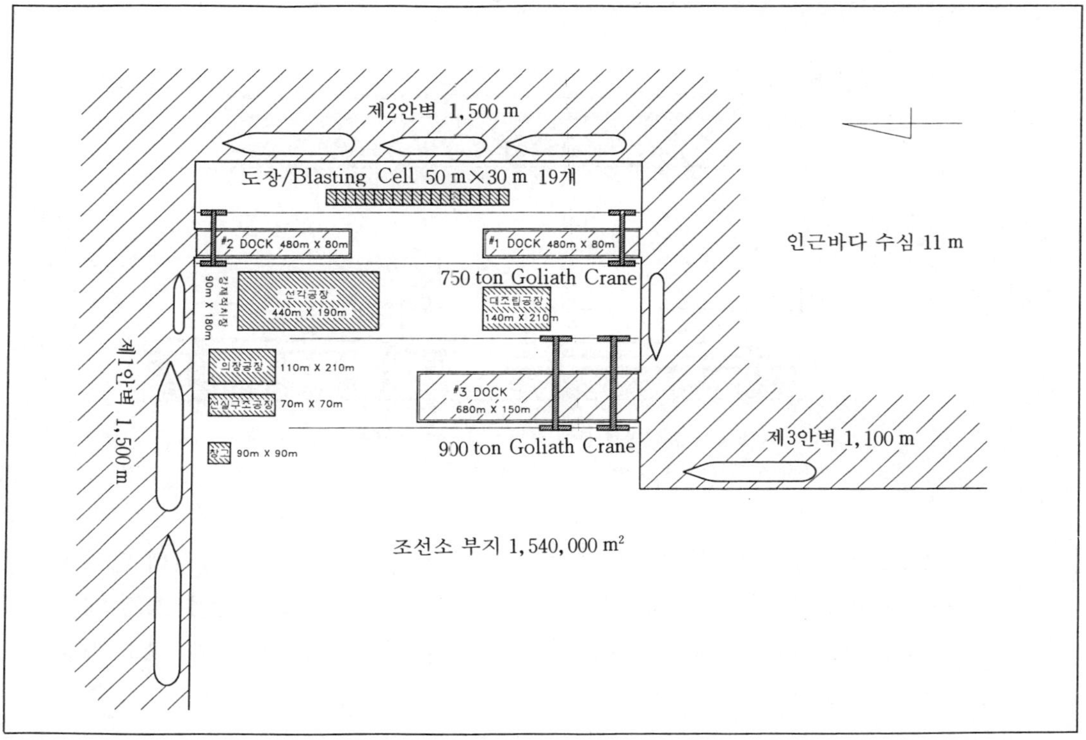

그림 Ⅶ-7 Dock와 Crane

PE장에서 완성시킨 초대형 block을 crane으로 들어다가 dock에서 배를 만들어 나가면 능률적이고 안전하리라는 느낌을 가질 수 있다.

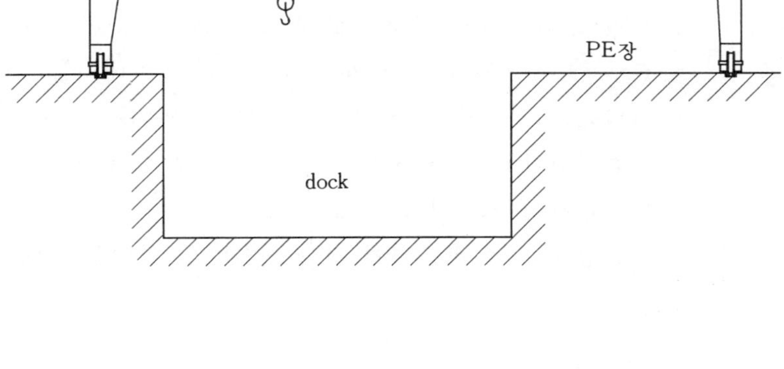

그림 Ⅶ-8 Block Transporter의 작동 원리

평평하고 단단한 땅이기만 하면 어디든지 가지고 다니면서 편하게 작업해 가지고 dock에 가지고 갈 때는 crane 밑으로 가져가면 된다.

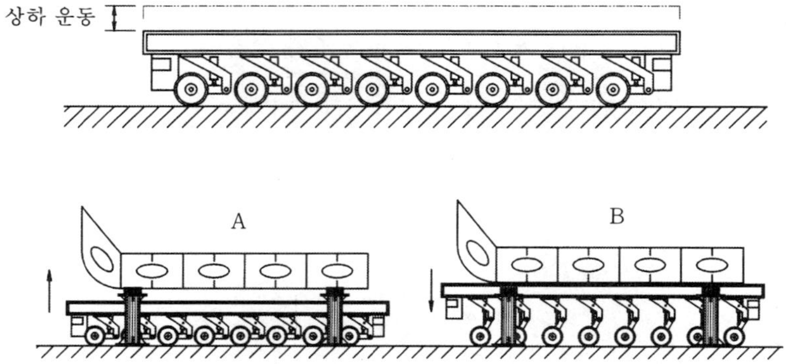

Block A의 곳에 들어가서 들어 떠가지고 나와서 B의 곳에 마련한 받침대 위에 얹어놓고 빠져나오면 Block 옮김이 끝나는 것이다.

Goliath은 호환성이 있도록 최소한 2대 정도는 있는게 좋다. 1대가 정비중일 때에는 나머지 1대로라도 탑재가 가능하며, 또 2대가 함께 병렬 합력운전(Syncronized Operation)을 하면 갑절의 무게를 들 수 있게 되기 때문이다.

(3) 이상적인 배치 Idea의 한 예

1 Dock와 2 Dock의 진수 방향을 반대방향으로 해서 같은 직선상에 배치하여 Goliath 2대가 서로 협력적으로 쓰이게 했고, 두 Dock의 사이에 넓은 조립장을 두어 Goliath들에 의하여 커버되는 조립장 면적을 크게 늘렸다. 두 Dock 사이의 옆으로 Blasting과 Painting Cell들을 배치해서 선각공장으로부터 Cell들을 들려서 PE장이나 Dock로 향하는 물류를 합리화하였다.

제3 Dock는 대형선의 병렬건조나 초대형 해양구조물(Offshore Construction)을 고려하여 광폭으로 했고 크레인 용량도 더 크게 하였다. 전 Dock는 길게 만들어서 Tandem 건조(직렬건조) 내지는 Semi Tandem 건조(부분직렬건조)가 가능케 하였다. 의장 안벽의 총 연장은 연 30척 건조로 볼 때 4회전시킨다고 보면 통상 7~8척이 안벽에 동시 계선되어야 하므로 3000~4000 m가 소요된다고 보았다.

공장 부지는 정방형에 가까우면서 긴 안벽을 얻어내다 보니 바다 속으로

반도처럼 돌출된 지형이 되었다. 바다는 물론 10~11 m의 깊이로 고른 수심을 유지해야 하며, 파도와 해일을 차단하는 주머니 형상의 만으로 생긴 곳을 조선소터로 잡아야 한다.

4 생산방식의 변천과 신생산 개념

(1) 옛날의 생산방식

쪼가리를 낱개로 모아 붙여 배를 만들던 것이 전통적인 생산방식이었다. 하늘 쪽이 열리게 놓은 ㄷ자 모양으로 생긴 횡살대(横肋骨, Transverse Frame)를 길이 방향으로 줄지어 세워 놓고 벽지로 도배하듯이 낱장의 철판으로 바닥판, 외판, 중간 칸막이 및 갑판을 마감하고 필요한 의장공사, 즉 기계기구의 설치, 파이프 배관 및 전선배선, 선실 내장공사 등을 하였다. 긴 세월과 수많은 인공의 투입이 들고 미려한 품질은 기대하기 어려웠다.

(2) 근대화된 생산방식—선각 Block과 의장 Piece도의 활용

용접 기술의 응용과 대형 기중기의 활용에 힘입어 2차대전 후 일본 등에서 Block탑재(搭載, Erection) 공법을 고안 적용하였고, 우리 나라는 5.16 후의 조선공사(현재 한진중공업) 시설 확장에 힘입어 1964년 처음으로 2600 GT급 선박의 건조에 활용하였다.

Block 공법으로 선각 탑재가 빨라졌으므로 Block을 빨리 만들기 위해 선각을 구성하는 데 소요되는 작은 쪼가리 부재까지도 빼놓지 않고 빨리 만들 필요가 생겼다. 선체가 형성되면서 의장공사도 발빠르게 따라가기 위해서 기계기구의 받침대, 배관 Piece, 통풍 Duct Piece, 배관 및 전선 지지 피스, 갑판 관통 금물, Bulkhead 관통 금물, 문비(門扉, Door류), 사다리, 맨홀 등 단품 의장품도 조기 제작이 필요하게 되었다.

현장에서 기술자나 직공들이 완벽한 도면 해독(解讀)과 마름질 등에 소요되는 많은 시간과 노력의 투입을 해소시키지 않으면 안 되었다. 1960년대 초 일본이 영국으로부터 조선대국의 왕좌를 물려 받은 원동력은 생산 설계 조직(생산기술이라고도 함)을 창설하여 Piece 도면을 그려서 활용하였던 데 있다.

급작히 대량으로 증원시킨 생산요원을 숙련된 직공으로 훈련시키는 데는 오랜 세월이 걸리므로, 비교적 소수의 숙달된 제도사나 숙련된 직공들로 하여금 Piece도를 만들게 하여 생산요원들에게 출도하여 주면 큰 대과 없이 잘 만들고 붙일 수 있게 되었던 것이다.

2차대전 후 몰락했던 일본 산업이 한국전을 통하여 재건을 시작했지만 빠르게 성장하지는 못했었는데, 조선산업의 확장이야말로 일본의 전 중공업 회사들의 재활을 부추겨 주는 중요한 역할을 해서 오늘날 가지고 있는 조선 시설들의 대부분이 1960년 말 이전에 건설되었다. 그야말로 폭발적 성장을 했던 것이다.

Piece를 많이 만들게 되니까 혼돈없이 사용 위치까지 배송해 주기 위한 Palette(자재 배송 상자)가 쓰이게 되고, 부분품을 배송하다 보니 의장품 모듬덩어리(Module Unit, 기계와 기구의 받침대, 주변 배관, 동력 기동기와 제어상 등을 하나의 큰 의장품덩어리로 배 밖에서 조립하는 것)를 만들어서 가져다 붙이는 Unit공법이 탄생되었다.

Block의 대형화와 같이 의장 Unit도 기관실 Unit나 Pump Room Unit처럼 1백 톤이 넘는 정도까지 대형화되고 있다. 선각 Block도 키우고 선행 의장도 극대화하다가 결국 다 만들어 놓은 배를 통째로 잘라 놓은 것과 같은 총조 Block(總組, 한껏 크게 하고 있을 것은 무엇이든 다 붙여서 만든 Block이라는 뜻)을 만들기 시작했다.

선실, 엔진 케이싱과 연돌, 선수, 선미 Block, Trans Bulkhead, Hatch Coaming 등 배의 어느 부분이든 이점이 있다고 생각되는 곳은 크레인 용량의 허용한도 내에서 크게 또 완전하게 조립하여 탑재하는 것이다.

(3) 신생산방식

신생산방식이란 정보화와 자동화의 도입이다. 정확하게 정의하기는 어렵지만 절단, 용접, 도장 등 많은 인공이 투입되는 주된 작업의 CNC(컴퓨터에 의한 수치제어, Computerized Numerical Control)화 및 로봇화를 통한 FA(Factory Automation, 공장 자동화)가 꾸준히 추진되고 있으며, 설계로부터의 모든 기술정보가 바로 공장의 기계를 가동시키는 통합생산체제(CIM, Computer Integrated Manufacturing)와 CALS가 추구되고 있는 것이다.

FA와 CIM 그리고 CALS가 언제까지 얼마만한 투자를 하여 최적화를 이룩되도록 하여야 할 것인지가 조선소들의 미래에 대한 가장 시급한 정책과제이고 진정 소리없이 그래도 맹렬히 진행되는 변혁이고 경쟁인 것이다.

Note : CALS란 Commerce At Light Speed에서 따온 약자로서 사내외 및 국내외의 모든 고객과 납품업체, 기술 용역회사와 연구소에 이르기까지 모든 관련 상대와 긴밀한 협력체제를 구축하고 정보의 교류를 민속하게 해야 한다는 뜻에서 광속이라는 단어를 사용하는 것이다. 광속이나 전자파나 다같이 1초에 30만 km를 갈 수 있는 빠르기이므로, 정보의 자동입력장치를 가동시키면 실제로 정보가 광속으로 왔다갔다 하는 것이다.

5 선각 내업

(1) 일 반

Block을 크게 하려면 선각 공장도 넓고 높아야 하며 기중기, 자동 절단기, 자동 용접기, Bending Roll Press도 크고 강력해야 한다. 부재나 Block을 다음 작업단계로 이송시켜 주는 대차, Roller, Conveyor 등도 잘 구비되어야 한다. 또 절단과 용접작업이 많으므로 환기가 잘 되도록 배려하여야 한다.

(2) 전처리

강재의 최초 처리과정으로서 가열하여 그리스 등 기름과 때를 제거한다. 단단하고 예리한 강철 입자(Steel Ball)를 압축공기와 함께 쏘아내는 Shot Blasting을 하여 강철판 제조과정에서 생긴 얇은 산화철 피막(Mill Scale)과 녹을 제거한다. Shop Primer 녹방지용 도료를 바르고 Heating Unit를 통과케 함으로써 건조시킨다.

이상은 일관 처리 시스템으로서 전처리라고 부른다. 휘거나 우그러진 강판은 전처리 과정 전에 따로 골라내서 바로잡이 Roll Press를 이용하여 바로 펴서 전처리에 투입시킨다.

(3) 현도 및 마름질과 자름(Moldloft, Marking and Cutting)

① 현 도

3차원 곡면체를 형성하는 한 부분의 조각을 평평한 2차원 평면으로 전개했을 때 나타나는 모양대로 그리는 것을 현도(現圖, Moldloft)라고 한다. 역으로 이 현도대로 평평한 철판 조각들을 잘라서 입체의 부분이 되도록 구부려서 이어 붙이면 원래 있었던 곡면체가 형성되는 것은 너무나도 당연한 일이다.

그런데 3차원 곡면체의 실물이 있는게 아니고 곡면체를 표현하는 도면이 있을 따름이므로 이 도면을 전개하여 현도를 만들어야 하며, 이 전개 방법은 기하학적인 근사변환기법을 응용하는 것이다. 굴곡이 급격한 3차원 곡면은 아주 작은 파편(Segment)으로 분할하지 않는 한 아무리 눌러서 펴도 편안한 2차원 평면으로 될 수 없기 때문이다.

다행히 선박의 대부분의 곡면은 완만하며, 강판이 연신(延伸, Expansion and Extension)과 소성 변형을 하는 성질 때문에 기하학적으로 근사변환 처리를 하더라도 만들고자 하는 곡면을 비교적 정확히 만들어 낼 수 있는 것이다. 전산기를 사용하여 신속하고 정확한 수치적 전개가 이루어짐으로써 전통적인 수작업 현도는 극소 부분에만 쓰인다.

② 마름질

자름선(Cutting Line), 접음선(Bending Line), 말음누름선(Pressing Line for Rolling) 등의 그림과 마크, 글자 같은 일체의 가공을 위한 표지를 Marking이라고 한다.

예전엔 전부 먹줄과 죽필(대나무를 쪼개서 만든 붓)을 쓰고 곡선도형은 모형을 만들어 겹쳐 놓고 강판 위에 그렸었다. 그 다음에 사용된 방법은 1/10로 축소한 광학 필름을 만들어서 강렬한 투광 Projector로 빛을 쪼여 그림을 실물 크기의 영상으로 확대 재현시킨 다음, 그림 물감, 마킹펜이나 횟가루물 죽필로 철판에 비추어진 영상대로 따라 그리는 것이었다.

어떤 조선소는 영상에 따라 그림을 재현하는 대신 감광 도료를 바르고 필름을 통해 빛을 쏘여서 강판 위에 사진 프린트를 하는 EPM(Electro Photo Marking)을 쓰기도 했었다.

자름선 Marking이 필요치 않은 수치제어식(Numerical Control, NC) 자동절단기가 많이 쓰이면서 대부분의 철판은 Marking 없이 그냥 자르게 되어 수동 Marking량이 격감되었다.

③ 절 단

대단위 직선 절단과 용접을 위한 모서리 개선에는 복수의 Torch들을 전후좌우로 이동하는 Carriage로 되어 있는 전통적인 Flame Planer가 쓰이고, 불규칙 곡선 절단과 부재 분할조각 모듬판(Nesting된 Plate)의 절단에는

NC Cutting기가 쓰이며, 나머지 소량의 절단만이 수동 절단기에 의하여 이루어진다.

절단 열원은 탄화수소계 가스(아세틸렌, 프로판, 에틸렌, LNG 등)류이며 산소 분위기 속에서 연소시킨다. 높은 연소열로 쇠를 녹이고 높은 산소의 분사압력으로 불어내는 것이다. 후판을 자른 단면이 깨끗하게 되는 Plasma 절단이 늘고 있기는 하지만 아직까지 절대량의 절단은 탄화수소계 가스의 연소열에 의하여 이루어진다.

Note : Plasma

텅스텐 전극의 스파크열로써 가스(수소와 질소, 아르곤의 혼합체 또는 질소, 수소, 공기의 혼합체나 기타)를 고온으로 가열하면 가스의 원자가 전자와 이온으로 분리되어 도전성을 띤 Plasma 상태가 되고, 이 Plasma arc의 바깥 둘레를 냉각시키면 arc 내의 온도가 더욱더 상승하면서 전리도가 증가하여 점점더 고도의 Plasma 상태로 30000℃ 부근까지 상승한다. 보통 용접이나 가스절단 온도가 4000～5000℃인데 비하여 대단히 높은 온도이므로 절단이 빠르고 열변형이 적고 절단면이 깨끗하다.

스테인리스나 알루미늄 같은 비철금속도 깨끗이 잘라지므로 많이 쓰인다. 비용이 많이 들므로 조선용 강재 절단에는 대단위로 쓰이지는 못한다.

Note : LNG(Liquefied Natural Gas, 액화천연가스)

주성분은 메탄(MH_3)이며 기타 탄화수소 가스를 소량씩 함유하고 있다. －163℃라는 낮은 온도 때문에 보관과 수송선에는 알루미늄 구조 또는 특수보온이 필요하다. LNG는 가격이 저렴하므로 도시가스로 쓰이고 있고, 가볍기 때문에 위로 떠올라서 폭발사고 위험이 다른 무거운 가스에 비하여 적다.

Note : 조각 모듬질(Nesting)

규격 강판을 가장 효율적으로 사용하기 위하여 필요한 대·중·소형 부재 조각들을 이리저리 돌려 맞추어서, 못 쓰고 잘려 나가는 강판의 잔재를 최소로 되게 하는 작업이다.

자르고자 하는 각각 다른 모양의 철판의 축소모형을 비닐 필름으로 만들어서 자르려는 강판의 투명 축소모형에 꽉 차게 판을 짜맞추어서 One Tenth (1/10) Film을 만드는 것이다. 이제는 대부분 설계 Stage에서 컴퓨터 프로그램으로 처리하고 있다.

그림 Ⅶ-9 Nesting Plan(조각모듬판)

한 장의 큰 철판에 필요한 부재들을 규모있게 잘라 쓰기 위해 먼저 종이로 조각모듬을 한다. (현재는 computer로 한다.)

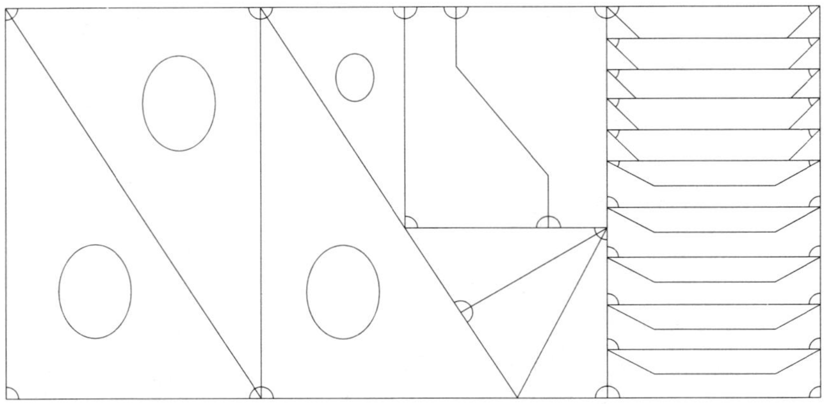

(4) 평판 종살대 붙임(Longitudinal Frame Fitting)

최대 20m 정도의 긴 강판을 여러 장 횡으로 이어 붙여서 큰 판을 만들고 그 위에 "T" 또는 "L" Section의 종살대를 붙이는 작업이다. 부재 이송, 정렬, 고정, 용접 등 일련의 작업이 자동으로 조작되고, 용접 후 편하게 다음 Stage로 이송하는 설비가 잘 갖추어져서 공정 능률 준수와 고품질을 유지하는 것이다.

(5) 평판 블록 꿰어맞춤

종살대가 붙어 있는 평판에 횡살대를 꿰어 넣거나 횡살대를 연속해서 세워 놓고 종살대 Block을 꿰어 맞추거나 하여 입체형의 평 Block을 만들게 되며, 대형 선박에서는 이 부류의 Block이 선각 대부분의 물량이므로 좋은 시설을 해서 정도 높은 작업을 능률적으로 해야 한다. 잘 맞지 않아서 용접한 곳을 떼었다가 다시 때우거나 틈(gap)이 큰 곳을 용접으로 채우거나 변형이 가서 가열하여 바로잡는다고 하면 엄청난 능률의 손실이 오기 때문이다.

판이어붙임에서부터 살대붙임과 Block 조립과정에서 대형판이나 Block의 종방향 이동과 횡방향 이동, 수평회전, 수직회전(Turn Over) 등 대형물

이동 및 다루기(Handling)가 선각 공장 내의 가장 중요한 물류가 되는 것이다. 이런 평판 Block을 Pannel Block이라고 하고, 생산 라인을 Pannel Line이라고 한다.

(6) 곡 Block 만들기(Curved Block Section Assembly)

선수 선미의 만곡 부위는 급격히 곡률이 변하는 3차원 곡면으로 생겼을 뿐만 아니라, 판이 두껍고 보강 부재가 많고 사람의 손이 미치기 어려운 작은 구역이 많아서 만드는 데 품이 많이 들고 높은 숙련도를 필요로 한다. Block이 크고 무거우며 따라서 공장도 높고 크레인도 커야 한다. 따라서 대조립이라고 부르기도 한다.

기계를 쓸 수 있는 곳이 적고 가열후 수냉 수축 굽힘(Shrinkage Bending by Flame Heating and Water Cooling)에 의하거나 불에 달구어서 해머로 두들겨 가며 만들어야 하므로 품이 대단히 많이 든다. 폐위된 작은 공간 구역이 많아 내부 용접을 위해서는 통풍장치를 마련해서 환기를 좋게 해야 한다.

(7) 박판(薄板) Block 만들기

선실 구역 Block을 만드는 데 12 mm, 9 mm판이 부분적으로 쓰이고, 6 mm, 7 mm가 주로 쓰이며, 어떤 조선소는 과감하게 5 mm나 4.5 mm도 기용한다. 이런 얇은 판재에 보강재(Stiffener)를 붙여서 쓰거나 오가리(요철접음, Swedged 또는 Corrugated)를 만들어 강도를 증대시키며, 조립 순서나 용접순서를 잘못 잡으면 미려한 모양으로 조립되지 않는다. 한번 틀어진 모습은 바로잡기(曲直)가 어렵고 긴 시간 동안 많은 수정 노력을 해야 한다.

6 의장 내업

(1) 일 반

의장 공장의 가장 중요한 제작품은 배관 Piece이다. Pipe Piece의 양쪽 끝에는 대개 관이음자락(Flange)을 꿰어 붙이는 것이 가장 많고 형상은 똑바른 것, 한 번 구부러진 것, 두 번 구부러진 것, 또 곁가지관(Branch)이 한 개 있는 것, 두 개 있는 것 등이며, 곁가지관의 굵고 가늘음, 짧고 길음, 주관과 직교하는 것과 비스듬히 붙는 것 등 종류가 다양해진다.

그림 Ⅶ-10 Fore end Const

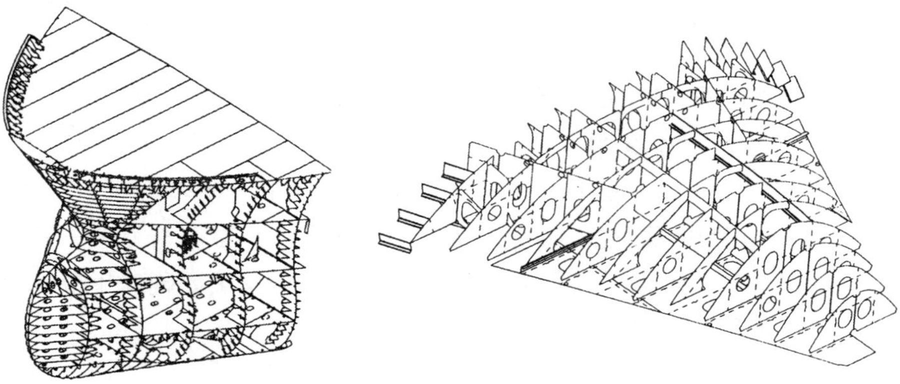

(a) 선수 구조 골재 배치 겨냥도

(b) 선미부 바닥 골재 배치 겨냥도 (엎어놓은 모양)

그림 Ⅶ-11 선수 Block의 Bulb(球狀선수) 부분의 내부재

코끝이 하늘로 향하게 놓았으며 이 위에 굴곡 작업(Bending)을 마친 철판을 씌우고 이어 붙이면 Block이 완성된다.

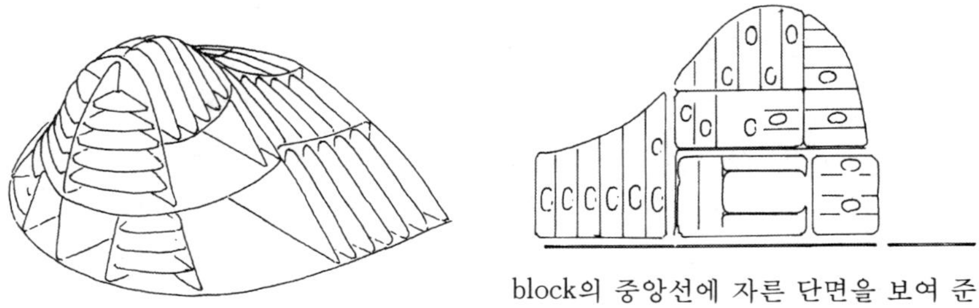

block의 중앙선에 자른 단면을 보여 준다.

그림 Ⅶ-12 이중저(二中底, Double Bottom Tank Top)

내부가 꼭 벌집처럼 단단하게 가로 부재(trans floor)와 세로 부재(girder와 longitudinal member)로 엮어져 있음을 보여준다.

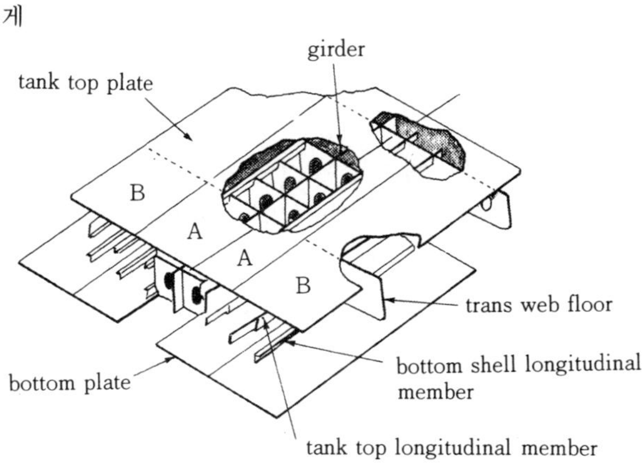

그림 Ⅶ-13

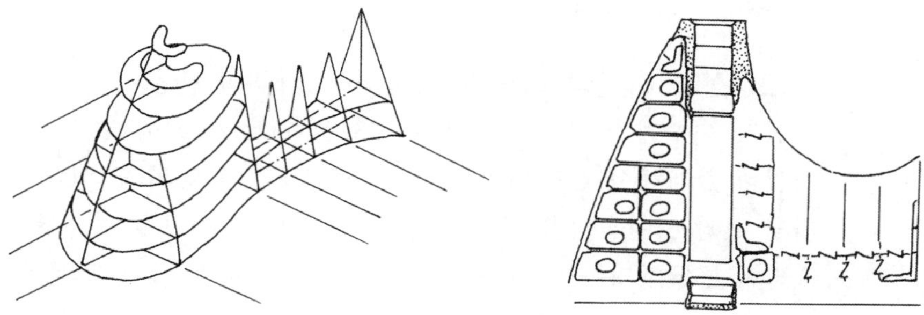

파이프는 작게는 부름치수(Nominal Size) 6 mm 지름(Diameter)에서, 크게는 부름치수 1500 mm 지름까지 다양하므로 Piece 제작방식도 달라질 수 밖에 없다.

(2) Pipe Piece의 주요 가공

굽힘(Bending)은 굽힘기(굴곡기, Bending Machine)로 구부리지만 파이프벽 두께가 특별히 두꺼워서 잘 안 구부러지는 관이나 지름이 커서(부름치수 350 mm 지름 이상) 잘 안 구부러지는 것은 굽힘마디(Elbow)를 용접으로 이어 붙여서 만든다.

굽힘마디는 대개 90°각도이지만 45°, 60°짜리도 있다. 90°짜리를 잘라서 쓰거나 90°짜리와 90°짜리를 자른 것을 이어 붙여서 어떠한 각도의 굽힘마디도 전부 만들어 쓸 수 있다.

7 건조 공정의 요체

(1) 정 의

선박 건조는 간단히 따지면 선체 또는 선각이라고 하는 철구조에 엔진이나 크레인 같은 기계를 놓고 필요한 배관이나 전기 배선을 하는 것이다. 전부가 다 기존 타산업 분야들을 묶어 놓은 종합 공업인 것이다. 오랜 세월을 걸려 꾸역꾸역 해나가면 어려울 게 아무것도 없을 것이다. 그런데 그것을 빨리 하려고 하면 설계 성능이나 생산품질을 제대로 나오게 하기가 어려워지는 것이다. 그러기 위해서는 자료가 구비되어 있어야 하고 기능이 숙달되어 있어야 할 뿐만 아니라 표준화가 잘 되어 있어야 하고 손발이 잘 맞아야 (Cordination) 하는 것이다.

(2) 건조 이전의 공정관리 능력이 성패의 관건

먼저 수주해 놓은 건조해야 할 일감(Back Log)이 없다면 VLCC 1척을 긴급히 설계해서 건조를 완공하는 데 12개월에 할 수도 있다. 물론 보통 12개월 걸리는 엔진이 8개월 정도, 기타 기계류와 6개월 강재류가 3~3.5개월 걸려서 공급된다는 전제하에서 가정이 가능하다. 보통 건물을 짓는 데 2년씩 걸리는 데 비교하면 얼마나 무서운 속도인가? 민첩한 Action과 Sense가 필요한 것이다.

Nego(Negotiation, 계약전 가격 흥정 내지 기술협의) 기간 1개월을 포함시키더라도 13개월밖에 안 되는 짧은 기간을 제대로 활용해야 하는 것이다. 선주가 긴급하게 선박을 필요로 한다는 의향이 확실히 간파되면 바로 예비기본 설계(Preliminary Design)에 착수하고, 곧이어 엔진 발주와 강재 발주를 해야 한다. 모형시험에 의하여 선도를 수정·확정하고 기본설계 계산을 전부 새로 해야 하며, 또 구조설계의 확정에 의하여 강재 발주의 일부를 변경해서 구입강재 규격과 물량을 최종 확정한다.

주요 기계류들의 용량을 설정하고 가격 흥정까지 해서 조건부 발주, 즉 선박 건조 수주가 되면 그 기계를 사겠다고 하는 약속까지 하는 것이다. 이렇게 공정의 가장 시급한 부분은 초기에 이루어져야 하고 상세 설계 진행시에는 현장과 합의된 신공법에 맞는 설계를 함으로써 생산이 가장 능률적으로 이루어질 수 있게 해야 하는 것이다.

유능한 조선소는 완급에 따라 신축적 대처를 함으로써 항상 안정적인 작업부하로써 기본 공정 계획을 바꾸지 않고 제 품질을 내면서 예측 공수 투입으로 지속적인 건조를 진행하는 것이다. 긴밀한 비상 대책의 기동력이 없는 조선소는 항상 일감이 딸리고, 일감이 딸리니까 또 여유가 없는 급한 공기의 어려운 프로젝트를 수주해야 하고, 공기를 지키기 위하여 서두르다 보면 기본 성능의 확보나 저렴한 구매도 잘 이루어지지 않고, 많은 수의 작업원을 잔업시간까지 투입하게 되니 채산도 안 맞고 품질도 지키지 못하는 악순환이 지속된다.

결국 인도할 때 또 다른 선가 Nego의 어려움을 겪는 사태까지도 생긴다.

건조전 주요공정 Event 도표

(Event Diagram Before Construction)

구분	일정	공정	Event
건조전 공정관리		주문 & 가격제시 입찰초청 & 응찰	Enquiry & Quotation Bid Invit'n & Bid Proposal
	Lines 설계착수 (2~4개월)	홍정(상업적사항 및 기술사항)	Negotiation (Commecial & Technical)
	엔진발주 (10~16개월)	발주의향서	Letter of Intent
		계약서 합의 기술사양서 합의	Contract Meeting Technical Spec. Meeting
	4	계약체결 서명	Contract Signing
		기자재 발주	Machinery & Equipment Purchase Order Requisition
	예인수조 모형시험	기본설계 확정 주요구조도 설계	Basic Design Construction Key Plans Design
	5	강재 주문	Steel Order
건조중 공정관리	3	강재절단	Steel Cut
	3	용골설치	Keel Laying
	엔진입고 / 3	진 수	Launch
		선상시험	Onboard Test
		시운전	Sea Trial

이렇게 어려운 조선소를 보는 관찰자들의 평은 의외로 단편적이다. "그 사람들은 서로 손발이 잘 안 맞는다." 또는 "그런 대로 선각 품질을 괜찮은데 의장과 도장 마감 품질이 떨어진다."라고 경미한 문제성으로 표현한다. 그 얘기의 이면에는 위에 지적한 바와 같이 근본적 능력의 수준차이를 모르고 하는 지적일 수 있다.

이에 대한 극복은 빨라야 10년, 길면 20~30년 또는 영원히 해결되지 않는 사항이다. 그 바탕에는 단체나 민족의 역사와 의식 내지는 문화수준까지 관계가 되는 것이다. 세계의 상선 건조에서 한국이 25~30%의 일감을 처리해 나가는 것이 우연은 아닌 것이다.

(3) 건조중의 생산관리

이렇게 보면 최일선 생산 현장의 한 생산 작업원에게 주어지는 공정의 융통성은 아주 작은 부분, 즉 발걸음을 부지런히 다니느냐 손놀림을 빨리 하느냐 쉬지 않고 일하느냐 하는 등의 성실성과 의식의 부분만 남게 되는 것이다. 실로 이들이 성실하게 일할 수 있는 바탕, 즉 올바른 설비(Right Facility), 잘 맞는 설계도의 정시출도(Right Time Issue of Right Design), 올바른 자재의 제때 출고지급(Right Time Delivery of Right Material) 및 선행 공정의 깔끔한 완료상태(Perfect Completion of Scheduled Former Stage Work)가 갖추어진다면, 또 숙련도가 높은 훌륭한 생산인원을 많이 보유하고 있다면 목표한 공정이 틀림없이 잘 진척될 것이다.

그러나 네 가지 중 단 한 가지라도 잘 갖추어지지 않는다면 올바른 공정 진행에 큰 차질이 생긴다. 그런데 그 네 가지를 완벽하게 갖추는 데는 실로 어머어마하게 많은 장애사항이 나오고 이를 풀기 위하여 유능한 관리자들의 무한한 역량 발휘를 필요로 한다.

철판이 수만 개의 조각으로 잘렸다가 다시 모여서 배를 이루기까지 작업 Stage의 흐름은 도도하게 흐르는 큰 강물과 같다. 주문 생산품이면서 대형 단품이고 더욱이 세월이 걸리는 건조이다 보니까 고객으로부터 변경요구(Modification, Alteration, Change Order 또는 Variation)가 발생한다.

사람이 하는 일이므로 잘못도 생긴다. 설계 오작, 생산 오작, 구매제품 오작, 이런 것들이 도도하게 흐르는 공정의 강물 속에서 어떤 혼돈과 와류를 일으키는가를 짐작해 보라. 단순히 제시간을 못 맞추는 지각 사태도 당하는 쪽에서 보면 전부 오작이나 마찬가지다. 도면이 늦게 나오고 물자가 늦게 들어오고 먼저 해 놓았어야 할 선행공정이 이루어지지 않은 상태도 피해는 오작과 비슷하기 때문이다.

선종의 편중 수주로 인한 직종별 부하 불균형도 어려운 문제를 유발한다. 천재지변이나 경제 공황과 같은 불가항력적 요소도 가끔 생긴다. 흔히는 비, 바람, 한파, 폭염, 파랑 같은 악천후의 영향도 받지 않을 수가 없다.

1987년 이후의 긴 세월간의 노동운동도 불가항력적 요소로 작용했으며

그림 Ⅶ-14

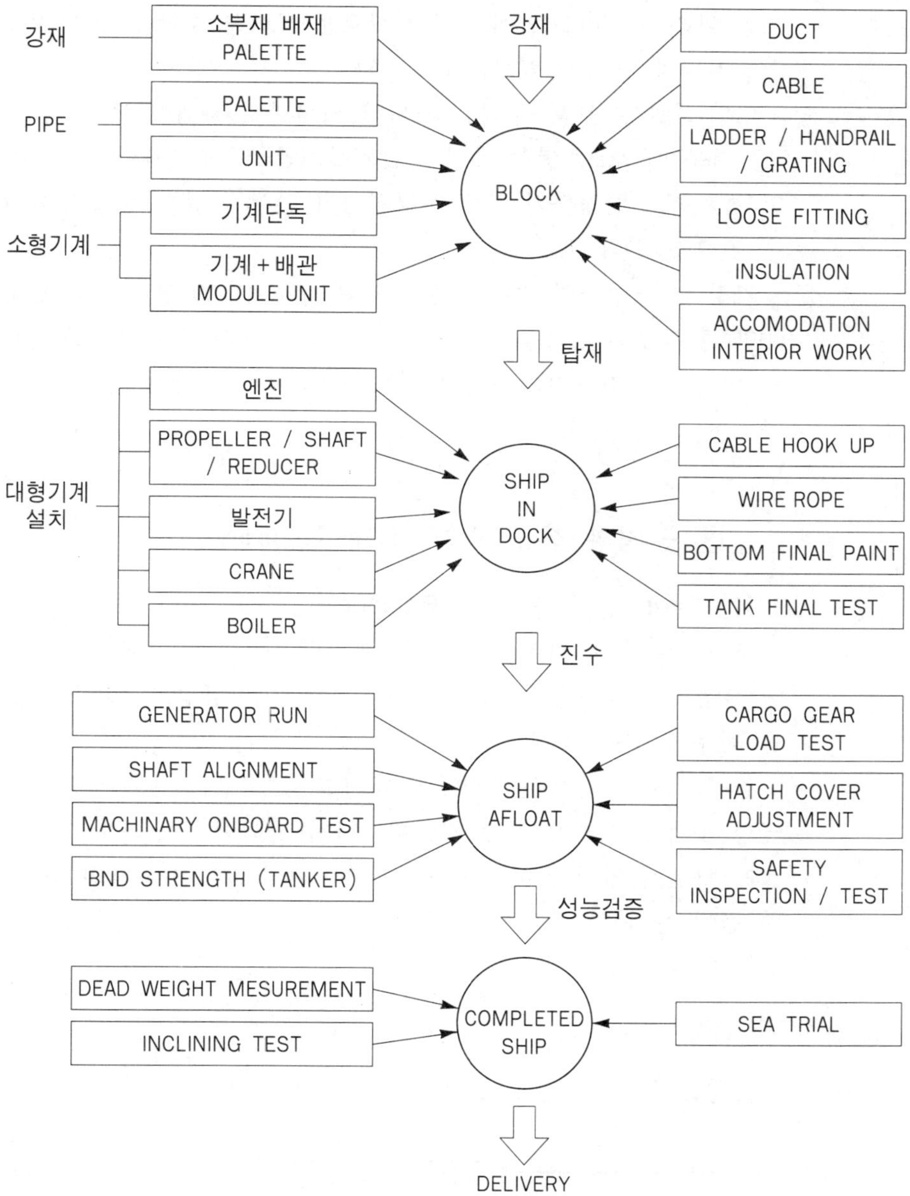
강재
소부재 배재
PALETTE
PIPE
PALETTE
UNIT
소형기계
기계단독
기계+배관
MODULE UNIT
강재
BLOCK
DUCT
CABLE
LADDER / HANDRAIL / GRATING
LOOSE FITTING
INSULATION
ACCOMODATION INTERIOR WORK
탑재
대형기계 설치
엔진
PROPELLER / SHAFT / REDUCER
발전기
CRANE
BOILER
SHIP IN DOCK
CABLE HOOK UP
WIRE ROPE
BOTTOM FINAL PAINT
TANK FINAL TEST
진수
GENERATOR RUN
SHAFT ALIGNMENT
MACHINARY ONBOARD TEST
BND STRENGTH (TANKER)
SHIP AFLOAT
CARGO GEAR LOAD TEST
HATCH COVER ADJUSTMENT
SAFETY INSPECTION / TEST
성능검증
DEAD WEIGHT MESUREMENT
INCLINING TEST
COMPLETED SHIP
SEA TRIAL
DELIVERY

1997년에 닥쳐온 금융공황도 직간접의 큰 부담으로 다가올 것이다. 이런 모든 문제를 미리 감지하고 대비하고 터진 문제로 늦어진 공정을 만회해야 하는 것들이 건조중의 중요 공정 관리사항이 된다. 더 나은 생산성과 품질 확보를 위하여 설비를 개체하거나 새로운 공법을 창안해 내는 것도 생산현장 기술자들의 중요한 임무(Task)이다.

영업 착수 때부터 생산을 거쳐 인도시까지 사내 모든 부서와 사외의 선주, 전문 Marker, 검사 용역 선급기관, 연구수조 등과 무수한 사안을 가지고 협의하고 결정하기 위해 전광석화와 같이 민첩한 정보 교류와 의사결정을 필요로 한다.

가장 큰 조선소인 현대 중공업 같은 데는 11,000명 정도의 종업원이 연간 60만 톤 정도의 강재를 소모하며 약 50척, 즉 1주일에 1척꼴로 선박을 건조해 나가는 공정관리의 노력은 어느 정도이어야 할지 쉽게 짐작이 갈 것이다.

8 공정과 선표(線表, Line Diagram)

(1) Event 공정과 Load Balance

조선소의 최대 시설은 건조 Dock이다. Dock를 최대한 활용하는 주공정을 설정하고 그에 맞는 용량의 선각공장, 의장공장, 도장공장 및 의장 안벽을 갖추게 되는 것이다.

공정의 최대 관건은 조선소가 가지고 있는 모든 전문 직종 전 종업원에게 균형 부하를 걸리게 하는 것이다. 다시 말해서 누구라도 지나치게 바쁘지 않게 하면서 일이 없어 놀리는 사태가 되지 않도록 운영해야 하는 것이다. 한 번에 한 척만 지을 수 있는 Dock가 1개밖에 없다면 Load Unbalance가 심각한 문제로 된다.

그림 Ⅶ-15

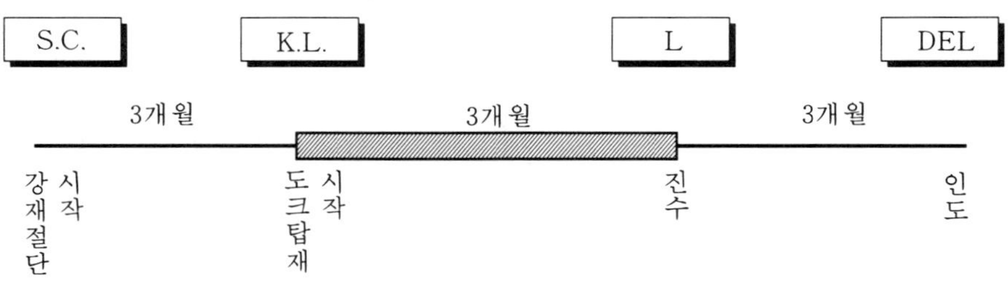

그림 Ⅶ-16

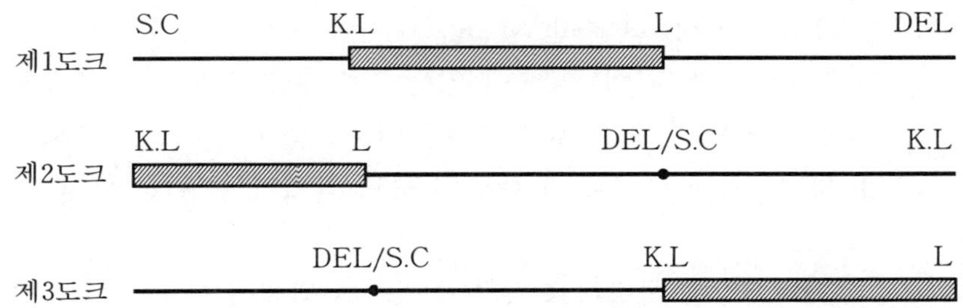

S.C(Steel Cutting)에서 K.L(Keel Laying)까지 3개월은 선각내업이 주작업이며 후반부에 의장내업도 이루어진다. 선각이나 의장이나 모두 외업은 기다려야 한다. K.L과 L(Launching) 사이 3개월은 선각외업과 의장이 모두 많이 이루어져야 하며, 선각, 의장 공히 내업은 할 일이 없다. 기다려야 하고 쉬어야 하는 사람들에게 다른 일을 주선해서 시키거나 아니면 다기능 보유자로 만들어서 누구든지 기다림이 없이 일을 지속하도록 할 수 없다면 조선소를 운영할 수가 없는 것이다. 그래서 Dock를 3개로 늘린다면 상당히 문제가 완화됨을 쉽게 이해할 수 있다.

그림 Ⅶ-16처럼 (S.C−K.L)/(K.L−L)/(L−DEL)의 구간을 엇갈리게 놓아 주기적으로 진수를 시키면 선각, 의장, 공히 내외업이 골고루 일이 있게 된다. 이렇게 그린 그림을 선표라고 한다.

의장이 다시 여러 직종으로 나뉘고 배의 종류에 따라 세분된 의장 직종의 Load Unbalance가 또 생기기 때문에 선종은 적절히 여러 가지로 섞어서 수주하는 게 좋다. 즉 좋은 Product Mix가 이루어져야 한다. 단 설계 부하를 줄이기 위해서 각 선종별로 1척씩 수주하는 것보다는 여러 척씩 시리즈로 수주하는 게 가장 좋다.

배는 계약에서 착공과 인도기간까지가 길어 1.5~2년분 수주분은 가지고 있어야만 조선소를 안정적으로 운영할 수 있다. 더 여러 개의 Dock에서 병렬건조, Tandem 건조 등을 포함하여 2년 정도 기간의 전선박을 다 표시해 놓으면 선표는 더 복잡해진다.

각 배의 직종별 소요공수와 투입시기가 다르므로 이를 소요시기별로 나누어 놓은 다음에 전부 더하면 어떤 시점에서든지 필요한 직종별 인력수요가 파악된다(Man Hour Load Curve).

(2) CPM과 Concurrent Engineering(필수 주공정과 동시 공학)

CPM은 Critical Path Method의 머릿글자를 딴 약자로서 하나의 목표공정을 달성하기 위해 그 속에 있는 필수과정 중에 가장 중요하고 어렵고 절대로 안 하면 안 되는 필수 주공정이다. 일에 따라서는 설계가 그 대상일 수도 있고, 자재 마련이 그 대상일 수도 있으며, 장비 마련이 그 대상이 될 수도 있다.

목표 공정을 예정대로 꼭 달성시키기 위해서 이 Critical Path가 무엇인지 찾아서 그것만 확실히 달성하면 나머지는 그다지 힘겹지 않게 맞추어 할 수 있게 되는 것이다.

또 전체 공정을 가장 능률적으로 하기 위해서는 필요한 일들이 동시에 여기저기 각기 다른 곳에서 이루어지는데 이것을 Concurrent Engineering이라고 한다. 대책 없이 되는 대로 하다가는 꼭 어느 한 가지가 빠져서 낭패를 보기 쉽다. 두 요소는 짝을 형성하는 보완관계로서 조선공정에서는 두 가지가 다 확실히 챙겨져야 한다. 그림 Ⅶ-17에서와 같이 대공정에서나 중공정에서나 소공정에서 전부 Critical Path와 동시공학이 짝을 잘 이루고 있어야 한다.

그림 Ⅶ-17

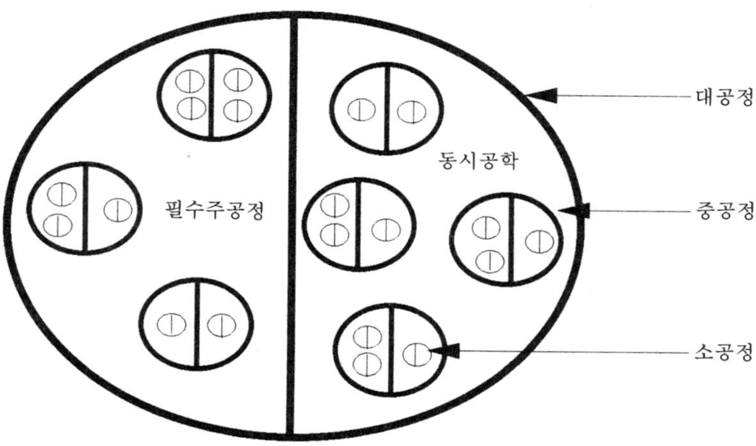

9 생산 관리 지침

(1) 일 반

정해진 공기 내에 적은 비용과 노력을 투입하여 질 좋은 선박을 만드는 것이 주목적이고, 공장이나 생산설비를 상하지 않고 오래 쓸 수 있도록 관리해야 하며 종업원의 기술이나 지식의 향상 발전이 도모되도록 하여야 한다.

(2) 기술 측면의 시도 포인트

① Block과 Unit의 대형화 : 될 수 있으면 크게 만든다.
② 작업 Stage의 선행화 : 될 수 있으면 미리 한다.
③ 같은 작업의 동시화 : 될 수 있으면 한꺼번에 한다.
④ 작업의 연속화 : 될 수 있으면 계속해서 한다.
⑤ 작업의 균등한 안배 : 될 수 있으면 크게 바쁘지 않게, 끝내고 기다리는 사람이 없게 한다.
⑥ 작업의 표준화 : 될 수 있으면 같은 일은 같은 방식으로 한다.
⑦ 물류의 합리화 : 될 수 있는 한 옮기는 횟수를 줄여야 한다.
⑧ 작업의 기계화·자동화 : 될 수 있는 한 수동작업을 줄인다.
⑨ 장비의 성능 우월화 : 될 수 있는 한 좋은 장비를 쓴다.
⑩ 작업 완공의 조기화 : 될 수 있는 한 공기를 단축한다.
⑪ 작업의 계통화·구획화 : 될 수 있는 한 시스템과 구획단위로 완벽하게 관리해야 한다.
⑫ 작업의 완벽화 : 될 수 있는 한 한번 했다고 하면 완전무결하게 해야 한다.
⑬ 작업의 옥내화 : 될 수 있는 한 비를 맞지 않는 곳에서 많은 일이 이루어지도록 한다.
⑭ 작업 편의의 극대화 : 될 수 있는 한 일을 쉽게 할 수 있게 한다. 접근동작, 용접, 도장, 기계설치 등 모든 작업의 자세가 편안하게 해주어야 한다.

⑮ 설비 고장의 제로화 : 될 수 있는 한 설비가 고장으로 서는 일이 없도록 하고, 어쩌다 고장이 나면 즉각 대처가 가능한 모든 준비를 해 놓아야 한다.

⑯ 자재 지급의 정확화 : 될 수 있는 한 꼭 맞는 시간에 꼭 맞는 물건이 지급되도록 해야 한다.

⑰ 작업원의 전문화·다기능화 : 될 수 있는 한 전문가를 육성해서 어려운 일에 투입하고, 쉬운 일은 누구나 할 수 있게 다기능화한다.

(3) 관리적 측면에서 시도되어야 할 일

- 될 수 있는 한 앞날을 예측하라. 반장은 내주를 보고, 직장은 내달을 보아야 한다. 과장은 내분기를 보며, 부서장은 내년을 봐야 한다. 중역은 5년을 보고, 사장은 10년을 보아야 한다. 잘 안되는 회사는 반대로 한다. 사장과 중역은 오늘의 일만 챙기고 종업원은 미래를 얘기하게 된다.
- 될 수 있는 한 과격한 개선 목표를 잡고 강력히 태클하라. 목표는 부하들에게 분담시키고 성과달성은 반드시 확인하여 안 되는 곳을 되게 만드는데 치열한 노력을 경주해야 한다.
- 될 수 있는 한 불필요한 규제는 풀고 물 흐르듯 잘 풀리는 시스템을 구축하여야 한다. 불필요한 사무상의 통제절차는 과감히 타파해야 한다.
- 될 수 있는 한 모든 정보는 걸러내서 가치있는 정보만 정확하게 활용해야 한다.
- 될 수 있는 한 작업장은 하루 3번을 가서 보아야 한다. 아침에 작업자 출근 전에 돌아보며 오늘의 특별 시달사항을 마련하고, 낮의 작업중에 찾아가서 일이 막힘 없이 되는지 확인하고 막힌 문제는 즉각 해소시켜 주어야 하고, 저녁에 작업자가 퇴근한 다음 돌아보며 작업 품질과 정리, 정돈상태를 살핀다.
- 될 수 있는 한 안전사고는 사전에 예방하라. 사고 유형에 대비한 전문적 연구에 입각하여 안전규칙을 강화하고 안전작업 표준을 작성하여 규칙과 표준을 어긴 자를 안전사고 유발자로 취급하여 강하게 징계해야 한다.
- 될 수 있는 한 작업장을 청결히 하라. 오물수집과 폐기운송은 시스템을 구축하고, 다조직간 불특정 공동작업 구역은 윤번제로 담당케 하거나 제3의 청소담당 파트를 별도로 설정해야 한다.
- 될 수 있는 한 응급조처의 실시는 먼저 하고 행정은 뒷처리해야 한다.

- 될 수 있는 한 어떤 어려운 문제의 해결도 지금 바로 착수하여야 하며, 시간이 가면 상황은 더욱 나빠지게 마련이다.
- 될 수 있는 한 큰 것도 아끼고 작은 것도 아껴야 한다. 다만 작은 것을 아끼느라고 큰 것을 잃지 말아야 한다. 큰 것 중에 제일 큰 것은 세월이고 시간이다.
- 중요한 대형 투자일수록 조기에 투자를 결정하고 실시하여야 한다. 즉 경제성 검토, 기술 검토를 할 때 총력을 집중해서 다이나믹하게 해야 한다. 하다말다 하면서 오래 한다고 좋은 검토가 되는 것은 아니다.
- 될 수 있는 한 일신의 편안을 추구해서는 안 된다. 적극적으로 대응하고 모든 것을 긍정적으로 처리해야 협력부서와도 관계개선이 되고 부하도 잘 따른다.
- 될 수 있는 한 범백사(凡百事)에 있어서 궁금할 게 없이 충분한 정보소통이 이루어져야 한다.
- 될 수 있는 한 칭찬을 많이 하고 희망적인 미래의 비전 등 기분좋은 일을 만들어 주어야 한다.
- 될 수 있는 한 공과 사를 분명히 하고 부하의 대우는 공평하게 한다는 것을 행동으로 보여 주어야 한다.
- 될 수 있는 한 부하 직원의 성장과 발전이 도모되는 방향으로 일을 결정하여야 한다.
- 될 수 있는 한 부하의 인격을 존중하고 잘못을 책하되 인간을 모독하지 말아야 한다.
- 될 수 있는 한 상사도 인간임을 보여 주어야 한다. 인간이란 감정도 있고 눈물도 있고 약한 곳도 있는 법이다. 완벽을 지나치게 과시하면 경원시와 타도의 대상이 된다.
- 될 수 있는 한 항상 배우고 공부하는 모습을 보여 주고 부하들에게도 공부를 시켜야 한다.

그림 Ⅶ-18 선수 토막과 선미 토막

(a) 선수 토막
마치 잘라 놓은 토막과 같이 완성된 배를 잘라 놓은 것과 같이 보인다.
용접해서 이어 붙인 곳을 재도장하고 있다.

(b) 선미 토막
프로펠러를 붙일 stern boss가 있는 선미 부분과 기관실 바닥이 한꺼번에 맨땅에서 이루어지고 있다.

그림 Ⅶ-19

기관실에 들어간 모듈유닛

기관실에 들어갈 모듈유닛(Module Unit)

Pump Room Block에 얹힌 Pipe Module

그림 Ⅶ-20 완성된 선실의 운반 광경

멋드러지게 제작된 데크하우스가 5백톤급 트랜스포터 2대에 실려 이동하는 모습은 장관이다.

그림 Ⅶ-21 컨테이너선 탑재 광경

hold trans bulkhead의 중첩이 돋보인다.
이곳에 많은 양의 cell guide를 정확히 붙여야 한다.
선수 외판이 flare(나팔꽃처럼 퍼드러진 자락)진 곳이 안전하도록 보조용 받침장대를 고여 받쳤다(supporting pole).

그림 Ⅶ-22

2. 용접(熔接, Welding)

1 일 반

(1) 정 의

용접은 쇠붙이를 녹여서 이어 붙이는 일이다. 가열 열원에 따라 분류하면 전기용접과 가스용접이 주를 이루고 있으며, 전기용접은 주로 아크(Arc)용접을 일컬음이다.

그외에 많이 쓰이는 용접 종류로서는 파이프 제조과정의 Seam용접과 자동차 본체를 만드는 데 쓰이는 점용접(Spot Welding)과 같은 전기저항용접이다.

본서에서는 아크용접에 대해서만 중요한 사항들 몇 가지를 소개한다.

(2) 용접 기술 발달사

전 기 용 접	가 스 용 접
1856 전기 저항 용접 발명	1892 아세틸렌 제조법
1885 금속 아크 용접 발명	1902 산소 대량생산
1902 피복 아크 용접	
1930 Submerged Arc 용접	
1949 Electro Slag 용접	
Electro Gas 용접	
1951 CO_2 Arc 용접	
1959 플라즈마 용접	

아주 옛날에는 기원전부터 쇠붙이를 달군 다음에 두들겨서 이어 붙이는 단접(鍛接, Forge Welding)이 쓰여졌고, 땜납을 쓰는 납땜(Soldering)도 오랫동안 쓰여 왔다. 용접의 소규모적인 산업에의 이용은 1930년경부터이고 선박 건조에의 이용은 2차대전 말기 미국이 시작했으며, 전후 Block 공법의 개발도 용접기술 발전에 힘입은 바 크다.

(3) 용접 원리와 용접 부위의 변질 방지

용접은 모재의 용접 부위와 용가재(熔加材, Filler Metal)를 높은 전기 아크열(약 4000℃~5000℃)로 녹여 붙이는 것이며, 완전한 용접을 이루기 위하여는 용융된(Melt) 금속이 굳기 전에 산화와 질화를 막아 주고 그 속에 함유된 불순물을 제거하여야만 한다.

용접 부위의 산화와 질화를 막기 위해서는 화학적 반응을 일으키지 않는 不活性기체(Inert Gas)로 장막(帳幕, Shield)을 둘러치는 것처럼 주변에 분사시켜 주거나 표면 보호용 용해 용제층이 대기의 접촉을 막아 주도록 한다. 불순물 제거는 용제를 쓰거나 첨가물을 써서 불순물과 결합하여 표면으로 떠올려서 굳은 껍질(Slag)을 형성시키도록 한다.

그림 Ⅶ-23

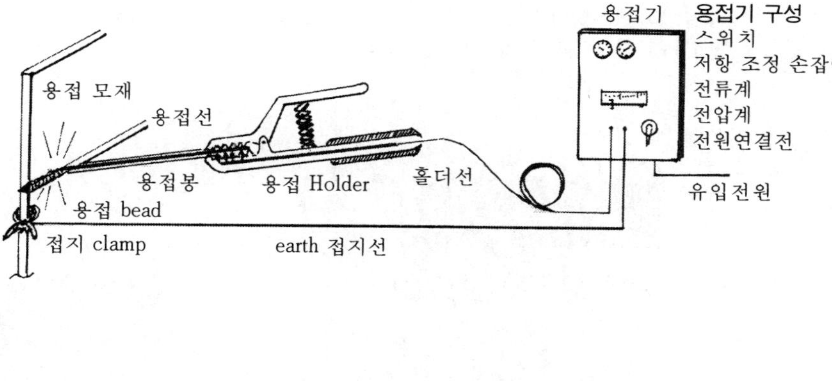

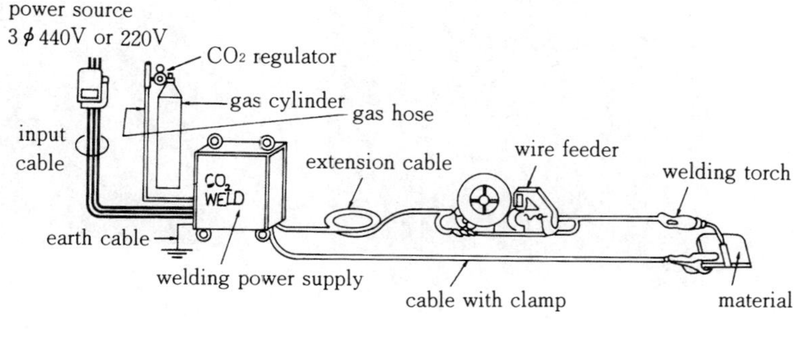

2 아크 용접기

용접 아크를 발생시키는 전기 용접기는 변압기겸 저항조정기로서 보통 공장의 산업 동력인 440 V를 25 V(용접 전류가 통전할 때) 정도로 감압시키고 저항조정기를 써서 전류의 세기(Amparage)를 조절한다(수동 용접기인 경우 35~400A).

전류를 세게 하면 높은 아크 열이 발생하고 전류를 약하게 하면 아크 열이 적게 나오므로 용접물과 용접봉의 크기 및 필요 용접 속도에 맞추어 전류를 조절한다.

피복 용접봉을 쓰는 수동 용접기는 작고 간단하지만 불활성 가스나 Flux Hopper를 장치한 자동 용접기는 커지며 이동주행 장치까지 함께 조립하면 Overhead Crane처럼 큰 기계가 된다.

그림 Ⅶ-24 CO_2 Welding Machine

용접기와 flux hopper, 용접선 feeder, carriage를 compact하게 조립하였다. (앞의 system 그림 참조)

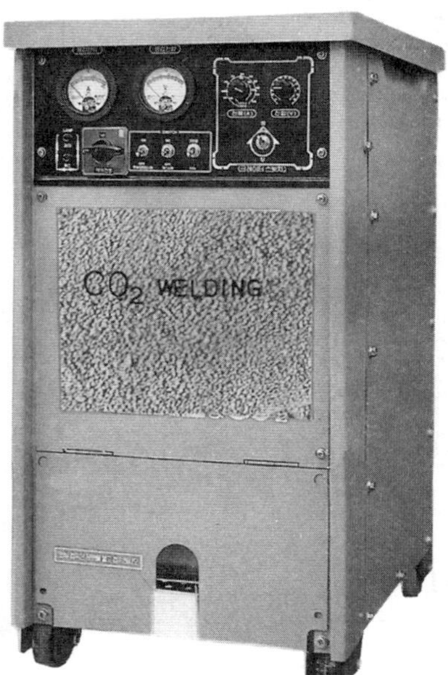

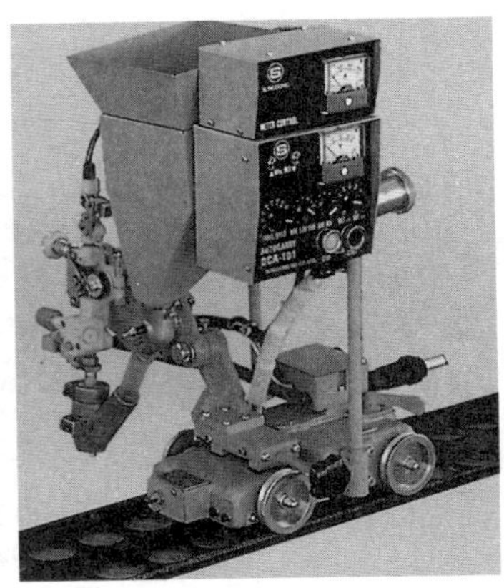

Submerged Arc Welding
(Welding Carriage)

3 용접이음의 형태와 용접 자세

용접이음의 형태는 맞대기이음용접(Butt Joint Welding), 격자이음용접(Tee Joint Welding), 엇겹치기이음용접(Lap Joint Welding), 모서리이음용접(Edge Joint Welding) 등 기본 형태와 일부 변화된 형태들이 쓰인다.

용접 작업의 자세는 아래로 내려다보는 작업 자세(Downward Welding, 下向용접 자세), 서 있는 면을 보고 일하는 자세(Vertical Wall Welding, 立向용접 자세), 위를 보고 일하는 자세(Overhead Welding, 上向용접 자세)로 대별하며, 입향용접 자세는 수직선을 따라 때우는 수직용접(Vertical Welding)과 수평선을 따라 때우는 수평용접(Horizontal Welding)이 있다. 하향용접이 가장 일하기 편하고, 입향용접은 조금 불편하고 어려우며, 상향용접은 많이 불편하고 어렵다. 상향용접 작업량을 가급적 줄이기 위하여 Block 등 대형 피용접물을 상하로 뒤집어 놓게 되는데 이를 Turn Over라고 한다.

그림 Ⅶ-25는 4각 단면을 갖는 큰 튜브인데 가조립된 상태이다. 사람이 그 안에 들어가서 바닥면과 양 옆면과 윗면의 면을 형성시키는 맞대기 이음선을 때우고, 그 다음 그 면들간의 모서리 격자 이음선을 모두 때워서 완전히 굳건한 4각 튜브를 형성시킨 다음에 내부에 있는 부재들을 전부 때워 붙이려면 모든 종류의 용접 자세가 다 동원되어야 한다.

그림 Ⅶ-25 용접 자세 설명 표본 조립품

B 하향 Butt 용접
F 하향 Fillet 용접
VB 입향 수직 Butt 용접
VF 입향수직 Fillet 용접
HB 입향수평 Butt 용접
HF 입향수평 Fillet 용접
OB 상향 Butt 용접
OF 상향 Fillet 용접

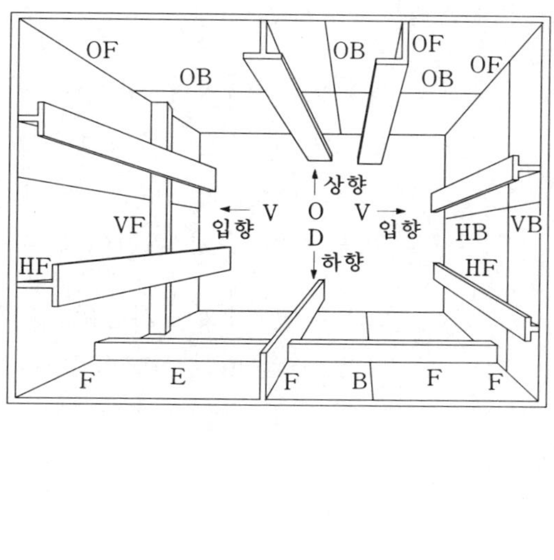

4 용접의 종류

(1) 피복 용접봉을 쓰는 수동 아크용접

소규모 작업에 가장 많이 쓰인다. 용접 심선(Core Wire) 표면에 Flux를 접착제로 피복시킨 것으로서, 이 Flux가 아크 열을 받으면 불활성 가스를 분출하여 용융 금속의 산화를 막고 또 용융 금속에 함유된 불순물을 제거하여 Slag를 형성한다. 용접 Bead가 굳은 다음 Slag는 깨어 버린다.

피복제에 수분이 함유되면 용접이 불량해지기 때문에 용접봉은 가열 건조로에 보관해 두고 쓰는 것이 좋다.

(2) Flux Cored 수동 아크용접

용접봉이 튜브같이 생겼고 그 안에 Flux가 들어찬 모습을 하고 있으며 원리는 피복 용접봉과 같다.

(3) Gas Metal 아크용접(일명 CO_2 용접)

수동 용접에 가장 많이 쓰인다. 가는 용접 심선을 빠른 속도로 Feeding하고 용접 부위에는 CO_2 가스를 분출하여 용융금속의 산화를 방지한다.

용접 심선에는 망간(Mn)과 규소(Si)가 함유되어 있어 탈산 작용을 한다. 알루미늄 등 비철의 용접에는 아르곤이나 헬륨 같은 고급 불활성 기체를 쓴다.

(4) Flux Cored Gas 아크용접

용접 심선 속에 Flux를 넣은 것으로 불활성 가스는 옵션으로 쓸 수 있도록 준비되어 있다.

(5) 가스 텅스텐 아크용접

텅스텐 봉으로는 아크열만 만들고 용가재 봉을 녹여 붙이는 것으로서 일명 TIG(Tungsten Inert Gas)용접이라고 한다. 아크 발생 Tip에 발생하는 고열을 식혀 주기 위하여 냉각수를 순환시킨다.

(6) Metal Inert 가스용접(일명 MIG)

보통 고급 비철금속 용접에 많이 쓰며 용접 심선을 Feeding하면서 아르곤, 헬륨 등 불활성 가스를 쓴다.

그림 Ⅶ-26 Shied Metal Arc Welding(피복 수동 용접봉)

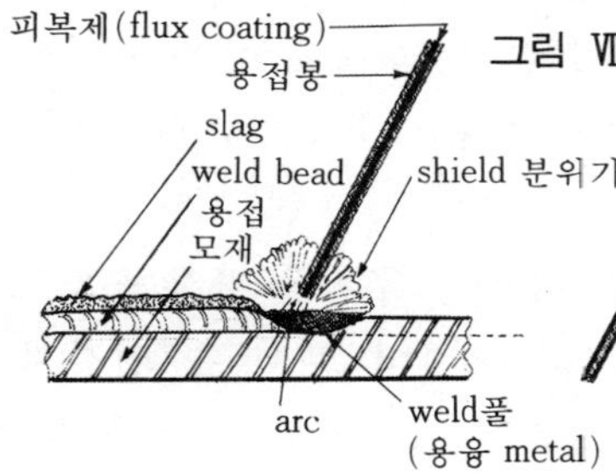

그림 Ⅶ-27 Flux Cored Arc Welding

그림 Ⅶ-28 Gas Metal Arc Welding

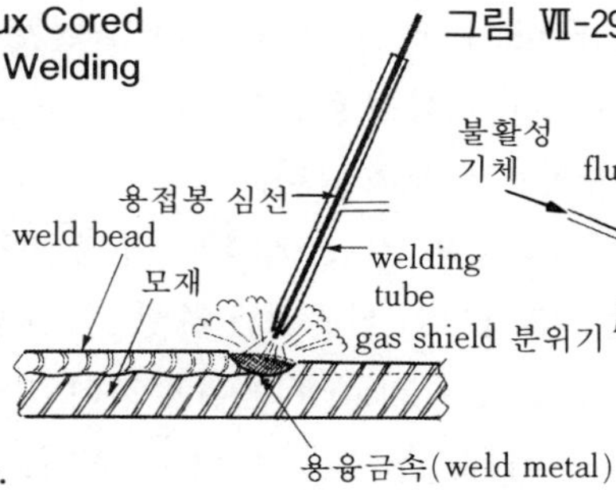

그림 Ⅶ-29 Flux Cored Arc Welding

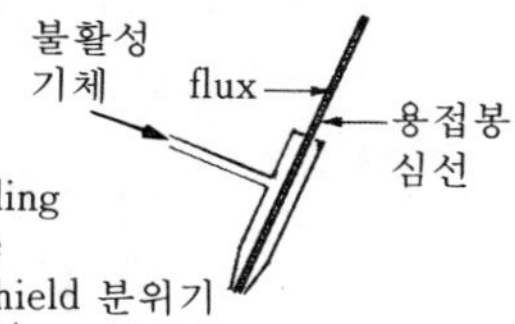

참고 : 아르곤이나 헬륨 등 불활성 기체를 쓴다.
대신에 CO_2를 많이 쓰는데 용접 wire에 Mn과 Si 등 탈산제를 섞는다.

그림 Ⅶ-30 Gas Tungsten Arc Welding
(일명 TIG Welding)

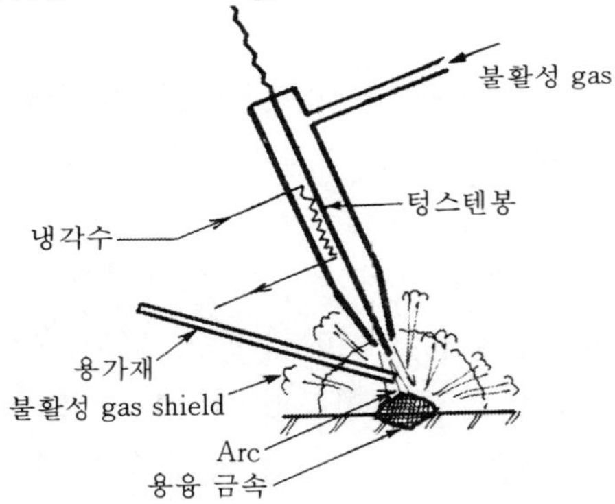

그림 Ⅶ-31 Metal Inert Gas Welding
(일명 MIG Welding)

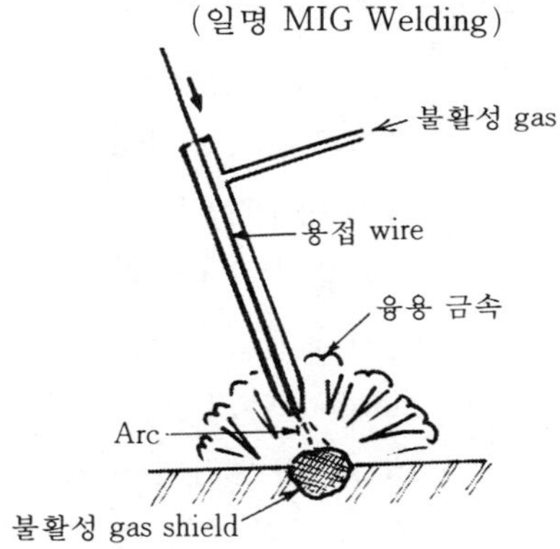

그림 Ⅶ-32 Submerged Arc Welding(잠호용접)

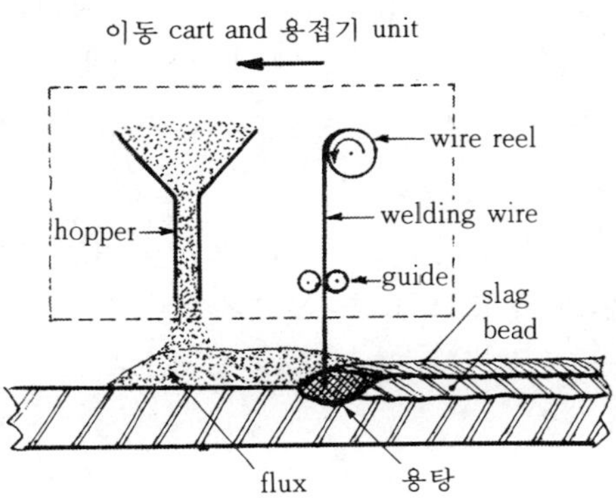

그림 Ⅶ-33 Electro Slag Welding

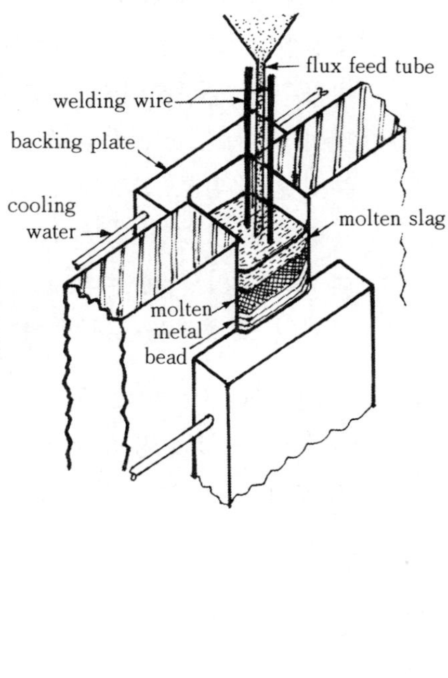

(7) Submerged 아크용접(潛弧 용접)

Flux를 용접 부위에 미리 살포해서 덮어 놓고 그 속에서 용접 심선을 진행하면서 아크용접을 하면 용융금속은 항상 용융된 Flux(Molten Flux) 층 아래에서 보호된다.

대용량의 전류(약 4000 암페어까지)로써 두꺼운 후판을 빠른 속도로 때우는 데 많이 쓰인다. 하향 직선용접에 많이 쓰이며 큰 판을 뒤집지 않고 (Without Turnover) 위로부터만 한 번에 때우는 것을 One Side Welding(편면용접〔偏面熔接〕)이라고 한다. One Side Welding은 용융금속의 유실을 막고 반대편의 용접 Bead를 미려하게 생성시키기 위하여 Backing판이라고 하는 임시 마감판을 대고 고열을 식히기 위한 냉각수관을 통과시킨다.

(8) Electro Slag 용접

후판의 수직 Butt 용접에 쓰이며 판재 사이의 용접할 틈(Gap)을 양 옆에서 막아 4각 봉상의 수직 Hole을 형성시킨 다음 Flux를 쏟아 부으면서 용접 심선을 Feeding시킨다.

처음에는 Flux 속에서 아크열에 의하여 용접이 이루어지기 때문에 Submarged 아크용접과 같은 원리로 용접이 시작되지만, 일단 용융금속(Weld Pool)이 생기면 용융금속과 용접 심선 사이에서 발생되는 높은 전기저항열에 의하여 용접이 이루어지는 일종의 전기저항 용접이다.

적어도 30 mm 이상 후판의 수직용접이 능률적이므로 컨테이너선이나 VLCC선의 외판 윗부분(Sheer Strake) 용접이 중요 활용 대상이 된다.

전압은 35~55 V, 전류는 400~1000 A 정도의 고전류가 쓰이고, 마감판에 냉각수를 순환시켜서 고열을 냉각시킨다. 마감재(Backing재)를 한꺼번에 많이 붙이면 Hole이 너무 깊어지므로 일이 되는 깊이 단위로 반복해서 옮겨 붙이면서 위로 진행해야 된다.

냉각수 시스템과 무거운 용접기 그리고 사람이 모두 엘리베이터에 의하여 올라가면서 해야 되기 때문에 레일 설치 등 부대작업이 많이 발생되므로 작업의 효율성을 검토해서 적용 여부를 결정해야 한다.

(9) Electro Gas 용접

Electro Slag 용접과 같이 후판의 수직용접에 쓰이며, 이어 붙이려는 용접 모재 사이 양 옆을 마감재로 막아서 생긴 4각형 단면을 갖는 Hole에 불활성 기체(CO_2)를 불어 넣으면서 용접 심선을 Feeding시키는 아크용접이다.

500 A 정도 전류를 쓰며 50 mm 이하의 중후판에 적절하다. 이 용접에서도 냉각수를 순환시키며 선박에서는 Electro Slag 용접보다 더 많이 쓰이고 있다.

5 Flux

Flux는 아크의 안정과 Slag의 생성을 좋게 하는 금속 산화물과 염들의 배합물질로서 규사, 산화알루미늄, 산화망간, 산화칼슘, 산화마그네슘, 산화칼륨 등이 공통으로 쓰이며, 그 외에 용접 종류에 따라 수많은 종류의 배합물질이 함유된다.

수동 용접에 많이 쓰이는 피복 아크용접봉에는 셀룰로오스, 전분, 펄프 같은 유기물과 석회석, 마그네사이트 같은 가스 발생제가 함유되며 페로망간, 페로실리콘과 같은 탈산제도 함유된다.

수동 용접봉은 사용 목적 특성에 따라 여러 가지 피복제 타입이 있는데, 연강용으로 가장 많이 쓰이는 것은 일미나이트계와 저수소계 용접봉이다.

일미나이트계 용접봉은 일미나이트(TiO_2FeO)를 30% 함유한 것으로 보통 두께의 연강재에 쓰이며 모든 용접 자세에서 두루 용접이 잘 된다.

저수소계 용접봉은 탄산칼슘과 불화칼슘을 많이 함유하고 있어 많은 CO_2 발생으로 용착금속에 용해하는 수소를 차단함으로써 수소 함유량을 크게 줄인다. 연강 후판 용접과 주강 용접에 적절하며 모든 자세 용접에 두루 쓰인다. 고장력강(Hi-Ten Steel)용 용접봉은 용접 심선도 인성이 큰 탄소강을 쓰지만, 피복제에도 규소, 망간, 니켈, 크롬, 모리브덴 등 합금원소를 소량 첨가시킨다. 기타 피복제의 구성 요소들은 연강용과 대개 같다.

6 용접부위 가공과 용접관통(Groove, Edge Preparation, Penetration)

붙이고자 하는 두 부재를 밀착시켜 놓았을 때 형성되는 용접 홈을 Groove라고 하고, 각 부재의 끝부위(先端, Edge)를 가공하는 모서리치기 작업을 개선(開先, Edge Preparation)이라고 한다. 양쪽에서 때운 Bead가 마주 통한 것을 관통(貫通, Full Penetration)이라고 한다.

그림 Ⅶ-34 Edge Preparation(개선)

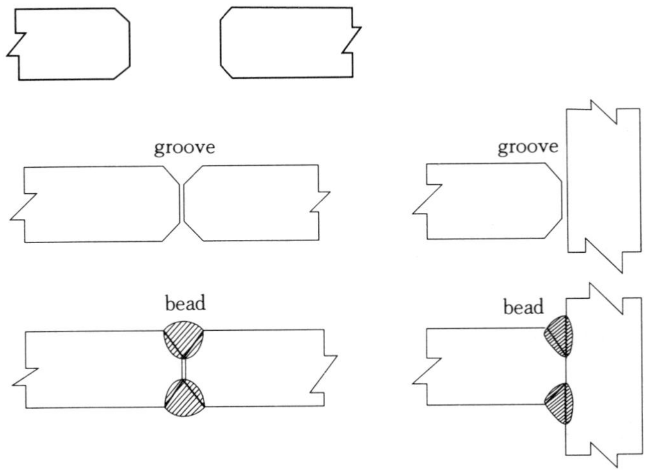

그림 Ⅶ-35 Full Penetration(관통)

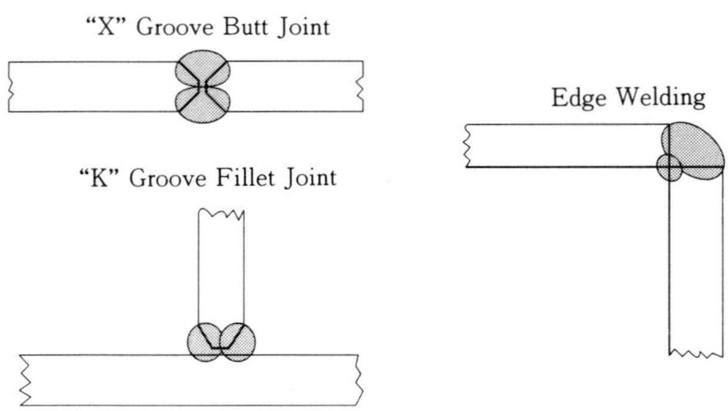

관통용접은 가장 강력한 접합이긴 하나 개선 가공이나 용접 일이 많고 열변형도 많으므로 꼭 필요한 곳이 아니면 피한다.

먼저 용접한 쪽을 정면이라고 하고 나중 용접하는 쪽을 이면이라고 하며, 이면용접(Back Welding)은 용접 전에 반드시 먼저 용접한 Bead의 뿌리 부분을 후벼 파내어야 한다. 불순물이나 불량용접이 내재되어 있을 가능성이

그림 Ⅶ-36 관통용접의 순서

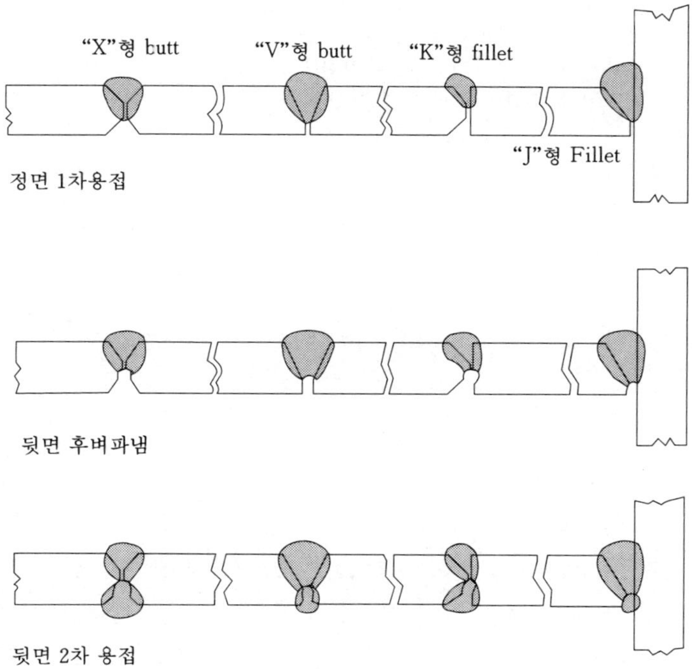

많은 곳이기 때문이다. 높은 아크열과 강력한 기체의 분사를 발생하는 Gouging봉으로 후벼파거나 동력 Grinder로 갈아낸다. 전자는 불똥, 소음과 섬광, 공기오염 등 때문에 안 좋지만 작업진도는 빠르고, 후자는 깨끗하지만 작업진도가 너무 느린 게 흠이다.

7 설계적인 측면에서 고려해야 할 사항

(1) 용접 강도 설명

용접 부위는 반드시 필요한 강도를 만족시켜야 하지만 과중하게 큰 Bead로 때우는 것은 많은 비용과 노력의 남용이 되고 고열로 인한 변형 등을 유발하므로 오히려 해로울 수도 있다.

Full Penetration 용접은 완벽한 작업이 이루어지면 모재 자체가 처음부터 용접으로 구성시킨 모양으로 생겼다고 간주해도 될 정도로 튼튼하다고 인정해도 된다.

그림 Ⅶ-37 용접 Bead의 인장과 전단

망으로 된 10 cm²가 용접 Bead만으로 이루어진 면적으로서 인장이나 전단과 같은 외력에 가장 취약한 단면이라고 간주하고 응력 계산의 기준으로 잡는다.

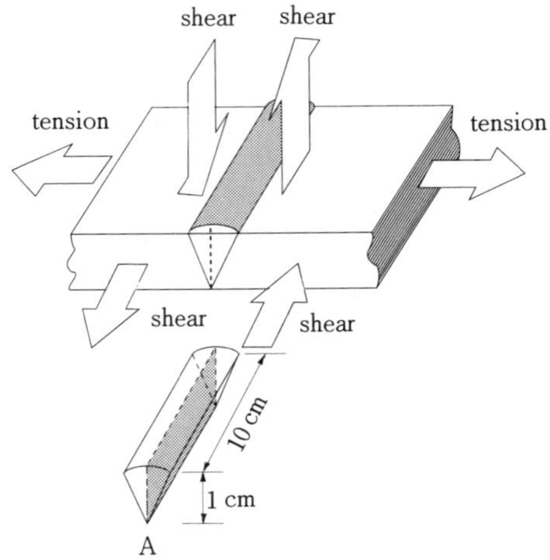

Partial Penetration 용접, 즉 일반 용접에서 부위별로 경우별로 Bead 크기를 정하는 것은 실무적으로 쓰기 편하게 조선소 표준이 잘 정립되어 있지만 이해를 돕기 위하여 쉽게 따져 보는 방법을 소개한다.

제일 쉽고 간단하게는 인장과 전단을 검토해 봐야 한다. 그림 Ⅶ-37에서 전단 면적이나 인장 면적이나 모두 단면 A에서 발생할 것이므로 A의 단면적 10 cm²의 파단 강도를 구해 보면

$$2 \times 10\ \text{cm}^2 \times 4100\ \text{kg/cm}^2 = 82\,000\ \text{kg}$$

즉, 82톤의 인장력이나 전단력이 걸리면 파단이 일어날 수 있겠지만 10~20톤 정도의 실하중은 걸려도 괜찮다고 쉽게 따져 볼 수 있는 것이다.

그림 Ⅶ-38 Bead, Size, Definition, Fillet

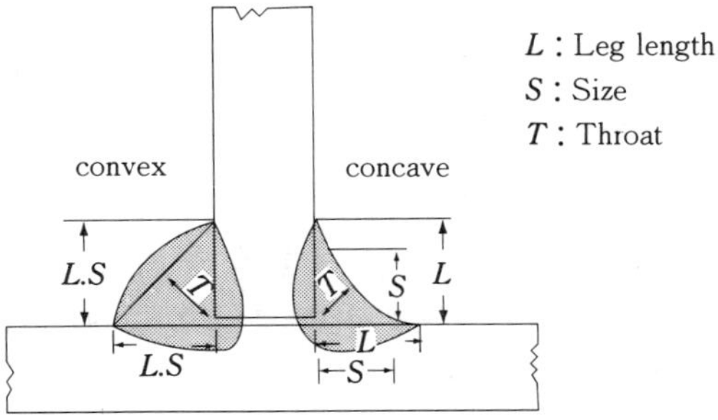

Fillet 용접에서도 A로 표시된 점선이 실제로는 Bead의 중앙에 있는 경사면으로서 인장과 전단이 걸릴 수 있는 대표적인 위치이다.

간단한 파단 강도를 따져 보는 요령은 Butt 용접의 경우와 같다.

(2) 용접 모재에 대한 품질 배려

용접 결함이 있어서는 절대로 안 되는 곳이나 뒤에 누구라도 쉽게 붙였다 떼었다 해야 할 강판 부위에는 두께가 큰 연강판을 쓰도록 배려하는 것이 현명하다. Hi-ten의 용접 결함 확률이 크기 때문이다.

무리하게 큰 힘이 걸리는 곳은 모재의 층이 찍지로 들고 일어날 수도 있는데 이를 Lamellar Tear라고 한다. 마치 얇고 연약한 필름을 적층시켜서 만든 베니어판의 찍지가 일어나는 것과 같은 현상이 발생할 수 있는 것이다. 그래서 특수하게 큰 집중력이 걸리는 곳에는 Lamellar Tear가 생기지 않도록 특별하게 만든 강판을 쓰도록 요청되는 곳도 있다.

(3) 좋은 밀착과 좋은 작업성

원형 단면을 갖는 부재를 평면에 용접하거나 둥글게 굽은 모서리를 평면에 때우는 것은 좋은 밀착이 어렵고 따라서 용접이 잘 안 되므로 가급적 피해야 하며, 안정되고 좋은 작업 자세로 때울 수 없는 곳에는 중요한 용접 접합선은 배치하지 말아야 한다. 피할 수 없는 사정이 있다면 장애가 되는 여타 일반 부재를 나중에 붙이는 것으로 처음부터 계획해 주어야 한다.

(4) 변형, 바로잡음(曲直), 예열, 후열

변형이 작게 발생하는 방법으로 용접선을 배치해야 하며, 바로잡더라도 쉽게 바로잡을 수 있는 변형은 그런 대로 괜찮지만 바로잡기조차 어려운 변형은 가급적 발생시키지 말아야 한다.

그림 Ⅶ-39 강력한 접합으로 부적절한 예

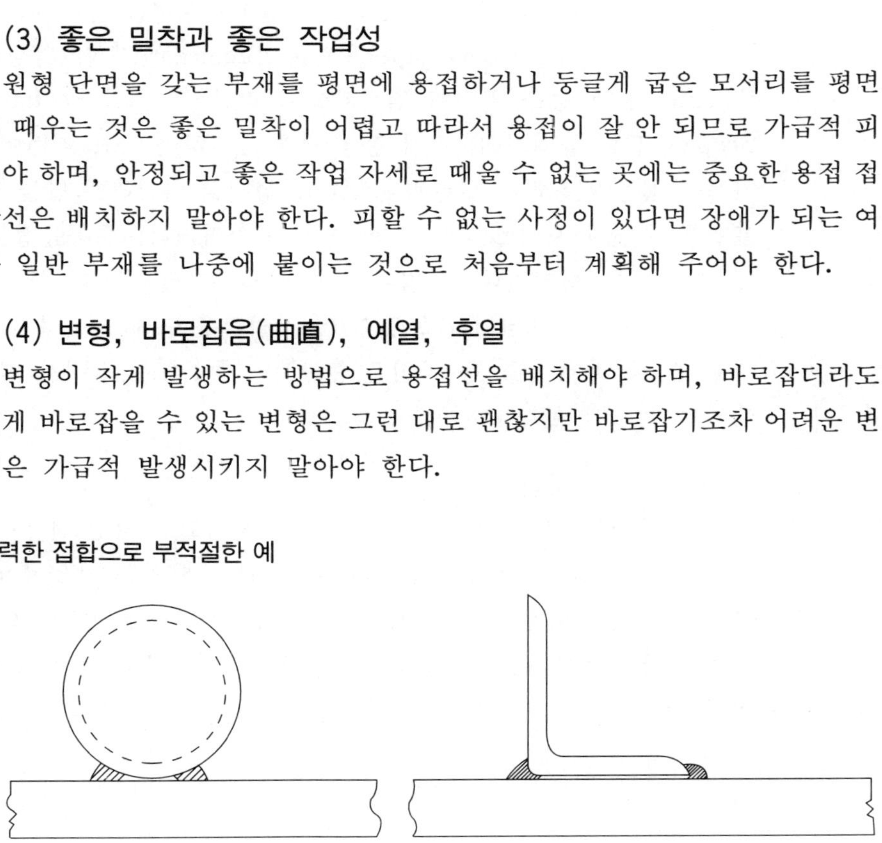

일반적으로 2차원 변형은 바로잡기 쉬운 편이고, 3차원 변형은 바로잡기 어려운 변형이다. 갑자기 높은 용접열이 차가운 모재에 가해질 때의 열충격 부작용과 용접한 Bead가 모재의 차가운 온도에 의하여 급랭하는 것을 막기 위해 용접 전에 가열하는 것을 예열(Preheating)이라고 하고, 용접 후에 열풀림(Tempering)을 통한 잔류 응력 제거를 위하여 가열하는 것을 후열이라고 한다. 어디를 어떻게 예열하고 후열해야 하는지에 관한 고려가 이루어져야 한다.

(5) 건조 사양서 작성시의 유의점

조선소에는 잘 정립되고 익숙화된 용접 표준이 마련되어 있는데, 고객으로부터 이런저런 사항의 특별 주문이 나올 때 용접표준과 부합되지 않는 내용은 심각하게 전문적으로 검토해야 한다. 왜냐하면 수많은 작업원이 긴 건조기간 동안 익숙화된 방법을 쓰지 않고 특수한 관심을 기울여서 다른 방법으로 일하게 하기가 무척 번거롭고 현실적으로 어려운 일이기 때문이다.

수용하기 어려운 Comment 내용들은 Alignment(가접고정상태) 및 Back Gouging 상태 등을 일일이 검사맡고 하라든가, Full Pentration Welding Scope를 많이 늘리라거나, 각 장을 크게 용접하라거나, 어떤어떤 부분에는 자동 용접을 적용하지 말라거나, Bead 형태를 미려하게 만들라거나, Bead 표면을 유연한 모양으로 Grinder 연마를 하라거나, 수동용접봉 온도가 꼭 몇 도로 되게 하라거나, 광범위하게 예열과 후열을 하라거나, 광범위하게 X-Ray 사진을 찍으라거나 등등으로, 작업량을 크게 늘어나게 하고 작업을 자꾸 중단시키게 하는 등 공정을 혼란시키거나 또는 선질을 훼손시키는 사례까지 생기게 한다.

(6) 연강 이외의 용접

용접 기술의 발달로 어떠한 용접도 꼭 하려고만 하면 할 수 있겠지만 연강과 주강(Cast Steel) 이외의 용접은 일단 주의력을 기울여야 한다. 주철(Cast Iron), 스테인리스 스틸, 동합금, 알루미늄 합금 등이 의장재로서 쓰이는 수가 있는데 보통 방법으로는 용접이 잘 안 된다. 각각 합당한 용접 방법이 따로 있으므로 확실히 알고 용접 적용을 결정해야 한다.

참 고 주강(Cast Steel)과 주철(Cast Iron)의 차이

주강과 주철은 같은 쇠이면서 약간의 탄소함유량(강철은 1% 이내, 주철은 4% 이내로 보면 된다) 차이밖에 없으나, 공업재료로서 현격한 성질의 차이를 가지고 있으므로 바로 선택해 쓰기 위해서는 차이점을 잘 알고 있을 필요가 있다.

주강이 질기고 강하며 용접도 잘 되기 때문에 선박의 부분에 쓰이고 있는 반면에, 주철은 우수한 주조성, 표면 경도, 내부식성 등 여러 가지 특장점이 있으므로 힘을 크게 받지 않는 기계 요소에 많이 쓰인다.

특 성	부하의 성격	주 강	주 철
연성(軟性, Mildness)	구부리면	구부러진다.	부러진다.
전성(展性, Expandability)	때리면	넓적하게 펴진다.	깨진다.
신성(伸性, Extendability)	잡아당기면	늘어난다.	세게 잡아당기면 깨진다.
용접성(熔接性, Weldability)	때우면	때워진다.	잘 안 때워진다.
주조성(鑄造性, Castability)	녹여서 틀에 부으면	주조 형태가 정교치 못하다.	형태가 정교하게 나온다.
내식성(耐蝕性, Anti-Corrosion Capability)	수중과 습한 분위기	녹이 쓴다.	녹이 잘 안 쓴다.
조도(粗度, Roughness)		거칠다.	곱다.
경도(硬度, Hardness)		무르다.	단단하다.
대표적인 제품		기어, 도르래, 앵커 기타 힘을 받는 모든 기계부품	밥솥, 저압밸브, 인장을 받지 않는 롤러, Fair Leader Roller

* 단강(Forged Steel)은 주강을 단련(鍛鍊)시켜서, 즉 두들기거나 자꾸 잡아 늘렸다 뭉쳤다 하여 조직을 질기게 만든 것으로 축이나 체인 등 강한 장력이나 비틀림 벤딩을 받는 부위에 사용한다.

8 생산기술 측면에서 시도되는 것들

(1) 용접 속도의 증대

두꺼운 판을 빨리 때우기 위해 전력을 키워서 용입을 빠르게 하는 High Current 용접기법이나 두 모재 사이를 가깝게 근접시켜서 용착량을 줄이는 Narrow Gap 용접 기법들이 개발되어서 부분적으로 쓰이고 있으며 더욱더 연구개발이 진행될 것이다. 부작용으로 나타날 수 있는 심한 변형을 줄이고 Bead 결함을 줄여야 하기 때문이다.

(2) 열변형량의 예측, 감소방안, 수정방안

대형 3차원 복합 구조물인 Block의 변형을 예측하고 변형이 감소되는 방법으로 작업을 해야 하며, 어차피 발생된 변형을 가장 능률적으로 바로잡는 것이야말로 조선소의 노하우이고 총화된 생산기술 능력의 표출이다. 끊임없는 장세월의 통계자료 분석과 과학적 이론 해석을 통하여 집대성되는 능력이기 때문이다.

금속판이 열을 받을 때 늘어나는 변형을 하고 식으면 오그라들지만 원래 모양으로 되돌아가지 않는다는 것은 다 잘 안다. 그러나 입체적으로 복잡하게 많은 부재를 엮어서 붙여 만든 Block이 어떻게 변형하리라는 것을 정확히 안다는 것은 상당히 어려운 일이다.

예전에는 Block의 끝에 여분(Margin)을 두어 만들었다가 탑재하여 맞출 때 남는 곳을 다시 잘라서 조정하였는데, 요즘 일급 조선소들은 여유를 두지 않는 No-Margin Block을 만든다.

참 고 가장 보편적인 변형과 바로폄(曲直) 작업의 예

그림 Ⅶ-40에서 Fillet 용접 Bead의 급랭으로 인한 수축이 P라는 모멘트로 작용했고, 결국 $\bar{P}$로 Frame 사이의 판을 누른 것과 같은 효력을 내어서

그림 Ⅶ-40 가장 보편적인 변형과 바로폄(曲直) 작업의 예

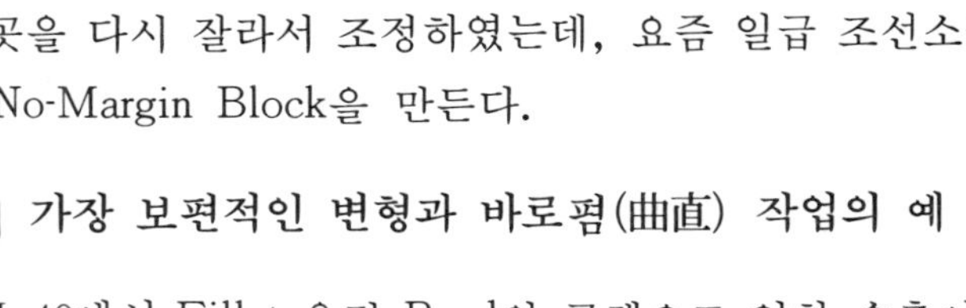

그림 Ⅶ-41 Gas Cutting Torch

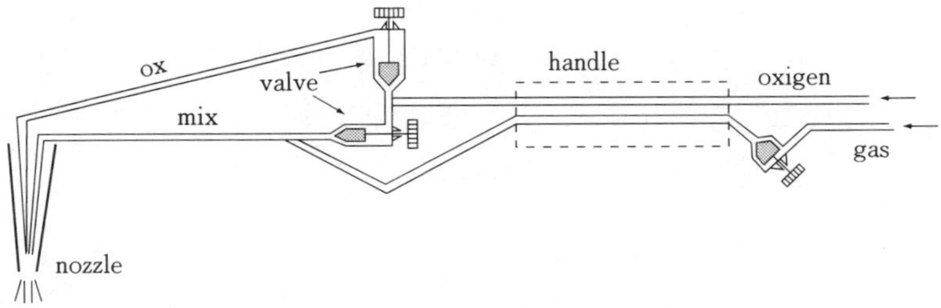

그림 Ⅶ-42

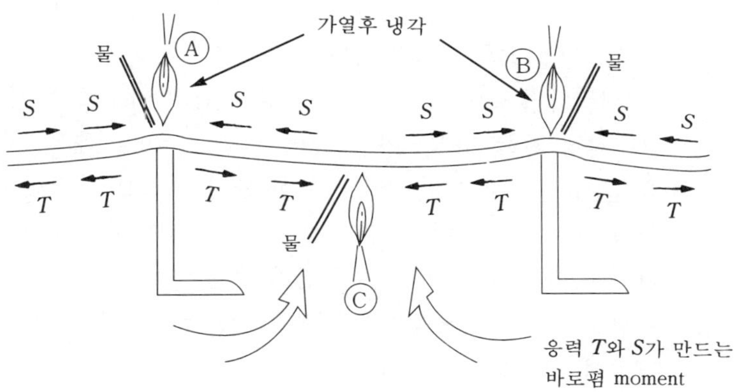

판이 우묵우묵하게 굽었다.

그림 Ⅶ-42에서 이를 펴기 위하여 볼록하게 튀어나온 곳(C의 곳)을 가스 가열 Torch로 가열하면서 호스로 물을 뿌려 급랭시키면 휘어졌던 강판이 팽팽하게 펴진다.

또 살대가 붙어 있는 반대쪽(A와 B)에서 똑같이 하면 강판이 팽팽하게 펴진다. 급랭으로 인한 수평 수축력 S와 T에 의하여 강판이 펴지는 것이다. 그곳의 수축으로 인하여 S와 T의 수평력 요소가 발생되면 이 힘에 의하여 휘어진 판재가 팽팽하게 펴지는 것이다.

(3) 한 사람이 여러 대의 용접기를 작동

종전에는 규칙적으로 생긴 여러 개의 Frame을 Fillet 용접할 때 비스듬한 Guide Bar를 따라 미끄러져 내려가는 Weight가 빳빳한 용접봉을 Feeding 하여 용접하는 Magnet 용접기를 많이 썼다. 한 사람이 최대 6~7대까지 작동하였다.

최근에는 Carry-Auto라는 자동추적 주행 용접기가 개발되어 많이 쓰이고 있다. Magnet 용접기의 피복 용접봉에 비하여 용접봉을 갈아 끼워 주는 수고가 생략되었고, CO_2 용접기를 장착시킴으로써 분진과 매연의 환경 공해를 현격하게 감소시켰다.

(4) 자동화의 증진과 로봇의 기용

자동차 공업에서처럼 많은 양의 로봇 기용은 안 되겠지만, 선박에서도 전용 자동 용접기가 자꾸 늘어 가는 추세이고 로봇의 개발 사용도 시작되고 있다.

(5) 용접사의 기량 향상

모든 작업에서 그렇듯이 작업원 개인의 기량 또한 중요한 요소(Factor)이다. 적정 전류 조성, 아크 안정, 정확한 운봉(運棒, Weaving, 용융된 금속을 곱게 골고루 분산시켜 잔잔한 물결 모양으로 단단하고 아름다운 Bead를 형성하는 손동작으로 작은 원을 그리는 것처럼 봉 끝을 움직여 주는데 이 행위를 말함), 누적 용접시 먼저 용접한 Bead의 청결 유지, 쉬었다가 다시 용접할 때의 새 시작점의 품질 유지 등에서 큰 차이가 발생되므로 숙련과 정성이 요구되는 것이다.

Note : Crator는 분화구라는 뜻인데 처음 스파크를 발생시켜 용접을 시작하는 곳으로서 모양도 예쁘게 잘 안 되고 용접 상태도 불량하게 될 가능성이 많은 곳이다. Submerged 아크용접을 할 때는 워낙 전력이 크기 때문에 Crator는 더욱 심각한 불량 용접이 된다. 따라서 용접하고자 하는 철판 밖 외곽에 손바닥만한 쇠조각을 연장해 붙이고 그곳에서 용접을 시작함으로써 Crator가 원 소재 철판에는 안 생기도록 하는데, 이 철판을 End Tap이라고 한다.

(6) 환경 안전적 배려

용접시 발생되는 분진, 매연, Fume 등은 호흡기와 눈에 해로우므로 환기가 좋도록 해야 한다. 특히 Block이 형성된 다음부터 좁은 입체 공간이 많이 생기므로 어렵고 번거롭지만 반드시 좋은 공기 조건을 만들어야 건강 유지와 작업 능률 개선이 기대되는 것이다.

아크 섬광으로부터 눈을 보호하는 보안 용접 마스크, 용접용 안전 장갑, 면이나 마로 만든 두꺼운 작업복, 고전압이 되었을 때 용접기의 전력이 차단되는 전격 방지기의 장착 등이 용접사의 개인 보호구이며, 소화기의 준비, 비산되는 불똥 불씨를 받아 주는 난연 또는 방염포지로 만든 바닥 깔개나 들통 등을 상비함으로써 화기로 인한 화재의 예방 및 조기진화 조처를 반드시 갖추어야 한다.

용접을 하는 작업 공간은 절단이나 가열 목적으로 가스(아세틸렌, 프로판, 에틸렌, 도시가스, LNG 등)를 쓰게 마련인데, 이들 가스가 호스나 밸브, 또는 Torch 등 기구에서 새어나와 공간에 충전되어 있을 때는 용접을 시작하자마자 폭발의 위험이 대단히 큰 것이다. 또 페인트 도장을 한 곳에서도 휘발성 용제(Thinner)에서 가스가 발생되어 나오므로 폐쇄된 공간에서의 첫 용접작업 이전에 반드시 냄새나 가스 탐지기로 점검하고 환기를 잘 시켜야 한다.

가연물의 발열량표

구 분	구 조 식	kg몰*	발 열 량	kg당 발열량
가연원소	C(탄소)+O_2 → CO_2	44kg	97,200kcal	2,209kcal
〃	C(탄소)+0.5O_2 → CO	28kg	29,200 〃	1,043 〃
〃	H_2(수소)+0.5O_2 → H_2O	18kg	57,600 〃	3,200 〃
〃	S(유황)+O_2 → SO_2	64kg	80,000 〃	1,250 〃
기체화합물	CO(일산화탄소)+0.5O_2 → CO_2	44kg	68,000 〃	1,545 〃
〃	CH_4(메탄)	16kg	191,600 〃	11,975 〃
〃	C_2H_6(에탄)	30kg	344,000 〃	11,466 〃
〃	C_3H_8(프로판)	44kg	498,000 〃	11,318 〃
〃	C_4H_{10}(부탄)	58kg	658,000 〃	11,345 〃
〃	C_2H_4(에틸렌)	28kg	318,000 〃	11,357 〃
〃	C_3H_6(프로필렌)	42kg	468,000 〃	11,143 〃
〃	C_4H_8(부틸렌)	56kg	624,000 〃	11,143 〃

* 몰(mole)이란 가장 가벼운 원소인 수소원자를 1g이라고 가정하고 모든 물질의 상대 중량을 표시한 것으로 보통 분자량이라고 한다. 'kg몰'은 몰의 1000배를 표시하는 것이다. 어떠한 기체일지라도 완전기체의 표준상태에서의 1mole은 22.4ℓ를 점유한다. 탄산가스는 44g이 22.4ℓ이고, 산소는 32g이 22.4ℓ가 되고, 부탄은 58g이 22.4ℓ인 것이다.

9 오작업과 불량 및 시험검사

(1) 오작업(Miswork)과 불량(Difect)

가장 나쁜 불량은 균열(Crack)인데 이는 불순물 유입, 불량 용접봉 사용, 그외 수많은 요인으로부터 발생될 수 있으며, 기포(Blow Hole)가 내재되는 것도 장차 Crack을 유발할 수 있으므로 대단히 해롭다. Bead의 용착이 모자라게 된 것은 Underfill(용착 부족), Bead 폭 양 끝과 모재의 경계선에서 모재를 심하게 파먹은 곳을 Undercut(임계선 모재 침식), 용접 Bead 폭의 옆자락이 모재에 때워지지 않고 모재 위로 넘쳐나서 덮어 씌우고 있는 상태를 Overlap(겹쳐 씌움)이라고 하며, 모두가 해로운 용접 상태이므로 심한 것은 수정해야 한다. 작은 용적(熔滴)이 침튀김처럼 Bead 양 옆 모재에 뿌려져서 굳은 것은 Spatter라고 하며, 이것도 강도상에 큰 지장은 없겠지만 모재의 상처이자 오손이므로 지저분한 곳은 갈아내야 한다.

그림 Ⅶ-43 흔히 나타나는 용접 Bead 불량

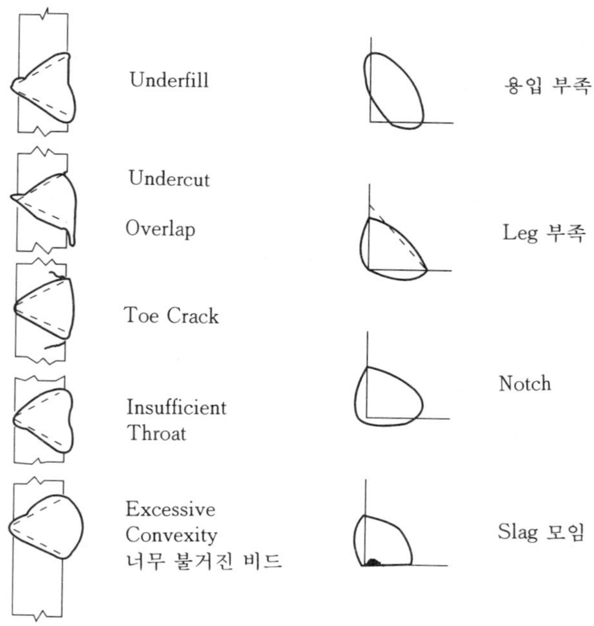

주 : 1) 이 그림들은 편의상 Butt와 Fillet로 나누어 표현했지만 어떤 용접 종류에서나 모두 나타나는 현상임.
2) Bead에 나타날 수 있는 각종 Crack 발생 경우는 생략했음.

(2) 시편검사

시편을 채취해서 끊어질 때까지 잡아당겨 보는 인장시험, 180° 구부려 보는 Bending시험, V자 홈을 파고 망치로 쳐서 부러뜨려 보는 V-Notch Impact Test 등 물리실험을 실시하며 단면을 곱게 갈아서 현미경으로 화학 조성을 검사한다. 검사 성적이 안 좋으면 시편을 더 채취해서 검사해 보고 용접이 불량한 것으로 판정되면 파내고 다시 용접하여야 한다.

(3) 비파괴 검사

시편 검사가 잘라내어야 하는 대신 용접물 그 자체는 그대로 둔 상태에서 기계나 시약 등을 써서 Crack이나 불순물, Blow Hole 등 결함을 찾아내는 방법 등을 비파괴 검사(Non-Destruction Inspection)라고 한다.

방사선 검사(Radiographic Test, 약자로 RT), 초음파 검사(Ultrasonic Test, 약자로 UT), 자분탐상 시험(Magnetic Particle Test, 약자로 MP), 액체침투탐상 시험(Liquid Penetrant Test, 약자로 LP) 등이 있다.

MP와 LP는 Crack을 찾는 원시적 방법으로, MP는 Crack이 있을 경우 자성을 띤 분말이 움직여서 이루는 생김새를 보는 것이고, LP는 진한 붉은 색을 발라서 침투되어 들어가는 진한 색의 균열선을 찾아내는 방식이다. 방사선 검사는 X선을 찍는 것이고, UT는 계기 속의 파형을 관측하는 것이다. 전문가들의 예리한 관측이 필요한 부분이다.

⑩ 가스 절단과 용접

조선산업에서 가스는 주로 절단과 가열에 쓰이며 용접에는 거의 쓰이지 않는다. 아주 특수한 경우에만 소량 쓰이는 정도이다.

모든 절단에는 탄화수소 계열 가스(아세틸렌, 프로판, 부탄, 에틸렌, 도시가스)가 주로 쓰인다. 비중, 발열량, 가격 등에 차이가 있으며 장차에는 가격과 안전도(가벼운 가스가 위로 뜨므로 집적이 적어서 안전함) 때문에 LNG(Liquefied Natural Gas, 메탄 함유가 많음)가 주성분인 도시가스가 주로 쓰일 것이다.

가스 절단은 Torth의 끝 노즐에서 산소와 배합되어 연소하는 화염에 의하여 이루어진다. 발생열은 3000℃ 이상이며, 산소의 탄화수소 가스 대비 혼합량 배율은 중판 절단시 7배 정도, 후판 절단시 10배 정도이다. 압력은 산소가 2.5 kg/cm^2 정도이다.

수동 절단 Torch, 레일을 깔고 손으로 밀고 다니는 반자동 절단 및 Flame Planer와 같은 자동 절단기가 모두 유용하게 쓰인다. 비교적 이른 시절, 즉 1970년대 중반부터 NC Cutter(Numerical Control Cutter, 수치제어 자동 절단기)가 조선소에 보급되었다. 그전에는 강판 위에 꼭 절단선을 그리고 수동 절단기로 선을 따라 조정했으나, 이제는 설계 사무실에서 입력시키는 데이터에 의하여 여러 개의 Torch를 장착한 Carriage가 아무 표시도 없는 강판 위를 다니면서 절단하는 것이다.

Flame Planer에서는 직선 절단 등 간단한 작업을 주로 하지만, 두 개의 Torch를 써서 절단과 Edge Preparation 작업까지 한꺼번에 한다. 그외 절단 방법으로는 Gouging봉, Tig, Mig 등 금속 아크절단과 기체의 고온 원자 분해체인 Plasma Arc Jet 절단 및 레이저빔 절단 등이 있으며, 장차 그 쓰임새가 늘어 갈 것이다.

3. 배관(配管, Piping)

1 일 반

선박을 짓는 데 3대 작업량은 용접, 도장, 배관이다. 설계하는 데는 배관에 최대 Man Hour가 투입된다. 인체에서도 혈관과 창자 등의 총연장이 몇십만 km 이고 얼마나 복잡하고 절묘한 기능을 하는지 생각해 본다면 배관에 대한 중요성이 이해가 될 것이다.

배나 인체나 배관이 중량상으로는 미미하고 눈에 잘 보이지 않아 인식하지 못하고 살지만, 배를 설계하고 만드는 데는 많은 사람들이 배관일에 동원되고 배를 쓰는 데도 많은 보수 영선이 이루어진다. 배관은 유체 이송이 주요 존속 목적이다.

배관은 막힘이나 정체없이 잘 흘러가게 해야 하고 충격, 동파, 심한 진동, 부식 등에 의하여 손상되지 않게 해야 한다.

선박 구획간의 관통이나 배관끼리의 이어붙임은 파이프 토막(Piece)의 제작시의 편의, 건조시의 설치작업의 편의, 건조 후 유지의 편의 등 어느 경우에서든지 편의가 도모되는 방식으로 해야 한다.

배관의 오동작이나 파열은 유체이송 및 기타 가열·냉각 등의 기본 목적을 상실함은 물론 침수의 파급, 화재의 파급, 화물의 손실, 유류의 해상오염, 질식 등으로 방대한 인명 또는 재산의 손실을 초래한다. 그래서 절대로 새어서는 안 되는 곳이 어디인지 알고 틀림없이(Without Fail) 새지 않도록 만들어 놓아야 한다.

2 배관의 설계

배관의 주요 성능 및 기술적 사항은 합당한 유량 송달 능력, 합당한 강도, 합당한 재질, 합당한 배치와 지지, 합당한 수명의 보증, 합당한 조작의 수단, 합당한 After Service의 수단, 합당한 최초의 설치 수단에 잘 부합되도록 설계하여야 한다.

유량 송달 능력은 파이프의 지름(直徑, Diameter, 또는 Bore)에 의하여 결정되며, 지름은 합리적인 유속 설정에 의하여 결정된다. 연속 방정식 $Q = A \times V$(유량 = 단면적 × 유속)에서 Q가 목표로 설정되면 A를 바꾸어 가면서 변화되는 V가 다음 기준에 합당한지 검토하여 A를 결정함으로써 Diameter를 구할 수가 있는 것이다.

유속은 유체의 종류와 관지름과 송출거리에 따라 다르고 펌프의 송출 압력에 따라서도 달라지나, 극히 상식적인 유속 범주는 보통 다음과 같다.

- 물 : 4∼7 m/s
- 기름류 : 2∼5 m/s
- 기 체 : 15∼40 m/s

더 빨라서 안 될 것은 없지만 저항이 커져서 효율이 떨어지거나 마모(Erosion), 진동, 소음 등의 발생 가능성이 있는 것이다.

예 제

5000 m³/h 용량의 Cargo Oil Pump의 Suction관 Diameter는 얼마이면 좋겠는가?

$$Q = 5000(\mathrm{m^3/h}) \div 3600(\mathrm{s})$$

$$A = \frac{\pi D^2(\mathrm{m^2})}{4}$$

$$V = \frac{Q}{A} = \frac{4 \times 5000(\mathrm{m^3})}{\pi \times D^2(\mathrm{m^2}) \times 3600(\mathrm{s})}$$

$$= \frac{2 \times 10^4(\mathrm{m^3})}{D^2 \times 1.13 \times 10^4(\mathrm{m^2/s})}$$

$$= \frac{1.77}{D^2}(\mathrm{m/s})$$

V를 2.5 m/s로 하면 $D = \sqrt{\frac{1.77}{2.5}}$에서 $D \fallingdotseq 0.85$ m 가 되므로 850 mmϕ 파이프를 쓴다. V를 3.0 m/s로 하면 D ≒ 0.77이므로 750 mmϕ 나 800 mmϕ 파이프를 쓴다.

파이프의 관벽 두께는 사용압력에 의하여 계산된 필요 두께를 정하여야 하나, 녹(부식, Corrosion)이나 외부 충격 대응력에 고려하여 좀더 두꺼운 것을 쓴다.

파이프의 압력과 관경 및 압력으로 인하여 생기는 원주 방향의 응력은 다음 관계식으로 주어진다.

$$\sigma = \frac{P \cdot r}{t}\left(응력 = \frac{압력 \times 반지름}{두께}\right)$$

위의 식은 $P = \frac{\sigma t}{r}$로 되고, 다시 이 식을 쓰기 쉬운 단위를 도입하고 여유까지 생각하여 다음과 같은 표기로써 편하게 쓰고 있다(일본 철강협회의 추천 표준).

$$P = \frac{200\,S\,t}{D}$$

P : 시험압력(kg/cm^2)
S : 0.6×항복점(항복점은 대개 25 kg/mm^2)
t : 관의 두께(mm)
D : 관의 외경(mm)

예 제

200 mmϕ 크기의 관으로 사용 압력이 18 kg/cm^{2}이다. 20 kg/cm^{2}의 압력으로 시험하고자 한다. 두께는 몇 mm 이상이어야 하나? 관 재료의 항복점은 25 kg/mm^{2}이다.

$$20 = \frac{200 \times 25 \times 0.6 \times t}{216.3}$$

$$t = \frac{20 \times 216.3}{200 \times 25 \times 0.6}$$

$$= 1.442$$

계산상으로는 1.442 mm 두께이면 되겠지만 보통 그 정도의 압력과 Diameter라면 최소 5.8 mm(저압관의 표준 두께) 정도의 두께로 해야 물리적 타격, 재질적 결함, 심한 부식 등 모든 가능성에 대한 충분한 고려가 되는 것이다.

(1) 관경과 Schedule

관의 크기를 부를 때 Foot-Pound계 단위로써는 4인치관, 8인치관과 같이 부르고, 미터계 단위로는 4인치관을 100 ϕ, 8인치관을 200 ϕ로 부른다.

두 가지 부름관 크기(호칭경, Nominal Bore)는 이름일 뿐, 그 수치는 안지름(내경)도 아니고 바깥지름(외경)도 아니며 평균지름도 아니다. 산업화 과정에서 편의에 따라 생긴 관습이겠지만, 양 단위 모두 각 호칭경별로 고유한 외경을 가지고 있다.

외경을 통일하여야만 Flange(관이음자락), Valve(관여닫개) 등 Fitting류 일체, 관통(뚫어지남, Penetration), 받침대(支持, Support) 등 일체의 표준을 정할 수 있게 되기 때문이다.

설계나 시공을 할 때는 반드시 자료에서 외경을 알아 가지고 일을 해야 한다. 다음과 같이 미터법을 적용한 KS(한국 표준, Korean Standard)의 외경표를 소개한다.

부름 관지름	바깥 지름	부름 관지름	바깥 지름
10 A	17.3 mm	80 A	89.1 mm
20 A	27.2 mm	100 A	114.1 mm
25 A	34.0 mm	125 A	139.8 mm
32 A	42.7 mm	150 A	165.2 mm
40 A	48.6 mm	200 A	216.3 mm
50 A	60.5 mm	250 A	267.4 mm
65 A	76.3 mm	300 A	318.5 mm

관 두께도 Schedule이란 일종의 부름 관두께(호칭 厚肉, Nominal Thickness)가 쓰인다.

매번 배치할 때마다 사용 압력이 일정함에도 불구하고 Diameter별로 일일이 사용 두께를 계산하는 것은 번거롭기 때문에 Schedule이라고 하는 두께 무리를 정해 놓고 쓴다. 사용 압력에 따른 Schedule이 선택되면 모든 종류의 직경별 두께는 저절로 정해지게 되는 것이다.

큰 관은 두껍고 작은 관은 얇다. 같은 압력에서도 작은 관에서는 얇아도 견딜 수 있기 때문이다.

파이프는 저압관과 압력관급으로 나누고 압력관은 SCH 40, 80, 160으로 구별된다. 참고로 몇 가지 두께의 예를 소개한다.

	저압관	SCH 40	SCH 80	SCH 160
10A	2.3 mm	—	—	—
20A	2.8 mm	2.9 mm	3.9 mm	5.5 mm
50A	3.8 mm	3.9 mm	5.5 mm	8.7 mm
100A	4.5 mm	6.0 mm	8.6 mm	13.5 mm
200A	5.8 mm	8.2 mm	12.7 mm	23.0 mm

위의 표에서 보는 바와 같이 소구경에서는 큰 SCH에서도 두께가 얇으므로 부식 및 충격 등 우려가 있는 곳은 꼭 다시 살펴서 사용 압력에 관계없이 더 두꺼운 것을 골라 써야 한다.

(2) 관이음

관이음은 다음과 같은 것들이 주로 사용되는 종류이다.

① 관이음 자락(Flange)

그림 Ⅶ-44

그림 Ⅶ-45 Flanges

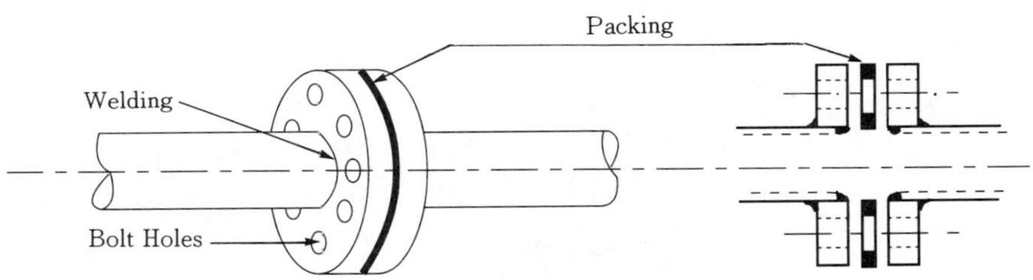

② 관이음 용접 소매쇠(Welding Sleeve)

그림 Ⅶ-46

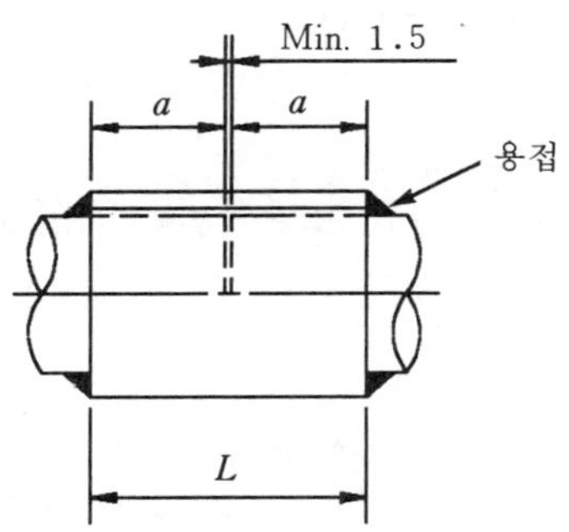

③ 맞땜이음(Butt Welding)

그림 Ⅶ-47

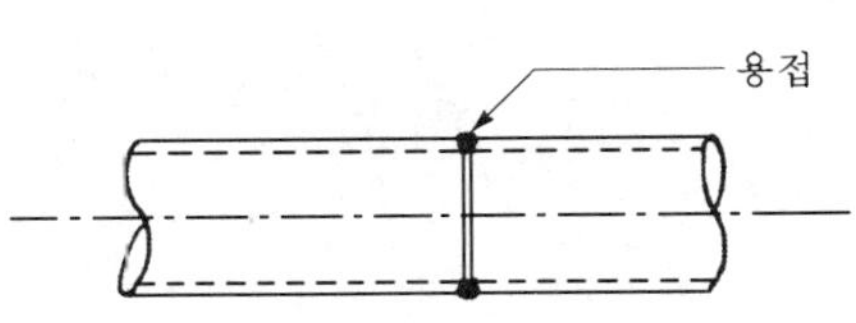

④ 양나사 소매이음쇠(Thread Union)

그림 Ⅶ-48

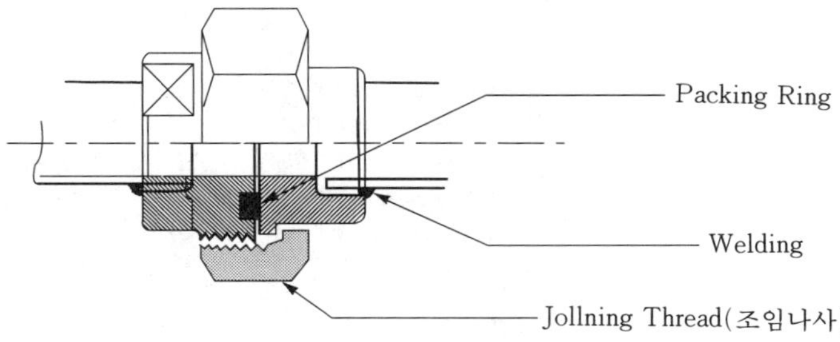

⑤ 미끄럼 늘이음쇠(Sliding Expansion Coupling, 伸縮繼手〔신축계수〕)

그림 Ⅶ-49

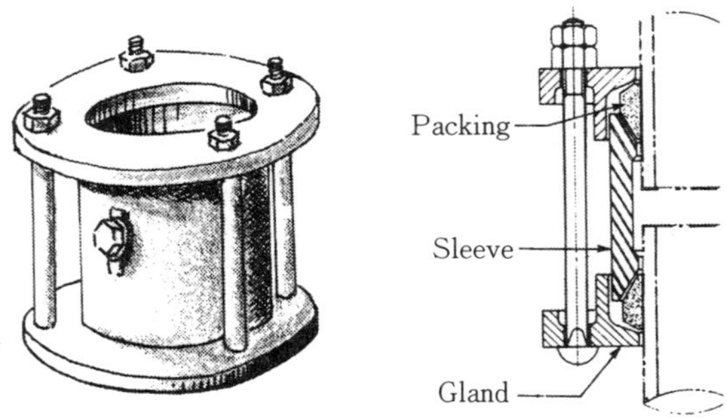

⑥ 미끄럼 늘소매쇠(Sleeve Type Sliding Expansion Coupling)

그림 Ⅶ-50

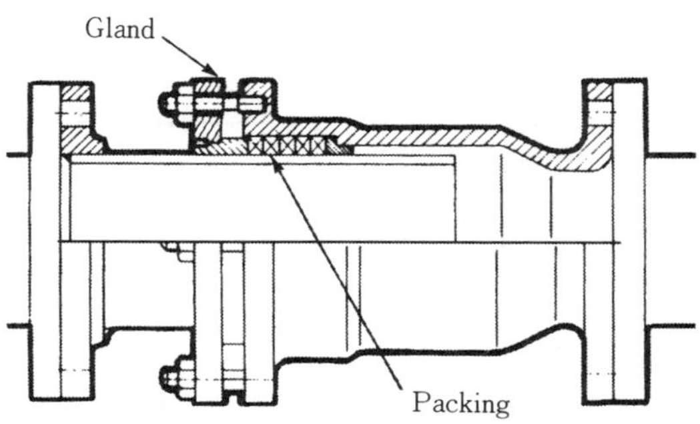

⑦ 따로놀 이음자락(Composite Flange)

그림 Ⅶ-51

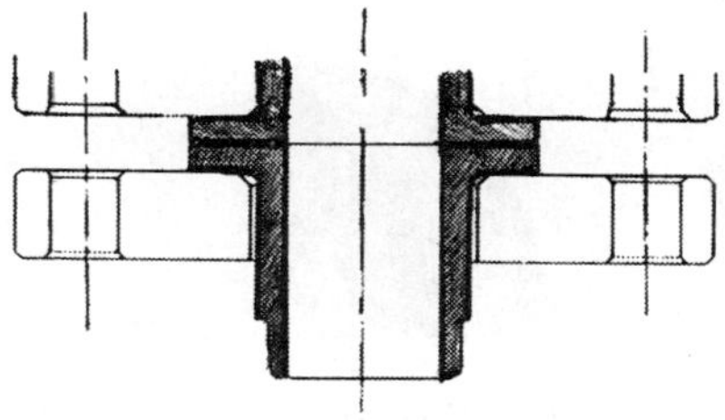

같이 생긴 것을 위에서 반대쪽으로 마주보게 붙여서 볼트로 조임.

⑧ 쐐기 물림 이음쇠(Bite Type Ring Joint)

그림 Ⅶ-52

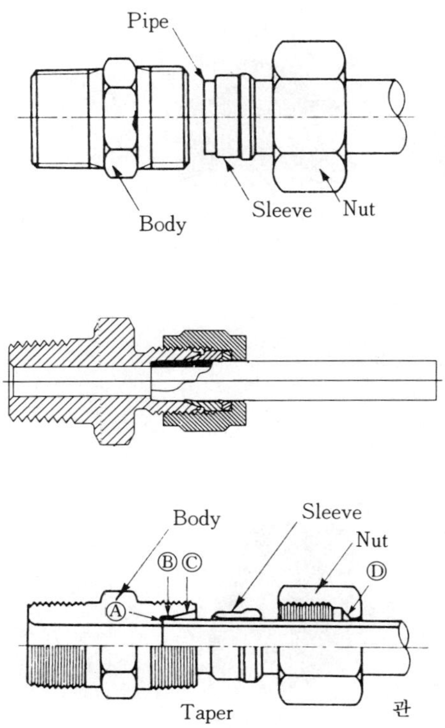

쐐기(wedge) 형상으로 Nut가 Taper(斜面)진 암테두리(Female)에 강력히 박히도록 밀어 주면 관과 Body가 Tight하게 결합된다.

⑨ 굽힘쇠(Elbow)

그림 Ⅶ-53

90°Elbow(Long)

90°Elbow(Short)

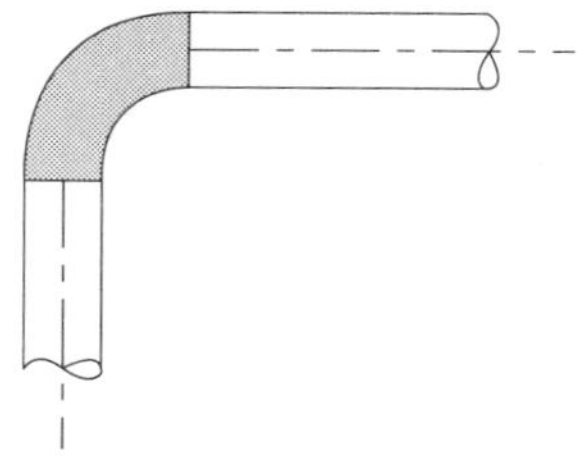

⑩ 가지쇠(Tee for Branch)

그림 Ⅶ-54

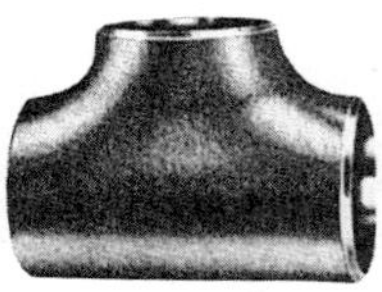

Tee(Straight)

Tee(Reducing)

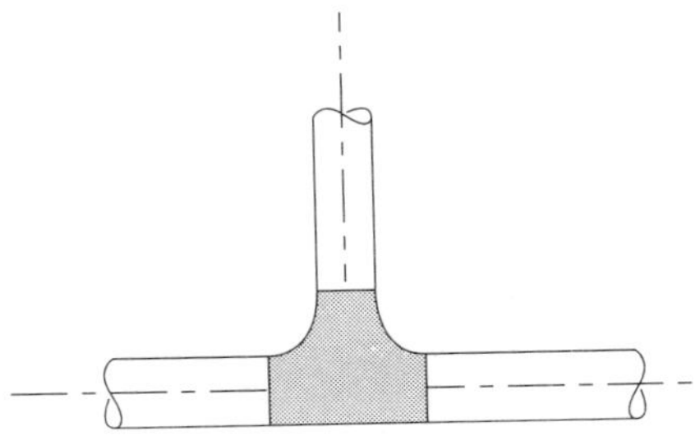

⑪ 줄임쇠(Reducer)

그림 Ⅶ-55

Reducer(Concentric)

Reducer(Eccentric)

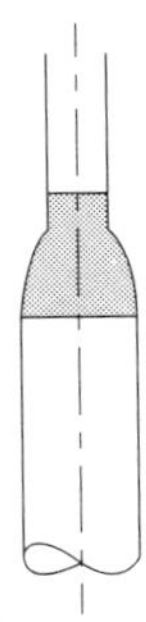

(3) 받침대

받침대는 받침쇠(Support)와 묶음쇠(Band, Fastener, 또는 Ring)로 구성되며, 받침쇠는 꼭 힘을 받아 줄 구조, 즉 선체의 Frame이나 Stiffener에 붙여야 한다. 판에 붙일 수밖에 없는 상황에서는 판이 힘을 받아 째지거나 메어지지 않도록 덧씌움판(二重板, Doubling Plate)을 대어서 보강한다.

묶음쇠는 받침대 위에 있는 관을 묶어 주는 둥글게 굽힌 쇠로서, 관과 관속의 유체 중량을 들어 줄 수 있는 강도와 견고성을 가져야 한다.

강도와 부식 측면에서의 수명 그리고 사용상의 편의도 등 모든 점을 감안해서 가장 많이 쓰는 것은 둥근 막대쇠(丸鋼, Round Bar)로 만든 U형 Support이다.

비금속관이나 세경관(細徑管, 小口徑管, Small Bore Tube) 또는 세경관다발(Multiple Core Tube) 등에 대해서 일부 특수한 Support가 쓰이지만 보통은 U볼트로 거의 다 커버된다.

묶잡음(Fastening, 拘束)의 종류에는 움직임(Sliding Motion)을 허용하느냐 또 어느 위치에서 얼마나 허용하느냐 하는 설계상의 설정과 정확한 시공이 중요하다.

기관실의 주추진용 고압증기관(63 kg/cm^2 급)은 수축, 팽창과 받침대의 대응력에 대한 컴퓨터 프로그램 계산을 해서 스프링 타입의 Flexible Support를 쓴다.

그림 Ⅶ-56 U형 Support

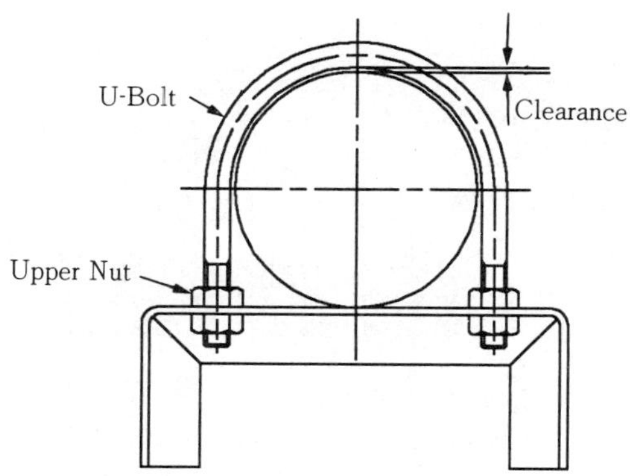

그림 Ⅶ-57 배의 굽힘 운동

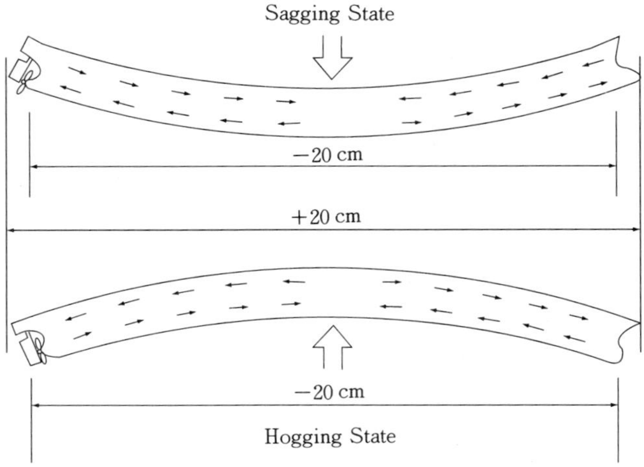

VLCC같이 길이가 긴 배에서 갑판이나 탱크 밑바닥에 직선으로 길게 놓여져 있는 관은 배의 굽힘운동(Hogging과 Sagging)에 따라 약 20 cm 이상 늘어났다 줄어들었다 하는 선체 길이 변화에 대응하도록 늘어나기도 하고 줄어들기도 하게 미끄럼 이음쇠를 써야 하고, 따라서 필요한 곳만 묶음쇠로 묶어 놓고 그 외의 곳은 풀어 주어야 한다.

그림 Ⅶ-58에서는 Fixed는 바짝 조여 묶고 Floated는 파이프의 임의 이탈만 잡아 주어 종방향 이동은 허용하는 묶음이다.

그림 Ⅶ-58

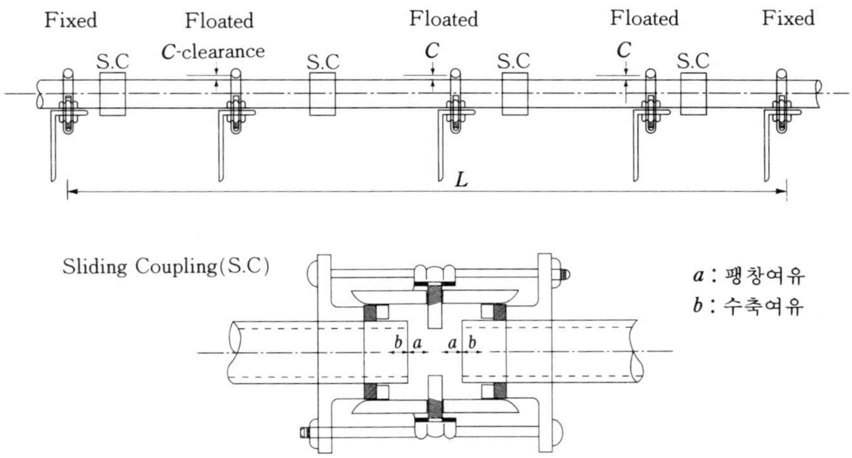

Coupling이 정지해 있고 양쪽 pipe가 균일하게 수축한다면 최대 조정여유는 $2b$, 균일하게 팽창한다면 최대 조정여유는 $2a$가 되지만 어느 한쪽으로만 치우치면 결합이 이탈되므로 어느 것이 고정이고 어느 것이 얼마나 움직이게 할 것인지 정하여야만 한다.

그림 Ⅶ-59

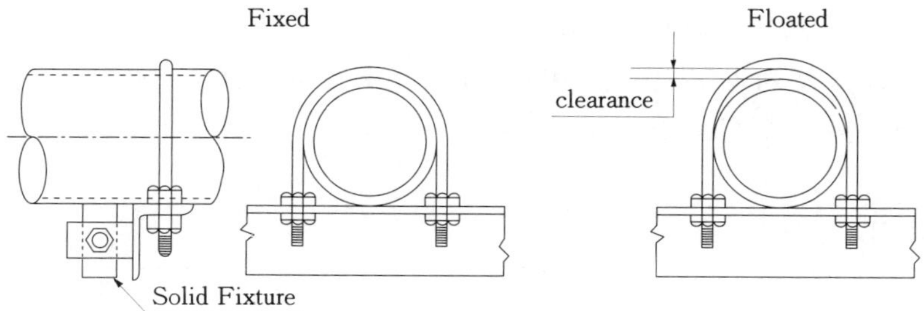

Fixed Support간의 간격 L을 정할 때는 먼저 구획 구간 내의 선체 변형량을 알고 매 Sliding Coupling이 수용해 주어야 하는 파이프의 허용 이동거리를 비교하여 Coupling의 수량을 정한다.

그러나 실제로는 Coupling을 쓰는 편이 경제적이므로 매 Joint마다 Coupling을 쓰게 된다. 그러다 보니 파이프들이 일제히 한 방향으로 이동해 갔을 때에도 반대 방향 끝에 있는 Coupling에서 파이프 끝이 Coupling으로부터 이탈하지 않는 최대거리를 계산해 보고 간격 L을 설정해야 한다.

예 제

주어진 값 : 배 길이 340 m
선체 총 신축량 25 cm
탱크 구간 45 m
Sliding Coupling 허용 Sliding 범위 80 mm
평균 파이프 길이 6 m

구하는 값 : Fixed Type Support 간격

그림 Ⅶ-60

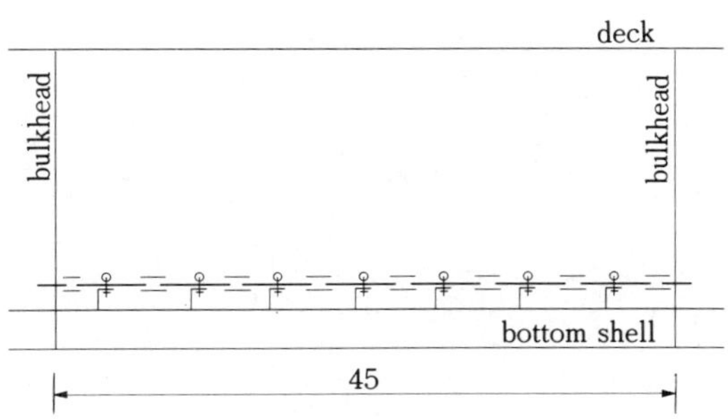

위의 탱크 구간 내에서는 선체의 신축이 4 cm 발생되므로(25 cm×45/340) Sliding Coupling 1개만 써도 된다. 그러나 파이프의 양단 가공 없이 설치가 가능하여 어떤 Joint 방법보다도 경제적이므로 보통 대개는 모든 Joint에 Coupling을 쓴다.

그림 Ⅶ-61

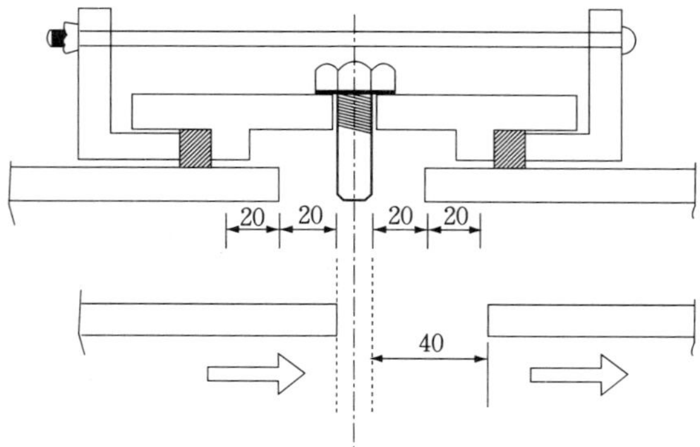

파이프가 한 방향으로 나란히 coupling이 움직이면 Max. gap이 40 mm 정도 생김. 양쪽 파이프가 반대 방향으로 움직이면 Max. 80 mm 정도의 gap이 생겨 최대 허용범위가 80 mm가 되는 것이다.

(a) Min.으로 pipe가 가까워진 경우

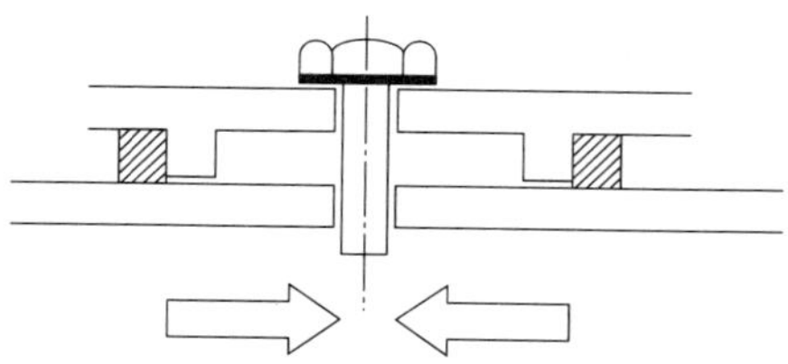

(b) Max.로 pipe가 멀어진 경우

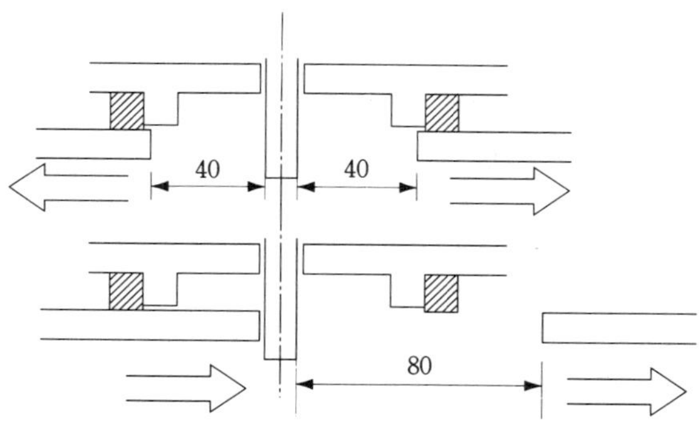

꼭 그런 일이 발생되진 않겠지만 있을 수도 있는 최악의 경우로서 파이프와 Coupling이 다같이 한쪽으로 쏠려 간다면 Coupling 상세 그림에서 1개 Coupling당 움직임 거리 *2b*만큼씩(*2b*가 약 40 mm인 Coupling 가정) 2개의 Joint에서만도 누적 이동거리 80 mm(40 mm×2)가 되어 다음 차례에 있는 Coupling 1개의 최대 허용 Gap 80 mm에 도달되므로 그림 Ⅶ-62와 같이 매 Coupling 3개마다 "F" Mark처럼 Fixed Support를 해 주어야 한다.

그림 Ⅶ-62

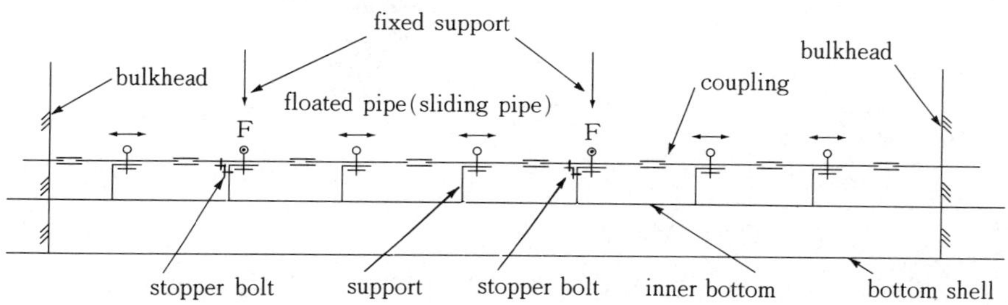

3 밸브의 원리

밸브는 파이프 내의 유체이동을 차단하는 수단이다. 가장 많이 쓰이는 것들은 Globe Valve, Gate Valve(또는 Sluice Valve)와 Butter Fly Valve들로서 밀폐에 대한 신뢰도, 강도, 크기, 조작의 편의, 가격 등을 검토하여 가장 합당한 것으로 골라서 쓴다.

(1) Butterfly Valve

덩치가 작고 가볍고 따라서 가장 저렴한 가격의 밸브이다. 가운데 냄비뚜껑같이 생긴 디스크가 핸들 조작에 의하여 막혀 있던 상태에서 90° 선회하면 유체의 흐름 방향을 향해 밸브를 완전히 열어 놓은 상태가 된다. 자연히 대경 밸브에서 장점이 많이 나오는 밸브이다. 디스크 움직임이 나비 날개를 접었다 폈다 하는 모습을 닮았다고 하여 생긴 이름이다.

그림 Ⅶ-63

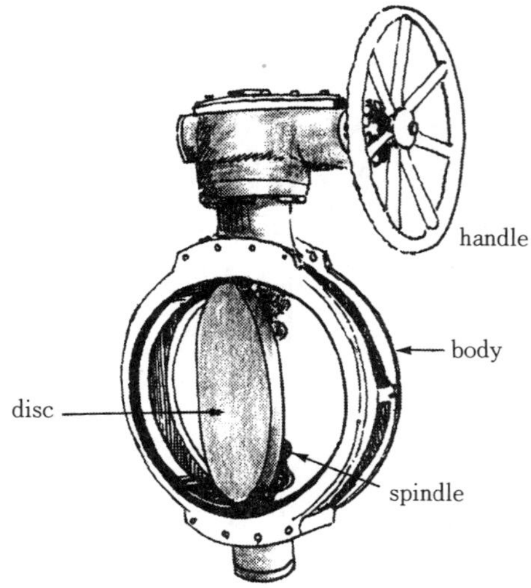

(2) Gate Valve

둥근 원판에 손잡이가 달려서 위로 당겨 올려 밸브를 열고 밑으로 내려서 밸브를 닫는 방식으로 대단히 신뢰도가 높고 강력한 밀폐가 가능하나 키가 커지고 가격이 비싼 문제가 있다.

그림 Ⅶ-64

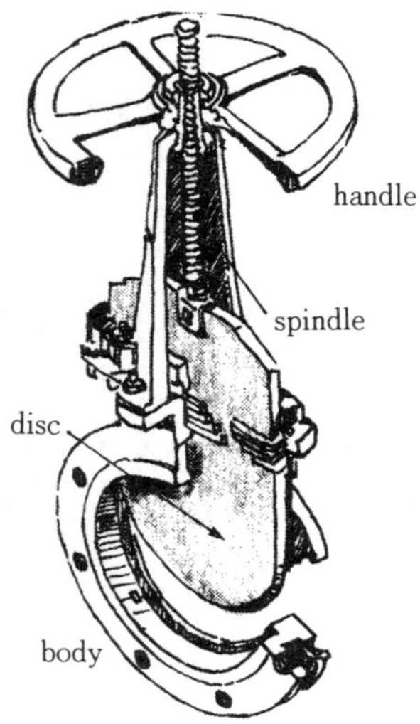

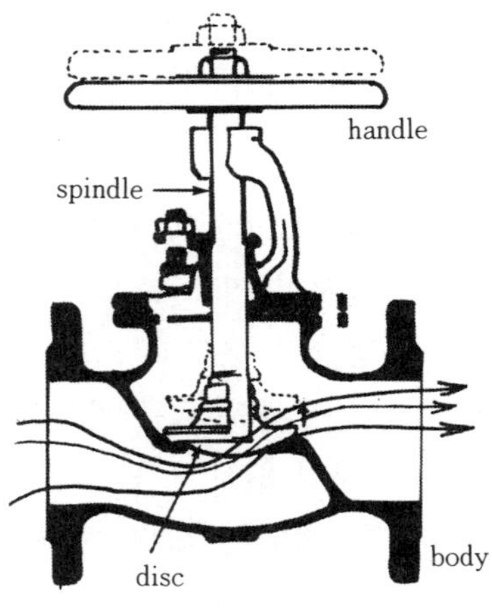

disc가 열리고 나면 flow가 지나간다.

(3) Globe Valve

Spindle을 상하로 움직여서 디스크를 가지고 좌측과 우측의 사이를 통하는 구멍을 막아 주는 기능을 발휘한다. 핸들 키가 작아지는 장점이 있으나 압력에 약하고 밸브가 커져서 값이 비싸진다. 300 mm ϕ만 되어도 굉장히 커지고 무거우므로 200ϕ 및 그 이하에서 주로 쓴다.

4 배관배치(Piping Arrangement)

배에 짐을 싣거나 기계를 놓거나 아니면 사람이 일을 해야 될 자리를 남겨 놓고 나머지 빈 자리에 관을 깔아야 하므로 모르면 안 되는게 정말로 너무나 많다. 백지를 깔아 놓고 배관을 하겠다고 연필 끝을 세우고 나면 일반론적인 원칙만 가지고서는 앞으로 진행해 갈 수가 없다. 각 원칙들이 서로 상반되는 입장을 요구하는 곳도 많기 때문이다. 이것들을 상호 타협하여 최적화시키는 데까지는 많은 설계 경험, 시공 경험, 사용 경험 및 수리 경험이 축적되어져야 한다.

최소의 기본적인 목적이 달성되는 것 이외에도 다음과 같은 많은 Factor들이 고려되어야 하는 것이다. 참고로 중요한 것들을 열거하면 다음과 같다.

쓰기 좋아야 하고, 타에 불편을 주지 말아야 하고, 망가지지 말아야 하고, 오래 견디어야 하고, 고치기 좋아야 하고, 맨 처음 만들어서 놓는데 쉬워야 하고, 신축성이 있어야 하고, 얼어 터지지 말아야 하고, 자재비가 적게 들어야 하고, 연료가 적게 들어야 하고, 선체를 손상시키지 말아야 하고, 깨어졌을 때에도 2차 파급 피해가 적어야 하는 등등이다.

이 많은 기본적 요구 사항들에 대하여 해야 하는 Activity를 세부 분류하면 다시 수백 항목으로 발산될 수 있다. 따라서 중요한 것은 경험과 지식이다. 선박계산과 구조상세를 알아야 하며, 늘상 걸리적거리는 환기 통풍통과 전선다발은 어디로 보내야 되는지 알아야 하며, 제작 수순과 설치 수순도 알아야만 일하기 좋은 설계를 할 수 있는 것이다.

경험과 지식이 많다는 것은 이상에서 언급한 모든 고려 포인트를 감각적이고도 전문적으로 검토한다는 뜻이고, 또 고려하지 않더라도 선험자들이 했던 방식이 무엇무엇인지 알고 있으면 큰 과오를 저지르지 않게 되니 착실히 온고지신의 득도를 하여야 하는 것이다.

5 상식 정리

작업 중 피해야 할 위험한 일 세 가지는 다음과 같다.

(1) 압력시험은 반드시 물이나 기름으로 할 것. 꼭 기체로 해야 할 일이 있으면 먼저 물이나 기름을 이용해 훨씬 높은 압력으로 시험한 후에 기체로 해야 한다. 왜냐하면 높은 압력 때문에 탱크에 금이 가고 갈라지더라도 물이나 기름은 폭발하지 않기 때문이다.

(2) 압력이 걸려 있는 상태에서 파이프나 탱크에 용접과 같은 열이 미치는 일을 하면 안 된다.

(3) 폐쇄된 대형 탱크, 즉 Cargo Oil Tank나 Ballast Tank에 펌프로 물을 넣어서는 안 된다. 모든 탱크는 펌프로 주입시 공기가 빠지도록 Vent Hole을 열게 되어 있는데, 실수로 이것을 닫고 펌프질을 해서는 안 되는 것이다. Pascal(근세 프랑스의 물리학자이며 철학자, 팡세의 저자)의 원리는 "탱크 내의 유체에 압력을 가하면 가해진 압력은 방사상의 전방향에 미치고 작용한다."로서 모든 피스톤식 유압 기계의 기본 원리로 응용되고 있다.

그림 Ⅶ-65에서 단면 A에 추가 압력 P를 가하면 유체 내의 모든 곳에 추가 압력 P가 더해진다. A와 B의 단면적 비가 1 : 100인 경우 A에서 1톤으로 누르면 B에서는 100톤으로 눌러야 맞설 수 있다. 이 원리를 이용해서 실로 작은 용량의 유압펌프로 큰 힘을 얻어 낼 수 있다.

그림 Ⅶ-65 Piston A의 곳에 작용하는 힘 w에 의하여 압력 ΔP가 발생하면 동일 유체로 연결된 Piston B에도 작용하므로 면적이 100배 큰 Piston B에서는 100배의 무게 W와 맞서는 힘을 얻어낼 수 있다. 그러나 분동 W를 1 m 밀어 올리려면 Piston A를 100 m 밀어내려야만 하는 것은 잊지 말아야 한다.

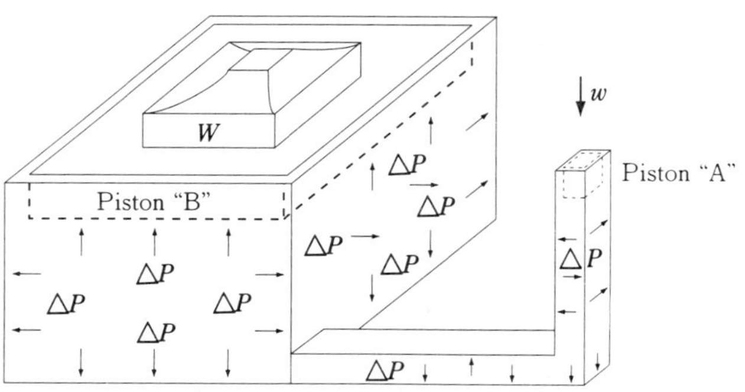

참 고 탱크의 수압 실험

먼저 Bulkhead가 받는 힘은 폭 58 m, 높이 30 m 의 경우에 다음과 같다.

$$F = 58 \times 30 \times 100^2 \times 1.5 \div 1000 (\text{ton})$$
$$= 26\,100 (\text{ton})$$

※ 30 m의 깊이는 중간지점인 15 m 지점의 평균 수압 1.5 kg/cm^2(15 m_{WC})이 걸린다.

갑판에 세운 50 m 높이의 튜브에 물을 채우면

$$F = 58 \times 30 \times 100^2 \times 6.5 \div 1000 (\text{ton})$$
$$= 113\,100 (\text{ton})$$

이 정도 힘이면 탱크는 풍선처럼 부풀어 올라 터진다. 하물며 15 kg/cm^2 정도의 펌프로 가압시킨다면 어떻게 되겠는가?

건조중에 탱크가 튼튼하게 만들어졌나 보기 위하여 약 2 m 정도 되는 튜브를 세우고 물을 채워 넣는 실험이 있다. 이때는 물론 Air Vent를 열고 펌

그림 Ⅶ-66 선체 Tank 수압 테스트 유의 사항

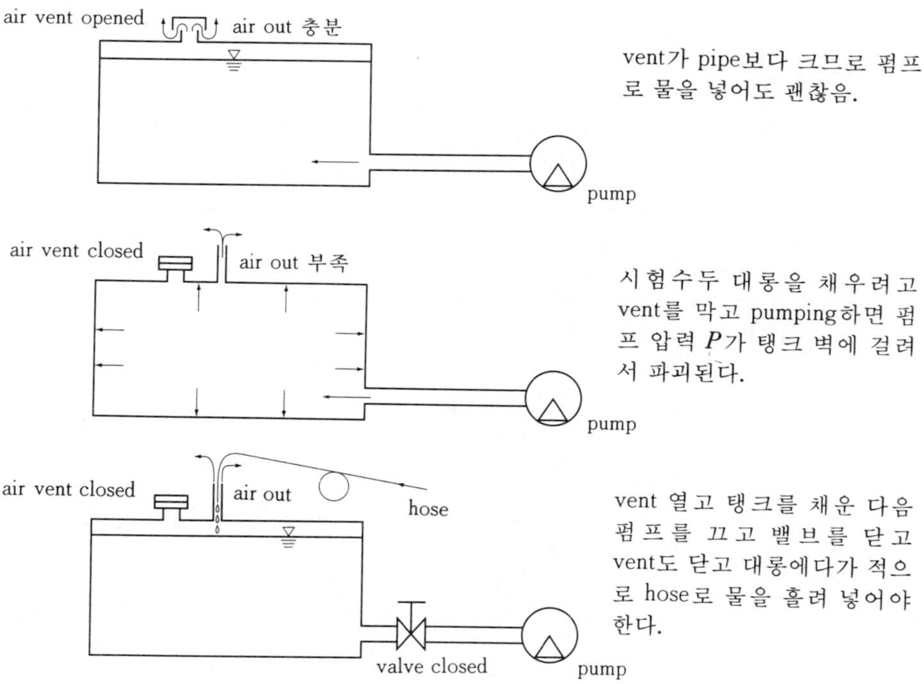

그림 Ⅶ-67 Pipe Piece Drawing의 작성방법

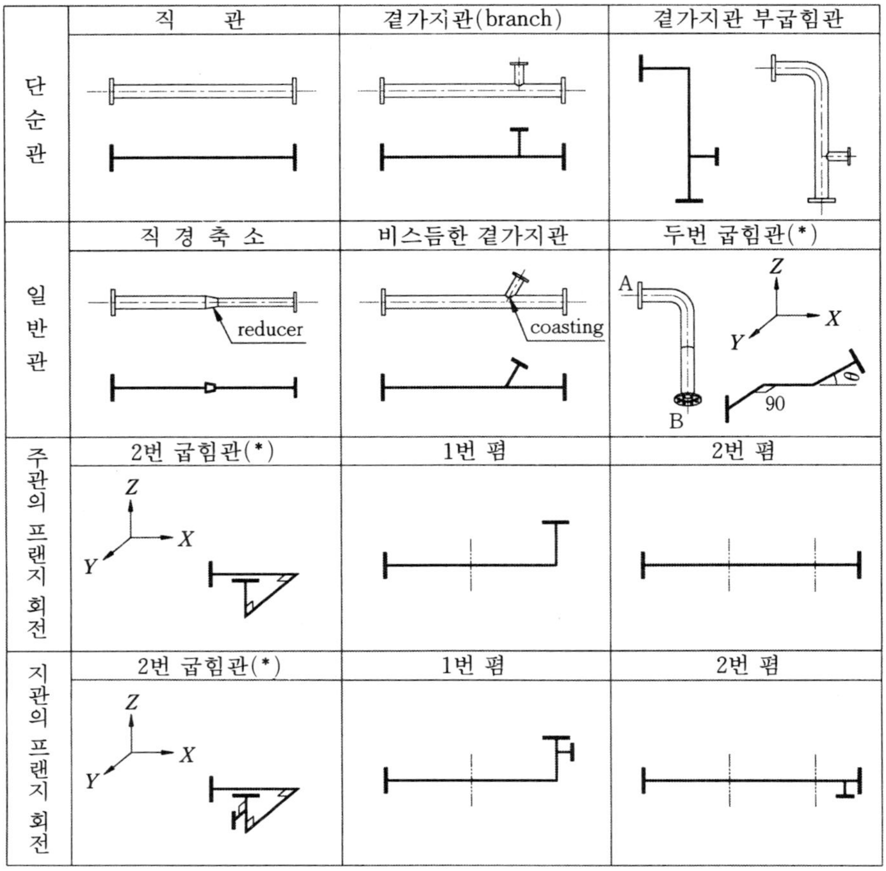

(1) 파이프의 굵기, 길이, 두께, 재질, Plange 호칭, 사용압력, 표면처리 사양, 제작수량, 사용목적, 소요시기, 검사종류, 공급위치 등을 기재해 넣어야 한다.
(2) '*' : 입체좌표를 이용한 Isometric 표시기법
(3) Flange의 표준취부 위치

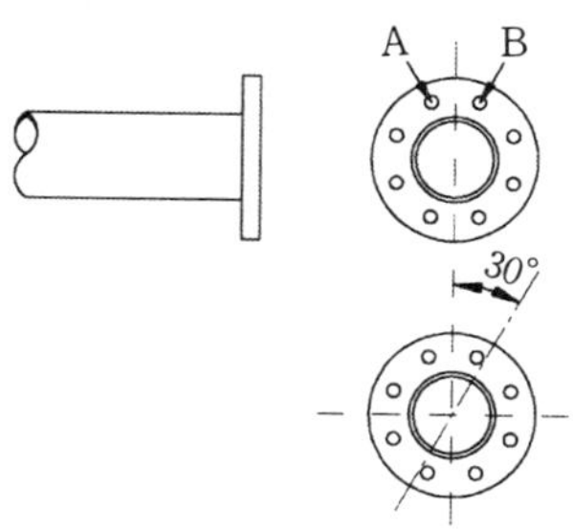

– Bolt Hole 'A', 'B'가 중심선 양쪽으로 대칭되게 Flange를 붙인다.

– Flange를 회전시켜서 취부할 경우는 중심선이 회전한 것으로 표시한다.

프로 물을 넣다가 갑판까지 물이 거의 다 차면 Air Vent를 닫은 다음 작은 호스를 이용하여 튜브로 물을 흘러 들여보내야 한다.

이러한 과정을 무시하고 Air Vent를 닫고 펌프로 물을 넣다가는 Cargo Tank 4~5개(인접 구조도 다 망가지니까), 즉 배 전체의 1/4~1/5을 못 쓰고 다시 만들어야 하는 재난을 당할 수도 있는 것이다.

6 파이프 Piece의 형성과 도상표시 요령

곁가지관은 T자형이나 Y자형 곁가지 마디쇠를 쓰기도 하는데, 곁가지관의 굵기나 각도가 다른 여러 가지로 규격을 마련한다는 것도 번거로운 일이다. 주관의 외벽에 구멍을 뚫고 곁가지관을 때워 붙이는 데는 구멍의 크기와 형상을 정하는 일과 곁가지관의 끝부분을 잘 맞도록 자르는 것이 꽤 어려운 일이었다. 이 맞추는 일을 Coasting이라고 하는데, 컴퓨터를 응용하는 Pipe Coaster가 개발되고 나서부터는 쉽게 처리가 되므로 곁가지 마디쇠의 사용이 줄고 있다.

이음용접을 안팎으로 잘 하기 위해 곁가지관은 Pipe Piece의 끝부분에 붙이고 가급적 짧게 만드는 것이 좋으며, 또한 이송, 표면처리, 설치 등 모든 과정의 일에 편의를 준다.

파이프를 구부리고 곁가지관을 붙인 다음 모든 끝에는 이음자락쇠(Flange)를 붙이게 마련인데, 각 Flange마다 이어붙임 상대가 되는 Flange와 Bolt Hole들이 꼭 맞도록 서로 부합되어야 한다. 만약 한 개의 Flange라도 Bolt Hole이 맞지 않는 차질이 생긴다면 파이프는 쓸 수가 없게 되는 것이다.

Flange를 파이프에 붙일 때의 기본형은 파이프에 달린 Flange를 정면 끝단으로, 즉 나의 몸쪽으로 향하게 하고 파이프를 저 앞쪽으로 향하게 놓았을 때 Flange로부터 하늘을 향한 쪽(즉 상부쪽)에 2개의 Bolt Hole이 같은 높이가 되도록 하여야 한다. 특별히 Flange의 회전각도 표지가 없으면 이 기본대로 만들면 되는 것이다.

실제로 파이프는 3차원 공간에 임의의 모습으로 존재하기 때문에 Piece도를 그리는 사람은 반드시 제작자가 쉽게 알 수 있도록 Flange 회전 각도를 명시해야 한다.

그림 Ⅶ-68 Standard Flange Positioning

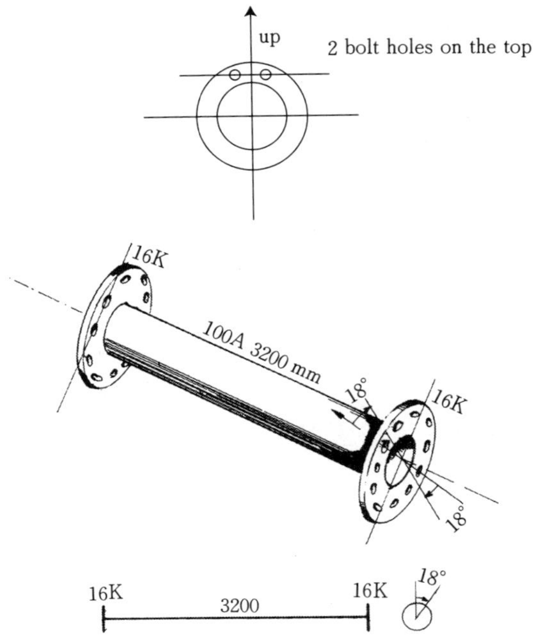

그림 Ⅶ-68의 Piece도에 의하면 Flange는 회전 없이 기본형으로 때우면 된다. 오른쪽 Flange를 시계 방향으로 15° 회전시켜야 될 이유가 있다면 A의 곳에 표시된 것처럼 중심선 회전 각도 표시를 명확히 해 주어야 한다.

7 파이프의 생산 품질

우선 견고하게 용접이 잘 되어야 하고 내면용접 Bead가 깨끗해야 한다. 또 표면 처리 품질이 좋아야 한다.

압력을 받는 파이프의 용접은 꼭 양면에서 확실히 용접을 해야 하며, 양면 용접이 어려운 곳은 밖으로부터 이파(裏波)용접을 하여 파이프 내벽의 Bead가 깨끗이 형성되도록 하기도 한다.

이파용접이란 하향용접을 할 때 용융금속이 용접 모재 사이로 흘러 떨어지지 않고 매달린 채로 응결되어 용접 모재의 이면, 즉 아래쪽에도 고운 Bead 모양을 형성하도록 고안된 용접봉과 용접기법을 말한다.

파이프의 안과 밖 표면처리 작업과 도금 또는 도장작업은 대단히 중요한 작업이며, 파이프가 길거나 가늘면 아주 어려운 일이 된다. 도금을 위한 Piece의 산세(酸洗, Acid Cleaning)나 시스템을 구성하고 설치된 상태에서 Flushing(산, 중화제, 세척水, 세척油를 펌프로 순환시켜 파이프를 씻어내는 일)을 하는 경우 산의 중화와 물세척을 철저히 잘해야 한다.

파이프의 내벽이 깨끗지 못하여 용접 Slug나 산화철, 기타 이물질이 부착되어 있다가 나중에 떨어져 나오면 시스템의 정밀부품(유압장치 부품이나 고속운동 정밀기계 부품)을 훼손하고 고장을 유발하므로 청결이 유지되도록 세심한 주의를 기울여야 한다.

4. 도장(塗裝, Paint Coating 또는 Painting)

1 일 반

선박은 해수에 잠겨 있거나 항상 젖어 있는 곳이 많기 때문에 부식(Corrosion)이 심하게 생긴다. 심한 부식은 강재의 두께를 얇게 하고 내력을 약화시키므로 장기적인 수명의 단축은 물론 선박의 집중적인 부분 침식으로 인한 침수나 파손, 때에 따라서는 전체적 절손을 가져올 수 있다.

1960년대 중반으로부터 1970년대 초까지 여러 척의 광석운반 전용선이 일본 근해와 서태평양에서 소실되었는데, Top Side Tank 내의 심한 부식으로 인한 강성의 감소가 사고 원인이라고 간주하는 사람들이 있다. 당시만 하더라도 선박 도료의 질이 좋지 않았고, 그런 취약 부위를 공들여서 제대로 관리하지 못했던 것 같다.

보조적인 방식(防蝕, Anti Corrosion, Corrosion Protection) 대책들이 있긴 하지만 부식을 막는 근본적인 대책은 도장밖에 없으며, 처음에 잘못 발라 놓으면 후에 지속적으로 재도장 비용을 많이 투입해야 하고 그렇게 할지라도 선박의 질은 떨어지고 수명이 짧아지게 된다.

알루미늄이나 아연(Zinc)같이 철보다 이온화 경향이 큰 금속을 물 속에 잠긴 선체 부위에 붙여서 발생되는 금속의 양이온으로 하여금 해수중의 용존 산소나 기타 철을 산화시킬 수 있는 화학물질과 먼저 반응케 함으로써 선체를 보호하는데 이를 Anode(Sacrificaial Anode를 줄여서 그냥 Anode라고 통용)라고 한다. Anode는 Bilge Keel과 선미에 주로 붙이고 해수 Ballast Tank에 붙이는 경우도 늘고 있다.

선박 주변 해수에는 선체를 부식시키기에 알맞도록 생성된 전위차가 있게 마련인데, 이 전위차를 감지하고 방식에 필요한 적절한 전위차로 바꾸어 주도록 35밀리 암페어 정도의 약한 전류를 흘려 보내는 ICCP(Impressed Current Cathodic Protection) 시스템이 쓰이기도 한다.

도장은 대단한 기술이 필요없는 것처럼 보이기 쉬우나 조선소의 능력을 나타내는 척도가 될 정도로 잘한다는 것이 어려운 일이다. 한번 바른 곳을 전혀 손상시키지 않을 수는 없지만, 이를 극소화하는 데는 설계, 자재, 공법, 공정 모두 만점이어야 함은 물론 전 조선소의 모든 작업원이 양심적으로 또 최고의 정성을 들여서 일하여야만 하는 것이다. 장세월 동안 수많은 사람이 일하면서 깨끗하게 칠해 놓은 곳을 한번도 불질(火氣作業)하지 않고 긁힘을 내지 않는다는 것은 정말 어려운 일이기 때문이다. 또 외부로부터 구입하는 기계류나 철의장품도 일일이 도장품질만큼은 확인해야 하는 것이다.

○ 전처리와 Primer 도장

강판의 마름질(Marking, 절단 등 가공공정) 전에 Shot Blasting이라고 하는 녹떼기 표면처리를 하고 Shop Primer라는 일종의 일시 방청도료를 바른다. 예전에는 귀모서리가 날카롭고 단단한 규사(모래)를 가지고 압축공기와 함께 쏘아내서 Sand Blasting을 했으나 대량의 분진 발생으로 인하여 잘 쓰이지 않고 있다. 현재는 Steel Shot Ball이 적절한 표면조도를 얻을 수 있고, 회수하여 재사용할 수 있으므로 Shot Blasting에 쓰고 있다.

Shot Blasting 공장에는 Ball 회수장치와 분진 집진설비 등을 가지고 있다. Blasting이 된 면은 바로 Shop Primer를 바르는데, 이 도료는 건조중에 있는 기간 동안 강재의 지나친 녹슬음(Corrosion)을 막아 주는 반면에, 상하지 않은 곳은 그 위에 바로 후행 상부도료를 바르더라도 접착이 잘 될 수 있도록 만들어져 있다. 조선소별로 다르겠지만 대개는 용접성을 고려하여 Inorganic Zinc Silicate Primer가 많이 쓰인다.

제철소에서 나온 강재는 Mill Scale이라고 하는 산화철의 얇은 딱지(얇은 껍질이 씌워져 있음)가 있게 마련인데, 이것은 떼어 내지 않으면 오랜 뒤에라도 꼭 들고 일어나므로 반드시 제거해 주어야 하며, 제거 방법으로는 Blasting 이외에는 별 뾰족한 대안이 없다. 산세(酸洗)와 같은 방법이 있지만 소규모 처리밖에 안 된다.

2 도 료

도료는 수지에 안료와 용제 그리고 기타 첨가제를 배합한 것으로서 목적별로 A/C(Anti-Corrosion, 防蝕), 즉 녹을 막는 도료와 마감 도료로 구분되어진다. 방오(防汚) 도료, 즉 Anti-Fouling Paint는 조가비의 부착서식을 막는 도료로 독성을 갖고 있으며, 예전에는 진수 전에 발랐는데 최근에는 오래 전에 발라 두어도 효과가 있는 제품이 개발되어 공정 진행이 편리하게 되었다.

많이 쓰는 도료의 물성에 의한 분류는 다음과 같다.

① 염화고무계(Chlorinated Rubber)와 비닐 도료
② Alkyd 도료
③ Tar Epoxy, Poly Urethane Tar
④ Bleached Tar Eopxy, Modified Eopxy
⑤ Pure Epoxy(완벽한 소지처리가 요구됨)
Poly Urethane(완벽한 소지처리가 요구됨)
⑥ Inorganic Zinc Silicate(완벽한 소지처리가 요구됨)
⑦ Bituminous Paint

염화고무계와 비닐도료는 내후성이 좋고 다양한 컬러를 나타낼 수 있으므로 폭로부(자연에 노출된 곳)에 많이 쓰이며, Alkyd계 도료는 광택이 좋고 속건성이므로 건조한 Space에 쓰인다. 따라서 기계실 내부와 선실 내부 같은 데는 Alkyd계가 싸고 좋다.

바닷물에 잠겨 있거나 자주 침수되는 부분에는 Tar Epoxy와 Poly Urethane Tar를 많이 써오고 있는데, Tar의 어두운 검정갈색이 구조의 균열 등 결함 발견에 장애가 된다고 하여 좀 밝게 만든 Bleached Tar Epoxy(회색)를 쓰고 있으나, 방청 능력이 떨어지고 건강에도 해롭다 하여 아주 Tar가 섞이지 않은 Modified Epoxy를 쓰는 예가 늘어 가고 있다.

화학물질에 의한 심한 부식이 예측되는 부분에는 Pure Epoxy나 Poly

Urethan 또는 Inorganic Zinc Silicate와 같은 고급 도료를 쓰며, 고급 도료를 바르는 데는 완벽한 소지처리 부담이 필수적이다. 잘 발라 보았자 늘상 긁히고 벗겨져 나가는 곳은 Coal Tar 또는 Asphalt같이 끈끈한 역청계 도료를 바른다. Anchor, Anchor Chain, Bell Mouth, Rudder 내부 같은 데 늘상 쓰인다.

3 도장 작업

(1) 소지의 처리

소지의 표면은 은백색에 가까운 원래 금속의 색깔 내지는 연한 회갈색(회색과 갈색의 혼합색)을 띨 정도로 Mill Scale이나 녹(Rust)이 제거되게 하는 것이 가장 중요하고, 약간의 표면 거칠기(Roughness)가 도료를 다부지게 붙여 주는 바탕, 즉 Anchor Pattren 역할을 함으로써 접착(Adhesion)을 좋게 한다.

날카로운 절단 모서리(Sharp Edge)나 톱날같이 거친 모서리(Burred Edge)는 처음에 잘 발라지지 않거나 얇게 발라지므로 칠두께(塗幕〔도막〕, Film Thickness)가 균일하지 못하게 된다. 발라졌다 하더라도 나중에 긁히거나(Abrasion), 당김힘(Tension)에 의하여 갈라지게 되며(Crack) 그런 곳으로부터 녹이 번지기 시작한다.

(2) 칠두께와 도장 횟수

도장 횟수를 줄일 수 있다면 공정 단축과 원가 절감에 크게 이바지한다. 또 빨리 마르고(Drying, 速乾性) 빨리 굳고(Curing, 速硬性) 잘 퍼져 나가는 성질(流展性)을 갖는 우수한 도료의 개발이 바람직하다. 위의 요구사항을 다 만족시키기 위해서 High Built Type이 개발된 바 있다.

200∼300 micron 정도(0.3 mm)까지 한 번에 바르는 것이다. 잘 발라지면 아무 일도 없겠지만 도료가 좋지 않았다거나 소지처리가 불충분했다거나 습도, 기온, 공기청정도 등 환경이 안 좋았다거나 하면 여러 가지 도장 결함으로 나타날 수가 있다.

용접선, 날카로운 Sharp Edge나 Longitudinal Member가 관통하는 곳의 Collar판같이 도장이 잘 안 되게 생긴 곳만 골라서 한번 더 발라 주는 것을 Stripe Coating이라고 하며, 전체적인 도장 횟수를 줄이려는 노력에 대하여 필요로 하는 곳에 집중적인 관심을 기울인다는 반사적 보완대안이 대두되는 것이다.

조선소들과 선주들이 각각 다른 경험에 근거를 둔 기억으로 상황을 이해하려고 하는 주관이 강력히 작용하는 분야이다.

(3) Tool과 Thinner

대부분은 Airless Spray 장비로써 바르고, 특정 소부분이나 수정부위를 Roller 및 Brush로 바른다.

그림 Ⅶ-69 도장기기(塗裝機器, Painting Equipment)

(a) Spray pump(Airless type)

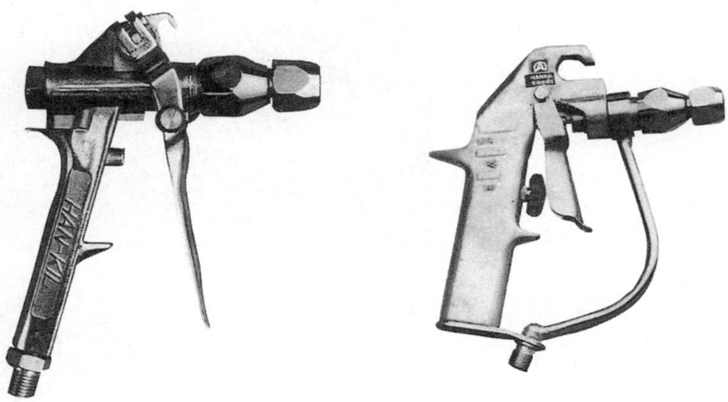

(b) Spray gun

그림 Ⅶ-70 고소족장차(足場車, Stage car)

차체의 운전, 붐 길이 조작, 붐 각도 조정 일체를 맨 위의 bucket에 타고 있는 사람이 수행한다. 이 장비로 인하여 선박 외판의 족장(scaffolding)이 없어지게 되었다.

그림 Ⅶ-71 족장차의 작업 광경

예전에는 고소 도장 작업은 발디딤판(足場, Scaffolding)을 무수하게 붙이고 그 위에 올라서서 했으나, 발디딤판 자체를 설치하고 철거하는 작업이 클 뿐만 아니라 발디딤판 고정 Fitting을 때워 붙이고 자르는 데서 도장 품질이 크게 저하되므로, 최근에는 선행 도장을 극대화하고 발디딤판 없이 Stage Car와 Gondola를 써서 높은 데 도장도 전부 처리한다.

도료가 상당히 끈적끈적하여 작업이 어렵기 때문에 용해제(Thinner)를 섞어서 써 왔는데, 모든 용해제는 휘발성 유기물로서(Volatile Organic Compound, VOC) 인체에 해로울 뿐만 아니라 오존층을 파괴한다고 하여 기피하는 현상이므로 대안이 필요하다.

(4) 되바르기(Rework of Damaged Area, Touch-up 작업)

태운 곳(Burnt Part)과 긁힌 곳(Scratched Area)은 다시 발라 주어야 하는데 아무리 순서를 잘 지켜서 꼼꼼히 하더라도 수십만 시수의 품을 들이고 수십만개의 자재를 용접으로 이어 붙이면서 10개월간을 일하는데 태우지 않고 긁히지 않게 작업한다는 것은 불가능하다. Block을 제자리에 붙일 때 Align을 맞추기 위하여 붙였다가 나중에 떼어내는 Strong Back이나 밀당기개 쐐기턱(속칭 우마) 개수만 해도 엄청난 양이다.

Block 이어붙임 용접선 자체도 칠이 잘 되어야 할 곳이다. 이런 자리들은 어쩔 수 없이 동력 Grinder나 Wire Brush 등 Power Tool로 녹을 떨어내며, 거친 용접 매듭줄(Bead)의 표면은 칠이 잘 묻을 정도까지 Grinder로 갈아내기도 한다.

손상된 도장을 복구하기 위하여서는 원 강재 표면까지 칠할 바닥(素地) 표면을 깨끗이 손질하고 처음 발랐던 도료들로 원래 발랐던 순서대로 발라야만 한다는 주장도 있지만 대개는 두번에 걸쳐서 바른다(SPC 도료는 원래 도장 횟수대로 지켜야 함).

작은 부위의 상처일지라도 넓은 지역에 꽤 조밀하게 분포되어 있을 때는 전체 해당 면적을 처음부터 다시 해달라는 주장도 자주 나온다.

인테리어공사가 마무리된 선실 구역의 외부에서 용접할 일이 발생되었다면 내장공사를 다 뜯어야 된다. 탱크 최종검사까지 마친 PC선(정제유선) 갑판에 불질작업을 할 일이 생긴다면 탱크 속의 바닥으로부터 20여 m 상공의 Deck 하부를 어떻게 재도장할 것인가? 기름이 들어 있는 탱크 바깥면이나 물이 잠겨 있는 배바닥 또는 외판의 안쪽면에 땜질할 일이 있을 때 어떻게 할 것인가? 이런 끔찍한 일들을 피하고 도장 품질을 올리기 위하여 대단히 줄기찬 노력을 기울이는 것이다.

칠할 바닥의 재작업 손질 정도를 규명하는 데는 Sweden 산업표준에서 나온 견본 기준이 곧잘 쓰인다.

SIS SA 3 ······ 은(銀)백색이 되도록 Blasting한 표면 수준
SIS SA 2½······ 회백색이 되도록 Blasting한 표면 수준
SIS SA 2 ······ 녹은 깨끗이 제거됐지만 회색
SIS ST 3 ······ 은백색이 되도록 Power Tool로 Cleaning
SIS ST 2 ······ Power Tool로 녹은 전부 제거

여기서 조심할 것은 A와 T를 혼동하면 절대로 안 된다. 대부분의 조선소는 Block Blasting을 하기 때문에 그때까지나 SA라는 것을 쓸 수 있고, 그 이후 Stage에서는 SA라는 말은 쓸 수가 없으며 반드시 ST가 되는 것이다.

(5) 작업 조건

페인트의 좋은 부착과 Curing을 위하여는 기온이 높아야 좋고(−5℃ 이상) 습도는 낮아야 좋다(85% 이하). 겨울철 혹한기나 여름 장마철에는 장애가 되지만 우리 나라 남부지방에서는 대개 문제가 없다.

좁고 폐쇄된 공간, 특히 Tanker나 컨테이너선의 2중선체 부분이나 선미 Block, 선수 Block 같은 데는 도장 작업자가 신선한 분위기에서 일할 수 있도록 환기를 잘 시켜 줘야 한다.

4 작업성이 좋은 설계

녹이 적게 스는 설계, 칠하기 편한 설계, 녹이 슬더라도 손질하기 좋은 설계를 하여야 한다.

(1) 물이 고여 있게 해서는 안 된다.

Deck이든 실내의 물 쓰는 Wet Space이든 물이 고이지 말아야 한다. 웅덩이 같은 낮은 평면 부위가 생기지 않도록 주의해야 하고, Scallop나 Lighting Hole을 크게 하고 일정 방향을 유지토록 해서 물흐름을 좋게 해야 한다.

(2) 물흐름이 막히지 않게 해야 한다. 선체는 대부분의 경우 선미 방향으

로 기울어져 있게 마련이므로, Angle을 하나 세우는 데도 방향이 자명하게 정해져 있는 것이다.

(3) 노천의 Seat 같은 것은 바람이 잘 통하고 물이 막히지 않으며 사람 손이 닿도록 개방식으로 하거나, 차라리 아주 다 막아서 바람이 전혀 통하지 못하는 폐쇄형으로 하거나 양단간의 하나를 택해야 한다.

(4) 노천 부분의 철판을 이어붙임에는 연속 용접으로 해야 하고 Tack Welding으로 하면 틈새에 녹이 많이 슨다.

(5) 구조가 밀착하여 칼날도 들어가기 힘든 좁은 틈(Crevice)을 만들지 말아야 한다. 물의 응집력 때문에 그런 틈은 늘 물을 머금고 있게 된다. 필수적으로 녹이 늘 슬지만 손쓸 수가 없다. Handrail Stanchion이나 Life Boat Davit 등 의장품 설치 위치에 그런 부위들이 잘 생긴다.

(6) 다른 종류의 비철금속 또는 SUS(Stainless Steel)를 일반철과 접촉되지 않게 해야 한다. 이온화 경향이 큰 철판이 Anode 역할을 하여 쉽게 부식되기 때문이다.

(7) 도금한 파이프 중 도금 후 불가피하게 용접으로 때울 수밖에 없는 부위가 극소화되도록 설계해야 한다.

(8) 최종 도장 전에 붙일 수 없는 의장품을 나중에 붙일 요량으로 먼저 두꺼운 덧댐판(Doubling)을 붙이고, 그 자리에 도장을 마친 뒤에 의장품을 그 위에 붙여서 용접열로부터 선체 판재이면 도막의 손상을 막는 방법도 때에 따라 쓴다.

(9) Longitudinal Member의 종방향 모서리선은 부드러운 Round로 만들고 Trans Member를 관통하는 곳에 용접 마감이 깨끗해지는 Collar Type을 개발해서 쓰는 등 근원적으로 도장이 잘 되게 하는 조처는 Ballast Tank의 도장 품질을 현격하게 향상시킨다.

5 Boot Top과 SPC A/F

Full Load Draft와 Ballast Draft 사이의 외판 부분이 물에 젖은 상태에서 태양빛에 노출될 때가 많으므로 조가비도 많이 붙고 부식도 심하게 마련이다. 그 중에서도 특히 만재 흘수선 직상 직하 부분, 즉 Boot Top Area가 도장이 제일 잘 망가지기 때문에 처음부터 좋은 도료를 더 두껍게 바르기도 한다. 조가비가 많이 번식하면 강재의 부식도 촉진되지만 추진저항도 커지므로 이를 제거하기 위하여 1년에 한번씩은 Redocking을 하는 것이 과거의 Practice였다.

1980년대 초부터 SPC(Self Polishing Coating) 도료가 개발되어 흘수선 하부의 전체 침수면적에 사용되고 있는데 1년 정도에 한 번씩 곤충이 껍질을 벗듯이 페인트를 한 겹씩 벗어내는 것으로, 이는 도료 표면이 해수와 반응하여 가수분해되고 항해시 해수의 저항으로 벗겨져 나가 조가비, 해초류 및 해조류를 제거하는 것이다. A/F를 두껍게 세 겹 발라 놓으면 3년은 Redocking을 안 하고 계속 운항할 수가 있는 것이다.

SPC도장 부분에 대하여 조선소가 보증(Guarantee)을 해달라는 선주도 있는데, 계약시의 협의에 따라 보증을 하는 경우들이 있다. 비교적 보증 Scope가 명확하고 보증 공사비가 그렇게 커지는 곳은 아니다. 더 어려운 보증은 PC선이나 Chemical Tanker 같은 배의 Cargo Tank Coating에 대한 보증이고, 아주 어려운 보증은 Ballast Tank의 보증이다. Ballast Tank는 구조적으로 잘 바르는 데 장애가 많은 곳이고, 또 부식이 심하게 생길 확률이 큰 반면에 재공사 비용이 너무 커지기 때문이다. 특히 보증 Scope별 대처 등 아주 상세한 협의 결과를 도출하는 데는 많은 연구와 협의가 있어야 하기 때문에 그 사례가 희귀하다.

6 환경과 규제

도장은 바르는 측에서도 분진과 VOC의 보건상의 폐해 및 대기오염 때문에 문제가 되며(소위 Solvent Free), A/F도료의 주석(Tin) 성분이 해양 생태계에 해로우므로 규제한다고 소란스럽다.

건강상 해롭고 어두운 색이므로 구조 문제 발견에 장애가 되는 Tar계 도료는 안 되겠다는 등 Solvent Free, Non Tar, Tin Free의 슬로건하에서 조선소나 선주 모두가 곤혹스러운 시대를 가고 있다. 소란스럽지 않은 착실한 현실의 Study와 더 나은 도장 자재와 시공기술의 개발이 계속 이루어져야 할 것이다.

선종별 주요 부위 도장 실례

	Bulker			Tanker		
부 위	도 료	도장횟수	총 필름 두께	도 료	도장횟수	총 필름 두께
외판 흘수선 하부 침수 수위	Tar Epoxy Vinyl Tar Self Polish Copolymers(S.P.C)	2 1 2	200 micron 75 micron 250 micron	Tar Epoxy Vinyl Tar SPC	1 2 3	125 micron 150 micron 375 micron
외판 흘수선 상부 건현, 상갑판	Epoxy Primer Epoxy Finish	1 1	100 micron 100 micron	Epoxy Primer Eopxy Finish	2 2	250 micron 100 micron
Water Ballast Tank	Tar Epoxy	2	250 micron	Tar Epoxy	2	250 micron
Cargo Hold Bottom Wall and Top	No Paint Tar Epoxy (High Built)	– 1	– 200 micron	해당 없음	–	–
Cargo Hold(Floodable Hold for Using Ballast Tank)	Tar Epoxy	2	250 micron	해당 없음	–	–
Cargo Oil Tank	해당 없음	–	–	No Paint	(참고) Deck Head 즉 Tank의 천장과 Suction Sump만 Tar Epoxcy 2회	
Pump Room Bottom Pump Room Top/Wall	해당 없음	–	–	Bleached Tar Epoxy Alkyd Primer Alkyd Finish	2 1 2	250 micron 60 micron 70 micron
Slop Tank	해당 없음	–	–	Tar Epoxy	2	250 micron
Engine Room Bottom Engine Room Top Side	Tar Epoxy (High Built) Alkid Primer Alkid Deck Paint	1 1 1	200 micron 80 micron 40 micron	Bleached Tar Epoxy Alkyd Primer Alkyd Deck Paint	2 1 2	250 micron 40 micron 80 micron

* 선실은 대개 외부는 상갑판과 같이 하고 내부는 Alkyd계를 사용한다.

5. 노사협동

1 일 반

노동조합은 사원들로 구성되므로 결국 회사와 같은 운명을 가지고 있다. 이익분배를 놓고 대립하는 생리를 가지고 있으나 대립이 지나쳐서 이익이 적어지면 분배도 적어질 수밖에 없다. 가장 큰 문제는 이익을 숨겨 놓고 내놓으려 하지 않는다는 불신을 가질 때 일어난다.

이러한 불신이 있을 때는 극한의 대립이 야기되며, 그러면 노동법규나 사규(社規), 단체협약(團體協約, 회사 경영진과 노동조합이 만든 약속사항으로 정기적으로 수정해 나감)은 물론 노조 자체의 법률인 규약(規約)까지도 무시된 채 난동적인 불법 폭거가 유발된다. Rule이 무시된 채 Game은 폭력과 파괴의 무법천지로 전락된다. 이것은 정부 공권력에 의하여 법질서를 회복하지 않으면 안 되는 상태가 되는 것이다.

이런 상태는 노동자의 처우가 상대적으로 열악하고 소외의식을 갖고 살던 노동운동 초기에 발생되는 사항으로, 경영진이나 노동자가 다같이 서투르기 때문에 현명한 대처를 못함으로써 야기됐던 것이다.

1987년 6.29선언 이후 노동운동 자유화가 시작되어 근 10년간 대형 작업장을 중심으로 Rule 없는 Game이 진행되어 오다가 이제야 정상적 정착단계로 발전되어 가고 있다.

2 변천의 역사

노사문제의 변천은 긴 세월의 미궁을 헤매다가 비교적 짧은 기간 동안에 질서가 잡혀 나가기 때문에 정확하게 단계를 나누어서 설정할 수 없으나, 주변 여건이나 나타나는 증상별로 1기, 2기, 3기로 분류해 보자.

이 또한 지역, 업종, 업체, 직종에 따라 변천 상태가 다르므로 우리 사회가 지금 몇기라고 정의할 수는 없다. 아직 1기도 안 된 곳도 있을 수 있고, 처음부터 3기도 다 졸업했던 곳도 있었을 테니까.

(1) 제1기

① 외부적 여건

• 사회 : 경제 건설이 급속히 이룩되고 기업이 성장하고 기득권층으로 표현되는 부유층이 형성되어 여유있는 생활을 하였고 기본적인 식생활이 해결되었을지라도 유족하지 못한 노동자 계층이 상대적 빈곤과 소외를 느끼는 불만 군중으로 대두하였다.

• 법제 및 학계 : 문제의 진수를 터득하지 못한 채 외국의 노동법들을 보고 비슷하게 얼버무려서 갖추어 놓은 상태이며, 학계는 기득권 보호측과 기득권 타도의 혁신 쪽으로 나뉘어서 각각 다른 소리를 내었다.

• 정치인 및 법조계 : 표밭 관리랍시고 파업 현장에 돌아다니며 노동자를 응원하고 경영진에게는 자꾸 베풀어야 한다는 주장을 폈다.

• 종교 및 언론 : 두루뭉수리처럼 노사가 서로서로 한 발짝씩 양보하면 된다고 극렬 투쟁에다 대고 하나마나 한 소리를 지껄여댔다.

• 정부 : 이 눈치 저 눈치나 보면서 책임 회피나 무사안일로 무작정 세월을 보냈다.

• 진보적 학생단체 및 제적생, 불온 정치세력 : 노동자를 혁명세력으로 이용하기 위해 정보 제공, 선전물 제공, 투쟁방식 제공 등 온갖 감미로운 봉사와 지원활동을 펼쳤었다.

이 무렵 꽤 유식한 척하는 계층의 사람들까지도 일을 안 했어도 돈을 주어야 한다느니, 해고되어 사원이 아닌데도 조합원이라느니 사리에 맞지 않는 소리를 내서 더욱 세상을 혼돈시켰다.

일을 해야만 급여를 주는 것은 인류에겐 천부적 자연법이며, 해고는 사규에 의한 경영체의 결정이므로 해고 즉시 사원 자격이 해지되므로 조합원일 수가 없는 것이다. 단 해고의 사유가 정당치 않다고 판단되면 해고무효 소송에 의하여서만 해고 여부가 심리되고 확정된다. 재판 결과가 해고 무효로 언도되면 복직되어야 하고, 복직되면 당연히 원에 의하여 조합원 자격도 복구될 수 있는 것이다.

② 내부적 여건

(가) 경영진

목표관리와 강력한 추진을 통하여 지속적인 성장 달성에만 전념하다가 갑자기 터진 사태에 대하여 효율적 대처 방안을 제시하지 못하였다. 설득 회유나 일부 부분 조업 유도도 무위로 돌아갔고 직장 폐쇄에도 아랑곳없이 점거 농성이 계속됐다. 오랜 세월 좌시만 하다가 여론에 밀려 개입한 정부가 질서를 회복하면, 회사는 손해는 손해대로 다 보고 일도 안 한 임금을 지급하고, 올리라는 대로 다 올리고 잔업시간을 대폭 늘려 공정을 만회하지 않으면 안 되었다. 매맞고, 울고, 회사를 해산하고, 아니면 회사를 노조에 내주는 등의 참상들이 끊임없이 생겼다.

(나) 노　조

소위 활동가를 자처하는 노동운동 지휘세력들은 각기 다른 연유에서 나섰으나, 표면적인 이유는 노동자의 소득과 지위 향상이라는 집단 이기주의의 쟁취 구현이므로 폭넓은 지지를 받았다.

순수 노동운동의 열정을 지닌 건전 세력도 많았지만 정치 전위로 훈련되고 의식화된 정예들도 많았다. 일사분란한 지휘와 통제로 일반 노동자들을 마음대로 몰고다니며 노동자 천국을 구가하였다.

이들은 혼란스러운 투쟁 복장 차림에다 거친 말투와 제스추어로 진정한 투쟁지도자임을 과시하려 했다. 정부타도, 재벌해체, 경영권 쟁취 등과 같은 격한 구호가 단골 메뉴로 쓰였다. 자기를 알리고 선전해서 다음에도 계속적으로 지휘세력으로 부상되어야 한다는 소위 정치적 속성이 작용하기 시작한 것이다.

회사의 고위 간부가 접촉을 시도하고 고급 정치인, 행정 책임자, 언론 등이 이들을 특별히 대접함으로 해서 어깨가 으쓱하게 교만해진 사람도 많았다. 이때 잔챙이 중역, 잔챙이 부서장이란 말도 생겨났었다. 건설적이고 협화적인 분위기를 풍기면 바로 어용인사로 찍히게 되며, 이는 노동활동가의 종말이기 때문에 항상 투쟁성을 전시적으로 보여 주어야 했던 것이다.

(다) 노조원

폭력의 열광적 맹종 세력과 나서기는 싫지만 자신의 소득과 지위 향상에 보탬이 된다는 기대감으로 은밀히 동조하는 사람들과 마음에 맞지는 않지만 반대했다가 무슨 화를 당할지 두려운데다가 상사들의 조업 종용도 거북스러우니 이래저래 나타나지 않는 부류들로 대별되었다. 간부를 뽑아 보면 강성이 뽑히고, 노사 합의사항 투표를 해보면 부결로 나타나는 이런 환경은 아직도 노동자의 소득과 지위가 더 향상되어야겠다는 사람이 많음을 시사하는 상황이었다.

경영에의 어려움에 대한 이해는 전혀 없었고 많이 벌어서 쌓아 놓은 돈을 싸워서 쟁취하여야 된다고 믿는 사람이 많았다. 급여 인상이 되고 특별 보너스가 지급될 때는 파업에 참여도 안 한 사람을 왜 주느냐고 못마땅해할 정도로 의식과 기준이 전도된 사람도 많았다.

(2) 제2기

끝을 알 수 없는 긴긴 암흑의 제1기 터널을 어렵사리 빠져 나가는 동안, 기업들은 많은 급여 인상을 시현하였고 주거안정과 교육안정을 위한 시책들을 폈다. 차츰차츰 경영진에 대한 신뢰도도 향상시켰지만 언제나 "께는 까재편이다."라는 철칙을 깨기에 역부족임을 실감해야 했다. "게는 가제편이다."의 경상도식 방언 표현으로 게와 가제가 늘 공조한다는 뜻이다. 조합과 회사의 이견 발생시엔 늘 조합편을 든다는 얘기다.

어렵사리도 한해 한해 장기파업을 모면하면서 회사는 생산성 복구와 질서회복 노력을 지속했고, 조합은 지명도 높은 단골 인사들에 의하여 독점 운영되었다. 소위 노동귀족이라는 말도 이 무렵에 탄생된 것이다. 노동운동의 주도세력인 젊은 층을 위한다고 누적적인 차등 인상률을 적용하다 보니 근속년수가 긴 사람은 인상폭이 적고 근무년수가 짧은 측은 인상폭이 커졌다.

좀 과장하면 아버지와 아들의 임금이 큰 차이가 없게 된 것이다. 보너스가 많아지고 특근시간이 많아지다 보니 통상임금(일체의 변동급여 제외)과 평균 임금(보너스와 잔업수당 등 변동급여 포함) 차이가 커졌고, 공상 휴직자에게는 평균 임금의 70%를 주어야 하는 법적 준수사항과 단체협약에 의한 지원금을 합하면, 이젠 집에서 요양하고 있으면 회사에 나가서 8시간 땀흘리고 일하는 사람보다도 훨씬 더 많이 받아 가게 되는 해괴한 현실로 되었다(보험금이므로 세금과 공제금이 없음).

별 할 일이 없을 때 정해 놓은 많은 국경일과 새로 생긴 토요 휴무와 우리나라밖에 없는 연월차에 다시 하기휴가, 추석휴가, 신구정휴가, 무슨무슨 창립 기념일 등을 모두 합하면 세상에서 제일 휴일 많은 나라 대열에 끼게 되었다.

(3) 제3기

최근 들어 나타난 현상으로서 소득과 지위가 향상되고 주거안정과 기본적인 문화생활이 영위되고 자녀교육이 안정되었다. 소위 White Color라는 고급 교육 이수자와 비슷한 대우가 이루어진 것이다.

집단의 힘에 의하여 얻을 것은 대개 다 얻어낸 셈이므로 이젠 나만의 이익과 손해를 따지는 분별력을 갖게 되었고, 따라서 개인이기주의가 팽배하게 되었다. 몰려다니며 소리 높여 구호를 외치고 박수치고 노래하는 내 육신의 시달림도 귀찮고 세상이 소란스럽고 회사 경영이 부실해지는 것은 바람직스럽지 못하다는 것이 일반적인 경향이 되었다.

조합간부가 머리 위에 군림하는 것도 못마땅하게 생각하며 업무상 상위자인 회사 간부가 무엇을 바라는지 말 안 해도 다 잘 알고 있을 정도로 세상사에 밝아졌다. 이젠 조합원이 부서 상급자와 조합 간부의 머리 위에 앉아 있다고 표현할 수 있는 시대가 온 것이다.

안전하고 쾌적한 작업장 조건, 작업시간의 단축 및 심야 잔업과 휴무 특근시의 높은 임금 할증, 후생 및 문화, 복지의 개선 등 실리적인 면과 높은 삶의 질이 강조 포인트가 된 것이다.

조합 간부들도 옛 활동가 시절의 나긋나긋한 조합원이 아니라는 현실에 짜증내고 힘들어하며 조합의 정치참여, 산업안전, 고용안정 등 새로운 인기 이슈 개발 유지에 골몰하고 있다. 투쟁과 쟁취 이미지보다는 어느 정도 합리와 대화의 자세도 보여 주어야 된다고 변모하는 모습을 보인다.

회사와 협상해서 더 얻어내는 데는 옛 명성을 지닌 소위 활동가들이 적격이라는 생각이 바뀌어야 하는 시대가 오고 있다. IMF의 파고를 넘으면서 일반 이해도 또 바뀌게 될 것이다. 조합도 생산성 향상에 진력해야 한다는 결론에 도달될 것이다.

3 교훈과 영원한 진리

경영진은 건전하고 투명한 경영을 해야 하고 근본적인 애정을 가지고 근로자를 위해 주어야 한다. 모든 사무를 처리함에 있어 법률과 사규와 단체협약이 정하는 바에 따르고, 사회적 형평을 고려하여 종업원 전체 또는 개개인이 유리하게 해주는 방법을 강구해야 한다.

원칙은 희생이 따르더라도 준수해야 하며 절대 다수의 사원으로부터 신뢰를 받는다면 몇몇 일하기 싫어하고 시비만 거는 변모하지 못한 구시대의 노동활동가에게 아랑곳할 일이 없다.

조합원은 건설적이고 유식한 조합 간부를 선발해서 믿고 따를 수 있는 조합 행정이 가능토록 해야 한다. 조합은 생산증대와 이익증대의 일익을 담당하고 합당한 분배를 요구해야 한다.

조합원의 환심을 사기 위해서 취하는 불필요한 조처나 언동에 현혹될 정도로 조합원이 더 이상 우둔하지 않다는 것을 알아야 할 때다. 노동부나 경찰 등 정부기관은 법질서를 파괴하는 측에 대한 단호하고 즉각적인 Action을 취해서 누구라도 법을 어기면 안 된다는 생각을 갖도록 해야 하며, 일을 안 해도 임금을 줘야 한다는 등 사원이 아닌데도 조합원이라는 등 사회혼돈을 야기하는 세력의 궤변을 제지시켜야 한다. 사회전복 세력, 진보세력, 정치인 누구라도 노동조합과 노동자를 어떻게 이용해서 무슨 목적을 달성하려는 생각을 바꾸어야 한다. 역사적으로 성공한 사례가 없기 때문이다.

극렬 노동운동은 기업도 망하게 만들지만 노동조합도 말살하고 노동자에게도 피해를 줄 뿐이다. 학계나 종교계, 법조계 누구라도 단위사업장의 깊은 내력을 알아보지 않고 시련으로써 얻은 산 지식이 없이 교과서적인 Comment를 함부로 해서는 안 된다.

모든 인간지사에는 법과 인륜이 있고 그 위에 천리가 있는 법이다. 겸허한 자세로 정도를 가지 않으면 노사간의 원만한 협력이 이루어지지 않는 것이다.

□ 저자약력

1. 춘천고, 서울공대 졸업

2. 1967. 조선공사 생산부 선장과(현, 한진중공업)
   1969. 동 기획부(엔지개발 담당)
   1970. COLOMBO 계획으로 일본 미쓰이(三井) 조선에서
   6개월간 조선기술 연수
   1971. 선박영업부

3. 1972. 4. 한국 감정원

4. 1972. 7. 현대중공업 입사, 동경지사 구매 담당
   1972. 11. 동 설계부(선장설계 담당)
   1978. 동 종합설계 및 기본설계 담당 이사
   표준선형 개발, 사내 대학 운영
   1980. 선박연구소 건립 추진, 「기술현대」誌 간행
   1986. 동 설계 총괄 전무
   1987. 동 선박영업 담당 중역
   1989. 동 설계 총괄 전무
   1992. 「현대중공업사」 편찬
   1995. 동 공무/수송/시설 총괄 전무
   1998. 동 해양 Project Management 총괄 전무

5. 「대한조선학회」, 「일본조선학회」, 「영국조선학회(RINA)」,
   「미국조선학회(SNAME) 회원,
   「조선학회」 산하 「선박 설계 연구소」 초대 회장 역임, 현 고문

L N